Leitfäden der angewandten Informatik

U. Reimer
Einführung in die Wissensrepräsentation

Leitfäden der angewandten Informatik

Herausgegeben von

Prof. Dr. Hans-Jürgen Appelrath, Oldenburg
Prof. Dr. Lutz Richter, Zürich
Prof. Dr. Wolffried Stucky, Karlsruhe

Die Bände dieser Reihe sind allen Methoden und Ergebnissen der Informatik gewidmet, die für die praktische Anwendung von Bedeutung sind. Besonderer Wert wird dabei auf die Darstellung dieser Methoden und Ergebnisse in einer allgemein verständlichen, dennoch exakten und präzisen Form gelegt. Die Reihe soll einerseits dem Fachmann eines anderen Gebietes, der sich mit Problemen der Datenverarbeitung beschäftigen muß, selbst aber keine Fachinformatik-Ausbildung besitzt, das für seine Praxis relevante Informatikwissen vermitteln; andererseits soll dem Informatiker, der auf einem dieser Anwendungsgebiete tätig werden will, ein Überblick über die Anwendungen der Informatikmethoden in diesem Gebiet gegeben werden. Für Praktiker, wie Programmierer, Systemanalytiker, Organisatoren und andere, stellen die Bände Hilfsmittel zur Lösung von Problemen der täglichen Praxis bereit; darüber hinaus sind die Veröffentlichungen zur Weiterbildung gedacht.

Einführung in die Wissensrepräsentation

Netzartige und schema-basierte Repräsentationsformate

Von Dr. rer. soc. Ulrich Reimer
Universität Konstanz

B. G. Teubner Stuttgart 1991

Dr. rer. soc. Ulrich Reimer

Geboren 1958 in Göttingen. Von 1976 bis 1981 Studium der Informatik an der Technischen Hochschule Darmstadt; 1982 bis 1986 wiss. Mitarbeiter am Lehrstuhl für Informationswissenschaft der Universität Konstanz; Promotion 1987. Seit 1987 Hochschulassistent an der Fachgruppe Informationswissenschaft der Universität Konstanz.

CIP-Titelaufnahme der Deutschen Bibliothek

Reimer, Ulrich:
Einführung in die Wissensrepräsentation : netzartige und schema-basierte Repräsentationsformate / von Ulrich Reimer. – Stuttgart : Teubner, 1991
(Leitfäden der angewandten Informatik)
ISBN 978-3-519-02241-1   ISBN 978-3-663-05970-7 (eBook)
DOI 10.1007/978-3-663-05970-7

Gesamtherstellung: Zechnersche Buchdruckerei GmbH, Speyer
Einband P.P.K,S-Konzepte Tabea Koch, Ostfildern/Stgt.

Vorwort

Das Anliegen

Das vorliegende Buch ist aus Vorlesungen, die ich zu diesem Thema an der Universität Konstanz gehalten habe, entstanden. Es gibt eine Einführung in die Wissensrepräsentation, bei der netzartige und schema-basierte Repräsentationsformate, also semantische Netze, Frames und Scripts, im Vordergrund stehen. Daneben wird auch auf Logik, Produktionsregeln und analoge Repräsentationsformate eingegangen, um den Vergleich zwischen den Repräsentationsformaten zu ermöglichen und um die thematische Vollständigkeit sicherzustellen. Für alle Formate wird gezeigt, wie sie zur Repräsentation von Wissen verschiedener Art eingesetzt werden können. Sie werden dabei jeweils anhand der in der Einleitung vorgestellten Wissensarten diskutiert. Im Vergleich werden so ihre Stärken und Schwächen deutlich (siehe die Tabelle auf Seite 27). Als Lehrbuch konzipiert enthält das Buch Übungsaufgaben und zugehörige Lösungen.

Ein besonderes Anliegen des Buches besteht darin, die häufig anzutreffende Vermischung verschiedener Betrachtungsebenen (Wissensarten, Repräsentationsformate, Repräsentationssprachen) zu vermeiden, durch ihre explizite Unterscheidung diese dem Leser nahe zu bringen und eine entsprechend strukturierte Sicht auf das Gebiet der Wissensrepräsentation zu ermöglichen. Dazu werden im Einleitungskapitel losgelöst von der Behandlung der verschiedenen Repräsentationsformate (Kapitel 2 bis 4) die im Buch betrachteten Wissensarten eingeführt.

Der Leserkreis

Das Buch spricht aufgrund der Interdisziplinarität des Gebiets neben InformatikerInnen vor allem LinguistInnen und PsychologInnen an, auch wenn der Tenor insgesamt eher ein informatischer und weniger ein psychologischer oder philosophischer ist. Das Buch verlangt außer einer gewissen Vertrautheit mit formaler Notation kein spezielles Vorwissen. Gleichwohl ist die Kenntnis der Grundbegriffe Künstlicher Intelligenz für manche Textpassagen hilfreich.

Lesehinweise

Das Einleitungskapitel führt eine Reihe von Begriffen ein, die im weiteren Verlauf des Buches verwendet werden. Es wird deshalb empfohlen, das Einleitungskapitel als erstes zu lesen. Danach kann man direkt zu einem der Kapitel 2.1 bis 2.4, 3 oder 4 übergehen.

Am Ende der Kapitel 2.2 bis 2.4 sowie 3 und 4 befindet sich jeweils ein Teilkapitel "Ergänzende Bemerkungen und weiterführende Literatur". Dort wird neben Bezügen zu anderen Gebieten innerhalb sowie außerhalb der Informatik ein Überblick über die wichtigste Literatur gegeben. Ferner wird auf spezielle Themen, die in den jeweils vorangehenden Kapiteln unerwähnt geblieben sind, kurz eingegangen. Die bibliographischen Angaben zur zitierten Literatur befinden sich nach Kapiteln gegliedert am Ende des Buches. Ein Stichwortverzeichnis und ein Verzeichnis der Definitionen erleichtern das Aufsuchen von Textstellen.

Danksagung

Bei der Erstellung dieses Buches habe ich von vielen Seiten konstruktive Kritik und Verbesserungsvorschläge erhalten. Dafür möchte ich Udo Hahn, Rainer Hammwöhner, Rainer Ströhle, Herbert Stoyan, Ulrich Thiel, Roland Zimmerling und den Studenten und Studentinnen, die mit kritischen Fragen meine Aufmerksamkeit auf Lücken und argumentativ schwierige Aspekte gelenkt haben, danken. Mein ganz besonderer Dank gilt Klaus Pohl, Dagobert Soergel und Frank Victor für ihre sehr sorgfältige Durchsicht einer Vorversion des Buches und die vielen hilfreichen Anmerkungen und Verbesserungsvorschläge. Rainer Kuhlen danke ich für seine Ermunterung und Unterstützung über die lange Dauer des Projekts hinweg.

Die Erstellung der Grafiken haben Jochen Kurz, Wolfgang Albers und Andi Miller in sehr zuverlässiger und sorgfältiger Weise übernommen. Frau Andi Miller möchte ich dabei meinen besonderen Dank aussprechen, da sie über lange Zeit hinweg und schließlich auch in der letzten "heißen" Phase in geradezu aufopfernder Weise Unmengen von Grafiken gesetzt und überarbeitet hat.

Mein Dank geht auch an Herrn Hans-Jürgen Appelrath für seinen Vorschlag, dieses Buch zu schreiben, seine begleitende Unterstützung und die Verbesserungsvorschläge. Herrn Peter Spuhler möchte ich für die verlagsseitige Betreuung und seine Geduld beim Warten auf die Fertigstellung des Buches danken.

Konstanz, im Januar 1991   Ulrich Reimer

Inhaltsverzeichnis

1 Einleitung 1
  1.1 Die Rolle der Wissensrepräsentation in der Künstlichen Intelligenz 1
  1.2 Zum Wissensbegriff 6
  1.3 Zum Repräsentationsbegriff 9
  1.4 Wissensarten 16

2 Nicht-objektzentrierte Repräsentationsformate 28
  2.1 Natürliche Sprache 28
  2.2 Logik 29
    2.2.1 Einführung 29
    2.2.2 Modellierung mit Logik 35
      2.2.2.1 Eigenschaften 35
      2.2.2.2 Semantische Beziehungen 36
      2.2.2.3 Konzeptklassen, Individualkonzepte und
            Gruppenklassen 38
      2.2.2.4 Ereignisse und Handlungen 39
      2.2.2.5 Regelhafte Zusammenhänge und Einschränkungen . . . 41
      2.2.2.6 Modalaspekte, definitorische und kontingente Aussagen 41
      2.2.2.7 Prototypisches Wissen 41
      2.2.2.8 Unvollständiges Wissen 44
      2.2.2.9 Widersprüchliches Wissen 45
      2.2.2.10 Unsicheres und ungenaues Wissen 46
    2.2.3 Operationen auf logikbasierten Repräsentationen 46
    2.2.4 Bezug zu anderen Repräsentationsformaten 50
    2.2.5 Ergänzende Bemerkungen und weiterführende Literatur 51
    2.2.6 Übungsaufgaben 53
  2.3 Produktionsregeln 55
    2.3.1 Einführung 55
    2.3.2 Modellierung mit Produktionsregeln 61
      2.3.2.1 Regelhafte Zusammenhänge und Einschränkungen . . . 61
      2.3.2.2 Semantische Beziehungen 62
      2.3.2.3 Konzeptklassen, definitorische und kontingente
            Konzeptmerkmale 62
      2.3.2.4 Widersprüchliches Wissen 62
      2.3.2.5 Prototypisches Wissen 63

VIII

        2.3.2.6 Unsicheres Wissen 64

    2.3.3 Vor- und Nachteile von Produktionsregeln 65

    2.3.4 Ergänzende Bemerkungen und weiterführende Literatur 65

    2.3.5 Übungsaufgaben 67

2.4 Analoge (direkte) Repräsentation 69

    2.4.1 Einführung 69

    2.4.2 Modellierung mit analogen Repräsentationsformaten 71

        2.4.2.1 Eigenschaften und semantische Beziehungen 71

        2.4.2.2 Regelhafte Zusammenhänge und Einschränkungen . . . 72

        2.4.2.3 Konzeptklassen, Individualkonzepte und prototypisches Wissen 72

        2.4.2.4 Ereignisse und Handlungen 72

        2.4.2.5 Unvollständiges, unsicheres und ungenaues Wissen . . . 73

    2.4.3 Operationen auf analogen Repräsentationen 74

    2.4.4 Ergänzende Bemerkungen und weiterführende Literatur 75

    2.4.5 Übungsaufgaben 78

3 Semantische Netze 79

  3.1 Einführung 79

  3.2 Modellierung mit semantischen Netzen 82

    3.2.1 Eigenschaften 83

    3.2.2 Semantische Beziehungen 83

    3.2.3 Konzeptklassen und Individualkonzepte 85

    3.2.4 Gruppenklassen 92

    3.2.5 Eigenschaften für semantische Beziehungen und Detaillierungsgrad von Repräsentationen 95

    3.2.6 Mehrstellige semantische Beziehungen 100

    3.2.7 Ereignisse und Handlungen 102

    3.2.8 Rollen 106

    3.2.9 Regelhafte Zusammenhänge und Einschränkungen 108

    3.2.10 Unterscheidung von definitorischen und kontingenten Aussagen . 111

    3.2.11 Unvollständiges Wissen 113

    3.2.12 Widersprüchliches Wissen 115

    3.2.13 Unsicheres und ungenaues Wissen 115

    3.2.14 Koreferenz und Manifestation 118

3.3 Operationen auf semantischen Netzen 121

   3.3.1 Entkopplung von Wissens- und Symbolebene 122

   3.3.2 Formulierung komplexer Anfragen durch Anfragenetze 124

   3.3.3 Identifizierung von Kantenfolgen 128

3.4 Erweiterung der Ausdruckskraft durch Partitionierung 131

   3.4.1 Opake Kontexte 134

   3.4.2 Regelhafte Zusammenhänge, Einschränkungen, unvollständiges
Wissen und Modalaspekte 135

      3.4.2.1 Quantifizierung 136

      3.4.2.2 Negation und Modalaspekte 140

      3.4.2.3 Disjunktion und Implikation 142

3.5 Vor- und Nachteile semantischer Netze 145

   3.5.1 Vorteile 145

   3.5.2 Nachteile 148

3.6 Ergänzende Bemerkungen und weiterführende Literatur 149

3.7 Übungsaufgaben 154

4 Frame-artige Repräsentationsformate 159

4.1 Einführung 159

4.2 Modellierung mit frame-artigen Konstrukten 164

   4.2.1 Eigenschaften 165

   4.2.2 Semantische Beziehungen 169

   4.2.3 Rollen 178

   4.2.4 Konzeptklassen und Konzeptspezialisierung 182

   4.2.5 Klasseneigenschaften 189

   4.2.6 Regelhafte Zusammenhänge und Einschränkungen 191

      4.2.6.1 Hybride Frame-Repräsentation 191

      4.2.6.2 Angeheftete Prozeduren 197

   4.2.7 Unterscheidung von definitorischen und kontingenten Aussagen . 199

   4.2.8 Prototypisches Wissen 202

   4.2.9 Unvollständiges und unsicheres Wissen 207

   4.2.10 Ereignisse und Handlungen 208

      4.2.10.1 Kasusrahmen 208

      4.2.10.2 Scripts 209

4.3 Operationen auf Frame-Repräsentationen 216

    4.3.1 Terminologische Inferenzen 217

    4.3.2 Frame-Strukturen als Anfragerepräsentationen:
    Strukturabgleich 220

    4.3.3 Gewichteter Frame-Abgleich 228

    4.3.4 Partieller Frame-Abgleich 231

4.4 Vor- und Nachteile frame-artiger Repräsentationsformate 232

    4.4.1 Vorteile 233

    4.4.2 Nachteile 234

4.5 Ergänzende Bemerkungen und weiterführende Literatur 234

4.6 Übungsaufgaben 241

Anhang A: Lösungen zu den Übungsaufgaben 244

Lösungen zu Logik 244

Lösungen zu Produktionsregeln 250

Lösungen zu Analoger Repräsentation 252

Lösungen zu Semantische Netze 253

Lösungen zu Frames 268

Anhang B: Literaturhinweise 284

Literatur zu Kapitel 1: Einleitung 284

Literatur zu Kapitel 2.2: Logik 287

Literatur zu Kapitel 2.3: Produktionsregeln 292

Literatur zu Kapitel 2.4: Analoge Repräsentation 294

Literatur zu Kapitel 3: Semantische Netze 296

Literatur zu Kapitel 4: Frames 302

Stichwortverzeichnis 308

Verzeichnis der Definitionen 312

1. Einleitung

1.1 Die Rolle der Wissensrepräsentation in der Künstlichen Intelligenz

In ihren Anfängen (Ende der 50er bis Ende der 60er Jahre) beschäftigte sich die Künstliche Intelligenz (KI) überwiegend mit *domänenunabhängigen* Verfahren zur Lösung von Problemen (unter den Begriff Problemlösungsverfahren fassen wir im folgenden auch Erkennungs- und Verstehensprozesse). Mit Domänenunabhängigkeit (oder Diskursbereichsunabhängigkeit) meinen wir dabei, daß ein Verfahren nicht für einen spezifischen Anwendungsfall zugeschnitten ist. Somit werden über die Vorgabe der für eine zu lösende Aufgabe relevanten Objekte und Operatoren hinaus keine Annahmen über eine spezielle Anwendungsdomäne gemacht. Trotz beachtlicher Anfangserfolge[1] kam es bald zu einer gewissen Stagnation: Komplexere Aufgabenstellungen waren mit den bis dahin entwickelten Ansätzen nicht zu lösen. Man erkannte schließlich, daß es unrealistisch ist, die Domänenunabhängigkeit für Systeme zur Lösung komplexerer Probleme aufrechtzuerhalten, da die zu betrachtenden Suchräume viel zu groß sind, um mit allgemeinen und wenig zielgerichteten Verfahren in akzeptabler Zeit (oder überhaupt) abarbeitbar zu sein. So umfaßt der Suchraum des Damespiels, das eine noch vergleichsweise einfache Problemklasse darstellt, schon etwa 10^{40} Zustände (nach (Samuel 63)). Die Größe eines Suchraums läßt sich nur durch Bereitstellung domänenspezifischen, also für eine spezielle Anwendung relevanten Wissens verkleinern. Dadurch können bestimmte Pfade im ursprünglichen Suchraum als irrelevant erkannt und ausgeschlossen werden.

Diese Einsicht führte schließlich zu einem Paradigmenwechsel in der KI (etwa Anfang der 70er Jahre, vgl. (Goldstein/Papert 77)): KI-Systeme wurden zunehmend mit Wissen über den jeweiligen Anwendungsbereich ausgestattet. Entsprechend redet man heutzutage weniger von KI-Systemen oder intelligenten Systemen, sondern vielmehr von *wissensbasierten Systemen*. Dieser Begriff drückt aus, daß ein solches System über eine *Wissensbasis* verfügt, in der das vom System benutzte Wissen explizit codiert ist – also

---

[1] Zu erwähnen ist hier das System GPS (für 'General Problem Solver'), das einen Ausgangszustand in einen Zielzustand unter Anwendung vorgegebener Operatoren überführen kann (Newell/Simon 63). Dazu wird jeweils derjenige Operator angewendet, der die Differenz zwischen dem aktuellen Zustand und dem Zielzustand am stärksten verringert. GPS ist letztlich also eine Programmiersprache (Stoyan 88a, Kap.7). CHECKER ist ein System, das Dame spielen lernt, indem die Bewertungsfunktion für Brettstellungen verbessert wird ((Samuel 63), (Cohen/Feigenbaum 82, Kap.XIV.D5a)). Das Lernen dieser Bewertungsfunktion geschieht ohne Verwendung domänenspezifischen Wissens. Als Lernergebnis stellt die Bewertungsfunktion für das Dame spielende System bis auf die Spielregeln das gesamte domänenspezifische Wissen dar, ist aber nichts anderes als die Aggregation vieler Erfahrungen und kann für keine andere Aufgabe als das Dame Spielen eingesetzt werden (es kann z.B. nicht zur Erklärung herangezogen werden, *warum* eine bestimmte Spielstellung besser als eine andere ist).

nicht implizit im Programmcode "versteckt" ist. Damit wird dieses Wissen austausch-
bar, erweiter- und modifizierbar, ohne daß der Programmcode dazu zu ändern wäre. Die
Hypothese, daß jedes intelligente System über eine Komponente verfügt, die das Wissen
des Systems bereitstellt, und daß dieses Wissen eine grundlegende Vorbedingung für
intelligentes Verhalten ist, nennt man nach Brian Smith die *Wissensrepräsentationshypo-
these*[2]. Die Repräsentation von Wissen und die zum Einsatz dieses Wissens notwendigen
Inferenzverfahren besitzen damit einen zentralen Stellenwert in der heutigen KI.

Die Tatsache, daß sich der für eine Problemlösung notwendige Suchaufwand mit
zunehmendem problem- (oder domänen)spezifischem Wissen[3] reduziert, wollen wir am
Beispiel des 8-Puzzles illustrieren (das nach (Nilsson 80) einen extrem kleinen Suchraum
von nur 362.880 Zuständen besitzt). Das 8-Puzzle ist ein Rahmen mit 3 mal 3 Zellen,
in denen insgesamt acht Täfelchen horizontal und vertikal verschiebbar angeordnet sind.
Eine Zelle ist folglich immer frei, und es kann ein benachbartes Täfelchen in diese Zelle
geschoben werden. Die zu lösende Aufgabe besteht nun darin, aus einem beliebigen
Anfangszustand die mit den Zahlen von eins bis acht versehenen Täfelchen durch
Verschieben jeweils in ihre Zielposition zu bringen (vgl. Abb.1).

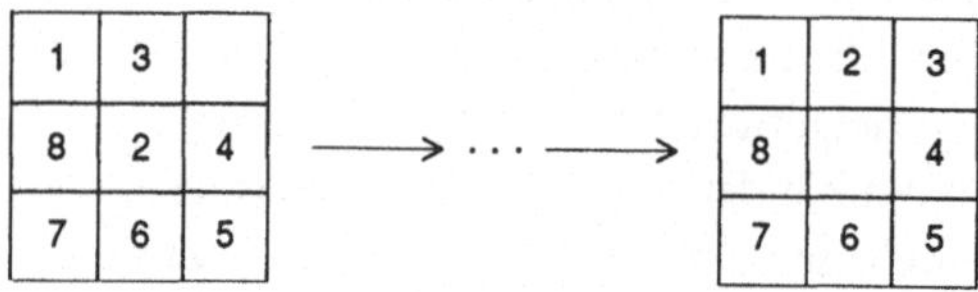

Abbildung 1: Ein Anfangs- und der Endzustand für das 8-Puzzle

Der allgemeinste Ansatz, ein Problem wie das 8-Puzzle zu lösen, besteht in der sy-
stematischen Abarbeitung des Suchraums (zu Suchverfahren siehe (Barr/Feigenbaum 81,
Kap.II)). Dazu werden (im Prinzip) alle Folgezustände des Anfangszustands generiert,
von diesen wiederum alle Folgezustände und so fort, bis schließlich der Zielzustand
erreicht wird. Ein Pfad vom Anfangszustand zum Zielzustand ist dann der Lösungsweg (vgl. Abb.2). Eine solche *blinde Suche* benötigt außer den Operatoren für die
Generierung von Folgezuständen kein Wissen und weist deshalb den höchsten Grad an
Domänenunabhängigkeit auf. Entsprechend dauert es i.a. recht lange, bis eine Lösung

---

[2]   Genauer: "Any mechanically embodied intelligent process will be comprised of structural ingredients
that a) we as external observers naturally take to represent a propositional account of the knowledge that
the overall process exhibits, and b) independent of such external semantical attribution, play a formal but
causal and essential role in engendering the behaviour that manifests that knowledge." (aus (Smith 82,
S.2), zitiert nach (Brachman/Levesque 85)).

[3]   Da wir im folgenden Problemlösungssysteme diskutieren, verwenden wir die etwas prägnantere
Bezeichnung 'problemspezifisch' statt 'domänenspezifisch'. Beide Bezeichnungen stehen jedoch für
denselben Begriff.

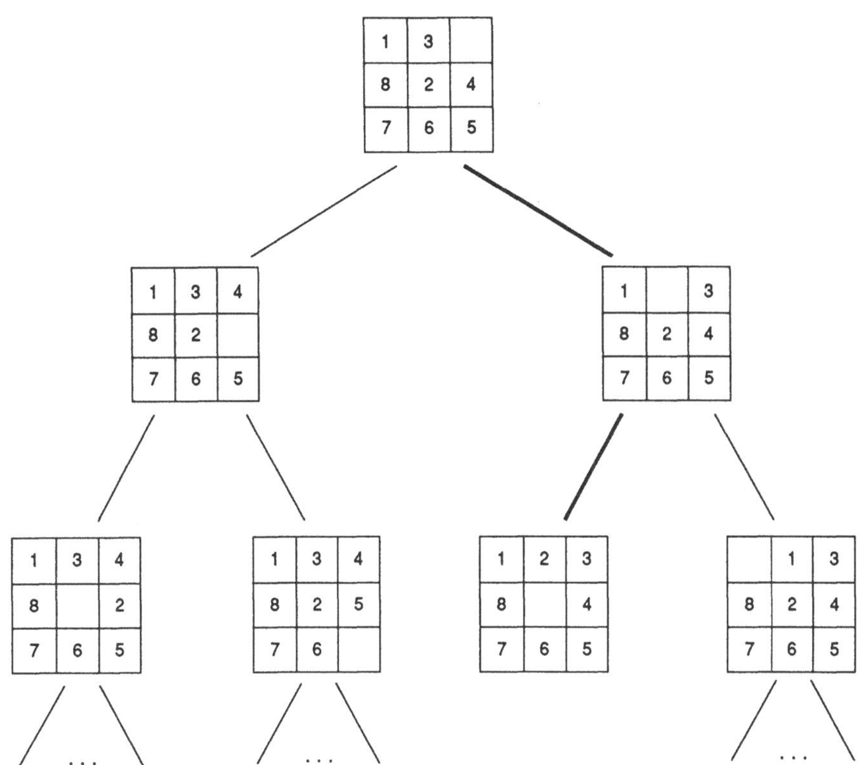

Abbildung 2: Die obersten Ebenen eines Suchbaums für das 8-Puzzle (der Lösungsweg
ist durch eine größere Strichstärke gekennzeichnet)

gefunden wird. Komplexere Probleme als das 8-Puzzle sind auf diese Weise faktisch
unlösbar, da die Zeit für die Abarbeitung des Suchraums viel zu groß ist.

Ein mehr zielgerichtetes Suchverhalten läßt sich durch eine *heuristische Suche* erreichen. Sie unterscheidet sich von der blinden Suche darin, daß sie über eine Bewertungsfunktion für Zustände verfügt, die es erlaubt, wenig erfolgversprechende Folgezustände
zu erkennen und entweder gar nicht zu berücksichtigen oder die Reihenfolge der Betrachtung von Folgezuständen so umzuordnen, daß die vielversprechenderen Zustände zuerst
weiterverfolgt werden. Da jeder irrelevante Folgezustand, der nicht betrachtet wird, dem
Ausschluß eines ganzen Teilbaums im Suchbaum entspricht, dessen Knotenzahl mit der
Baumtiefe ja exponentiell anwächst (vgl. Abb.2), kann die Effizienzsteigerung einer heu-
ristischen Suche enorm sein. Bewertungsfunktionen für Suchraumzustände basieren auf
Heuristiken, die zwangsläufig problemspezifisch sind. Sie stellen jedoch lediglich Erfahrungswissen bezüglich dieses Problems dar, also Wissen darüber, was in der Regel
eine gute Vorgehensweise ist. Die Heuristiken geben keine Beschreibung besonderer
Eigenschaften des Problems, erklären nicht, wieso bestimmte Ableitungsschritte zur Lösung des vorliegenden Problems sinnvoll sind, noch geben sie an, welche Teilschritte

für einen bestimmten (komplexen) Zustandsübergang notwendig sind. Eine einfache Bewertungsfunktion für das 8-Puzzle beurteilt beispielsweise diejenigen Zustände als am erfolgversprechendsten, für die die Summe der Entfernungen der einzelnen Täfelchen von ihren Zielpositionen am kleinsten ist. Zusätzlich könnte eine Bewertungsfunktion für das 8-Puzzle bei zwei Zuständen gleicher Bewertung, von denen einer die freie Zelle in der Mittelposition aufweist, ebendiesen Zustand bevorzugen, da er mehr Folgezustände zuläßt und damit mehr Optionen für das weitere Vorgehen bietet.

Die im Vergleich zu einer blinden Suche größere Effizienz heuristischer Suchverfahren resultiert aus der Hinzunahme problemspezifischen Wissens heuristischer Natur. Die Unsicherheit, mit der heuristisches Wissen behaftet ist, entfällt bei Wissen darüber, welche komplexen Zustandsübergänge durch welche Folgen elementarer Zustandsübergänge herbeigeführt werden. Für das 8-Puzzle ist ein solcher komplexer Zustandsübergang der in Abbildung 3 dargestellte. Durch die Bereitstellung solcher, sich aus mehreren Zugfolgen zusammensetzender Operatoren wird eine sehr viel zielgerichtetere Suche ermöglicht, d.h. die Anzahl irrelevanter Pfade, die betrachtet werden, sinkt. Im Idealfall ist durch die Verwendung solcher komplexen Operatoren überhaupt gar keine Suche mehr nötig!

Der Extremfall "größter Wissensbasierung" liegt schließlich vor, wenn ein anstehendes Problem früher schon einmal gelöst wurde und der Lösungsweg noch bekannt ist. Zusammenfassend können wir festhalten, daß die Hinzunahme problemspezifischen Wissens den zum Auffinden einer Lösung notwendigen Suchaufwand reduziert, dafür aber eine stärkere Domänenabhängigkeit schafft, also in einem Problemlösungssystem resultiert, welches stark auf das zu lösende Problem zugeschnitten ist und für ein anderes Problem nur durch Austausch des problemspezifischen Wissens einsetzbar gemacht werden kann. Die Suchräume der meisten in einer realen Anwendung zu bearbeitenden Aufgabenstellungen sind derart groß (häufig sogar unendlich), daß ihre Lösung nur durch extensives Einbeziehen von problemspezifischem Wissen möglich wird. Eine solche Abstützung eines problemlösenden Systems auf Wissen wollen wir *Wissensbasierung* nennen.

Die Reduzierung des Suchaufwands durch eine stärkere Wissensbasierung gilt für Problemlösungsprozesse generell, also auch für Erkennungs- und Verstehensprozesse, auf die wir in der bisherigen Diskussion nicht gesondert eingegangen sind. Beispielsweise führen die Mehrdeutigkeiten, die beim Verstehen gesprochener Sprache schon auf der akustischen Ebene auftreten, durch ihre Kombination zu einer ungeheuren Menge an Interpretationsmöglichkeiten für eine Äußerung. Ohne zusätzliches Wissen muß ein System allen Möglichkeiten systematisch nachgehen. Eine Vielzahl dieser Möglichkeiten läßt sich ausschließen, wenn man Wissen über die Strukturbildungsregeln von Sprache auf der phonetischen, morphologischen und syntaktischen Ebene hinzunimmt, aber möglich wird das Verstehen gesprochener Sprache erst, wenn domänenspezifisches Wissen einbezogen wird, also Wissen über den Weltausschnitt, auf den sich die zu verstehenden Äußerungen beziehen (siehe z.B. das HEARSAY-System (Erman et al. 80)). Dadurch

Ein komplexer Operator für einen Übergang des folgenden Typs (die Belegungen der mit 'X' gekennzeichneten Positionen können sich dabei beliebig ändern)

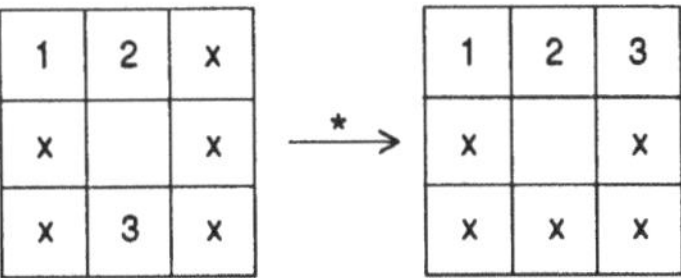

kann durch die folgenden elementaren Zustandsübergänge definiert werden:

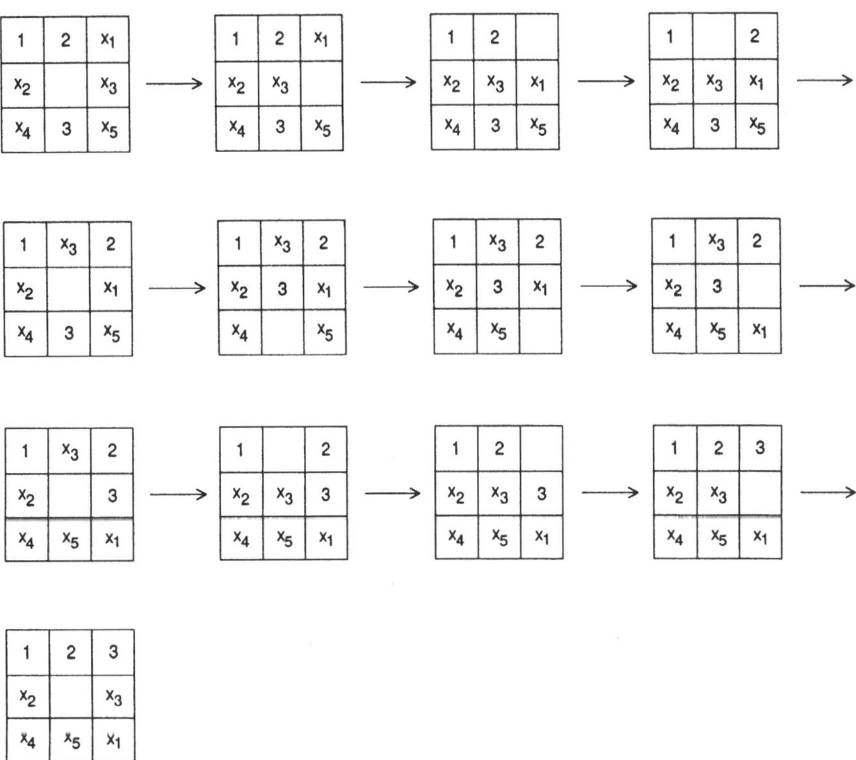

Abbildung 3: Beispiel eines komplexen Operators für das 8-Puzzle[4]

wird nicht nur eine Einschränkung der Wörter, die prinzipiell auftreten können, erzielt, sondern vor allem ihre Kombinierbarkeit eingeschränkt, denn aufgrund ihrer Bedeutung können Wörter nur in Verbindung mit bestimmten anderen Wörtern auftreten. Folglich bewirkt auch für Verstehensprozesse die Hinzunahme von domänenspezifischem Wissen eine Reduktion der Komplexität der zu lösenden Aufgabe und macht sie vielfach überhaupt erst lösbar.

---

[4] Dies ist die korrigierte Fassung eines Beispiels aus (Laird et al. 87). Zum Lernen solcher komplexen Operatoren siehe (Korf 85).

1.2 Zum Wissensbegriff

Die obigen Ausführungen haben verdeutlicht, daß Wissen eine zentrale Rolle bei der Konstruktion intelligenter Systeme spielt. Wir wollen nun näher darauf eingehen, was unter dem Begriff Wissen überhaupt zu verstehen ist. Dazu geben wir zunächst die folgende Definition:

Definition: Wissen

Als das Wissen eines Wissensträgers definieren wir die Menge aller von ihm als wahr angenommenen Aussagen über die repräsentierte Welt, die tatsächlich wahr sind.

□

Demgegenüber spricht man von den Überzeugungen eines Wissensträgers, wenn man auch die von ihm geglaubten, aber falschen Aussagen einbeziehen will – das Wissen eines Wissensträgers ist also eine Teilmenge seiner Überzeugungen.

Definition: Überzeugungen

Die Überzeugungen eines Wissensträgers sind alle Aussagen, von denen er glaubt, sie seien wahr.

□

Wie stellt man nun fest, über welches Wissen ein Wissensträger verfügt? Eine Möglichkeit bestände darin, die Strukturen, in denen es manifestiert ist, zu betrachten. Doch einmal sind diese Strukturen nicht immer bekannt (z.B. für menschliches Gedächtnis) und zum anderen sollte Wissen unabhängig von seiner konkreten Repräsentation beschreibbar sein! Es ist auch keine Lösung, die Unabhängigkeit von einer konkreten Repräsentationsform zu erreichen, indem man einen Wissensträger sein Wissen mitteilen läßt, denn selbst Menschen sind nicht immer in der Lage, mitzuteilen, was sie wissen, da Wissen in vielen Fällen unbewußt angewendet wird. Das ist gerade bei Erfahrungswissen der Fall – nicht umsonst ist die Wissensakquisition für wissensbasierte Systeme ein so schwieriges Unterfangen (vgl. z.B. (Hart 86)).

Ein anderes, von außerhalb eines Wissensträgers bestimmbares Kriterium dafür, ob er über bestimmtes Wissen verfügt oder nicht, ist von Allen Newell formuliert worden (Newell 82). Er betrachtet als Wissensträger Agenten, die Ziele[5] besitzen und Handlungen ausführen können, um diese Ziele zu erreichen. Er setzt ferner voraus, daß sich ein Agent rational verhält. Damit ist gemeint, daß wenn ein Agent weiß, daß eine ihm mögliche Handlung zu einem seiner Ziele führt, er diese Handlung auch ausführen

---

[5]   Der Begriff eines Ziels kann sehr weit gefaßt sein und auch den Fall umfassen, daß der Inhalt einer natürlichsprachlichen Äußerung oder eines Bildes zu bestimmen ist, also Fragen dazu zu beantworten sind. Die Definition von Newell schließt somit auch Wissen im Kontext von Sprach- und Bildverstehen ein.

wird[6]. Newell nennt dies das Rationalitätsprinzip. Wissen läßt sich dann definieren als das, was einem Agenten zuzuschreiben ist, damit sein Verhalten nach dem Rationalitätsprinzip berechnet oder erklärt werden kann (Newell 82, S.105). Bemerkenswert ist an dieser Definition, daß sie nicht explizit sagt, was Wissen ist, sondern lediglich festlegt, wann man einem Agenten bestimmtes Wissen zuschreibt. Wissen ist damit rein funktional bestimmt, und es wird strikt zwischen dem Wissen eines Agenten und den internen Strukturen und Prozessen, die dieses Wissen ausmachen, unterschieden. Eine solche Trennung ist sehr nützlich, weil sie der Tatsache Rechnung trägt, daß gänzlich verschiedene Strukturen und Prozesse im Innern eines Agenten gleiches Wissen realisieren können. Auch eröffnet sich dadurch die Möglichkeit, über Wissen zu reden (z.B. verschiedene Arten von Wissen zu untersuchen: siehe Kap.1.4), ohne gleichzeitig betrachten zu müssen, wie es darzustellen ist. Die Ebene, auf der sich Wissen funktional manifestiert, heißt nach Newell *Wissensebene*, während die interne Ebene der Strukturen und Prozesse *Symbolebene* genannt wird. Die Symbolebene ist die abstrakteste Schicht einer Folge zunehmend tieferer Implementierungsschichten, und die von ihr verwendeten Symbole identifizieren Entitäten (also Konzepte, Beziehungen oder Eigenschaften) der repräsentierten Welt. Die auf den tieferen Implementierungsebenen auftretenden Symbole stehen dagegen nicht mehr unbedingt für Entitäten der repräsentierten Welt, sondern sind auch Adressen von Datenelementen, Angaben zu deren Länge oder Angaben zur Anzahl an Datenelementen, die eine Datenstruktur enthält.

Definition: Wissensebene, Symbolebene

Als *Wissensebene* bezeichnen wir diejenige Ebene, auf der Wissensinhalte zu sehen sind, aber nicht die internen Strukturen, in denen sich die Inhalte manifestieren; diese Strukturen werden erst auf der *Symbolebene* sichtbar.

□

Trotz der Kritik, die man an Newells Definition äußern kann[7], ist sie wegen der Einführung der Begriffe einer Wissens- und einer Symbolebene von Bedeutung. Da die Symbolebene als eine abstrakte Implementierungsschicht und die Wissensebene als Spezifikation einer Klasse funktional gleicher Symbolebenen aufzufassen ist, legt die Wissensebene das *Was* und die Symbolebene das *Wie* fest. Unter diesem Blickwinkel ergibt sich eine deutliche Parallele zu dem Begriff eines *abstrakten Datentyps*, denn auch ein abstrakter Datentyp spezifiziert Verhalten und abstrahiert dabei von der Realisierung dieses Verhaltens durch Datenstrukturen und darauf definierter Operationen. So

---

[6]   Vergleiche dieses Postulat mit den Ausführungen in (Wright 74, Kap.III) – insbesondere mit dem dortigen Unterkapitel 4!

[7]   Die Definition von Newell ist sehr rudimentär und deshalb bei einer näheren Betrachtung unbefriedigend. So schließt er nicht aus, daß das Wissen eines Agenten auch falsch sein kann und definiert damit nicht das Wissen eines Agenten, sondern seine Überzeugungen. Ferner berücksichtigt er nicht, daß moralische Wertmaßstäbe einem Agenten bestimmte Aktionen verbieten, und schließlich hängen seine Definition von Wissen und seine Definition des Rationalitätsprinzips zyklisch voneinander ab. Eine detailliertere Ausführung dieser Kritik findet sich in (Fetzer 90, Kap.5, S.127–132).

kann man die Wissensebene etwas technischer als einen abstrakten Datentyp auffassen
und die Symbolebene als seine (abstrakteste) Implementation. Als abstrakter Datentyp
läßt sich die Wissensebene durch eine generische Anfrage- und eine generische Änderungsoperation auf einer Wissensbasis beschreiben[8], wie es durch die folgenden beiden
Abbildungen skizziert ist (nach (Levesque/Brachman 86)):

$$anfragen : Wissen \times Anfrage \rightarrow Ergebnis$$
$$mitteilen : Wissen \times Aussage \rightarrow Wissen$$

Die Darstellung von Elementen der Mengen *Wissen*, *Anfrage*, *Ergebnis* und *Aussage*
kann in einem beliebigen Format erfolgen, solange dabei keine Annahmen über Imple-
mentierungsaspekte eingebracht werden. Deshalb eignet sich beispielsweise ein Logikkalkül nicht zur Beschreibung von Wissen auf der Wissensebene, denn der Deduktionsapparat des Kalküls kann dazu verwendet werden, neue Formeln abzuleiten. Dadurch
fließen Annahmen darüber ein, welches Wissen explizit vorliegt und welches erst noch
inferiert werden muß. Folgerichtig ist ein Logikkalkül als Repräsentationsformat eindeutig auf der Symbolebene anzusiedeln (vgl. Kap.2.2). Anders verhält es sich, wenn man
lediglich die Sprache eines Logikkalküls zur Beschreibung von Aussagen verwendet und
dabei jegliche Annahmen über Deduktionsprozesse oder über die tatsächlichen Repräsentationsstrukturen auf der Symbolebene, die ja gar nicht logikartig zu sein brauchen,
vermeidet (vergleiche mit der Einführung des 'outcome' in (Levesque/Brachman 86)).

Wir wollen abschließend zusammenfassen, daß eine Spezifikation der Wissensebene
in jedem Fall offen läßt, wie zu einer Anfrage Antworten generiert werden und wie
neu mitgeteiltes Wissen in bestehendes Wissen integriert wird. Auch eine Notation,
die auf der Wissensebene zur Beschreibung von Wissen verwendet wird, darf keine
Annahmen über solche Prozesse einbringen. Wir fordern, Wissensrepräsentationsmodelle
(siehe Kap.1.3) auf der Wissensebene zu spezifizieren und sie ausschließlich mittels der
die Wissensebene ausmachenden Operationen einzusetzen (dies ist jedoch noch nicht
Stand der Kunst). Zur Vertiefung der Diskussion um die Wissensebene siehe (Pyly-
shyn/Demopoulos 86, Kap.2 und S.169–193), (Levesque/Brachman 86), (Dietterich 86)
sowie (Musen 89). Eine nähere Betrachtung von Wissen auf der Wissensebene nehmen
wir auch in Kapitel 1.4 vor (die wir nicht weiter vertiefen, da sich das vorliegende Buch
primär mit den Möglichkeiten zur Repräsentation von Wissen auf der Symbolebene
befaßt).

Nachdem wir den Begriff Wissen für die Bedürfnisse dieses Buchs ausreichend ge-
klärt haben (für eingehendere, philosophische Betrachtungen siehe (Morton 77), (White
82) und (Pollock 86)), wollen wir uns im folgenden Abschnitt näher mit dem Repräsentationsbegriff befassen.

---

[8]   Da diese Operationen auf der internen Wissensbasis eines Agenten oder Wissensträgers definiert sind,
haben sie nichts mit der möglichen Fähigkeit des Agenten, sein Wissen nach außen weiterzugeben, zu
tun.

1.3 Zum Repräsentationsbegriff

Einem Vorschlag von Brachman und Levesque folgend, wollen wir mit dem Begriff *Wissensrepräsentation* das Aufschreiben von Symbolen – *Repräsentationsstrukturen* genannt – bezeichnen, die in einer erkennbaren Weise einem Ausschnitt einer zu repräsentierenden Welt entsprechen (Brachman/Levesque 85). Was dabei "erkennbar" bedeutet, legen Brachman und Levesque nicht näher fest. Wir präzisieren deshalb die Definition und verlangen, daß das Aufschreiben von Strukturen erst dann eine Repräsentation ergibt, wenn es eine Interpretationsvorschrift gibt, die mindestens die Formulierung und Auswertung von Anfragen (optional auch von Änderungsoperationen) auf diesen Strukturen zuläßt. Solche Strukturen zusammen mit einer zugehörigen Interpretationsvorschrift nennen wir (ebenso wie den Vorgang ihrer Erstellung) Wissensrepräsentation oder kurz Repräsentation. Nach dieser Definition sind auch Bilder und Bücher Repräsentationen, da sie von uns Menschen (und in eingeschränktem Maße auch schon durch Rechner) interpretiert, also ihre Inhalte erschlossen werden können. Ein Programm würde man dagegen nicht unbedingt als eine Repräsentation ansehen, sondern eher als eine Interpretationsvorschrift auf den dann als Repräsentationsstrukturen betrachteten Datenstrukturen des Programms. Alternativ kann man aber auch das gesamte Programm als eine Repräsentation auffassen und einen Interpreter für die zugrundeliegende Programmiersprache als die zugehörige Interpretationsvorschrift (wie das z.B. für die Programmiersprache Prolog besonders nahe liegt) – dies ist allein eine Frage des Standpunktes (vgl. (Stoyan 88b), insbesondere Kap.5).

Wir wollen uns mit dem Repräsentationsbegriff noch etwas näher befassen und einige grundlegende Zusammenhänge verdeutlichen. Nach den obigen Ausführungen steht eine Repräsentation stellvertretend für eine Menge von Sachverhalten – repräsentierte Welt genannt – und ist somit ein Modell für diese Welt. Es treffen die folgenden Aussagen zu:

(1) Eine Repräsentation erfaßt einige Merkmale[9] der repräsentierten Welt.
(2) Eine Repräsentation erfaßt nicht zwangsläufig (in der Regel nie) alle Merkmale der repräsentierten Welt.
(3) Nicht alle Merkmale einer Repräsentation stehen zwangsläufig für Merkmale der repräsentierten Welt.

An diesen Aussagen wird klar, daß einer Menge von Repräsentationsstrukturen nicht anzusehen ist, was sie repräsentieren – damit wird nochmals die Notwendigkeit einer Interpretationsvorschrift deutlich. Wir definieren:

---

[9] Unter Merkmalen verstehen wir sowohl Regularitäten allgemeiner Art als auch Eigenschaften von und Beziehungen zwischen Objekten.

Definition: Repräsentation

Von einer *Repräsentation* sprechen wir, wenn zusätzlich zu einer Menge von Repräsentationsstrukturen Angaben dazu vorliegen, wie die Strukturen der Repräsentation
auf die Merkmale der repräsentierten Welt abzubilden sind. Diese Angaben stellen
die *Interpretationsvorschrift* dar.

□

Die Notwendigkeit, zusätzlich zu den Repräsentationsstrukturen auch die zugehörige
Interpretationsvorschrift anzugeben, läßt sich durch eine Gegenüberstellung der Repräsentationen aus Abbildung 5, die die in Abbildung 4 dargestellte Welt repräsentieren,
verdeutlichen[10]. Vergleicht man beispielsweise die Repräsentationen b) und d), so stellt
man fest, daß beide einen gerichteten Graphen angeben, aber eine Kante zwischen zwei
Knoten jeweils verschiedene Inhalte repräsentiert – im ersten Fall die räumliche Position
von Objekten zueinander und im zweiten Fall, ob zwei Objekte gleiche Fläche besitzen.
Umgekehrt kann ein und derselbe Sachverhalt durch verschiedene Arten von Strukturen
ausgedrückt werden, so z.B. die räumliche Position zweier Objekte zueinander durch
Kanten in einem Graphen, wie in Repräsentation b), oder durch eine bestimmte Reihenfolge, wie in Repräsentation a). Diese Beispiele illustrieren die Gültigkeit der Aussage
(1) der obigen Aufstellung. Ein Beispiel für die Aussage (2) ist die Tatsache, daß keine
der Repräsentationen in Abbildung 5 die geometrische Form der dargestellten Objekte
erfaßt, und Aussage (3) läßt sich schließlich dadurch veranschaulichen, daß in den Repräsentationen b) bis d) die Länge einer Kante sowie die Position eines Knoten nicht
interpretiert werden und somit nicht von Belang sind.

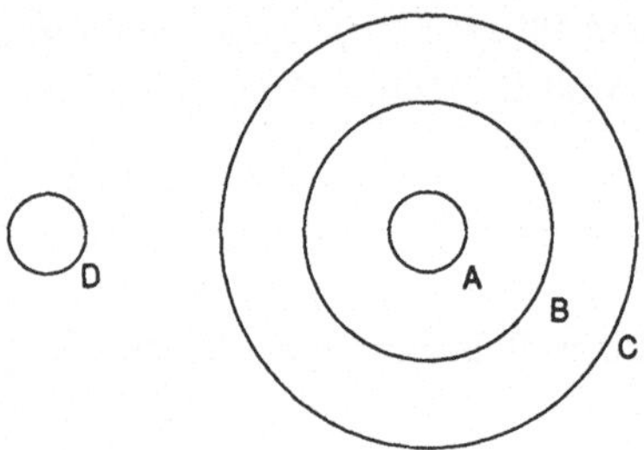

Abbildung 4: Eine zu repräsentierende Welt

---

[10]   Das Beispiel lehnt sich einem Beispiel aus (Palmer 78) an. Auch die folgende Diskussion orientiert
sich teilweise an der dortigen Darstellung.

Repräsentation a):
Es gilt die folgende Interpretationsvorschrift: Die Strichlänge entspricht der Größe des durch
den Strich dargestellten Objekts. Die Tatsache, daß ein Strich links von einem anderen steht,
bedeutet, daß sich das zugehörige Objekt innerhalb des anderen Objekts befindet.

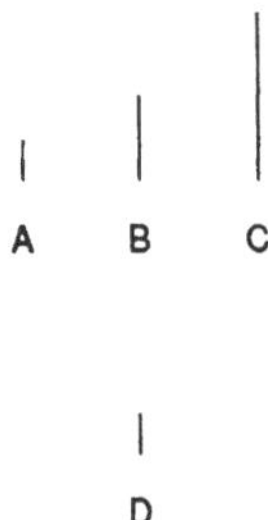

Repräsentation b):
Interpretationsvorschrift: Eine Kantenfolge[11] von einem Knoten x zu einem Knoten y bedeutet, daß das durch x bezeichnete Objekt innerhalb des durch y bezeichneten Objekts liegt.

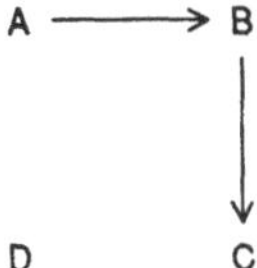

Repräsentation c):
Interpretationsvorschrift: Diese Repräsentation wird analog zu der in b) interpretiert, nur daß
statt Kantenfolgen einzelne Kanten zu betrachten sind.

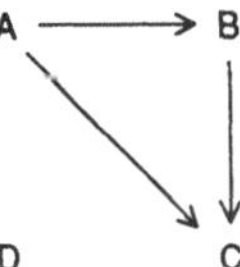

Repräsentation d):
Interpretationsvorschrift: Eine Kante von einem Knoten x zu einem Knoten y bedeutet, daß
das durch x bezeichnete Objekt die gleiche Fläche wie das durch y bezeichnete Objekt
besitzt.

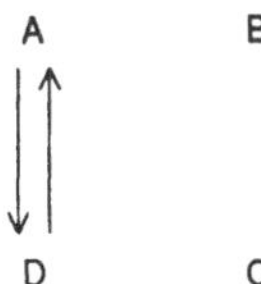

Abbildung 5: Verschiedene Repräsentationen der in Abbildung 4 dargestellten Welt

---

[11]   Unter einer Kantenfolge verstehen wir einen Weg von einem Knoten zu einem anderen Knoten, der
über beliebig viele Kanten gleicher Richtung führt, mindestens aber über eine Kante.

Neben der Notwendigkeit, die Interpretation der Strukturen einer Repräsentation genau festzulegen, lassen sich anhand von Abbildung 5 auch zwei wichtige Unterscheidungsmerkmale für Repräsentationen verdeutlichen. Zunächst kann ein Sachverhalt entweder *explizit* oder *implizit* repräsentiert sein. Im ersten Fall ist er direkt durch eine Repräsentationsstruktur dargestellt und kann unmittelbar aus der betreffenden Repräsentation abgelesen werden. Dagegen muß ein implizit repräsentierter Sachverhalt erst noch durch eine Berechnung ermittelt werden. Beispielsweise stellt Repräsentation c) in Abbildung 5 die räumliche Position zweier Objekte zueinander durch einzelne Kanten dar und ist deshalb direkt ablesbar. In Repräsentation b) ist die räumliche Beziehung zwischen Objekt A und Objekt C dagegen implizit repräsentiert, da aus den beiden Kanten von A nach B und von B nach C erst die Kantenfolge von A nach C ermittelt werden muß. Man nennt solche Berechnungen *Inferenzen* oder *Schlußfolgerungen*.

Ein zweiter Aspekt, in dem sich Repräsentationen unterscheiden können, ist die Art und Weise, wie sich Eigenschaften eines Objekt- oder Beziehungs*typs* (also nicht Eigenschaften eines einzelnen Objekts oder einer Beziehung zwischen zwei einzelnen Objekten) als Regularitäten in einer Repräsentation widerspiegeln. Solche Regularitäten, die man auch als Einschränkungen auffassen kann, können entweder den gewählten Repräsentationsstrukturen inhärent sein, oder sind gesondert anzugeben (vgl. neben (Palmer 78) auch (Brodie 84)). Betrachten wir als ein Beispiel die Enthaltenseinsbeziehung zwischen zwei Objekten und für diesen Beziehungstyp die Eigenschaft der Transitivität[12]. In Repräsentation a) aus Abbildung 5 ist die Enthaltenseinsbeziehung durch eine Reihenfolgebeziehung dargestellt. Da die Reihenfolgebeziehung transitiv ist, ist der Transitivität der Enthaltenseinsbeziehung damit automatisch Rechnung getragen: Sie ist dem gewählten Repräsentationsformat inhärent. Bei Verwendung des Repräsentationsformats aus Repräsentation a) ist es somit nicht möglich, die Transitivitätseigenschaft der Enthaltenseinsbeziehung zu verletzen! Deshalb spricht man hier von *intrinsischen* (auch von inhärenten) Einschränkungen. Dagegen ist es mit dem in Repräsentation c) gewählten Format möglich, durch Hinzunahme oder Weglassen von Kanten (z.B. durch Weglassen der Kante von A nach C) eine Repräsentation zu erstellen, die die Transitivitätseigenschaft verletzt. In solchen Fällen muß die Tatsache, daß Transitivität vorliegt und einzuhalten ist, explizit angegeben werden, entweder mit Hilfe weiterer Repräsentationsstrukturen oder durch eine Erweiterung der Interpretationsvorschrift. Man spricht hier von *extrinsischen* (auch von expliziten) Einschränkungen. Verwendet man statt des in Repräsentation c) gewählten Formats einzelner Kanten Kantenfolgen (wie in Repräsentation b) geschehen), erhält man wiederum eine bezüglich Transitivität intrinsische Darstellung.

Im Zusammenhang mit dem Repräsentationsbegriff wollen wir im folgenden noch einige weitere Begrifflichkeiten klären (vgl. Abb.6). Zunächst verstehen wir unter einem *Repräsentationsformat* eine Klasse gleichartiger Repräsentationsstrukturen. So bilden

---

[12] Eine Beziehung r heißt transitiv genau dann, wenn für beliebige x, y und z aus $r(x, y)$ und $r(y, z)$ immer $r(x, z)$ folgt.

beispielsweise netzartige Strukturen, in denen Knoten für Konzepte (oder Eigenschaften) stehen und Kanten für Beziehungen zwischen Konzepten (oder für die Zuordnung von Eigenschaften zu Konzepten), das Repräsentationsformat semantischer Netze (vgl. Kap.3).

Ein *Wissensrepräsentationsmodell* basiert auf einem oder mehreren Repräsentationsformaten und legt sowohl die konstruierbaren Repräsentationsstrukturen in formaler Weise fest als auch die darauf ausführbaren Operationen. Die zur Verfügung stehenden Grundtypen von Repräsentationsstrukturen nennen wir *Repräsentationskonstrukte*. Repräsentationskonstrukte können z.B. in einem netzartigen Repräsentationsformat verschiedene Kantentypen sein, die für verschiedene Typen von Beziehungen zwischen Konzepten stehen.

Schließlich bedarf es einer Syntax, um die durch ein Wissensrepräsentationsmodell unterstützten Repräsentationsstrukturen auch notieren zu können. Die durch eine solche Syntax festgelegte Sprache bezeichnen wir als *Wissensrepräsentationssprache*.

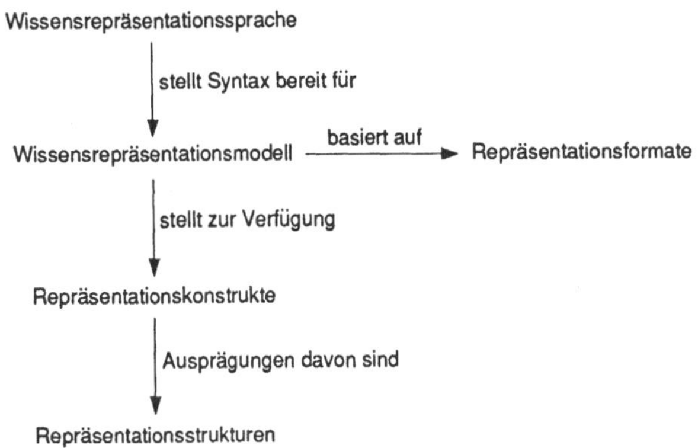

Abbildung 6: Übersicht über die eingeführten Begriffe

Der Begriff eines Wissensrepräsentationsmodells ist analog zum Begriff eines *Datenmodells*, wie er im Datenbankbereich benutzt wird (Tsichritzis/Lochovsky 82, Kap.1.3). Die bisher unterschiedlichen Schwerpunkte im Datenbank- und Wissensrepräsentationsbereich bedingen jedoch die Verwendung verschiedener Arten von Repräsentationsstrukturen und unterschiedlicher Typen von Operationen darauf. Man kann feststellen, daß einfachere, dafür effizient implementierte Strukturen im Datenbankbereich vorherrschen, während komplexere Strukturen typisch für den Wissensrepräsentationsbereich sind. Ein weiterer Unterschied ist das stärkere Gewicht, das im Datenbankbereich auf Änderungsoperationen liegt, während in der Wissensrepräsentation eher Inferenzprozesse auf statischen Strukturen im Vordergrund stehen. Dies ist jedoch eine bewußt polarisierte Charakterisierung, denn seit einiger Zeit läßt sich eine zunehmende Annäherung beider Gebiete verzeichnen (siehe Tagungsbände wie (Brodie et al. 84), (Brodie/Mylopoulos 86), (Kerschberg 86) und (Meersman et al. 90)).

Im verbleibenden Teil dieses Kapitels stellen wir zunächst verschiedene Ebenen vor, auf denen die Repräsentationskonstrukte eines Wissensrepräsentationsmodells angesiedelt sein können, um dann die für dieses Buch wichtigen Begriffe eines epistemischen Primitivs und eines Grundvokabulars einzuführen.

Nach Brachman (vgl. (Brachman 79)) unterscheidet man verschiedene Ebenen, auf denen Repräsentationskonstrukte angesiedelt sein können (vgl. Abb.7). Konstrukte auf der *Implementierungsebene* werden als Datenstrukturen interpretiert. Beispielsweise stellt das Konstrukt einer Kante in einem netzartigen Repräsentationsformat, das auf dieser Ebene angesiedelt ist, Zeiger zur Verfügung, mit denen die als Knoten gegebenen Datenelemente verkettet werden können. Über der Implementierungsebene ist die *Logikebene* angesiedelt. Zu dieser Ebene gehörende Konstrukte stehen für Operatoren einer mathematischen Logik oder dienen der Einführung von Prädikaten oder Funktionssymbolen. Ein auf der Logikebene angesiedeltes netzartiges Repräsentationsformat würde beispielsweise einen Kantentyp bereitstellen, der als eine logische Und-Verknüpfung interpretiert wird (die durch eine solche Kante verbundenen Knoten müssen dann als Aussagen zu interpretieren sein). Komplexerer Natur sind Konstrukte auf der *epistemologischen Ebene*. Sie stehen für Zusammenhänge, die nicht auf jeweils ein logisches Sprachelement zurückgeführt werden können, sondern in ihrer Bedeutung nur durch eine Menge logischer Formeln beschreibbar sind. Beispiele hierfür sind Konstrukte, die der Repräsentation einer Spezialisierungsbeziehung zwischen einem allgemeineren Konzept (z.B. 'Tier') und einem spezielleren Konzept (z.B. 'Säugetier') oder der Repräsentation verschiedener Konzepttypen, wie Konzeptklassen, Individualkonzepte oder Massenkonzepte (vgl. Kap.1.4), dienen. Konstrukte auf der epistemologischen Ebene sind unabhängig von einer speziellen Anwendungsdomäne. Sie sind die am stärksten ausdifferenzierten Konstrukte, die noch domänenunabhängig sind und eignen sich deshalb am besten zur Aufnahme in ein Repräsentationsmodell. Auf der nächsthöheren Ebene, der *konzeptuellen Ebene*, besteht die Domänenunabhängigkeit nicht mehr. Konstrukte dieser Ebene stehen beispielsweise für grundlegende Konzepte, wie elementare Ereignisse (z.B. das Berühren oder das Bewegen eines Objekts), aus denen sich komplexere Ereignisse zusammensetzen. Die Konstrukte auf der konzeptuellen Ebene sind jedoch in jedem Fall unabhängig von einer natürlichsprachlichen Formulierung eines Sachverhalts. Diese Einschränkung wird schließlich auf der höchsten Ebene, der *linguistischen Ebene*, fallengelassen. Dort steht ein Konstrukt für eine grammatikalische Konstruktion, für ein Wort oder für eine Phrase in einer natürlichen Sprache. Für jede der oben dargestellten Ebenen (mit Ausnahme der Implementierungsebene) gilt, daß ihre Konstrukte durch Konstrukte einer der tieferen Ebenen definiert werden können.

Wie wir schon erwähnt haben, eignen sich Konstrukte, die auf der epistemologischen Ebene angesiedelt sind, besonders als Repräsentationskonstrukte für ein Repräsentationsmodell. Die Inhalte, für die sie stehen (sowie die Konstrukte selber), nennen wir *epistemische Primitive*. Wir werden diesen Begriff in den späteren Kapiteln dieses

Linguistische Ebene:	Eine Kante steht z.B. für den Sachverhalt, daß eine Speicherplatte durch einen Motor in Rotation versetzt wird.
Konzeptuelle Ebene:	Eine Kante steht z.B. für das Beschleunigen eines Objekts durch ein anderes.
Epistemologische Ebene:	Eine Kante steht z.B. für eine Spezialisierungsbeziehung zwischen zwei Konzepten.
Logikebene:	Eine Kante zeigt z.B. eine logische Und-Verknüpfung zwischen zwei Aussagen an.
Implementierungsebene:	Eine Kante hat z.B. die Bedeutung eines Verkettungszeigers zwischen Datenstrukturen.

Abbildung 7: Die verschiedenen Interpretationsebenen für Repräsentationskonstrukte (nach Brachman) am Beispiel einer Kante in einem netzartigen Repräsentationsformat

Buches mehrfach verwenden und legen ihn deshalb in der folgenden Definition nochmals genauer fest:

Definition: Epistemisches Primitiv

Ein epistemisches Primitiv steht für eine Klasse gleichartiger Sachverhalte, die so allgemein sind, daß ihr Auftreten nicht an einen bestimmten Diskursbereich (oder eine Klasse bestimmter Diskursbereiche) gebunden ist – epistemische Primitive sind also domänenunabhängig. Ein Repräsentationskonstrukt, das der Repräsentation eines als epistemisches Primitiv klassifizierten Sachverhalts dient, gehört der epistemologischen Ebene an; ein solches Repräsentationskonstrukt werden wir ebenfalls epistemisches Primitiv nennen.[13]

□

Als ein epistemisches Primitiv lassen sich beispielsweise die Sachverhalte auffassen, daß ein Konzept Unterbegriff eines anderen ist, daß zwischen zwei Konzepten eine nicht näher bestimmte, assoziative Beziehung besteht oder daß ein Konzept eine bestimmte Eigenschaft aufweist.

Wir wollen schließlich die Forderung aufstellen, daß Repräsentationen generell unter Verwendung eines bestimmten *Grundvokabulars* aufgebaut sein sollten. Unter Grundvokabular verstehen wir Repräsentationsstrukturen, die auf der konzeptuellen Ebene (vgl. Abb.7) angesiedelt sind, also einen gewissen Allgemeinheitsgrad besitzen, und in einer Repräsentation in gleicher Form mehrfach verwendet werden können. Beispielsweise lassen sich Repräsentationen von Handlungen immer auf gleiche Grundbausteine zurückführen. So weisen Handlungen immer einen ausführenden Agenten auf, es gibt meistens ein von der Handlung betroffenes Objekt, es gibt eine Zeit und einen Ort für die Handlung. Repräsentationskonstrukte für diese Angaben eignen sich deshalb als Grundvokabular für Handlungsrepräsentationen. Verwendet man für alle Handlungsrepräsentationen dasselbe Grundvokabular, werden verschiedene solcher Repräsentationen

---

[13]   Die Unterscheidung zwischen epistemischen Primitiven als Sachverhalte und den zugehörigen Repräsentationskonstrukten ist für unseren Zweck übergenau.

miteinander vergleichbar. Erst dann ist beispielsweise aus einer Repräsentation zu erkennen, daß zwei Handlungen denselben Agenten besitzen.

Definition: Grundvokabular

Ein Element eines Grundvokabulars ist ein Repräsentationskonstrukt, mit dem sich Sachverhalte darstellen lassen, die so speziell sind, daß sie nicht in jedem Diskursbereich auftreten, jedoch so allgemein, daß sich verschiedene komplexere Sachverhalte durch sie beschreiben lassen – ein Grundvokabular ist also domänenspezifisch. Repräsentationskonstrukte, die ein Grundvokabular bilden, gehören der konzeptuellen Ebene an.

□

Es kann sinnvoll sein, in ein Repräsentationsmodell nicht nur Repräsentationskonstrukte für epistemische Primitive aufzunehmen, sondern auch Konstrukte, die zur konzeptuellen Ebene gehören. Ein solches Repräsentationsmodell ist dann nicht mehr domänenunabhängig, kann aber dafür in bestimmten Anwendungen aufgrund der für sie zugeschnittenen Repräsentationskonstrukte produktiver eingesetzt werden. So wären beispielsweise Repräsentationsmodelle speziell für die Modellierung von 3D-Objekten oder für die Repräsentation von zeitlichen Abläufen denkbar.

1.4 Wissensarten

In diesem Kapitel stellen wir verschiedene Wissensarten vor. Das Ziel liegt dabei nicht in einer umfassenden Diskussion, die stark kognitionspsychologisch oder philosophisch geprägt wäre und damit den Rahmen des vorliegenden Buches sprengen würde (siehe jedoch die Literaturhinweise am Ende des Abschnitts), sondern darin, eine grobe Klassifikation aufzustellen. Sie wird in den Kapiteln 2 bis 4 dazu dienen, für jedes Repräsentationsformat zu erläutern, wie Wissen verschiedener Art damit dargestellt werden kann und wie gut sich das Format dafür eignet. Durch dieses Vorgehen werden die Repräsentationsformate untereinander besser vergleichbar. Daneben verdeutlicht die Betrachtung in diesem Abschnitt nochmals, daß eine Untersuchung von Wissensarten losgelöst davon, wie Wissen repräsentiert werden kann, möglich und sinnvoll ist.

Zunächst legen wir den für das gesamte Buch zentralen Begriff eines Konzepts näher fest. Unter einem *Konzept*[14] wollen wir alle konkreten und abstrakten Dinge verstehen, die Beschreibungsgegenstand sind und worüber deshalb Aussagen vorliegen – genauer:

---

[14] Die Bezeichnung 'Konzept' ist aus dem englischen 'concept' abgeleitet und meint dassselbe wie die Bezeichnung 'Begriff'. Wir verwenden hier die Bezeichnung 'Konzept', weil sie in der KI gebräuchlich ist.

Definition: Konzept

Ein Konzept ist ein 3-Tupel (*Konzeptname, Extension, Intension*). Die *Extension* ist die Menge aller Objekte, die zu dem Konzept gehört, während die *Intension* die Merkmale angibt, die ein Objekt aufweisen muß, um zu dem Konzept zu gehören. Diese Merkmale nennen wir auch Konzeptmerkmale.

□

Zu den Merkmalen eines Konzepts gehören seine *Eigenschaften*. Eigenschaften sind nicht näher bestimmte Angaben, über die man keine weiteren Aussagen machen möchte (welche Angaben Eigenschaften sind, kann sich natürlich von Anwendung zu Anwendung ändern, siehe weiter unten). Somit sind Eigenschaften klar von Konzepten zu unterscheiden. Beispiele sind die Eigenschaften, rot zu sein, 500 DM zu kosten oder hölzern zu sein. Eigenschaften gleichen Typs werden zu einer *Eigenschaftsklasse* zusammengefaßt. So gehört die Eigenschaft, rot zu sein, zur Eigenschaftsklasse Farbe, und die Eigenschaft, 500 DM zu kosten, gehört zur Eigenschaftsklasse Preis. Statt von Eigenschaftsklassen und Eigenschaften spricht man auch von Attributen und Attributwerten (vor allem im Datenbankbereich) oder von Eigenschaften und Eigenschaftswerten oder -ausprägungen. Wissen um die Eigenschaften eines Konzepts ist eine der Wissensarten, die wir in diesem Buch unterscheiden werden.

Außer durch seine Eigenschaften kann ein Konzept durch seine Beziehungen zu anderen Konzepten charakterisiert werden. *Semantische Beziehungen* (vgl. z.B. (Chaffin/Herrmann 88)) unterscheiden sich von Eigenschaften darin, daß sie nicht allein auf ein Konzept Bezug nehmen, sondern Aussagen zu zwei (oder bei mehrstelligen Beziehungen zu mehreren) Konzepten sind. Beispiele für semantische Beziehungen sind die Teil-von-Beziehung (z.B. zwischen einem Baum und seinem Stamm, vgl. (Winston et al. 87)), zeitliche Beziehungen zwischen Ereignissen (z.B. zeitliche Abfolge oder Gleichzeitigkeit, vgl. (Miller/Johnson-Laird 76, Kap.6.2)), räumliche Beziehungen (z.B. zwischen einem Behälter und den Gegenständen darin, vgl. (Miller/Johnson-Laird 76, Kap.6.1)) oder Kausalbeziehungen (z.B. zwischen Blitz und Donner, vgl. (Miller/Johnson-Laird 76, Kap.6.3), (Kyburg 88), (Shoham 90, Kaps.1–3)). Jedem Beziehungstyp liegen bestimmte Regularitäten zugrunde. So ist die Teil-von-Beziehung, die ein Ganzes mit im rein physischen Sinne kleineren Einheiten in Bezug setzt (wie Finger als Teil einer Hand) transitiv, nicht jedoch die Teil-von-Beziehung, der eine funktionale Beziehung zugrunde liegt (so ist ein Griff Teil einer Tür, aber nicht Teil eines Hauses: siehe (Iris et al. 88)). Für eine Kausalbeziehung zwischen zwei Ereignissen gilt, daß sie eine zeitliche Abfolge zwischen ihnen impliziert, während räumliche Beziehungen nur zwischen physischen Objekten oder Ereignissen bestehen können. Man kann argumentieren, daß solche Regularitäten Aussagen über einen Beziehungstyp sind und dieser somit ein Konzept ist. Wie wir weiter unten ausführen werden, kann man tatsächlich eine semantische Beziehung auch als ein Konzept auffassen. Verschiedene Beziehungsausprägungen können dann verschiedene Eigenschaften haben. Dagegen sind die für einen Beziehungstyp geltenden Regularitäten für alle Beziehungsausprägungen gleichermaßen definiert; teilweise sind sie überhaupt nur auf der Beziehungstypebene formulierbar (wie z.B. Transitivität). Wissen um die semantischen Beziehungen zwischen Konzepten ist eine weitere Wissensart, die wir in diesem Buch betrachten werden.

Es ist zu betonen, daß nicht nach absoluten Maßstäben festgelegt werden kann, was eine Eigenschaft, was eine semantische Beziehung und was ein Konzept ist. Hier sind ganz verschiedene Sichtweisen möglich, die von dem Zweck einer Repräsentation bestimmt werden. So kann ein Preis eine Eigenschaft sein, aber auch ein Konzept, wenn nähere Angaben dazu dargestellt werden sollen, wie die Währung, in der der Preis angegeben ist, seine Stabilität, ob er ein Brutto- oder Nettopreis ist oder ob er Rabatte beinhaltet. Analog kann man die Eigenschaft 'rot' auch als ein Konzept 'Rot' einführen und beispielsweise angeben, welches der zugehörige Spektralbereich des sichtbaren Lichts ist. Entsprechend kann 'rot' nicht länger eine Eigenschaft eines Konzepts sein, sondern es besteht stattdessen eine semantische Beziehung zwischen einem Konzept, das diese Farbe aufweist, und dem Konzept Rot. Genauso wie Eigenschaften als Konzepte gesehen werden können, sind auch semantische Beziehungen als Konzepte aufzufassen, wenn für sie Eigenschaften angegeben werden sollen. Entsprechend wird eine Teil-von-Beziehung zwischen zwei Konzepten als ein Konzept betrachtet, wenn man Angaben über die Zeitpunkte, zu denen verschiedene Beziehungsausprägungen gültig sind, vorsehen möchte. Genauso wird man die Beziehung zwischen dem Lieferanten und dem Empfänger einer Lieferung als ein Konzept 'Lieferung' auffassen, wenn als Eigenschaften beispielsweise Zeitpunkt und Warenwert anzugeben wären.

Wenn wir bisher von Konzepten gesprochen haben, haben wir damit noch nicht explizit zwischen *Konzeptklassen*[15] und *Individualkonzepten* unterschieden (den Begriff Konzept werden wir auch weiterhin für beide Bedeutungen benutzen, wenn jeweils klar ist, ob Konzeptklassen oder Individualkonzepte gemeint sind). Eine Konzeptklasse steht dabei für eine Menge gleichartiger Objekte, die wir auch *Klassenelemente* nennen – genauer:

Definition: Konzeptklasse

> Eine Konzeptklasse ist ein Konzept, dessen Extension mehr als ein Objekt enthält. Die Intension einer Konzeptklasse bezeichnen wir auch als *Konzeptklassenbeschreibung*.

> □

Ein Individualkonzept ist folgendermaßen definiert:

---

[15] Eigentlich müßte man von Klassenkonzepten sprechen, doch ist der Begriff Konzeptklasse eingeführt, so daß wir ihn übernehmen wollen.

Definition: Individualkonzept

Ein Individualkonzept ist ein Konzept, dessen Extension genau ein Objekt enthält.
Die Intension eines Individualkonzepts beschreibt die Merkmale dieses Objekts.
□

Wissen, daß ein Konzept eine Konzeptklasse oder ein Individualkonzept ist, wollen wir
ebenfalls als eine Wissensart auffassen.

Zu jeder Konzeptklasse gibt es eine Menge von Individualkonzepten, so daß die
Objekte, die sie beschreiben, in einer Elementbeziehung zur Extension dieser Konzeptklasse stehen. Die semantische Beziehung zwischen einem solchen Individualkonzept
und der zugehörigen Konzeptklasse werden wir in diesem Buch durchgängig *Instanz-
von-Beziehung* nennen.

Definition: Instanz-von-Beziehung

Zwischen einem Individualkonzept (N, E, I), dessen Extension E das Objekt o
enthält, und einer Konzeptklasse (N', E', I') besteht die Instanz-von-Beziehung
genau dann, wenn $o \in E'$ (und somit $I \Rightarrow I'$).
□

Da alle Individualkonzepte, die zu einer Konzeptklasse gehören, die in der Klassenbeschreibung angegebenen Merkmale aufweisen, spricht man von der *Vererbung* der
Beschreibungsmerkmale von der Ebene der Konzeptklassenbeschreibung auf die Ebene
der Individualkonzepte. Ist eine Klassenbeschreibung genügend detailliert, kann sie (innerhalb des modellierten Weltausschnitts) nicht nur als notwendiges, sondern auch als
hinreichendes Kriterium für die Zugehörigkeit eines Individualkonzepts zu einer Konzeptklasse dienen.

Eine Klassenbeschreibung kann bestehen aus der Angabe von:

- *Eigenschaften*, die jedes Klassenelement besitzt (z.B. alle Klassenelemente sind rot).
- *Eigenschaftsklassen*, die für jedes Klassenelement definiert sind (z.B. alle Klassenelemente besitzen eine Farbe).
- *semantischen Beziehungen zu anderen Konzeptklassen*; jedes Klassenelement muß
  dann Beziehungen der angegebenen Art zu Elementen der betreffenden Konzeptklassen aufweisen (z.B. besteht für jeden Baum eine Teil-von-Beziehung zu einem
  Stamm).
- *semantischen Beziehungen zu Individualkonzepten*; hier weist jedes Klassenelement
  eine Beziehung des spezifizierten Typs zum angegebenen Individualkonzept auf
  (z.B. wenn alle Klassenelemente Produkt desselben Herstellers sind).

Zu einer Konzeptklasse kann es speziellere Konzeptklassen geben, die dann Unterbegriffe des durch die Konzeptklasse beschriebenen Begriffs sind. Eine Konzeptklasse ist *Unterklasse* (oder Spezialisierung) einer anderen Konzeptklasse genau dann, wenn ihre Extension eine Teilmenge der Extension der allgemeineren Klasse ist, z.B. ist die Klasse aller Hunde eine Unterklasse aller Säugetiere und diese ist Unterklasse aller Tiere. Entsprechend sieht die intensionale Beschreibung der spezielleren Konzeptklasse zusätzlich zu den bei der allgemeineren Klasse festgelegten Merkmalen weitere oder speziellere Merkmale vor. Auch hier spricht man von *Vererbung*: Es werden die Merkmale einer Konzeptklasse auf alle ihr untergeordneten, spezielleren Konzeptklassen vererbt. Die semantische Beziehung zwischen einer Konzeptklasse und einer ihrer Unterklassen nennen wir in diesem Buch *Is-a-Beziehung*, die wir aber auch als *Ober-/Unterbegriffs-* oder *Spezialisierungsbeziehung* bezeichnen werden.

Definition: Is-a-Beziehung

Zwischen einer Konzeptklasse $k = (N, E, I)$ und einer Konzeptklasse $k' = (N', E', I')$ besteht die Is-a-Beziehung genau dann, wenn $E \subseteq E'$ (und somit $I \Rightarrow I'$).[16] Die Konzeptklasse k heißt dann Unterbegriff der Konzeptklasse k'.
$\square$

Die Menge aller Konzeptklassenbeschreibungen und die zwischen ihnen bestehenden Spezialisierungsbeziehungen bilden die *Konzepthierarchie*. Der Aufbau einer Konzepthierarchie ergibt sich aus dem Zweck, dem sie dienen soll und kann deshalb prinzipiell nach beliebigen Kriterien erfolgen. So kann man in einer Konzepthierarchie Pflanzen zuerst nach Blütenfarben, dann nach Blütenformen, nach Samenformen und anschließend vielleicht nach ihren Inhaltsstoffen aufgliedern. Gleichzeitig kann man eine zweite, die erste überlagernde Konzepthierarchie aufbauen, die Pflanzen nach rein botanischen Kriterien, also nach Abteilungs-, Klassen-, Familien-, Gattungs- und Artenzugehörigkeit unterteilt. Für menschliches Gedächtnis gilt jedoch, daß Konzepthierarchien nicht beliebig strukturiert, sondern in einer ganz bestimmten Weise aufgebaut sind (obwohl ad hoc beliebige Klassen gebildet werden können), nämlich derart, daß sie mit dem Verständnis, welches ein Mensch von einem Weltausschnitt entwickelt hat und welches ihm erlaubt, beobachtete Phänomene zu erklären, zusammenpassen (Murphy/Medin 85). Für natürlich vorkommende Dinge ('natural kinds') bedeutet dies, daß sie in die (natürlich kulturabhängigen) Grundeinheiten menschlicher Wahrnehmung und menschlichen Denkens eingeteilt sind. Man nennt diese Grundeinheiten *ontologisch*. Beispielsweise sind die Klasse aller teuren Gegenstände, zu der so verschiedene Dinge wie Smaragde und Kaviar gehören, sowie die Klasse aller nicht-sehenden Dinge, zu der z.B. Getreide und

---

[16]　Manchmal läßt man zwischen den Extensionen auch Gleichheit zu.

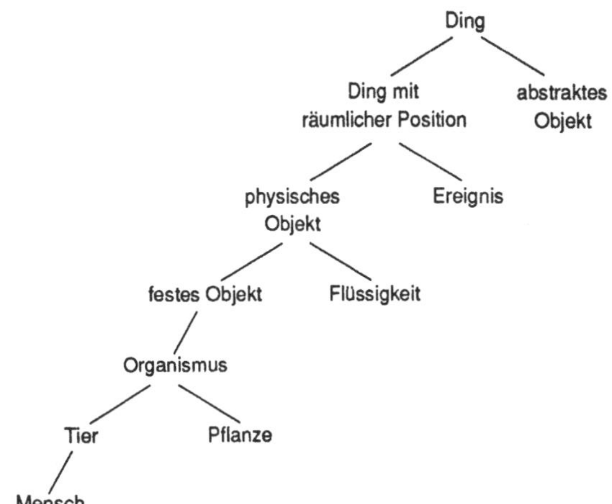

Abbildung 8: Eine Konzepthierarchie ontologischer Klassen (nach (Keil 79), S.16)

Berge gehören, nicht ontologisch, wohl aber die in Abbildung 8 dargestellten Klassen
(vgl. (Keil 79)).

So wie Individualkonzepte zu Konzeptklassen zusammengefaßt sind, kann aus mehreren Konzeptklassen, die bestimmte Gemeinsamkeiten aufweisen, eine Klasse "höherer Ordnung" gebildet werden. Es geht damit eine Abstraktion einher, durch die
ein neuer Begriff gebildet wird. Da solche Klassen mehrere Konzeptklassen zu einer
Gruppe zusammenfassen, wollen wir sie *Gruppenklassen* nennen. Ein Beispiel ist der
durch eine Gruppenklasse beschreibbare Begriff einer Tierart, der verschiedene Begriffe
(oder Konzeptklassen), wie Hund, Insekt oder Vogel, umfaßt. Gruppenklassen können
ebenso wie Konzeptklassen durch Teilmengenbildung spezialisiert werden. So ist die
(Gruppen-)Klasse aller Vogelarten eine Teilmenge der (Gruppen-)Klasse aller Tierarten
und somit eine Unterklasse von ihr.

Definition: Gruppenklasse

Eine Gruppenklasse ist ein 3-Tupel (N, E, I), wobei N ihr Name, E die Extension
und I die Intension ist. Die Elemente der Extension sind Konzeptklassen.
$\square$

Eine wichtige Sorte von Konzepten sind *Ereignisse.* Unter einem Ereignis versteht
man eine Zustandsänderung, für die es einen Ort und eine Zeitdauer oder einen Zeitpunkt
gibt (je nachdem, ob es ein momentanes Ereignis ist oder nicht). Da Ereignisse sich
von anderen Konzepten deutlich unterscheiden, wollen wir das Wissen um Ereignisse als
eine weitere Wissensart verstehen. Ereignisse, die durch ein belebtes Objekt absichtsvoll
ausgelöst werden, nennen wir *Handlungen.* Das auslösende Objekt heißt *Agent* (oder
auch Aktor; vgl. (Miller/Johnson-Laird 76, Kap.6.3.2)).

Definition: Ereignisse

Unter einem Ereignis versteht man eine Zustandsänderung, für die es einen Ort und eine Zeitdauer oder einen Zeitpunkt gibt.

□

Als eigene Wissensart wollen wir auch Wissen über *Massenkonzepte* verstehen. Massenkonzepte zeichnen sich dadurch aus, daß sie nicht zählbar sind (vgl. (Lonning 87)). Beispiele für Massenkonzepte sind Flüssigkeiten und Schüttgut, wie Sand, Kies oder Getreide.

Definition: Massenkonzept

Konzepte, die sich dadurch auszeichnen, daß sie nicht zählbar sind, heißen Massenkonzepte.

□

Von sehr allgemeiner Natur ist Wissen über *regelhafte Zusammenhänge*. Es ist von der Art "wenn Faktum A zutrifft, dann gilt auch Faktum B", z.B. "wenn die Erde zwischen Sonne und Mond steht, dann gibt es eine Mondfinsternis". Besondere Fälle regelhafter Zusammenhänge haben wir als spezielle Wissensarten schon kennengelernt, z.B. Wissen über Eigenschaften, die allen Elementen einer Konzeptklasse gemeinsam sind.

Definition: Regelhafte Zusammenhänge

Wissen von der Art "wenn Faktum A zutrifft, dann gilt auch Faktum B" bezeichnen wir als Wissen um regelhafte Zusammenhänge.

□

Eng mit Wissen über regelhafte Zusammenhänge verwandt ist Wissen über *einschränkende Bedingungen*, also Wissen über die Unzulässigkeit von Zuständen oder Zustandsänderungen. Einschränkende Bedingungen kann man auch als regelhafte Zusammenhänge auffassen und umgekehrt. So läßt sich das oben erwähnte Beispiel eines regelhaften Zusammenhangs als die Einschränkung interpretieren, daß kein Zustand möglich ist, wo die Erde zwischen Sonne und Mond steht und keine Mondfinsternis auftritt. Die Unterscheidung zwischen regelhaften Zusammenhängen und einschränkenden Bedingungen begründet sich somit lediglich auf eine unterschiedliche Sichtweise. Beispielsweise werden regelhafte Zusammenhänge, die mit dem Verbot unzulässiger Aktionen verbunden sind, als Einschränkungen aufgefaßt (z.B. daß keine Person unter 18 Jahren einen Führerschein erwerben kann).

Definition: Einschränkende Bedingungen
> Wissen über die Unzulässigkeit von Zuständen oder Zustandsänderungen bezeichnen
> wir als Wissen um einschränkende Bedingungen.
>
> □

Wissen aller Art kann verschiedenen *Status* besitzen. Es kann *unvollständig* sein[17]
(man weiß z.B. nur, daß eine Person Schülerin oder Studentin ist, aber nicht, welches
von beiden), *unsicher* (z.B. das Wissen, daß eine Person möglicherweise Studentin ist)
oder *widersprüchlich* (wenn z.B. gleichzeitig angenommen wird, daß eine Person acht
Jahre alt und Studentin ist).

Ferner kann Wissen über Eigenschaften *ungenau* sein, d.h. keine exakte Angabe
zu einem Eigenschaftswert machen, wohl aber die möglichen Werte einschränken (man
weiß z.B. daß eine Person groß ist, kennt aber nicht ihre genaue Größe). Der Unterschied zu unsicherem Wissen besteht darin, daß ungenaues Wissen sicher zutreffend
ist, während der Unterschied zu unvollständigem Wissen darin besteht, daß eine Eigenschaftsangabe (z.B. 'groß', 'lang', 'ziemlich hell') sehr wohl vorliegt und nicht fehlt.
Eine ungenaue Eigenschaftsangabe legt einen Bereich fest, aus dem der tatsächliche
Wert stammt. Verschiedene Werte aus diesem Wertebereich sind dabei mit verschieden
großer Wahrscheinlichkeit zutreffend (z.B. ist eine große Person eher 1.85 m als 1.75 m
groß).

Weiterhin kann man verschiedene *Modalitäten* eines Sachverhalts unterscheiden. Es
ist also möglich, Wissen über Sachverhalte zu besitzen, die notwendig, möglich oder
unmöglich sind (alethische Modalitäten), oder die obligatorisch, geboten oder verboten
sind (deontische Modalitäten; vgl. (Wunderlich 81, Kap.5.7)).

Als *prototypisch* (auch *stereotypisch*) bezeichnet man Wissen über normalerweise
zutreffende Sachverhalte. Es umfaßt Aussagen, die in der Regel zutreffen und als korrekt angenommen werden, solange kein gegenteiliges Wissen vorliegt. Man nennt sie
Default-Aussagen; sind dies Aussagen zu Konzepteigenschaften, spricht man auch von
Default-Eigenschaften. Besonders Konzeptklassenbeschreibungen sind häufig prototypisch, da sich Konzeptklassen oft nicht durch eine Menge immer zutreffender Merkmale
beschreiben lassen, sondern nur durch Merkmale zu charakterisieren sind, die zwar für
die meisten, aber nicht für alle Klassenelemente zutreffen. Solche typischerweise zutreffenden Merkmale können aber gerade charakteristisch für die betreffende Konzeptklasse

---

[17] Natürlich sind alle Wissensbasen unvollständig in dem Sinne, daß immer nur Teile einer zu repräsentierenden Welt erfaßt werden können (vgl. Kap.1.3). Bezeichnen wir eine Wissensbasis dennoch
als unvollständig, so ist damit gemeint, daß sie unvollständig bezüglich des erfaßten Weltausschnitts ist.
Gehört zu einem Weltausschnitt beispielsweise Wissen über das Alter von Personen, und ist dieses für
eine Person nicht gegeben, dann liegt unvollständiges Wissen vor. Levesque formuliert das Kriterium der
Unvollständigkeit folgendermaßen: Eine Wissensbasis heißt unvollständig, wenn sie für eine Menge von
Aussagen feststellt, daß mindestens eine davon wahr ist (z.B. durch Oder-Verknüpfung von oder Existenz-
quantifizierung über Aussagen), aber nicht angibt, welche dies ist (Levesque 86). Ist also das Alter einer
Person nicht bekannt, wird wenigstens repräsentiert, daß es ein Alter für die Person gibt.

sein und gehören dann zwangsläufig zur Klassenbeschreibung (z.B. können Vögel in der Regel fliegen und ein PKW wird normalerweise von einem Verbrennungsmotor angetrieben). Die Elemente einer prototypischen Konzeptklasse können verschieden stark von der Klassenbeschreibung abweichen. Die Klassenbeschreibung legt den idealen Vertreter, den *Prototypen* der Klasse fest. Er hat besonders viele Eigenschaften mit den Klassenelementen gemeinsam und weist besonders wenige Eigenschaften auf, die Elemente anderer Klassen besitzen. Ein solcher Prototyp muß nicht unbedingt existieren. Fast alle Konzepte natürlichen Ursprungs ('natural kinds'), wie Baum und Strauch oder Fluß und Bach, sind prototypischer Natur. Zur Diskussion von Prototypen siehe (Rosch 78), (Putnam 75, Kap.8) und (Taylor 89).

Definition: Prototypisches Wissen, Default-Aussage

Prototypisches Wissen besteht aus Default-Aussagen. Eine Aussage heißt Default-Aussage, wenn sie eine Angabe zu einem Sachverhalt macht, der in der Regel zutrifft, aber in Einzelfällen falsch sein kann.

☐

Wichtig zu unterscheiden ist ferner zwischen *definitorischen* und *kontingenten* Aussagen zu einem Konzept (manchmal auch als analytisches und synthetisches Wissen oder notwendige und kontingente Wahrheiten bezeichnet). Definitorisch ist eine Aussage zu einem Konzept dann, wenn sie einen Sachverhalt feststellt, der den Konzept*inhalt* betrifft, also notwendig dafür ist, daß ein Individualkonzept als zu der betreffenden Konzeptklasse zugehörig betrachtet wird – oder anders formuliert – daß es nicht möglich ist, sich konsistent eine Situation vorzustellen, in der die Aussage für das Konzept nicht zutrifft. Für kontingente Aussagen gilt dies nicht (vgl. (Pulman 83, Kap.2, Kap.6), (Chisholm 77, Kap.3.9), (Putnam 75, Kap.2)). So ist die Aussage, daß der öffentliche Nahverkehr ausgebaut werden muß, kontingent für das Konzept Nahverkehr, aber die Aussage, daß alles Verkehrsaufkommen zur Überwindung von Entfernungen bis zu 20 km als Nahverkehr gilt, ist für dieses Konzept definitorisch; kontingent ist die Aussage, daß Auerhühner heutzutage selten sind, dagegen ist die Aussage, daß das Auerhuhn ein Hühnervogel ist, definitorisch.

Definition: Definitorische vs. kontingente Aussagen

Eine definitorische Aussage zu einem Konzept betrifft den Konzeptinhalt, während dies für eine kontingente Aussage nicht zutrifft.

☐

Sowohl definitorische als auch kontingente Aussagen zu einer Konzeptklasse sind Allaussagen über die Klassenelemente. Damit sind kontingente Aussagen von Default-Aussagen unterschieden. Die Differenzierung zwischen definitorischen und kontingenten Aussagen über Konzeptklassen ist dann notwendig, wenn bestimmte *Inferenzen* zugelassen oder unterbunden werden sollen. So ist aus der Kenntnis, daß ein Individualkonzept eine für eine Konzeptklasse definitorische Eigenschaft nicht aufweist, zu schließen, daß es sich nicht um ein Element dieser Klasse handeln kann. Im Falle einer nicht erfüllten kontingenten Eigenschaft ist dieser Schluß nicht unbedingt zulässig, denn auch wenn kontingente Aussagen als über alle Klassenelemente allquantifiziert interpretiert werden, so kann es doch zu einem zukünftigen Zeitpunkt ein Individualkonzept geben, das eine kontingente Aussage nicht erfüllt. Die kontingente Aussage würde dann zur Default-Aussage werden. Eine solche Umwandlung ist für kontingente Aussagen möglich, aber nicht für definitorische Aussagen, da dies eine Änderung des Konzeptinhalts bedeuten würde (man hätte es dann mit einem ganz anderen Konzept zu tun).

Wir wollen ein konkretes Beispiel zur Unterscheidung definitorischer und kontingenter Aussagen diskutieren. In früheren Zeiten waren alle Telefone schwarz, so daß eine Repräsentation der Konzeptklasse eines Telefons die Aussage vorsehen konnte, daß alle Klassenelemente schwarz sind. Das ist eine kontingente Aussage, da aus der Tatsache, daß ein Gegenstand nicht schwarz ist, nur aufgrund des aktuellen Weltzustands, aber nicht inhaltlich folgt, daß er kein Telefon ist. Dagegen ist für die Klasse aller schwarzen Telefone die Aussage, daß alle Klassenelemente schwarz sind, definitorisch.

Die Entscheidung, ob eine Aussage definitorisch oder kontingent ist, kann im Einzelfall extrem schwierig sein. Sie hängt letztlich davon ab, wofür eine Repräsentation eingesetzt werden soll, also welche Inferenzen zu unterstützen sind.

Schließlich sei noch erwähnt, daß auch Wissen über Wissen, also *Meta-Wissen* möglich ist. So kann man Wissen darüber haben, welches Wissen man nicht besitzt, welches Wissen mit Unsicherheit behaftet ist, welches Wissen im Widerspruch zu anderem Wissen steht oder wann man bestimmtes Wissen am besten für eine Problemlösung einsetzt.

Unter *Allgemeinwissen* ('commonsense knowledge') versteht man Wissen, welches wir als Menschen einsetzen, um alltägliche Probleme zu lösen, z.B. sich anderen Menschen mitteilen, eine Mahlzeit zubereiten oder die Telefonnummer einer bestimmten Person ausfindig machen. Solches Wissen läßt sich von *Fachwissen* abgrenzen, das Experten einsetzen, um Probleme spezialisierter Art zu lösen, wie die Reparatur oder der Entwurf eines technischen Geräts, die Diagnose von Krankheiten oder das günstige Anlegen von Kapital. Es zeigt sich, daß die Repräsentation von Allgemeinwissen und die Realisierung von Inferenzen damit sich wesentlich schwieriger gestalten, als man dies aufgrund unserer Vertrautheit mit Allgemeinwissen zunächst vermuten würde (vgl. (Davis 90)). Bei näherer Betrachtung erscheint dies jedoch plausibel, denn schließlich verbringt ein Mensch die ersten Jahre seines Lebens vorwiegend damit, Alltagswissen zu lernen, so daß dieses Wissen sehr umfangreich ist, während spezielles Fachwissen (oft) in vergleichsweise kurzer Zeit gelernt wird.

Mit dieser Übersicht über Wissensarten haben wir viele Begriffe nur kurz andiskutiert. Eine sehr viel ausführlichere Betrachtung wäre möglich, doch das ist nicht die Aufgabe des vorliegenden Buches. Wer sich näher mit der Untersuchung von Wissensarten in einem kognitionspsychologischen Rahmen befassen möchte, sei verwiesen auf

(Miller/Johnson-Laird 76), (Lakoff 87) und (Cohen 89). Verschiedene kognitionspsychologische Theorien zur Repräsentation von Konzepten beim Menschen stellt (Smith/Medin 81) vor. Als Einführungen in philosophische Betrachtungen von Wissen seien (Morton 77), (White 82) und (Pollock 86) erwähnt.

Die Darstellung der Repräsentationsformate in den folgenden Kapiteln des vorliegenden Buches gliedert sich nach den oben vorgestellten Wissensarten. Es wird jedes Format auf seine Verwendung und Eignung für die jeweilige Wissensart untersucht, wodurch eine gute Vergleichbarkeit der Repräsentationsformate untereinander erreicht wird. Jedoch unterstützen manche Repräsentationsformate manche Wissensarten nicht. In solchen Fällen haben wir für das betreffende Repräsentationsformat nicht immer ein Kapitel zu dieser Wissensart vorgesehen. In einigen wenigen Fällen werden auch Wissensarten nicht behandelt, weil die wesentlichen Aussagen dazu im Rahmen eines anderen Repräsentationsformats schon gemacht wurden und diese leicht übertragbar sind. Zur Orientierung gibt die Übersicht in Tabelle 1 an, welche Wissensart für welches Repräsentationsformat behandelt ist und kennzeichnet für die nicht behandelten Fälle, ob das Repräsentationsformat für die Wissensart nicht anwendbar ist oder ob die wesentlichen Aussagen zu der betreffenden Wissensart im Rahmen eines anderen Repräsentationsformats schon gemacht wurden.

Wissensart	Logik	Produktions-regeln	Analoge Repräsentation	Semantische Netze	Frames
Eigenschaften	behandelt	nicht anwendbar, siehe Bem. 1	behandelt	behandelt	behandelt
semantische Beziehungen	behandelt	behandelt	behandelt	behandelt	behandelt
Konzeptklassen, Individual-konzepte	behandelt	behandelt, siehe Bem. 2	behandelt	behandelt	behandelt
Gruppenklassen	behandelt	siehe Bem. 1	nicht behandelt, da nicht anwendbar	behandelt	nicht behandelt, analog zu semant. Netzen
Ereignisse und Handlungen	behandelt	siehe Bem. 1	behandelt	behandelt	behandelt
Regelhafte Zusammenhänge, Einschränkungen	behandelt	behandelt	behandelt	behandelt	behandelt
Modalaspekte	behandelt	siehe Bem. 1	nicht behandelt, da nicht anwendbar	behandelt	nicht behandelt, da nicht anwendbar
unvollständiges Wissen	behandelt	siehe Bem. 1	behandelt	behandelt	behandelt
unsicheres Wissen	behandelt	behandelt	behandelt	behandelt	behandelt
widersprüchliches Wissen	behandelt	behandelt	nicht behandelt, da nicht anwendbar	behandelt	nicht behandelt, analog zu semant. Netzen
ungenaues Wissen	behandelt	siehe Bem. 1	behandelt	behandelt	nicht behandelt, analog zu semant. Netzen
prototypisches Wissen	behandelt	behandelt	behandelt	nicht behandelt, analog zu Frames	behandelt
definitorisches vs. kontingentes Wissen	behandelt	behandelt	nicht behandelt, da nicht anwendbar	behandelt	behandelt

Bemerkung 1: Die Repräsentation von Wissen dieser Art betrifft nicht das Produktionsregelformat, sondern das Format der zugrundeliegenden Faktenbasis.

Bemerkung 2: Mit Produktionsregeln sind nur Konzeptklassen repräsentierbar; die Individualkonzepte sind in der Faktenbasis dargestellt.

Tabelle 1: Übersicht über die im Buch behandelten Wissensarten

2. Nicht-objektzentrierte Repräsentationsformate

Dieses Kapitel befaßt sich mit Repräsentationsformaten, die als nicht-objektzentriert bezeichnet werden können. Damit ist gemeint, daß die zu einem Konzept vorliegenden Aussagen über die Gesamtrepräsentation verteilt und nicht jeweils zentral in einer Konzeptbeschreibung zusammengefaßt sind.

Im Vergleich zu den in Kapiteln 3 und 4 zu behandelnden Repräsentationsformaten sind die folgenden Ausführungen zu Logik, Produktionsregeln und analogen Repräsentationen relativ knapp gehalten, da sie nicht zum Schwerpunkt dieses Buches gehören[18]. Auf die Behandlung dieser Repräsentationsformate wurde jedoch nicht ganz verzichtet, da ein Vergleich der in den Kapiteln 3 und 4 dargestellten Formate mit ihnen sonst nicht möglich gewesen wäre.

In den folgenden Unterkapiteln gehen wir zunächst ganz kurz auf natürliche Sprache ein, die ja ein sehr mächtiges und flexibles Mittel zur Repräsentation von Wissen darstellt, wenn auch nicht für ein rechnergestütztes System. Anschließend wird in Kapitel 2.2 Logik als Repräsentationsformat eingeführt. Kapitel 2.3 befaßt sich mit Produktionsregeln, während Kapitel 2.4 auf analoge Repräsentationen eingeht.

2.1 Natürliche Sprache

In diesem Abschnitt gehen wir kurz auf die Wissensdarstellung durch natürliche Sprache ein. Obwohl Sprache gegenüber allen anderen Repräsentationsformaten die größte Ausdruckskraft besitzt, eignet sie sich aus mehreren Gründen nicht für die Repräsentation von Wissen auf einem Rechner. So ist natürliche Sprache zunächst viel zu *komplex*, als daß sie mit vertretbarem Aufwand algorithmisch handhabbar wäre – ganz abgesehen davon, daß sprachverstehende Systeme, die eine Sprache auch nur annähernd vollständig abdecken, nicht in Sicht sind. Neben der komplexen Syntax muß eine algorithmische Behandlung von natürlicher Sprache zusätzlich auf der semantischen Ebene der Tatsache Rechnung tragen, daß ein und derselbe Sachverhalt unter Verwendung des gleichen Vokabulars ganz unterschiedlich ausgedrückt werden kann[19]. Eine ebenfalls eher störende Eigenschaft ist die *Redundanz* natürlicher Sprache, da dieses zusätzlichen Behandlungsaufwand bedeutet[20]. Die Hauptschwierigkeit mit natürlicher Sprache zur

---

[18] Zu Logik und Produktionsregeln liegt ohnehin schon eine Reihe von Lehrbüchern vor, z.B. (Genesereth/Nilsson 87), (Jackson et al. 89), (Richter 89), (Smets et al. 88) (siehe die Literaturhinweise zum Kapitel "Logik") sowie (Brownston et al. 85) und (Krickhahn/Radig 87) (siehe die Literaturhinweise zum Kapitel "Produktionsregeln").

[19] Beispiele hierfür sind die folgenden Sätze: "Alle Hunde haben einen Schwanz", "Hunde haben Schwänze", "Jeder Hund hat einen Schwanz"

[20] Ein Beispiel hierfür ist die Anzeige von Numerus und Genus eines Nomens sowohl durch den Artikel, die Flexion des Nomens sowie die Flexion eines zugehörigen Verbs.

Wissensrepräsentation ergibt sich jedoch aus ihrer Mehrdeutigkeit, die im alltäglichen Gebrauch durch uns Menschen keine Probleme bereitet, da durch den jeweiligen *Kontext* und durch beim Adressaten einer Äußerung vorhandenes *Hintergrundwissen* eine Disambiguierung (in der Regel) möglich ist[21]. Beide Möglichkeiten fallen bei der Repräsentation von Wissen auf einem Rechner weg, denn einmal löst es (in der Regel) das Repräsentationsproblem nicht, wenn ein Repräsentationsformat nur einsetzbar ist, wenn schon geeignetes Hintergrundwissen zur korrekten Interpretation einer damit erstellten Repräsentation vorhanden ist, und zum anderen soll die korrekte Interpretation einer Wissensbasis möglichst nicht vom (Anwendungs-)Kontext abhängig sein.

2.2 Logik

2.2.1 Einführung

Mathematische Logik spielt in der gesamten Informatik eine zentrale Rolle für die Beschreibung formaler Systeme, wie Programmiersprachen, Datenmodelle oder Wissensrepräsentationsmodelle. Neben ihrer Verwendung zur Formalisierung z.B. eines Wissensrepräsentationsmodells kann Logik auch direkt dazu herangezogen werden, Wissen zu repräsentieren und Schlußfolgerungen auf diesem Wissen zu ermöglichen. Logik ist somit auch ein Wissensrepräsentationsformat. Ihre Attraktivität liegt dabei in der (im Gegensatz zu vielen anderen Repräsentationsformaten) schon eingeführten Syntax und Semantik sowie in der Bereitstellung eines Schlußfolgerungsapparats.

Wir stellen im folgenden die grundlegenden Begriffe kurz vor, können hier aber keine Logikeinführung geben (siehe dazu die Literaturhinweise in Kapitel 2.2.5). Die folgende Darstellung bezieht sich ausschließlich auf Prädikatenlogik erster Ordnung (wo sich Variablen nur auf Funktionssymbole, nicht aber auf Prädikatsymbole beziehen können – s.u.).

Syntax der Prädikatenlogik. Die beiden syntaktischen Grundelemente der Prädikatenlogik sind *Terme* und *Formeln.* Terme stehen für Objekte, während Formeln Aussagen über Objekte darstellen. Die Menge der Terme läßt sich folgendermaßen definieren:

---

[21] Beispielsweise kann die Äußerung "Alle Hunde haben Schwänze" bedeuten, daß jeder Hund nur einen Schwanz besitzt oder daß jeder Hund mehrere Schwänze besitzt; ferner kann "Alle Hunde haben einen Schwanz" bedeuten, daß alle Hunde denselben Schwanz haben oder daß jeder Hund einen, von den anderen verschiedenen Schwanz besitzt.

Definition: Term

   a) Jede Variable ist ein Term.

   b) Sind $t_1, \ldots, t_n$ Terme, und ist f ein n-stelliges Funktionssymbol ($n \geq 0$), dann ist auch $f(t_1, \ldots, t_n)$ ein Term.

   $\square$

Ein Term ist somit entweder eine Variable oder ein funktionaler Ausdruck. *Konstanten* sind nullstellige Funktionssymbole.

Zur Definition der Menge aller Formeln sei zunächst festgelegt, was eine atomare Formel ist:

Definition: Atomare Formel

Sind $t_1, \ldots, t_n$ Terme, und ist p ein n-stelliges Prädikatsymbol ($n \geq 0$), dann ist $p(t_1, \ldots, t_n)$ eine atomare Formel.

   $\square$

Mit Hilfe dieser Definition können wir nun festlegen, was eine Formel ist:

Definition: Formel

   a) Jede atomare Formel ist eine Formel.

   b) Sind A und B zwei Formeln, dann sind auch die folgenden Ausdrücke Formeln[22]: $\neg A$, $A \vee B$, $A \wedge B$, $A \Rightarrow B$. Dabei ist $\neg$ die Negation, $\vee$ heißt Disjunktion oder Oder-Verknüpfung, $\wedge$ Konjunktion oder Und-Verknüpfung, und $\Rightarrow$ heißt Implikation.

   c) Ist A eine Formel und x eine Variable, dann ist auch $\forall x : A$ sowie $\exists x : A$ eine Formel. $\forall$ heißt Allquantor und $\exists$ Existenzquantor. In einer Formel $\forall x : A$ bzw. $\exists x : A$ heißt die Variable x *gebunden*.

   $\square$

Definition: Abgeschlossene Formel

Eine Formel, in der alle Variablen gebunden sind, heißt abgeschlossene Formel.

   $\square$

Abgeschlossene Formeln stellen Aussagen über (durch Terme bezeichnete) Objekte dar und besitzen deshalb einen Wahrheitswert (der unbekannt sein kann). Die *Bindungsstärke* der logischen Verknüpfungsoperatoren nimmt in der folgenden Reihenfolge ab: $\forall$, $\exists$, $\neg$, $\wedge$, $\vee$, $\Rightarrow$, $\Leftrightarrow$. Entsprechend dieser Vereinbarung werden wir in logischen Formeln Klammern setzen.

---

[22] Da sich jeder der logischen Verknüpfungsoperatoren auf die anderen Operatoren zurückführen läßt, würde es ausreichen, z.B. nur die Negation ($\neg$) und die Disjunktion ($\vee$) einzuführen. Es ist nämlich $A \wedge B$ äquivalent zu $\neg(\neg A \vee \neg B)$ sowie $A \Rightarrow B$ äquivalent zu $\neg A \vee B$. Ebenso würde es genügen, nur einen Quantor einzuführen, denn es ist $\forall x : A$ äquivalent zu $\neg \exists x : \neg A$, bzw. es ist $\exists x : A$ gleichbedeutend mit $\neg \forall x : \neg A$.

Da in den obigen Definitionen auf Funktions- und Prädikatsymbole Bezug genommen wird, ohne diese näher anzugeben, ist die Prädikatenlogik genau betrachtet eine Klasse von Logiken, die sich lediglich in bezug auf die zugrundeliegenden Symbole unterscheiden.

Beispiele:

Die folgenden Ausdrücke sind Terme, wenn $Standort$, $Fläche$ und $Anbaufläche$ Funktionssymbole und alle anderen Symbole Konstanten (bzw. nullstellige Funktionssymbole) sind:

$$Seerose, \quad Gewässer, \quad Blatt, \quad 5, \quad Standort(Seerose),$$
$$Anbaufläche(Mais, BRD, 1989), \quad Fläche(Standort(Seerose\text{-}1))$$

Obwohl durch die Wahl der Funktionssymbole für einen menschlichen Betrachter schon eine bestimmte Bedeutung der Terme suggeriert wird, ist diese formal gesehen natürlich nicht existent (siehe die Ausführungen zur Semantik der Prädikatenlogik weiter unten).

Unter Verwendung der obigen Terme sind die folgenden Ausdrücke (abgeschlossene) Formeln, wenn $=$ und $hat\text{-}teil$ Prädikatsymbole sind:

$$=(Standort(Seerose), Gewässer)$$
$$hat\text{-}teil(Seerose, Blatt)$$
$$\exists x: \ =(Standort(x), Gewässer)$$

Statt der Präfix-Schreibweise für das Gleichheitsprädikat verwendet man in der Regel die Infix-Notation, also z.B. $Standort(Seerose) = Gewässer$. Auch für die Prädikatsymbole gilt, daß die Wahl ihres Namens dem menschlichen Betrachter zwar suggeriert, welches ihre Bedeutung sein soll, daß aber die Namenswahl formal betrachtet völlig beliebig ist. Stattdessen sind es die Formeln, in denen ein Prädikatsymbol auftritt, die seine Interpretationsmöglichkeit einschränken und somit seine Semantik festlegen.

Semantik der Prädikatenlogik. Die Semantik der oben als Terme und Formeln definierten syntaktischen Strukturen ist formal noch nicht festgelegt worden. Die Bedeutung einer Formel und der darin auftretenden Terme wird durch eine, *Interpretation* genannte Abbildung angegeben. Diese Abbildung ordnet jedem in einer Formel vorkommenden Symbol ein Objekt, eine Funktion oder eine Relation aus dem Weltausschnitt, über den die Formel eine Aussage darstellt, zu. Jede Interpretationsabbildung muß den in der folgenden Definition angegebenen Bedingungen genügen. Durch die Menge der so definierten Abbildungen ist die Semantik der Prädikatenlogik festgelegt – wenn man Variablen zunächst noch ausklammert.

Definition: Eingeschränkte Interpretationsabbildung

Sei I der Individuenbereich eines Weltausschnitt (Diskursbereichs), dann ist ω_e eine eingeschränkte Interpretationsabbildung, falls die folgenden Bedingungen erfüllt sind:

a) Für jedes n-stellige ($n \geq 0$) Funktionssymbol f ist $\omega_e(f)$ eine Abbildung von I^n nach I, also $\omega_e(f) : I^n \to I$.

b) Für jedes n-stellige ($n \geq 0$) Prädikatsymbol p ist $\omega_e(p)$ eine Abbildung von I^n in die Menge der beiden Wahrheitswerte $wahr$ und $falsch$, also $\omega_e(p) : I^n \to \{wahr, falsch\}$[23].

$\square$

Um nun auch Variablen zu behandeln, ist eine *Belegungsfunktion* einzuführen, die jeder Variablen ein Objekt im Individuenbereich (ihre Belegung) zuordnet. Die oben eingeführte Interpretationsabbildung ω_e läßt sich dann entsprechend erweitern, wobei auch gleichzeitig die Einschränkung auf atomare Formeln aufgehoben wird:

Definition: Interpretationsabbildung

Sei b eine Belegungsfunktion und ω_e eine eingeschränkte Interpretationsabbildung (wie oben eingeführt) für den Individuenbereich I, dann ist ω eine Interpretationsabbildung, falls die folgenden Bedingungen erfüllt sind:

a) Für jede Variable x ist $\omega(x) = b(x)$

b) Für jedes n-stellige Funktionssymbol ($n \geq 0$) der Form $f(t_1, \ldots, t_n)$ gilt $\omega(f(t_1, \ldots, t_n)) = \omega_e(f)(\omega(t_1), \ldots, \omega(t_n))$.

c) Für jedes n-stellige Prädikatsymbol ($n \geq 0$) (bzw. eine atomare Formel) der Form $p(t_1, \ldots, t_n)$ gilt $\omega(p(t_1, \ldots, t_n)) = \omega_e(p)(\omega(t_1), \ldots, \omega(t_n))$.

d) Seien A und B Formeln und x eine Variable, dann gilt:

$$\text{i)} \quad \omega(\neg A) = \begin{cases} wahr & \text{, falls } \omega(A) = falsch \\ falsch & \text{, sonst} \end{cases}$$

$$\text{ii)} \quad \omega(A \vee B) = \begin{cases} wahr & \text{, falls } \omega(A) = wahr \text{ oder } \omega(B) = wahr \\ falsch & \text{, sonst} \end{cases}$$

$$\text{iii)} \quad \omega(\exists x : A) = \begin{cases} wahr & \text{, falls es ein } d \text{ gibt, so daß für } b(x) = d \text{ die} \\ & \text{Bedingung } \omega(A) = wahr \text{ gilt} \\ falsch & \text{, sonst} \end{cases}$$

$$\text{iv)} \quad \omega(\forall x : A) = \begin{cases} wahr & \text{, falls } \omega(\exists x : \neg A) = falsch \\ falsch & \text{, sonst} \end{cases}$$

$\square$

---

[23]   Alternativ kann man $\omega_e(p)$ auch als Teilmenge von I^n definieren. Dann würde $\omega_e(p)$ genau diejenigen n-Tupel enthalten, für die $\omega_e(p)$ nach der unter b) gegebenen Variante auf den Wert $wahr$ abgebildet wird.

Eine atomare Formel $p(t_1,\ldots,t_n)$ heißt *erfüllt* durch eine Belegungsfunktion b und eine Interpretationsabbildung ω genau dann, wenn $\omega(p(t_1,\ldots,t_n)) = wahr$.

Logisches Schließen. Ein wesentliches Merkmal mathematischer Logik besteht darin, daß aus einer gegebenen Formelmenge unter Zuhilfenahme von Inferenzregeln neue Formeln abgeleitet werden können, die in der bisherigen Formelmenge implizit enthaltene Aussagen explizit darstellen. Besonders vorteilhaft unter dem Gesichtspunkt der Verwendung von Logik für die Wissensrepräsentation ist die Möglichkeit, mit Hilfe logischen Schließens Aspekte menschlichen Schlußfolgerns nachzubilden.

Der Schlußfolgerungs- (oder Deduktions-)apparat einer Prädikatenlogik[24] ist festgelegt durch eine Menge allgemeingültiger Formeln – der *Axiomenmenge* – sowie als Abbildungen aufzufassende Ableitungs- oder *Inferenzregeln*. Dabei ist der gleiche Deduktionsapparat durch verschiedene Kombinationen einer Axiomenmenge mit einer Menge von Inferenzregeln definierbar (wobei die wichtige Eigenschaft, daß alle gültigen Formeln ableitbar sind, immer gewährleistet bleibt). Beispiele für Axiome, die in einer Axiomenmenge auftreten können, sind die Axiomenschemata $a \lor \neg a$ und $(a \land b) \Rightarrow a$, wobei a und b für beliebige Formeln stehen. Eine allgemein bekannte Inferenzregel heißt *modus ponens* und läßt sich als die folgende Abbildung definieren:

$$mp(x,y) = \begin{cases} z & \text{, falls } y \text{ die Formel } x \Rightarrow z \text{ ist} \\ \text{undefiniert} & \text{, sonst} \end{cases}$$

Es sind x und z dabei beliebige Formeln. In Worten ausgedrückt besagt diese Inferenzregel, daß die Aussage z gilt, falls x gilt und aus der Aussage x die Aussage z folgt (also $x \Rightarrow z$). Ein Beispiel:

$$mp(\textit{ist-seerose}(s), \textit{ist-seerose}(s) \Rightarrow \textit{hat-blätter}(s)) = \textit{hat-blätter}(s)$$

Üblicherweise notiert man eine Inferenzregel, die besagt, daß aus einer Formel a und einer Formel b die Formel c abzuleiten ist, in der folgenden Weise:

$$\frac{\begin{array}{c} a \\ b \end{array}}{c}$$

Für modus ponens schreiben wir also

$$\frac{\begin{array}{c} x \\ x \Rightarrow z \end{array}}{z}$$

Da modus ponens die in der KI am häufigsten angewandte Inferenzregel ist und sie auf Implikationen basiert, wird dort häufig schon eine Implikation allein als Inferenzregel bezeichnet. Gemeint ist dann jedoch die darauf definierte Ableitungsregel modus

---

[24] Im Falle einer Prädikatenlogik, die über einen Schlußfolgerungsapparat verfügt, spricht man auch von einem Prädikatenkalkül.

ponens. Wir werden im gesamten Kapitel 2.2 noch die exakte Terminologie verwenden, jedoch in den weiteren Kapiteln die Bezeichnung 'Inferenzregel' auch für Implikationen heranziehen, solange daraus keine Mißverständnisse entstehen können (um mit dem üblichen Sprachgebrauch gleichzuziehen und Verwirrung zu vermeiden).

Ein wichtiger Aspekt des Schlußfolgerns mit Hilfe von Inferenzregeln ist die Tatsache, daß der Vorgang rein syntaktisch, also völlig unabhängig von der Interpretation der herangezogenen Formeln ist. Das ist deshalb von besonderer Bedeutung, weil sich dadurch die Möglichkeit eröffnet, logisches Schlußfolgern automatisch, also z.B. auf einem Rechner durchzuführen[25]. Tatsächlich gibt es Verfahren des *automatischen Beweisens*[26], die für eine beliebige prädikatenlogische Formel, die aus einer Menge vorgegebener Formeln folgt (also ein Theorem ist), eine Schlußfolgerungskette herausfindet, die dieses zeigt. Es läßt sich jedoch zeigen, daß es kein Verfahren gibt, welches für den allgemeinen Fall feststellen kann, daß eine Formel *nicht* aus einer vorgegebenen Formelmenge folgt. Aufgrund dieser, *Semi-Entscheidbarkeit* genannten Eigenschaft der Prädikatenlogik ergibt sich das Problem, daß es im Falle eines automatischen Theorembeweisers, der sich in einem Berechnungsvorgang befindet, unklar ist, ob er noch zu einem Ergebnis kommen wird oder ob er niemals anhält, da die ihm gegebene Formel kein Theorem ist.

Die prädikatenlogischen Axiome (z.B. $\neg a \lor a$) sind allgemeingültige Formeln (oder Tautologien), also immer wahr. Diese sogenannten *logischen Axiome* können um weitere, *nicht-logische Axiome* ergänzt werden. Man erhält dadurch eine *Theorie*. Mit Hilfe von nicht-logischen Axiomen werden Merkmale eines zu repräsentierenden Weltausschnitts beschrieben. Da sie diesen Weltausschnitt von anderen Weltausschnitten abgrenzen, sind sie im Gegensatz zu den logischen Axiomen keine Tautologien, also nicht immer wahr. Als ein Beispiel seien die (nicht-logischen) Axiome angegeben, denen eine Menge M mit einer inneren Verknüpfung v (v ist also ein Funktionssymbol) genügen muß, um eine Gruppe genannt zu werden:

a) Assoziativität: $\forall a, b, c \in M : v(v(a, b), c) = v(a, v(b, c))$
b) Es gibt ein neutrales Element: $\exists n \in M : \forall a \in M : v(a, n) = a$
c) Zu jedem Element gibt es ein Inverses: $\forall a \in M : \exists a' \in M : v(a, a') = n$

Nach dieser kurzen Einführung in die Prädikatenlogik werden wir im folgenden näher auf die Verwendung von Logik zur Wissensrepräsentation eingehen.

---

[25] Möglicherweise ist es für manche Anwendungen, die auf sehr komplexe Schlußfolgerungen angewiesen sind, sinnvoll, den Schlußfolgerungsprozeß auf semantischer statt auf syntaktischer Ebene durchzuführen. Dies ist gegenwärtig noch ein offenes Forschungsproblem (vgl. (Wos 88)).
[26] Am häufigsten wird das Resolutionsverfahren eingesetzt (siehe Literaturhinweise in Kapitel 2.2.5).

2.2.2 Modellierung mit Logik

Die folgende Darstellung der Repräsentation von Wissen mit Logik ist nach den verschiedenen Wissensarten, die in Kapitel 1.4 eingeführt wurden, untergliedert. Alle zu repräsentierenden Aussagen werden durch abgeschlossene Formeln in einer Wissensbasis dargestellt, die als nicht-logische Axiome aufzufassen sind. Eine Wissensbasis ist dann eine Theorie. Wir beschränken uns auf Logiken erster Ordnung, wie sie im letzten Abschnitt eingeführt wurden, denn Logiken höherer Ordnung (z.B. zweiter Ordnung, wo variable Prädikatsymbole zugelassen sind) spielen wegen ihrer hohen Berechnungskomplexität und wegen ihrer Unentscheidbarkeit eine untergeordnete Rolle in der KI (allerdings findet die Typenlogik (Andrews 86, Kap.5) neuerdings zunehmend Anhänger). Um im folgenden zwischen Funktionssymbolen, Variablen und Prädikatsymbolen unterscheiden zu können, treffen wir die folgende Vereinbarung:

Vereinbarung:

    a) Prädikatsymbole werden im folgenden in Kursivschrift angegeben (beispielsweise '*hat-teil*').

    b) Funktionssymbole werden in regulärer Schrift dargestellt (z.B. 'gelb').

    c) Terme, die Variablen sind, lassen sich eindeutig als solche identifizieren, da sie im folgenden immer quantifiziert sind.

    ☐

Ferner wird üblicherweise die Vereinbarung getroffen, daß Konzeptnamen innerhalb einer Repräsentation eindeutig sind:

Definition: Annahme der Namenseindeutigkeit ('unique name assumption')

Die Annahme der Namenseindeutigkeit besagt, daß zwei Terme, für die nicht die Gleichheit nachzuweisen ist, als Bezeichner für verschiedene Objekte interpretiert werden (vgl. mit der Annahme einer abgeschlossenen Welt in Kap.2.2.3).
☐

Die folgenden Ausführungen sind recht knapp gehalten, da die Wissensrepräsentation mit Logik nicht zum Schwerpunkt des vorliegenden Buches gehört. Literaturhinweise zu umfassenderen Einführungen in dieses Thema finden sich am Ende von Kapitel 2.2.5.

2.2.2.1 Eigenschaften

Die einfachste Art, Eigenschaften eines Konzepts darzustellen, ist mit Hilfe eines einstelligen Prädikats, das das Zutreffen der betreffenden Eigenschaft postuliert. Beispiele hierfür sind

$$gelb(\text{Blüte-1}) \qquad ungiftig(\text{Zwerg-Teichrose-1}) \qquad hoch(\text{Eiffelturm})$$

Dieses Vorgehen ist nur für Eigenschaften möglich, die in natürlicher Sprache adjektivisch ausdrückbar sind. Eigenschaften, die durch eine Maßzahl und die zugehörige

Eigenschaftsklasse beschrieben werden, können auf diese Weise nicht dargestellt werden, da zwei Angaben notwendig sind. Möchte man z.B. ausdrücken, daß der Eiffelturm 320 m hoch (und nicht etwa 320 m breit) ist, verlangt das entweder ein zweistelliges Prädikat:

$$höhe(\text{Eiffelturm, 320 m})$$

oder man sieht statt des Prädikats *höhe* eine Funktion vor, die für ein Argument die zugehörige Höhe als Funktionswert liefert, und postuliert die Gleichheit:

$$\text{höhe(Eiffelturm)} = 320 \text{ m}$$

Das gleiche Vorgehen ist natürlich auch für adjektivische Eigenschaften möglich und sogar notwendig, falls Aussagen über die Eigenschaften dargestellt werden sollen. Ist beispielsweise über die Farbe Gelb die Aussage zu repräsentieren, daß sie die Komplementärfarbe zu Violett ist, muß es für die beiden Farben jeweils einen Term geben – sie werden damit als Konzepte aufgefaßt:

$$\text{farbe(Blüte-1)} = \text{gelb} \qquad komplementärfarbe(\text{gelb, violett})$$

Die Umwandlung eines Prädikats in einen Term nennt man *Reifikation*, was soviel wie Vergegenständlichung heißt. Eine Reifikation muß sich immer auf alle Formeln einer Formelmenge beziehen, damit ein Symbol nicht gleichzeitig als Funktions- und Prädikatsymbol auftritt (dieses ist ja nach der Definition der Prädikatenlogik nicht zulässig).

Zusammenfassend können wir die folgenden Möglichkeiten zur Repräsentation von Eigenschaften unterscheiden (für eine Eigenschaftsklasse 'eigenschaftsklasse', eine Eigenschaft 'eigenschaft' und ein Konzept 'konzept'):

1. $eigenschaft(\text{konzept})$
2. $eigenschaftsklasse(\text{konzept, eigenschaft})$
3. $\text{eigenschaftsklasse(konzept)} = \text{eigenschaft}$

2.2.2.2 Semantische Beziehungen

Die Darstellung einer n-stelligen semantischen Beziehung erfolgt durch ein n-stelliges Prädikat. Als Beispiel für eine zweistellige Beziehung hatten wir oben schon die Beziehung *komplementärfarbe*. Eine dreistellige semantische Beziehung besteht beispielsweise zwischen dem Lieferanten einer Ware, dem Empfänger und der Ware selber:

$$lieferung(\text{PC\_GmbH, Ludwig\_Meier, PC-1})$$

Soll zu einer Beziehungsausprägung eine Aussage repräsentiert werden, so geschieht das im einfachsten Fall durch Erweiterung des betreffenden Prädikats um ein weiteres Argument. Eine Zeitangabe zu einer Lieferung ließe sich dann folgendermaßen darstellen:

$$lieferung(\text{PC\_GmbH, Ludwig\_Meier, PC-1, 23.4.89})$$

Im allgemeinen Fall erfordert aber die Darstellung von Aussagen über eine semantische Beziehung ebenso wie die Darstellung von Aussagen über eine Eigenschaft eine Reifikation. Die Aussage, daß eine Lieferung die Rücklieferung einer anderen Lieferung ist, läßt sich nur darstellen, wenn Lieferungen durch Terme repräsentiert sind, also als Konzepte aufgefaßt werden[27]. Eine solche Repräsentation könnte dann so aussehen (alle untenstehenden Formeln sind als Bestandteil einer Wissensbasis und als konjunktiv verknüpft zu verstehen):

$$empfänger(\text{Lieferung-1}, \text{Ludwig\_Meier})$$

$$lieferant(\text{Lieferung-1}, \text{PC\_GmbH})$$

$$ware(\text{Lieferung-1}, \text{PC-1})$$

$$rücklieferung(\text{Lieferung-1}, \text{Lieferung-2})$$

$$empfänger(\text{Lieferung-2}, \text{PC\_GmbH})$$

$$lieferant(\text{Lieferung-2}, \text{Ludwig\_Meier})$$

$$ware(\text{Lieferung-2}, \text{PC-1})$$

$$lieferung(\text{Lieferung-1})$$

$$lieferung(\text{Lieferung-2})$$

Möchte man Eigenschaften nicht nur einer Beziehungsausprägung, sondern eines ganzen Beziehungstyps beschreiben, sind entsprechende Axiome der Repräsentation beizufügen. So läßt sich für die semantische Beziehung 'Rücklieferung' das folgende Axiom aufstellen:

$$\forall l_1, l_2 : \big(rücklieferung(l_1, l_2) \Leftrightarrow$$
$$lieferung(l_1) \wedge lieferung(l_2) \wedge$$
$$\exists l, e, w : (empfänger(l_1, e) \wedge lieferant(l_2, e) \wedge$$
$$lieferant(l_1, l) \wedge empfänger(l_2, l) \wedge$$
$$ware(l_1, w) \wedge ware(l_2, w)))$$

Mittels dieses Axioms ist es nun möglich, aus zwei gegebenen Lieferungsbeschreibungen zu schließen, ob die eine Rücklieferung der anderen ist. Es ist ferner möglich, aus einer Lieferungsbeschreibung und dem Faktum, daß es eine Rücklieferung dazu gibt, auf die Beschreibungsmerkmale der Rücklieferung zu schließen.

Weitere Beispiele für das Erfassen von Eigenschaften eines Beziehungstyps sind die Feststellung der Symmetrie der Beziehung, die zwischen zwei Farben besteht, wenn sie Komplementärfarben voneinander sind:

$$\forall f, f' : \big(komplementärfarbe(f, f') \Rightarrow komplementärfarbe(f', f) \big)$$

sowie die Transitivität der Ober-/Unterbegriffsbeziehung *is-a* zwischen Konzeptklassen:

$$\forall k_1, k_2, k_3 : (is\text{-}a(k_1, k_2) \wedge is\text{-}a(k_2, k_3) \Rightarrow is\text{-}a(k_1, k_3))$$

---

[27] Dies ist ein Beispiel für die Relativität der Begriffe 'Konzept' und 'semantische Beziehung'.

Die Transitivität der Is-a-Beziehung erhalten wir auf einfachere Weise, wenn wir für Konzeptklassen Klassenprädikate (statt Terme wie in der obigen Formel) vorsehen und Spezialisierungsbeziehungen auf Implikationen zurückführen. Das folgende Beispiel illustriert dies:

$$\forall k : (zwerg\text{-}teichrose(k) \Rightarrow teichrose(k))$$

Der Transitivität der Konzeptspezialisierung ist damit durch die Eigenschaften der Implikation und der Inferenzregel modus ponens[28] schon Rechnung getragen. Trotzdem ist die Einführung eines Prädikats *is-a* zur Repräsentation von Ober-/Unterbegriffsbeziehungen vorzuziehen, da nur dann weitere ihrer Eigenschaften (wie Vererbung, vgl. Kap.1.4) repräsentiert werden können – für die Implikation als logischer Operator können wir das nicht (vgl. auch den folgenden Abschnitt).

2.2.2.3 Konzeptklassen, Individualkonzepte und Gruppenklassen

Die Zugehörigkeit eines Individualkonzepts zu einer Konzeptklasse kann durch ein einstelliges Prädikat ausgedrückt werden:

$$zwerg\text{-}teichrose(\text{Zwerg-Teichrose-1})$$
$$teichrose(\text{Zwerg-Teichrose-1})$$
$$pflanze(\text{Zwerg-Teichrose-1})$$

Eine andere Möglichkeit ergibt sich durch Reifikation des Konzeptklassenprädikats; durch das Prädikat *instanz-von* geben wir dann eine Konzeptklassenzugehörigkeit an:

$$instanz\text{-}von(\text{Zwerg-Teichrose-1}, \text{Zwerg-Teichrose})$$

Alle zu einer Konzeptklassenbeschreibung gehörenden Merkmale können durch allquantifizierte Implikationen dargestellt werden. Als Merkmale können Angaben zu tatsächlichen und möglichen Eigenschaften sowie zu Typen semantischer Beziehungen, an denen ein Klassenelement teil hat, auftreten. Beispielsweise postulieren die beiden folgenden Formeln, daß jedes Element der Klasse 'Zwerg-Teichrose' die Eigenschaft besitzt, ungiftig zu sein (der zweiten Formel liegt die Konzeptklasse reifiziert vor):

$$\forall k : (zwerg\text{-}teichrose(k) \Rightarrow ungiftig(k))$$
$$\forall k : (instanz\text{-}von(k, \text{Zwerg-Teichrose}) \Rightarrow ungiftig(k))$$

Eine Allquantifizierung wie in diesem Beispiel ist notwendig, da im Gegensatz zur Beschreibung von Eigenschaften für Individualkonzepte, die durch ein einstelliges Prädikat allein erfolgen kann (also z.B. $ungiftig(\text{Zwerg-Teichrose-1})$), dies für eine Konzeptklassenbeschreibung nicht ausreicht. Die eigentliche Bedeutung einer Merkmalsbeschreibung für eine Konzeptklasse, nämlich daß alle Klassenelemente die betreffende Eigenschaft aufweisen, wäre sonst überhaupt nicht erfaßt.

---

[28] Allgemein: Gilt $(a \Rightarrow b) \wedge (b \Rightarrow c) \wedge a$, dann läßt sich aus a und $a \Rightarrow b$ durch modus ponens b ableiten und daraus wegen $b \Rightarrow c$ durch modus ponens wiederum c.

In ähnlicher Weise, wie Eigenschaften für eine Konzeptklasse spezifiziert werden, können mögliche Eigenschaften der Klassenelemente (z.B. (1)) sowie semantische Beziehungen, an denen die Klassenelemente beteiligt sind (z.B. (2)), angegeben werden:

$$\forall k : (teichrose(k) \Rightarrow (\text{blütenfarbe}(k) = \text{gelb} \lor \text{blütenfarbe}(k) = \text{weiß})) \tag{1}$$

$$\forall k : \left(blütenpflanze(k) \Rightarrow \exists k' : \left(blatt(k') \land hat\text{-}teil(k, k')\right)\right) \tag{2}$$

Für die Darstellung der Zugehörigkeit einer Konzeptklasse zu einer Gruppenklasse (vgl. Kap.1.4) stehen die gleichen Möglichkeiten zur Verfügung, wie sie oben für Individualkonzepte und Konzeptklassen diskutiert wurden. In jedem Fall müssen dazu Konzeptklassen durch Terme identifiziert sein. Für jede Gruppenklasse kann dann ein eigenes Prädikat eingeführt werden, das für einen als Argument gegebenen Klassenterm wahr ist genau dann, wenn die betreffende Konzeptklasse zur Gruppenklasse gehört:

$$schiffstyp(\text{frachter})$$

Alternativ kann man die Gruppenklassenprädikate reifizieren und ein Prädikat *gruppenelement* einführen, das nun Gruppenklassenzugehörigkeit anzeigt:

$$gruppenelement(\text{frachter}, \text{schiffstyp})$$

2.2.2.4 Ereignisse und Handlungen

Für die Repräsentation von Ereignissen und Handlungen ist die Erfassung zeitlicher Aspekte von großer Bedeutung. Im Rahmen der (klassischen) Prädikatenlogik ist dies nur teilweise zufriedenstellend möglich (s.u.). Keine Schwierigkeiten entstehen, wenn es für die Berücksichtigung zeitlicher Aspekte ausreicht, zusätzliche Argumente in Prädikaten, die Aussagen über Ereignisse beschreiben, vorzusehen[29]:

$$fahren(\text{Hans, Konstanz, Hamburg, vergangenheit})$$
$$fahren(\text{Hans, Konstanz, Hamburg, 27.4.89})$$

Eine ausführlichere Repräsentation sieht statt eines Arguments für nur eine, u.U. recht ungenaue Zeitangabe zwei Argumente für den Anfangs- und den Endzeitpunkt vor:

$$fahren(\text{Hans, Konstanz, Hamburg, 27.4.89/8:04, 27.4.89/17:01})$$

---

[29] Falls Ereignisse durch Terme statt durch Prädikate repräsentiert werden, ließen sich Zeitangaben durch ein eigens eingeführtes Prädikat *zeit* darstellen, wie das folgende Beispiel illustriert:
$fahren(\text{e1}) \land agent(\text{e1, Hans}) \land start(\text{e1, Konstanz}) \land ziel(\text{e1, Hamburg}) \land zeit(\text{e1, vergangenheit})$

Die Unterscheidung von Anfangs- und Endzeitpunkten erlaubt recht detaillierte Beschreibungen der Semantik eines Ereignistyps:

$$\forall agent, start, ziel, t_{anf}, t_{end} :$$
$$\left(fahren(agent, start, ziel, t_{anf}, t_{end}) \land t_{anf} < t_{end} \Rightarrow\right.$$
$$\left(\exists t' : \left(t' < t_{anf} \land \forall t : \left(t \geq t' \land t \leq t_{anf} \Rightarrow aufenthaltsort(agent, start, t)\right)\right) \land\right.$$
$$\exists t' : \left(t' > t_{end} \land \forall t : \left(t \geq t_{end} \land t \leq t' \Rightarrow aufenthaltsort(agent, ziel, t)\right)\right) \land$$
$$\forall t : \left(t > t_{anf} \land t < t_{end} \Rightarrow \neg aufenthaltsort(agent, start, t) \land\right.$$
$$\left.\left.\left.\neg aufenthaltsort(agent, ziel, t)\right)\right)\right)$$

Soll jedoch die Semantik zeitlicher Aspekte näher festgelegt und ihre Berücksichtigung beim Schlußfolgern ermöglicht werden, ist die klassische Prädikatenlogik zu einer *temporalen Logik* zu erweitern, in der Schlußfolgerungen der folgenden Art denkbar sind:

a) Sind $a \Rightarrow b$ und a wahr in der gesamten Vergangenheit, dann gilt, daß auch b wahr ist in der gesamten Vergangenheit.

b) a gilt in allen zukünftigen Zeiten genau dann, wenn es nicht gilt, daß $\neg a$ zu einem zukünftigen Zeitpunkt gilt.

c) Ist a während eines Zeitintervalls t wahr, dann ist a auch während jedes Teilintervalls von t wahr.

Ein möglicher Ansatz für eine temporale Logik besteht darin, zusätzliche Operatoren vorzusehen:

Fa : a ist wahr zu einem zukünftigen Zeitpunkt
Pa : a ist wahr zu einem vergangenen Zeitpunkt
Ga : a ist wahr zu allen zukünftigen Zeitpunkten
Ha : a ist wahr zu allen vergangenen Zeitpunkten

Das Schlußfolgern über Formeln einer temporalen Logik wird durch Festlegung zusätzlicher Axiome (z.B. $Ga \Rightarrow Fa$) und/oder zusätzlicher Inferenzregeln ermöglicht.

Ein alternativer Ansatz besteht darin, Zeitpunkte und Zeitintervalle explizit als Objekte einzuführen und mögliche Beziehungen zwischen ihnen durch entsprechende Axiome zu beschreiben. Beispielsweise überlappen sich zwei Zeitintervalle, wenn sie ein gemeinsames Teilintervall besitzen:

$$\ddot{u}berlappung(i_1, i_2) \Rightarrow \exists i : (w\ddot{a}hrend(i, i_1) \land w\ddot{a}hrend(i, i_2))$$

Literaturhinweise zur Vertiefung der Thematik sind in Kapitel 2.2.5 zu finden.

2.2.2.5 Regelhafte Zusammenhänge und Einschränkungen

Die Repräsentation regelhafter Zusammenhänge und einschränkender Bedingungen ist in Logik gut möglich, da sie für die Formulierung allgemeiner Aussagen gerade entwickelt wurde. Einer Reihe von Beispielen dafür sind wir schon begegnet, so daß wir hier nicht nochmals darauf eingehen.

2.2.2.6 Modalaspekte, definitorische und kontingente Aussagen

Um in einer Repräsentation Modalitäten nicht nur anzugeben, sondern sie auch in Schlußfolgerungen berücksichtigen zu können, muß ähnlich wie bei dem in Kapitel 2.2.2.4 diskutierten Fall temporaler Aussagen eine Erweiterung der Prädikatenlogik vorgenommen werden. Es sind die benötigten Modaloperatoren einzuführen sowie die zugehörigen Axiome und Inferenzregeln festzulegen. Solche Logiken nennt man *Modallogiken*.

Die beiden "klassischen" Modalaspekte sind die *Notwendigkeit* und die *Möglichkeit* eines Sachverhalts. Die Semantik der beiden Modalitäten läßt sich mit Hilfe sogenannter möglicher Welten festlegen: Eine notwendige Gegebenheit ist in allen (möglichen) Welten, die von der aktuell beschriebenen Welt aus erreichbar sind, erfüllt, während eine mögliche Gegebenheit mindestens in einer der erreichbaren (möglichen) Welten zutrifft.

Andere Modalitäten drücken Aspekte des Geboten- und Verbotenseins aus. Eine Modallogik, die über entsprechende Modaloperatoren verfügt, heißt *deontische Logik*. Zur Vertiefung sei wiederum auf die Literaturhinweise in Kapitel 2.2.5 hingewiesen.

Mit den Modaloperatoren für Notwendigkeit und Möglichkeit läßt sich die Semantik definitorischer und kontingenter Aussagen über ein Konzept (vgl. Kap. 1.4) genauer fassen. Kontingente Aussagen sind dann alle diejenigen Aussagen, die in manchen Welten nicht zutreffen, jedoch in der aktuellen Welt gültig sind. Definitorische Aussagen treffen dagegen in allen Welten zu.

2.2.2.7 Prototypisches Wissen

Als prototypisch bezeichnet man Wissen über normalerweise zutreffende Sachverhalte, so z.B. daß Vögel in der Regel fliegen können oder daß Autos normalerweise vier Räder besitzen. Das Problem mit solchen Default-Aussagen besteht darin, daß es eben Fälle gibt, in denen sie nicht zutreffen. Wird ein solcher Ausnahmefall bekannt, dann müssen die bisherigen, von dieser Ausnahme betroffenen Annahmen zurückgenommen werden (z.B. die Annahme, daß Pinguine fliegen können, weil sie Vögel sind). Ein solches Schlußfolgerungsverhalten heißt *nicht-monoton*. Es ist durch die klassische Prädikatenlogik nicht zu erfassen, da deren Ableitbarkeitsrelation monoton ist. Dies bedeutet, daß, wenn aus einer Menge von Formeln F die Formel a abgeleitet werden kann, dies immer noch möglich ist, wenn F um weitere Formeln ergänzt wird, oder anders formuliert: durch Hinzunahme weiterer Formeln zu einer Formelmenge bleiben bisher ableitbare Formeln ableitbar. Um der Nicht-Monotonie prototypischen Wissens Rechnung zu tragen, wurden deshalb spezielle Logiken entwickelt. In der von McDermott und Doyle (McDermott/Doyle 80) vorgeschlagenen Modallogik wird ein Modaloperator vorgesehen, der soviel wie "es ist konsistent anzunehmen, daß" bedeutet. Bezeichne M diesen Operator, dann ist die Aussage $M\,a$ wahr genau dann, wenn aus der aktuellen Formelmenge $\neg a$ nicht abgeleitet werden kann. Damit ließe sich beispielsweise die Aussage, daß Vögel normalerweise fliegen können, folgendermaßen darstellen:

$$\forall k : (vogel(k) \wedge M\ kann\text{-}fliegen(k) \Rightarrow kann\text{-}fliegen(k))$$

Liegt für einen bestimmten Vogel (oder eine Klasse von Vögeln) die Aussage vor, daß er nicht fliegen kann, ist die Formel $M\ kann\text{-}fliegen(k)$ für diesen Vogel nicht gültig, und es kann für ihn nicht abgeleitet werden, daß er fliegen kann. In allen anderen Fällen wird für einen Vogel abgeleitet, daß er fliegen kann.

Einen vergleichbaren Effekt erzielt Reiter (Reiter 80) mit seiner Default-Logik, indem er für jede Default-Annahme eine eigene Inferenzregel in der Logik vorsieht. Diese Inferenzregeln verwenden zwar einen ähnlich zu interpretierenden Operator wie M im obigen modallogischen Ansatz, doch unterscheiden sich die beiden Ansätze darin, daß jede neue Inferenzregel die Logik selber modifiziert, während die Hinzunahme einer Default-Aussage im Ansatz von McDermott und Doyle lediglich das Hinzufügen eines weiteren nicht-logischen Axioms bedeutet. Die Default-Aussage, daß Vögel normalerweise fliegen können, stellt sich in der Default-Logik von Reiter demnach als folgende Inferenzregel dar:

$$\frac{vogel(k) : M\ kann\text{-}fliegen(k)}{kann\text{-}fliegen(k)}$$

Es gibt eine Fülle weiterer Ansätze, nicht-monotones Schlußfolgern in Logik nachzubilden (z.B. der etwa zeitgleich zu den beiden obigen Vorschlägen entstandene, 'circumscription' genannte Ansatz von McCarthy (McCarthy 80, 86)), auf die in Kapitel 2.2.5 näher verwiesen wird. Schwierigkeiten mit diesen Ansätzen gibt es bezüglich ihrer Semantik. So gibt es für zwei gegenseitig voneinander abhängige Default-Aussagen mehr als eine konsistente Formelmenge. Beispielsweise können die beiden untenstehenden Default-Aussagen sowohl um die Aussage b als auch um die Aussage $\neg b$ konsistent ergänzt werden.

$$a \wedge M\,b \Rightarrow b$$

$$a \wedge M\,\neg b \Rightarrow \neg b$$

Die Verwaltung von Default-Aussagen und die Neuberechnung der Wahrheitswerte aller vom Hinzufügen oder Streichen einer Formel betroffenen Aussagen derart, daß die Formelmenge konsistent, also widerspruchsfrei bleibt, ist die Aufgabe sogenannter *Begründungsverwaltungssysteme* (im Englischen 'reason maintenance systems' oder 'truth maintenance systems'). Die ihnen zugrundeliegende Datenstruktur ist ein Netzwerk von

Knoten, die jeweils für eine Aussage stehen. Durch eine entsprechende Verknüpfung der Knoten untereinander ist für jeden Knoten festgelegt, welche Aussagen wahr oder falsch sein müssen, damit die durch ihn repräsentierte Aussage als wahr anzunehmen ist. Ein solches Netzwerk nennt man *Abhängigkeitsnetzwerk*. Gilt beispielsweise, daß das Baujahr einer Workstation nach 1983 ist und daß die Workstation eine Leistung von höchstens 10 MIPS besitzt, dann ist es konsistent anzunehmen, daß der Rechner einen 32-Bit-Mikroprozessor besitzt. Dies läßt sich als das in Abbildung 9 angegebene Abhängigkeitsnetzwerk darstellen. Kreise stehen dabei für Knoten. Ein Knoten, der eine momentan als wahr angenommene Aussage repräsentiert, ist mit der Beschriftung 'IN' versehen, andernfalls mit 'OUT'. Die Abhängigkeiten zwischen Knoten sind durch das Verknüpfungssymbol $\mathcal{D}$ dargestellt. Die Wahrheitswerte der Prämissenknoten (mit dessen flacher Seite verbunden) sind für die Bestimmung des Wahrheitsgehalts des Folgerungsknotens (an der runden Seite des Symbols) konjunktiv zu verknüpfen. Ein schwarzer Punkt signalisiert dabei eine Negierung. Die Verknüpfung einer oder mehrerer Prämissenknoten zu einem Folgerungsknoten heißt *Rechtfertigung* ('justification'; vgl. Abb.9).

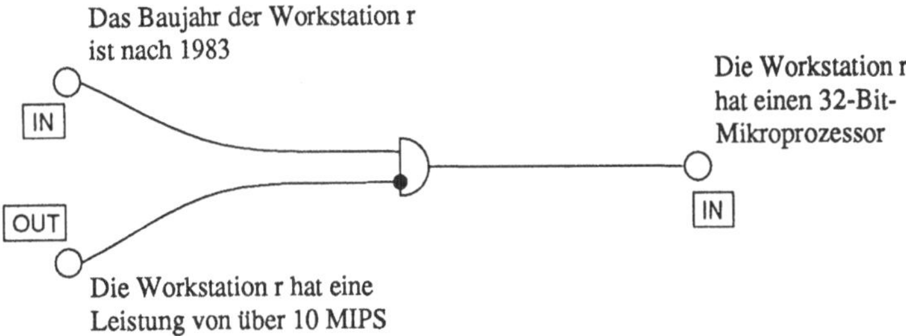

Abbildung 9: Eine Rechtfertigung für die Annahme, daß r einen 32-Bit-Mikroprozessor besitzt

In einem Abhängigkeitsnetzwerk sind in der Regel viele Rechtfertigungen miteinander verknüpft. Kommt eine neue Aussage hinzu oder wird die Markierung einer Aussage geändert, sind die IN- und OUT-Markierungen der davon als abhängig gekennzeichneten Knoten neu zu berechnen. Wir illustrieren dies am Netzwerk von Abbildung 10. Nehmen wir an, daß Knoten 1 als IN markiert wird (die Aussage, daß r eine Leistung von weniger als 10 MIPS hat, gilt damit als wahr), dann ändert sich die Markierung des Knotens 4 ebenfalls zu IN, womit Knoten 5 zu OUT wird. Damit ist eine widerspruchsfreie Formelmenge wiederhergestellt.

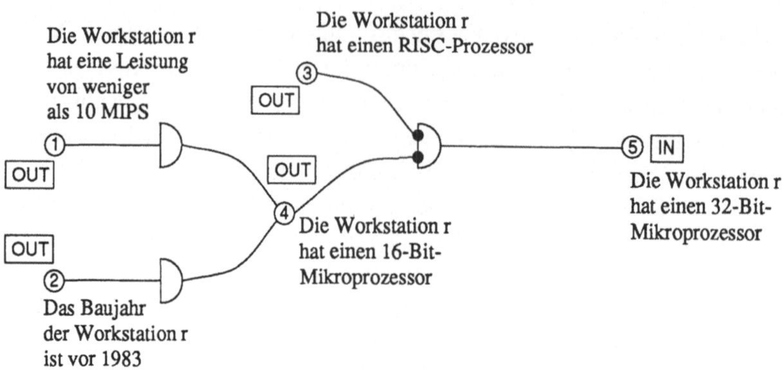

Abbildung 10: Ein einfaches Abhängigkeitsnetzwerk

2.2.2.8 Unvollständiges Wissen

Die Repräsentation unvollständigen Wissens ist mit Hilfe der klassischen Prädikatenlogik gut möglich. An einigen Fällen wollen wir dies beispielhaft belegen. So kann eine Aussage darüber gemacht werden, was nicht gilt, ohne angeben zu müssen, was stattdessen zutrifft:

$$\neg komplementärfarbe(\text{gelb, rot})$$

Ist für verschiedene, alternative Aussagen, von denen eine wahr ist, nicht bekannt, welche davon tatsächlich zutrifft, dann ist ihre disjunktive Verknüpfung auf alle Fälle eine wahre Aussage:

$$blütenfarbe(\text{Pflanze-1}) = \text{gelb} \lor blütenfarbe(\text{Pflanze-1}) = \text{rot}$$

Es kann etwas über die Existenz eines Konzepts, einer Eigenschaft oder einer Beziehung ausgesagt werden, ohne daß näheres Wissen dazu vorliegt:

$$\exists f : komplementärfarbe(\text{gelb}, f)$$
$$\exists k, e : farbe(k) = e$$

Genauso ist es möglich, eine Allaussage über eine Menge gleichartiger Konzepte zu formulieren, ohne die einzelnen Konzepte selber genauer zu kennen:

$$\forall k : (hat\text{-}teil(\text{Gelber Enzian}, k) \Rightarrow enthält(k, \text{Gerbstoff}))$$

Mit klassischer Prädikatenlogik können wir also Aussagen formulieren, die einen Sachverhalt nicht genau festlegen, sondern verschiedene Alternativen noch offen lassen. Wir können aber keine Aussagen *über* die Unvollständigkeit des dargestellten Wissens machen. Dazu sind Erweiterungen zu einer *epistemischen Logik* nötig. Sie erlaubt die Formulierung von Aussagen darüber, was ein Agent weiß und was er nicht weiß. Gehören solche Aussagen zum Wissen desjenigen Agenten, auf dessen Wissen sie sich beziehen, liegt der Spezialfall einer *autoepistemischen Logik* vor. Mit einer solchen

Logik läßt sich folglich angeben, welche Sachverhalte in einer Wissensbasis vollständig und welche unvollständig beschrieben sind. Dies ist von Wichtigkeit, um bei unvollständigem Wissen die Generierung falscher Anfrageergebnisse zu vermeiden (siehe Kapitel 2.2.3).

Eine autoepistemische Logik verfügt über einen speziellen Modaloperator, den wir mit K bezeichnen wollen. Für eine Aussage a bedeutet dann die Aussage Ka "es ist bekannt, daß a gilt". Diese Semantik des Operators K wird durch geeignete Axiome (z.B. $Ka \Rightarrow a$) und/oder Inferenzregeln festgelegt. Wir können dann beispielsweise die Aussage formulieren, daß nicht alle Unterbegriffe eines bestimmten Konzepts, beispielsweise des Konzepts 'Massenspeicher', bekannt sind:

$$\exists k : (is\text{-}a(k, \text{Massenspeicher}) \wedge \neg K \, is\text{-}a(k, \text{Massenspeicher}))$$

Von einer autoepistemischen Logik zu einer epistemischen Logik gelangt man, indem man für jeden Agenten einen eigenen Operator K einführt. Häufig wird zusätzlich für jeden Agenten ein weiterer Operator vorgesehen (im folgenden als B bezeichnet), mit dessen Hilfe Aussagen darüber formuliert werden können, was der betreffende Agent glaubt (was also seine Überzeugungen sind). Die Unterscheidung zwischen den Überzeugungen und dem Wissen eines Agenten (vgl. Kap.1.2) ist dergestalt, daß Wissen sich auf tatsächlich zutreffende Sachverhalte bezieht (es gilt also $Ka \Rightarrow a$), während ein geglaubter Sachverhalt nicht wahr sein muß (es kann also $Ba \wedge \neg a$ gelten).

2.2.2.9 Widersprüchliches Wissen

Widersprüchliches Wissen ist im Rahmen der klassischen Prädikatenlogik nicht zu behandeln, da ihr Schlußfolgerungsapparat bei Vorliegen von Widersprüchen keine zuverlässigen Ergebnisse produziert, denn aus einer widersprüchlichen Formelmenge kann jede beliebige Formel abgeleitet werden[30]. Die Behandlung widersprüchlicher Aussagen in einer Wissensbasis ist außerlogisch möglich, indem die Wissensbasis in Teile, Kontexte oder Partitionen genannt, untergliedert wird, die für sich jeweils widerspruchsfrei sind (ein Kontext enthält also z.B. die Aussage a und der andere $\neg a$). Die Möglichkeit zur formalen Behandlung einer solchen Situation im Rahmen einer speziellen Logik tut sich jedoch auf, wenn man beide Kontexte als die von zwei Agenten geglaubten Sachverhalte auffaßt und die unter diesem Blickwinkel betrachtete Situation mit Hilfe einer *epistemischen Logik* beschreibt (vgl. Kap.2.2.2.8). Eine andere Möglichkeit, Widersprüche formal handhabbar zu machen, ist die Einführung einer *mehrwertigen Logik*, die neben den Wahrheitswerten für 'wahr' und 'falsch' (mindestens) einen weiteren Wahrheitswert vorsieht, der als 'inkonsistent' oder 'widersprüchlich' interpretiert wird (vgl. (Belnap 77) und (Baaz 87)).

---

[30] Aus dem Widerspruch $a \wedge \neg a$ kann eine beliebige Behauptung b mittels Konstruktion der immer gültigen Aussage $(a \wedge \neg a) \Rightarrow b$ (da die widersprüchliche Prämisse nicht erfüllbar ist) aufgebaut werden: Da sowohl a als auch $\neg a$ gilt, kann unter Anwendung von modus ponens auf b geschlossen werden.

2.2.2.10 Unsicheres und ungenaues Wissen

Die Repräsentation *unsicheren Wissens* erfordert die Zuordnung numerischer Sicherheitsfaktoren zu Aussagen. Sie geben an, als wie sicher die betreffende Aussage anzunehmen ist. Um mit unsicheren Aussagen ein adäquates Schlußfolgern vornehmen zu können, ist es auch hier wieder nötig, eine spezielle Logik einzuführen. Es eignet sich eine *mehrwertige Logik*, deren Wahrheitswerte reelle Zahlen zwischen 0 und 1 sind. Je sicherer eine Aussage als zutreffend angesehen wird, desto höher ist ihr Wahrheitswert. So könnte etwa der Wahrheitswert der Aussage, daß die Einführung eines Tempolimits höchstwahrscheinlich eine Reduktion der Unfallzahlen bewirkt, mit 0.9 beziffert werden.

Eine Weiterentwicklung einer solchen mehrwertigen Logik ist die von Zadeh (Zadeh 87) eingeführte *Fuzzy-Logik*, mit deren Hilfe *ungenaue Aussagen* repräsentiert werden können. Sie sieht nur eine eingeschränkte Menge an Wahrheitswerten vor (die zwar unendlich sein kann, aber abzählbar sein muß), die jetzt nicht mit einzelnen Zahlen aus dem reellen Intervall [0,1], sondern mit Teilmengen daraus identifiziert werden. Diese Teilmengen sind Fuzzy-Mengen (fuzzy sets). Die Grundidee von Fuzzy-Mengen besteht darin, daß es verschiedene Grade (wiederum zwischen 0 und 1) der Zugehörigkeit eines Elements zu einer solchen Menge gibt. So wäre der Zugehörigkeitsgrad einer ziemlich hellen Glühbirne zur Menge der hellen Objekte vielleicht 0.9 und der einer wenig hellen Glühbirne 0.2. Die durch Fuzzy-Mengen gegebenen Wahrheitswerte der Fuzzy-Logik werden linguistisch interpretiert, beispielsweise als 'wahr', 'falsch', 'ziemlich wahr', 'ziemlich falsch' usf. Mit Hilfe der bereitgestellten Ausdrucksmöglichkeiten können ungenaue Aussagen, wie "Die Glühbirne ist ziemlich hell", dargestellt und unter Verwendung solcher Aussagen Schlußfolgerungen gezogen werden.

2.2.3 Operationen auf logikbasierten Repräsentationen

Anfragen an eine logische Repräsentation werden als Aussagen formuliert, deren Gültigkeit mit dem Stellen der Anfrage behauptet wird. Die Komponente zur Anfrageauswertung überprüft solche Behauptungen auf Korrektheit und gibt eine entsprechende Antwort. Zur Anfrageauswertung wird somit im allgemeinen Fall ein *Theorembeweiser* benötigt (siehe Literaturhinweise in Kap.2.2.5). Im einfachsten Fall besteht eine Anfrage aus einer Formel, die Teil der angefragten Repräsentation ist (also ein nicht-logisches Axiom ist), z.B.:

$$komplementär farbe(\text{gelb, violett})$$

oder

$$\forall k : (zwerg\text{-}teichrose(k) \Rightarrow blütenpflanze(k))$$

Die Antwort auf eine solche Anfrage kann nur "ja" oder "nein" sein. In den meisten Fällen möchte der Anfragende aber, statt lediglich eine Bestätigung für schon vermutete Sachverhalte zu erhalten, ihm neue, bisher unbekannte Fakten erfragen, beispielsweise *welches* die Komplementärfarbe zu gelb ist. Zur Formulierung solcher Anfragen sieht man für die zu erfragenden Terme in der Anfrageformel existenzquantifizierte Variablen vor, z.B.

$$\exists x : komplement\ddot{a}rfarbe(\text{gelb}, x)$$

Auch hier ergibt sich zunächst nur eine Ja/Nein-Antwort, aber bei der Anfrageauswertung finden sich im Verlauf der Beweiskonstruktion Terme, die als Belegungen der existenzquantifizierten Variable die Formel erfüllen. Eine solche Variablenbelegung (oder die Menge aller möglichen Belegungen) kann dann als Antwort zurückgeliefert werden – für die obige Anfrage also $x = $ violett.

Betrachten wir ein weiteres Beispiel und nehmen an, daß in einer Wissensbasis Ober-/Unterbegriffsbeziehungen durch das Prädikat *is-a* repräsentiert seien und daß das folgende Axiom dieses Prädikat näher einschränkt (es legt die Vererbung von Eigenschaften an Unterbegriffe fest[31]):

$$\forall k_1, k_2 : (is\text{-}a(k_1, k_2) \Rightarrow$$
$$\forall e, w : (eigenschaft(k_2, e, w) \Rightarrow eigenschaft(k_1, e, w))) \tag{1}$$

Sei nun für die Konzeptklasse 'Johanniskraut' folgendes repräsentiert:

$$eigenschaft(\text{Johanniskraut, Blütenfarbe, gelb})$$

Liegt für das Konzept 'Sumpf-Johanniskraut', das durch $is\text{-}a(\text{Sumpf-Johanniskraut, Johanniskraut})$ als Unterbegriff zu 'Johanniskraut' beschrieben ist, keine Aussage zur Blütenfarbe vor, kann auf die folgende Anfrage

$$\exists x : eigenschaft(\text{Sumpf-Johanniskraut, Blütenfarbe}, x)$$

unter Verwendung des Axioms (1) das Ergebnis $x = $ gelb hergeleitet werden.

Als ein drittes Beispiel sei die folgende Anfrage gegeben, welche das in Kapitel 2.2.2.2 eingeführte Prädikat *rücklieferung* verwendet (das Prädikat *instanz-von* steht wieder für Klassenzugehörigkeit):

$$\exists k_1, k_2, k_3 : (r\ddot{u}cklieferung(k_1, k_2)\wedge$$
$$(empf\ddot{a}nger(k_1, \text{Meier}) \vee empf\ddot{a}nger(k_2, \text{Meier}))\wedge$$
$$ware(k_1, k_3) \wedge instanz\text{-}von(k_3, \text{Personalcomputer}))$$

Als Ergebnis sind die Belegungen für k_1, k_2 und k_3 zurückzugeben, die die obige Formel erfüllen.

Mit der Bestimmung des Wahrheitswertes einer Anfrageformel und der Rückmeldung von Variablenbelegungen erschöpft sich die Antwortfähigkeit einer Anfragekomponente, die auf Prädikatenlogik basiert. Nicht beantwortbar sind beispielsweise Was- und Warum-Fragen, die als Antwort nicht "ja" oder "nein" oder eine Variablenbelegung

---

[31] Um auch die Vererbung der für eine Konzeptklasse beschriebenen Eigenschaften auf die zugehörigen Klassenelemente zu sichern, wäre in Analogie zu dem Axiom (1) ein weiteres Axiom für die Instanz-von-Beziehung vorzusehen.

verlangen, sondern eine Formel! So wäre als Antwort auf die Frage "Was ist eine Rücklieferung?" die Definition des in Kapitel 2.2.2.2 eingeführten Prädikats *rücklieferung* anzugeben. Eine Formel als Antwort kann auch für Wer-Fragen sinnvoll sein, wenn sich eine Konzeptmenge qualifiziert – insbesondere, wenn diese unendlich ist oder aus anderen Gründen nicht explizit angegeben werden kann. Die Formel legt dann fest, welche Konzepte sich als Elemente der Antwortmenge qualifizieren. Ein Beispiel ist die Frage "Wer darf einen Führerschein der Klasse 3 erwerben?", die mit der Formel $person(k) \land alter(k) \geq 18$ zu beantworten wäre, denn diese Formel läßt sich als Definition der Antwortmenge $\{k \mid person(k) \land alter(k) \geq 18\}$ verstehen. Zur Behandlung der Probleme, die sich mit der Realisierung eines solchen erweiterten Antwortverhaltens ergeben, ist die Verwendung einer *Logik von Frage und Antwort* (auch interrogative oder erotetische Logik genannt) nötig, die innerhalb der KI bisher jedoch kaum Beachtung gefunden hat (siehe (Richter 89, Kap.12)).

Einer Anfrageauswertung sowohl für logikbasierte Repräsentationen als auch für Repräsentationen in einem anderen Format liegt im allgemeinen die *Annahme einer abgeschlossenen Welt* ('closed world assumption': (Reiter 78)) zugrunde:

Definition: Annahme einer abgeschlossenen Welt ('closed world assumption')

> Die Annahme einer abgeschlossenen Welt liegt dann vor, wenn Aussagen, deren Gültigkeit aus den in einer Wissensbasis repräsentierten Aussagen nicht hergeleitet werden kann, als nicht wahr angenommen werden.
>
> $\square$

Die Motivation für die Annahme einer abgeschlossenen Welt rührt daher, daß es faktisch unmöglich ist, neben den in einer zu repräsentierenden Welt zutreffenden Sachverhalten alles das zu repräsentieren, was nicht gilt.

Probleme treten auf, wenn von einer abgeschlossenen Welt ausgegangen wird, aber Teile einer Wissensbasis (in bezug auf den repräsentierten Weltausschnitt, vgl. Kap.1.4) unvollständig sind. Für eine unvollständige Wissensbasis folgt aus der Tatsache, daß eine Aussage nicht bewiesen werden kann, nicht unbedingt, daß sie nicht gilt, da unter Umständen für ihre Herleitung benötigtes Wissen nicht zur Verfügung steht. Ist beispielsweise in einer Wissensbasis nur repräsentiert, welches die Komplementärfarbe von Rot ist, würde die Anfrage, ob Violett die Komplementärfarbe zu Gelb ist, fälschlicherweise mit "nein" beantwortet werden. Zur Vermeidung solcher falschen Antworten muß aus einer Wissensbasis erkennbar sein, welche ihrer Teile unvollständig sind. Für das Beispiel mit den Komplementärfarben kann das durch Aufnahme der folgenden Formel in die Wissensbasis erfolgen:

$$\forall k_1 : \big(farbe(k_1) \Rightarrow \exists k_2 : komplementärfarbe(k_1, k_2)\big) \qquad \text{(A1)}$$

Nehmen wir an, daß die betrachtete Wissensbasis auch die folgende Formel enthält:

$$farbe(\text{gelb}) \qquad \text{(A2)}$$

Auf die Frage, ob Violett die Komplementärfarbe zu Gelb ist

$$komplementärfarbe(\text{gelb}, \text{violett}) \tag{A3}$$

könnte unter Heranziehung der Formeln (A1) und (A2) sowie unter Aufgabe (!) der Annahme einer abgeschlossenen Welt die Antwort "ich weiß nicht" statt "nein" gegeben werden, falls (A3) nicht aus der Wissensbasis ableitbar sein sollte. Lassen wir als Antwort "ich weiß nicht" zu, haben wir den Rahmen der klassischen Prädikatenlogik schon verlassen. Schlußfolgerungen von Aussagen darüber, was bekannt und was unbekannt ist, erfordern eine *epistemische Logik*. Wie schon in Kapitel 2.2.2.8 ausgeführt, sehen epistemische Logiken einen Modaloperator mit der Semantik "es ist bekannt, daß" vor. Die Anfrage (A3) und die zugehörige Antwort "ich weiß nicht" kann somit abgebildet werden auf eine Anfrageformel in epistemischer Logik. In unserem Beispiel wäre dies die folgende Formel, die interpretiert wird als "es ist bekannt, daß Violett die Komplementärfarbe von Gelb ist" (K steht dabei für den betreffenden Modaloperator):

$$K\ komplementärfarbe(\text{gelb}, \text{violett}) \tag{A4}$$

Ist als Antwort auf diese Anfrage ein "nein" zu generieren, dann ist dies der Antwort "ich weiß nicht" auf die Anfrage (A3) äquivalent, wenn auch auf die folgende Anfrage mit einem "nein" geantwortet wird:

$$K\ \neg komplementärfarbe(\text{gelb}, \text{violett}) \tag{A5}$$

Nur in dem Fall, daß die Aussage $komplementärfarbe(\text{gelb}, \text{violett})$ herleitbar ist, würde die Anfrage (A4) mit "ja" beantwortet werden. Die Verwendung einer epistemischen Logik als Anfragesprache ermöglicht auch die Unterscheidung zwischen den folgenden beiden Anfragen:

$$\exists x : komplementärfarbe(\text{gelb}, x) \tag{A6}$$

$$\exists x : K\ komplementärfarbe(\text{gelb}, x) \tag{A7}$$

(A6) fragt nach der Existenz einer Komplementärfarbe für Gelb, während (A7) danach fragt, ob die Komplementärfarbe für Gelb bekannt ist. Liegen in der angefragten Wissensbasis nur (A1) und (A2) vor und ist (A3) nicht abzuleiten, muß (A6) mit "ja" und (A7) mit "nein" beantwortet werden.

Ein interessanter und wichtiger Aspekt bei der Verwendung einer epistemischen Logik zur Formulierung von Anfragen ist die Tatsache, daß die Wissensbasis selber nach wie vor aus prädikatenlogischen Formeln bestehen kann (siehe (Levesque 84a, 84b)).

Als *Änderungsoperationen* auf einer logischen Repräsentation sind prinzipiell alle Manipulationen zugelassen, die eine konsistente Formelmenge wieder in eine konsistente Formelmenge überführen. Im Rahmen einer konkreten Repräsentationssprache können je nach Bedarf bestimmte Typen von Änderungsoperationen ausgewählt und in ihrer

Semantik (z.B. bezüglich ihrer Anwendbarkeit) näher beschrieben werden. Besondere
Beachtung findet hier bei nicht-monotonen Änderungen (was die Regel ist) die Konsistenzerhaltung. Alle durch eine solche Änderung ungültig gewordenen Aussagen sind
aus der Wissensbasis zu entfernen, ebenso die dadurch wiederum ungültig gewordenen
Aussagen usf. Dieses ist die Aufgabe eines *Begründungsverwaltungssystems*, wie wir
es in Kapitel 2.2.2.7 kurz vorgestellt haben.

2.2.4 Bezug zu anderen Repräsentationsformaten

Ein historischer Unterschied zwischen logikbasierten und anderen Repräsentationsformaten, wie semantische Netze (siehe Kap.3) oder Frames (siehe Kap.4), besteht darin,
daß sich die logikbasierten Formate nicht aus einem Modell menschlichen Gedächtnisses
herleiten und ihnen somit (auch nicht ursprünglich) keinerlei Anspruch kognitiver Adäquatheit zugrunde liegt – auch wenn Logik gerade dafür entwickelt wurde, menschliches
Schlußfolgern nachzubilden. Auf die inhaltlichen Unterschiede zwischen Logik und anderen Repräsentationsformaten werden wir in den jeweiligen Kapiteln dieses Buches
näher eingehen. Bemerkt werden soll jedoch schon an dieser Stelle, daß sich semantische Netze und Frames in Prädikatenlogik oder einer Erweiterung davon reformulieren
lassen, so daß dann auf der Wissensebene kein Unterschied zwischen einer logischen
und einer nicht-logischen Repräsentation zu erkennen wäre. Diese Tatsache bedeutet
allerdings nicht, daß es gleich ist, welches Format man für eine Repräsentationsaufgabe
wählt. Unterschiede bestehen vor allem in der Natürlichkeit der Darstellung für verschiedene Wissensarten und in der Effizienz, mit der bestimmte Inferenzen unterstützt
werden. Dazu weisen die nicht-logischen Repräsentationsformate Kontrollstrukturen auf,
die in einem logischen Repräsentationsformat nicht vorhanden sind[32].

Ein prinzipieller Nachteil von Prädikatenlogik als Repräsentationsformat besteht
darin, daß nur Konstrukte auf der Logikebene (im Sinne der von Brachman eingeführten
Repräsentationsebenen: vgl. Kap.1.3) zur Verfügung stehen. Dadurch kann es äußerst
mühsam werden, komplexere Repräsentationen aufzubauen. Es ist jedoch möglich, spezielle Logiken einzuführen, die über mächtigere Konstrukte (z.B. auf der epistemischen
Ebene angesiedelt) verfügen. So kann man (formal definierte) semantische Netze und
Frames durchaus auch als spezielle Logiken auffassen und spricht deshalb neuerdings
statt von Frames auch von terminologischen Logiken (vgl. z.B. (Patel-Schneider 89)).
Auch die Typenlogik (Andrews 86, Kap.5) bietet Sprachkonstrukte zum leichteren Aufbau komplexer Repräsentationen.

---

[32] Es gibt aber im Gebiet des logischen Programmierens neuerdings Vorschläge, Kontrollwissen als
Meta-Wissen einzuführen und logische Deduktion durch Inferenzen auf dieser Meta-Ebene zu steuern
(siehe (Gallaire/Lasserre 82) und (Welham 88)).

2.2.5 Ergänzende Bemerkungen und weiterführende Literatur

Als Einführungen in die mathematische Logik seien von den vielen hierzu vorliegenden Werken die folgenden genannt: (Hermes 76), (Bergmann/Noll 77), (Schöning 89) und (Mendelson 87). Eine Darstellung, die besonderes Gewicht legt auf die Konstruktion von Deduktions- und Widerspruchsbeweisen, ist (Kalish et al. 80). Wer sich für einen geschichtlichen Abriß interessiert, sei auf (Scholz 59) sowie auf das umfassende, vierbändige Werk (Dumitriu 77) verwiesen.

Eine ausführliche Einführung in die Logik und ihre Anwendungen in der KI geben (Genesereth/Nilsson 87), (Ramsay 88) sowie (Kowalski 79). Auch (Richter 89) und (Frost 86) behandeln Logik recht ausführlich. Kürzere Einführungen in die Wissensrepräsentation mit Logik sind (Reinfrank 89) und (Pavelin 88).

Kritische Auseinandersetzungen mit der Rolle von Logik in der KI sind in (Israel 83), (Elcock 87), (Levesque 86a) sowie (Levesque 86b) zu finden. Die letzten drei gehen insbesondere auf Probleme der Unentscheidbarkeit und der Komplexität von Deduktionsverfahren ein. Hierzu sei auch die Darstellung in (Habel 83) empfohlen. Eine vehemente Fürsprache für die Verwendung von Logik zur Wissensrepräsentation findet sich in (Moore 82). Auch (Hayes 77) argumentiert für die Verwendung von Logik zur Wissensrepräsentation und grenzt sich gegenüber den Nicht-Logikern der (damaligen) KI ab. Einen Einblick in die Rolle von Logik zur Wissensrepräsentation im Gebiet der Datenbanksysteme geben (Gallaire/Minker 78) und (Minker 88).

In das *automatische Theorembeweisen* führen die folgenden Werke ein: (Loveland 78), (Bundy 83), (Wos et al. 84) und (Chang/Lee 73). Recht häufig wird das Resolutionsverfahren, das auf (Robinson 65) zurückgeht, eingesetzt; siehe hierzu (Schöning 89). Eine Übersicht über automatische Beweisverfahren, die nicht auf Resolution basieren, gibt (Bledsoe 77); die Tableaumethode wird in (Elfrink/Reichgelt 89) näher beschrieben. Kurze Einführungen in die Gesamtthematik sind in (Eisinger/Ohlbach 87), (Bibel 86) und (Frost 86, Kap.4) zu finden, und eine Beschreibung aktueller Forschungsprobleme im Zusammenhang mit automatischem Schlußfolgern gibt (Wos 88).

Auf das Resolutionsverfahren gehen auch die heutigen Ansätze *logischer Programmiersprachen* zurück, denn die Ausführung eines logischen Programms ist nichts anderes als die Konstruktion eines Beweises für ein gegebenes Theorem. Siehe hierzu (Schöning 89, Kap.3), (Lloyd 84), (Maier/Warren 88) und (Beckstein 88) (letzteres Werk stellt darüber hinaus eine konstruktivistische Erweiterung vor). Die Verbindung zwischen logischer Programmierung und der Verwendung von Logik zur Wissensrepräsentation diskutiert (Dahl 87).

Im Rahmen logischer Programmierung wurden auch *Kontrollstrukturen* untersucht, mit deren Hilfe ein Deduktionsprozeß gesteuert und somit effizienter gestaltet werden kann. Siehe hierzu (Gallaire/Lasserre 82) und (Welham 88).

Als Einführungen in *temporale Logiken* sind (McArthur 76), (Rescher/Urquhart 71) und (Benthem 83) zu nennen. Eine kurze Übersicht findet sich in (Turner 84, Kap.6).

Frühe, für die KI einflußreiche Arbeiten, die Zeitintervalle als Objekte einführen, sind (Allen 84) und (McDermott 82). Eine Kritik an Allens und McDermotts Logiken und ein entsprechend verbesserter Vorschlag ist in (Shoham 87) nachzulesen. Einen Vergleich zwischen modaler temporaler Logik und nicht-modaler temporaler Logik, die als Meta-Sprache die Semantik einer modalen temporalen Logik formalisiert (z.B. die in (Allen 84), (McDermott 82) und (Shoham 87) beschriebenen), stellt (Reichgelt 89) an. Es werden dabei Anforderungen berücksichtigt, die aus einer Verwendung solcher Logiken zur Wissensrepräsentation erwachsen, wie Natürlichkeit der Darstellung und effiziente Implementierbarkeit.

Das Standardwerk zur *Modallogik* ist (Hughes/Cresswell 78). Als weitere Einführungen sind (Kreiser et al. 88, Kap.3), (Richter 89, Kap.9) und (Frost 86, Kap.6.7) zu nennen. Speziell auf deontische Logiken gehen (Kalinowski 73), (Wright 77) und (Kreiser et al. 88, Kap.5) ein. Näheres zu Beweisverfahren für Modallogiken findet sich in (Jackson/Reichgelt 89).

Von besonderem Interesse sind in der KI *epistemische Logiken*, die die Darstellung von Aussagen über die von einem Agenten geglaubten Sachverhalte ermöglichen. Es sind im wesentlichen zwei Arten von Ansätzen zu unterscheiden. Im *semantischen* Ansatz wird in einer (nicht-modalen) Logik erster Ordnung die Mögliche-Welten-Semantik eines epistemischen Modaloperators (vgl. (Hintikka 62)) beschrieben (ähnlich wie die oben erwähnten nicht-modalen temporalen Logiken definiert sind). Ein Beispiel hierfür ist (Moore 85). Dagegen bezeichnet man Ansätze, nach denen die Überzeugungen eines Agenten durch ihre Herleitbarkeit aus einer Menge von Formeln erster Ordnung gegeben sind, als *syntaktisch*. Die Zuordnung eines Agenten zu der Theorie, die seine Überzeugungen beschreibt, erfolgt in einer Meta-Sprache. Ein Beispiel ist der in (Konolige 86) beschriebene Ansatz, der sich insbesondere dadurch auszeichnet, daß ein Agent nicht allwissend sein muß, also nicht alles, was deduktiv aus seinem Wissen ableitbar ist, auch tatsächlich weiß. Dies ist klarerweise eine notwendige Annahme, möchte man menschliches Verhalten nachbilden oder beschreiben.

Für eine Einführung in epistemische Logiken greift man am besten zu (Genesereth/Nilsson 87); eine Einführung mehr aus mathematischer Sicht gibt (Kreiser et al. 88, Kap.5). Auch auf die Übersichten in (Halpern 86) und (Hintikka 86) sei hingewiesen.

Eine *autoepistemische Logik* ist eine epistemische Logik, mit der sich das Wissen eines Agenten über sein eigenes Wissen beschreiben läßt. Einen Überblick gibt (Moore 88). Eine autoepistemische Logik zur Behandlung unvollständigen Wissens in einer Wissensbasis beschreibt (Levesque 84a), während (Konolige 88) auf die Verwendung einer autoepistemischen Logik als Anfragesprache für eine Wissensbasis eingeht.

Eine Übersicht zu Logiken, die *nicht-monotones Schließen* zulassen (dazu gehören u.a. auch die epistemischen Logiken), geben (Brewka 89) sowie (Genesereth/Nilsson 87, Kap.6) und (Besnard 89). Als einflußreiche, frühe Originalarbeiten zu diesem Thema seien (McDermott/Doyle 80), (Reiter 80) und (McCarthy 80, 86) zitiert. Eng mit nicht-monotonem Schließen verknüpft sind Systeme zur Begründungsverwaltung ('reason maintenance systems' oder 'truth maintenance systems'). Einen Überblick geben (Dressler/Freitag 89) und (Reinfrank 88).

Als weiterführende Literatur zu *Fuzzy-Logik* und *mehrwertiger Logik* seien (Turner 84, Kap.3 und Kap.7), (Zadeh 88), (Dubois/Prade 88) sowie (Gottwald 89) erwähnt.

Beispiele für *logische Repräsentationssprachen* sind KS (Dilger/Zifonun 78), SRL (Habel 86), Omega (Attardi/Simi 87), die jedoch auch frame-artig, da objektzentriert ist (siehe Kap.4), L-LILOG (Rollinger et al. 87) und Socrates (Corlett et al. 89). Logische Repräsentationen werden auch von manchen hybriden (also mehrere Repräsentationsformate vereinigenden) Repräsentationssprachen unterstützt (vgl. Kapitel 4.2.6.1).

Umfassende Einführungen in die Wissensrepräsentation mit Logik sind (Genesereth/Nilsson 87), (Jackson et al. 89), (Richter 89) sowie (Smets et al. 88).

2.2.6 Übungsaufgaben

1. Erstellen Sie für jeden der folgenden Sachverhalte eine logische Repräsentation.
   a) Der Zug EC 389 fährt nach Rom.
   b) Der Zug EC 389 fährt über Mailand nach Rom.
   c) Violette Pilze sind giftige Pilze.
   d) Ein gelbes Fahrzeug hält vor einer Ampel, weil sie auf Rot steht.
   e) Der Hagelschauer vom 20. 5. 1988 vernichtete 20% von Transsylvaniens Weizenernte 1988.
   f) Die Tage sind im Sommer länger als im Winter.
   g) Ein Gewitter verursachte einen Stromausfall in Frankfurt und Bonn.
   h) Jede Katze hat einen Schwanz.
   i) Gärtnereien verbrauchen Wasser.
   j) Ein Quadrat ist ein Polygon mit vier gleich langen Seiten und rechten Winkeln an den vier Ecken. Jede Ecke wird von je zwei der Seiten gebildet.

2. Erstellen Sie logische Repräsentationen für die Konzepte 'Fahrzeug', 'Flugzeug', 'Zug' und 'Güterzug'. Dabei sollen Unterbegriffe spezifischer als ihre Oberbegriffe beschrieben sein, so daß aus $instanz\text{-}von(x, \mathrm{K1})$ die Formel $instanz\text{-}von(x, \mathrm{K2})$ abgeleitet werden kann, wenn 'K1' Unterbegriff von 'K2' ist (das Konzept 'Fahrzeug' ist als Oberbegriff der anderen drei Konzepte zu verstehen).

3. Es stehe das zweistellige Prädikat 'is-a' für die Ober-/Unterbegriffsbeziehung zwischen zwei Konzepten. Formulieren Sie Axiome für die folgenden Eigenschaften von 'is-a':
   a) Vererbung von Eigenschaften auf Unterbegriffe
   b) Vererbung von semantischen Beziehungen auf Unterbegriffe

4. Repräsentieren Sie die folgenden beiden Sachverhalte in Logik:
   a) Der Preis des PC1 liegt zwischen 3000 und 4000 DM.
   b) Der Preis des PC1 liegt zwischen 3000 und 4000 DM und ist fallend.

2.3 Produktionsregeln

2.3.1 Einführung

Unter einer Produktionsregel versteht man eine mit einer *Vorbedingung* versehene *Aktion*. Die Aktion gilt als ausführbar, wenn die Vorbedingung erfüllt ist (vgl. Abb.11). Die Vorbedingungen beziehen sich auf eine Faktenbasis (die in einem beliebigen Repräsentationsformat vorliegen kann). Eine durch eine Produktionsregel angestoßene Aktion nimmt typischerweise in dieser Faktenbasis Änderungen vor, kann aber auch beliebiger anderer Art sein und z.B. eine Benutzeranfrage oder eine Ausgabe von Berechnungsergebnissen bewirken. Eine Menge von Produktionsregeln, eine zugehörige Faktenbasis und ein Interpretationsprozeß, der Produktionsregeln auf Ausführbarkeit testet und ihre Aktionsteile bei erfüllter Vorbedingung zur Ausführung bringt, nennt man ein *Produktionssystem*. Es ist im Prinzip nichts anderes als ein Interpreter mit einem zu interpretierenden Programm, dessen Daten durch die Faktenbasis und dessen Anweisungen durch die Produktionsregeln gegeben sind. Produktionsregeln eignen sich besonders gut für die Realisierung der Problemlösungs- oder Inferenzkomponente eines wissensbasierten Systems. So sind Expertensysteme häufig als ein Produktionssystem realisiert.

```
wenn die Batterie ist leer dann führe aus
     schiebe den Wagen

wenn x ≥ 0 ∧ op = sqrt dann führe aus
     weise y die Wurzel aus x zu
```

Abbildung 11: Zwei Beispiele für Produktionsregeln

Produktionsregeln, die im Aktionsteil ein Faktum zur Faktenbasis hinzufügen, sind logischen Implikationen ähnlich. Da ihre Anwendung mit der in Kapitel 2.2.1 als modus ponens eingeführten Inferenz vergleichbar ist, werden sie manchmal fälschlicherweise mit logischen Implikationen gleichgesetzt. Trotz ihrer Gemeinsamkeiten bleibt als wesentlicher Unterschied die Tatsache, daß eine Implikation in einem logischen Kalkül und eine Produktionsregel in einem Produktionssystem zur Anwendung kommt: Ein Produktionssystem kann sich ganz anders verhalten als der in einem logischen Kalkül vorgesehene Deduktionsprozeß (vgl. mit dem Mechanismus der Konfliktauflösung weiter unten). Halten wir also fest, daß eine Produktionsregel auf keinen Fall mit einer Implikation zu verwechseln ist: Letztere besitzt einen Wahrheitswert, eine Produktionsregel nicht!

Eine wichtige Teilklasse von Produktionsregeln sind solche Regeln, die als Aktionen nur das Hinzufügen und das Löschen von Fakten zulassen. Solche Regeln kann man als *Ersetzungsregeln* notieren, die bei ihrer Anwendung die in der Vorbedingung aufgelisteten Fakten durch die im Aktionsteil angegebenen Fakten ersetzen. Abbildung 12 gibt

```
wenn pinguin(x)∧flugfähig(x) dann führe aus
     ergänze-faktum( ¬flugfähig(x) );
     lösche-faktum( flugfähig(x) )

ersetze pinguin(x), flugfähig(x) durch
     pinguin(x), ¬flugfähig(x)
```

Abbildung 12: Eine Ersetzungsregel in der Schreibweise einer Produktions- und einer Ersetzungsregel

eine Ersetzungsregel in den Schreibweisen als Produktionsregel und als Ersetzungsregel, wie wir sie in diesem Buch notieren werden, an.

Ein Ausführungszyklus eines Produktionssystems, das im Modus der *Vorwärtsverkettung* betrieben wird, besteht aus drei Schritten (vgl. Abb.13). Im ersten Schritt wird festgestellt, welche Produktionsregeln ausführbar sind. Dazu werden die Vorbedingungen aller Produktionsregeln auf der zugehörigen Faktenbasis daraufhin geprüft, ob sie erfüllt sind. Enthält der Bedingungsteil einer Produktionsregel Variablen, dann sind sie dabei derart zu belegen, daß die Vorbedingung erfüllt wird. Dieser Schritt kann sehr aufwendig sein und bei einer großen Menge von Produktionsregeln mit komplexen Vorbedingungen zu Effizienzproblemen führen. Der zweite Schritt eines Ausführungszyklus besteht darin, zwischen mehreren ausführbaren Produktionsregeln eine auszuwählen. Diesen Vorgang nennt man *Konfliktauflösung*, und die Menge der Produktionsregeln, aus denen auszuwählen ist, heißt *Konfliktmenge*. Im dritten und letzten Schritt wird die selektierte Produktionsregel angewandt, also ihr Aktionsteil auf der zugehörigen Faktenbasis ausgeführt.

```
repeat
     bestimme alle ausführbaren Produktionsregeln;
     wähle eine der ausführbaren Regeln aus;
     führe den Aktionsteil der ausgewählten Regel aus;
until ein vorgegebenes Ziel ist erreicht oder
      es ist keine Produktionsregel mehr anwendbar
```

Abbildung 13: Skizze eines Interpreters für ein Produktionssystem (Vorwärtsverkettung)

Zur Auswahl einer anzuwendenden Regel aus der Konfliktmenge gibt es verschiedene Strategien. Häufig werden mehrere von ihnen kombiniert, da eine Strategie allein die Menge der anwendbaren Regeln nicht unbedingt auf eine Regel reduziert. Die wichtigsten Strategien sind:

1. Es ist eine Ordnung auf den Produktionsregeln festgelegt. Sind mehrere Produktionsregeln anwendbar, wird diejenige ausgewählt, die bezüglich dieser Ordnung am kleinsten (oder am größten) ist.

2. Es wird jede Regel aus der Konfliktmenge, also der Menge der anwendbaren Regeln, gestrichen, deren Vorbedingung weniger spezifisch als die Vorbedingung einer anderen Regel in der Menge ist. Eine Vorbedingung v_1 heißt spezifischer als eine Vorbedingung v_2, wenn sie in weniger Fällen erfüllbar ist (also $v_1 \Rightarrow v_2$, aber nicht $v_2 \Rightarrow v_1$). Dies ist beispielsweise der Fall, wenn v_2 aus der Bedingung p besteht und v_1 aus der Konjunktion der Bedingungen p und q (also $v_1 = p \wedge q$).

3. Es werden aus der Konfliktmenge diejenigen Regeln entfernt, die vorher schon einmal zur Anwendung gekommen sind. Eine Verallgemeinerung dieser Strategie besteht darin, diejenige Regel auszuwählen, die am längsten nicht angewandt wurde.

4. Es wird durch Meta-Regeln festgelegt, unter welchen Bedingungen eine Regel einer anderen vorzuziehen ist.

5. Es wird eine beliebige Regel ausgewählt.

6. Es werden alle anwendbaren Regeln in parallelen Ableitungsschritten weiterverfolgt.

Den oben vorgestellten Fall der Vorwärtsverkettung in einem Produktionssystem illustriert das folgende Beispiel für eine Ersetzungsregel. Es wird dabei deutlich, daß die Herleitung des Zielzustands eine *Suche* nach der richtigen Ersetzungsfolge ist.

Beispiel für die Anwendung von Ersetzungsregeln in Vorwärtsverkettung

Es sei die folgende Ersetzungsregel gegeben, wobei x und y Variablen sind[33]:

```
ersetze klotz(x), klotz(y), frei(x), frei(y),
        liegt-auf(x,Tisch), x ≠ y
durch klotz(x), klotz(y), frei(x), liegt-auf(x,y)
```

Die folgenden Fakten bilden die Faktenbasis:

```
liegt-auf(K1,Tisch),  liegt-auf(K2,Tisch),
liegt-auf(K3,Tisch),  liegt-auf(K4,Tisch),
frei(K1),   frei(K2),   frei(K3),   frei(K4),
klotz(K1),  klotz(K2),  klotz(K3),  klotz(K4)
```

Durch Vorwärtsverkettung soll der folgende Zielzustand hergeleitet werden:

```
liegt-auf(K1,Tisch),  liegt-auf(K2,K1),
liegt-auf(K4,K2),  liegt-auf(K3,K4),  frei(K3),
klotz(K1),  klotz(K2),  klotz(K3),  klotz(K4)
```

---

[33] Die Bedingung $x \neq y$ braucht auf der rechten Regelseite nicht wiederholt zu werden, da sie eine Restriktion für die Variablenbelegung darstellt und kein in der Faktenbasis enthaltenes Faktum.

Die dazu notwendigen Ableitungsschritte können auf die unten angegebene Weise bestimmt werden. Von der Reihenfolge, in der die Variablen von Schritt zu Schritt belegt werden, hängt es ab, ob der Zielzustand direkt erreicht wird oder ob auf frühere Ableitungsschritte zurückgesetzt werden muß und wie häufig. Jedes Produktionssystem hat hier eine bestimmte, implementationsabhängige Vorgehensweise, die für manche Ableitungen gerade günstig, für manche gerade ungünstig ist (ob eine bestimmte Reihenfolge der Belegung günstig ist, ist ja vor einer Ableitung nicht feststellbar). Um das Beispiel ausführlicher zu gestalten, nehmen wir im folgenden eine Variablenbelegung an, die ein häufiges Rücksetzen bewirkt.

1. Schritt: Variablenbelegung $x = K2$, $y = K1$:
         `frei(K1)` und `liegt-auf(K2,Tisch)` fallen weg
         `liegt-auf(K2,K1)` wird hinzugefügt

2. Schritt: Variablenbelegung $x = K3$, $y = K2$:
         `frei(K2)` und `liegt-auf(K3,Tisch)` fallen weg
         `liegt-auf(K3,K2)` wird hinzugefügt

3. Schritt: Variablenbelegung $x = K4$, $y = K3$:
         `frei(K3)` und `liegt-auf(K4,Tisch)` fallen weg
         `liegt-auf(K4,K3)` wird hinzugefügt

4. Schritt: Die Ersetzungsregel ist nicht mehr anwendbar, und der Zielzustand ist noch nicht erreicht. Es wird deshalb zu Schritt 3 zurückgesetzt (dieses Zurückgehen zu einem früheren Ableitungsschritt, um dort eine alternative Regel oder eine alternative Variablenbelegung weiterzuverfolgen, nennt man *Backtracking*). Da es dort keine alternative Variablenbelegung mehr gibt, wird zu Schritt 2 zurückgegangen. Die Änderungen von Schritt 2 und Schritt 3 werden dabei zurückgenommen.
Alternative Variablenbelegung $x = K4$, $y = K3$:
`frei(K3)` und `liegt-auf(K4,Tisch)` fallen weg
`liegt-auf(K4,K3)` wird hinzugefügt

5. Schritt: Es ist der Zielzustand immer noch nicht erreicht und die Regel auf der aktuellen Faktenbasis nicht mehr anwendbar. Deshalb wird eine weitere Alternative zu den bisherigen Variablenbelegungen in Schritt 2 gewählt.
Alternative Variablenbelegung $x = K3$, $y = K4$:
`frei(K4)` und `liegt-auf(K3,Tisch)` fallen weg
`liegt-auf(K3,K4)` wird hinzugefügt

6. Schritt: Aus den nun schon bekannten Gründen wird wiederum zu Schritt 2 zurückgegangen und eine alternative Variablenbelegung gewählt.
Alternative Variablenbelegung $x = K4$, $y = K2$:
`frei(K2)` und `liegt-auf(K4,Tisch)` fallen weg
`liegt-auf(K4,K2)` wird hinzugefügt

7. Schritt: Jetzt kann die Regel erneut angewandt werden. Dadurch wird der Zielzustand erreicht.
Variablenbelegung x = K3, y = K4:
`frei(K4)` und `liegt-auf(K3,Tisch)` fallen weg
`liegt-auf(K3,K4)` wird hinzugefügt

Produktionsregeln, die zur speziellen Klasse der Ersetzungsregeln gehören, können
statt durch Vorwärtsverkettung (auch *datengesteuerte* Regelanwendung genannt), auch
durch *Rückwärtsverkettung* zur Ausführung gebracht werden[34]. In diesem Fall, den man
auch *zielgesteuert* nennt, wird nicht von einer Menge vorgegebener Fakten ausgegangen
und daraus ein Zielzustand hergeleitet, sondern es wird von dem Ziel aus, für das ein
Lösungsweg zu erarbeiten ist, rückwärts vorgegangen. Dabei wird zunächst eine Regel
ausgewählt, deren Aktionsteil hinzuzufügende Fakten angibt, welche sich alle mit den
abzuleitenden Fakten, also dem vorgegebenen Zielzustand, in Übereinstimmung bringen
lassen. Dazu sind freie Variablen in der Regel wiederum geeignet zu belegen. Der
Zustand, der sich ergibt, wenn man die Ersetzungsregel rückwärts ausführt, also Fakten,
die wegfallen sollen, hinzufügt und Fakten, die hinzukommen sollen, wegnimmt, erfüllt
die Vorbedingung dieser Regel und ist das als nächstes zu betrachtende (Teil-)Ziel. Der
Prozeß terminiert, wenn schließlich eine Regel ausgewählt wird, deren Vorbedingung
durch die in der aktuellen Wissensbasis enthaltenen Fakten erfüllt ist. Auch bei der
Rückwärtsverkettung kann der Fall eintreten, daß sich in einem Schritt mehrere Regeln
qualifizieren. Es können dann dieselben Strategien zur Konfliktauflösung herangezogen
werden, wie für die Vorwärtsverkettung. Ferner kann bei einer Rückwärtsverkettung
auch ein Zurücksetzen des Ableitungsvorgangs nötig sein, wie wir es im obigen Beispiel
zur Vorwärtsverkettung gesehen haben.

Rückwärtsverkettung ist immer dann angezeigt, wenn die Eingabedaten unvollständig sind. Die Bestimmung nicht bekannter Fakten, die während einer Ableitung benötigt werden, kann bei Rückwärtsverkettung nämlich bedarfsgesteuert initiiert werden
(z.B. durch eine Benutzeranfrage). Vorwärtsverkettung wird dagegen vor allem dann
eingesetzt, wenn kein genau spezifiziertes Ziel vorliegt oder wenn mehrere Ziele herzuleiten sind. Ein Problem mit der Vorwärtsverkettung besteht in ihrer tendenziell zu
geringen Zielgerichtetheit. Dies ist immer dann der Fall, wenn Regeln herangezogen
werden können, die – obwohl sie anwendbar sind – keinen Beitrag zum Erreichen eines Ziels leisten oder den Ableitungsvorgang sogar in eine falsche Richtung lenken.
Bei Rückwärtsverkettung besteht diese Gefahr weniger, da immer nur Regeln betrachtet werden, die tatsächlich relevant sind (da ihre rechten Seiten sich mit dem aktuellen
(Teil-)Ziel abgleichen lassen). Generell ist aber zur Bestimmung, ob für eine Anwendung Vorwärts- oder Rückwärtsverkettung besser ist, zu überprüfen, in welcher Richtung

---

[34] Rückwärtsverkettung ist (ebenso natürlich wie Vorwärtsverkettung) auch auf eine Menge logischer
Implikationen anwendbar. Darauf basiert z.B. die Ausführung eines Programms in der logischen Program-
miersprache PROLOG (Sterling/Shapiro 86), deren Regeln Hornklauseln, also Implikationen spezieller
Form sind.

der Verzweigungsfaktor geringer ist. Unter Verzweigungsfaktor verstehen wir dabei die durchschnittliche Anzahl an Regeln, die zu einem bestimmten Zeitpunkt gleichzeitig anwendbar sind. Die Richtung mit dem geringeren Verzweigungsfaktor birgt weniger Möglichkeiten für irrelevante Ableitungsschritte und ist deshalb zu bevorzugen. So kann eine Vorwärtsverkettung im Einzelfall durchaus günstiger als eine Rückwärtsverkettung sein.

Das folgende Beispiel illustriert den Fall der Rückwärtsverkettung für das oben in Vorwärtsverkettung gelöste Problem. Dabei sind nur die gezeigten Ableitungsschritte möglich – im Gegensatz zur Vorwärtsverkettung, wo durch verschiedene Variablenbelegungen alternative Regelanwendungen möglich waren.

Beispiel für die Anwendung von Ersetzungsregeln in Rückwärtsverkettung

Als Zielzustand und Faktenbasis werden diejenigen des vorangegangenen Beispiels zur Vorwärtsverkettung herangezogen; der Zielzustand sei hier nochmals angegeben:

```
liegt-auf(K1,Tisch),  liegt-auf(K2,K1),
liegt-auf(K4,K2),  liegt-auf(K3,K4),  frei(K3),
klotz(K1),  klotz(K2),  klotz(K3),  klotz(K4)
```

Die folgenden Ableitungsschritte sind nötig (die Variablenbelegung erfolgt jetzt auf der rechten Regelseite und es werden auf dem (Teil-)Zielzustand die Fakten der rechten Regelseite durch die Fakten auf der linken Seite ersetzt):

1. Schritt: Die einzig mögliche Variablenbelegung ist x = K3, y = K4:
   `frei(K4)` und `liegt-auf(K3,Tisch)` werden hinzugefügt
   `liegt-auf(K3,K4)` fällt weg
2. Schritt: Die einzig mögliche Variablenbelegung ist x = K4, y = K2:
   `frei(K2)` und `liegt-auf(K4,Tisch)` werden hinzugefügt
   `liegt-auf(K4,K2)` fällt weg
3. Schritt: Die einzig mögliche Variablenbelegung ist x = K2, y = K1:
   `frei(K1)` und `liegt-auf(K2,Tisch)` werden hinzugefügt
   `liegt-auf(K2,K1)` fällt weg
   Nach diesem Schritt ist die Regel nicht mehr anwendbar, und es ist ein Zustand erreicht, der mit der Faktenbasis übereinstimmt.

Die Verfahren der Vorwärts- und Rückwärtsverkettung können auch *kombiniert* werden. Dabei wechseln sich Phasen der Vorwärtsverkettung mit Phasen der Rückwärtsverkettung ab. Ist ein zu bestimmendes Ziel nicht vorgegeben, dann können durch Vorwärtsverkettung zunächst einige hypothetische Ziele bestimmt werden, von denen aus anschließend in Rückwärtsverkettung vorgegangen wird. Dabei benötigte Fakten, die noch nicht vorliegen, werden vom Benutzer oder einer anderen Programmkomponente angefordert. Liegen neue Fakten vor, können in einer erneuten Phase der Vorwärtsverkettung weitere potentielle Ziele abgeleitet werden.

2.3.2 Modellierung mit Produktionsregeln

Die folgenden Ausführungen zu Produktionsregeln sind eher knapp gehalten, da die Wissensrepräsentation mit Produktionsregeln nicht zum Schwerpunkt dieses Buches gehört. Literaturhinweise zur Vertiefung des Themas finden sich in Kapitel 2.3.4.

2.3.2.1 Regelhafte Zusammenhänge und Einschränkungen

Produktionsregeln eignen sich am besten für die Darstellung regelhafter Zusammenhänge. Dabei benötigen wir keine allgemeinen Produktionsregeln, sondern es reichen Ersetzungsregeln für die Belange der Wissensrepräsentation völlig aus. Abbildung 14 zeigt zwei Beispiele für die Repräsentation regelhafter Zusammenhänge durch Ersetzungsregeln. Beide Regeln illustrieren (nochmals), daß durch Ersetzungsregeln auch Fakten aus einer Wissensbasis getilgt werden können, sie also zur Realisierung *nichtmonotoner Inferenzen* herangezogen werden können. Ersetzungsregeln sind rein deklarativ als Angaben für mögliche Zustandsübergänge von Wissensbasen (oder Übergänge von Wissensbasisinhalten) zu betrachten. Daß die Inferenz mit solchen Regeln in Vorwärts- oder Rückwärtsverkettung erfolgen kann, ist ein prozeduraler Aspekt, den man bei der Formulierung regelhafter Zusammenhänge mit Ersetzungsregeln zunächst nicht zu berücksichtigen braucht.

```
ersetze instanz-von(x,Anlasser), instanz-von(y,Batterie),
        instanz-von(z,PKW), hat-teil(z,x),
        hat-teil(z,y), dreht-durch(x,kräftig), ¬ist-ok(y)
durch   instanz-von(x,Anlasser), instanz-von(y,Batterie),
        instanz-von(z,PKW), hat-teil(z,x),
        hat-teil(z,y), dreht-durch(x,kräftig), ist-ok(y)

ersetze instanz-von(x,Flügel), instanz-von(y,Vogel),
        hat-teil(y,x), gebrochen(x), flugfähig(y)
durch   instanz-von(x,Flügel), instanz-von(y,Vogel),
        hat-teil(y,x), gebrochen(x), ¬flugfähig(y)
```

Abbildung 14: Repräsentation regelhafter Zusammenhänge durch Ersetzungsregeln
(Variablen sind kursiv angegeben)

Da regelhafte Zusammenhänge auch als Einschränkungen zu interpretieren sind (vgl. Kap.1.4), stellen die in Abbildung 14 angegebenen Ersetzungsregeln gleichzeitig Beispiele für die Repräsentation einschränkender Bedingungen dar. So repräsentiert die erste Regel die Einschränkung, daß eine Batterie, die einen Anlasser kräftig durchdreht, in Ordnung sein muß; die zweite Regel stellt dar, daß es keinen Vogel mit einem gebrochenen Flügel gibt, der fliegen kann. Mit Hilfe von Ersetzungsregeln sind also auch einschränkende Bedingungen gut zu repräsentieren.

2.3.2.2 Semantische Beziehungen

Die Repräsentation von Eigenschaften und semantischen Beziehungen für Individualkonzepte erfolgt durch entsprechende Angaben in der Faktenbasis, Ersetzungsregeln sind dazu nicht nötig. Dagegen können Eigenschaften von und semantische Beziehungen zwischen Konzeptklassen im Rahmen der betreffenden Klassenbeschreibungen durch Ersetzungsregeln angegeben werden (vgl. Kap.2.3.2.3). Mit Hilfe von Ersetzungsregeln gut darstellbar sind ferner Regularitäten, die einem Beziehungstyp zugrunde liegen. Zwei Beispiele hierfür, nämlich die Transitivität der Teil-von-Beziehung und die Vererbung entlang von Is-a-Beziehungen, zeigt Abbildung 15.

```
ersetze hat-teil(x,y), hat-teil(y,z)
durch hat-teil(x,y), hat-teil(y,z), hat-teil(x,z)

ersetze hat-eigenschaft(k,e,w), is-a(k',k)
durch hat-eigenschaft(k,e,w), is-a(k',k),
      hat-eigenschaft(k',e,w)
```

Abbildung 15: Darstellung von Regularitäten der Beziehungen 'hat-teil' und 'is-a'

2.3.2.3 Konzeptklassen, definitorische und kontingente Konzeptmerkmale

Ersetzungsregeln eignen sich auch für die Repräsentation von Konzeptklassen, da eine Konzeptklassenbeschreibung ja nichts anderes ist als ein spezieller Fall eines regelhaften Zusammenhangs. Abbildung 16 gibt ein Beispiel.

```
ersetze instanz-von(x,Seerose)
durch instanz-von(x,Seerose), schwach-giftig(x),
      hat-teil(x,Blatt)
```

Abbildung 16: Die Repräsentation einer Konzeptklasse durch eine Ersetzungsregel

Soll zwischen definitorischen und kontingenten Merkmalen eines Konzepts unterschieden werden, so sind die auf der rechten Regelseite angegebenen Fakten entsprechend zu kennzeichnen. Wie dies geschieht, ist eine Frage des Repräsentationsformats für die Faktenbasis und betrifft nicht das Produktionsregelformat.

2.3.2.4 Widersprüchliches Wissen

Ein Widerspruch zwischen Produktionsregeln besteht, wenn zwei gleichzeitig anwendbare Regeln zur Herleitung widersprüchlicher Aussagen herangezogen werden können. Der Widerspruch kann unmittelbar vorliegen (wenn in Abb.17 $r(x) = \neg s(x)$ gilt) oder ergibt sich erst durch eine entsprechende Schlußfolgerungskette (wenn sich in Abb.17 aus $r(x)$ die Aussage $\neg s(x)$ herleiten läßt). Ebenso wie in Kapitel 2.2.2.9 für

ersetze $p(x)$
durch $p(x)$, $r(x)$

ersetze $q(x)$
durch $q(x)$, $s(x)$

Abbildung 17: Zwei Ersetzungsregeln, die widersprüchlich sind, wenn zwischen $r(x)$ und $s(x)$ ein Widerspruch besteht und $p(x) \Rightarrow q(x)$ gilt

Logik diskutiert, besteht auch für Produktionsregeln die Notwendigkeit, eine Wissensbasis (oder ihre Partitionen) konsistent (also widerspruchsfrei) zu halten, um ein korrektes Schlußfolgern sicherzustellen.

2.3.2.5 Prototypisches Wissen

Wir haben in Kapitel 2.3.2.1 schon festgestellt, daß Produktionsregeln nicht-monotone Wissensbasisübergänge beschreiben können. Damit läßt sich mit ihnen auch prototypisches Wissen darstellen. Dies geschieht, indem eine Regel den normalerweise zutreffenden Sachverhalt repräsentiert (im Beispiel von Abb.18 die erste Regel), während weitere Regeln Ausnahmen dazu formulieren (in Abb.18 die zweite und dritte Regel). Liegt eine Ausnahme für einen prototypischen Zusammenhang vor, muß dieses in der Faktenbasis vermerkt werden, damit die Regel, die den prototypischen Zusammenhang feststellt, in solchen Fällen durch eine entsprechende Vorbedingung blockiert werden kann. Abbildung 18 illustriert dieses Vorgehen. Es wird dort angenommen, daß eine negierte Aussage mittels der Annahme einer abgeschlossenen Welt (siehe die Definition in Kap.2.2.3) überprüft wird, wenn sie nicht direkt in der Faktenbasis enthalten ist. Demnach ist die Teilbedingung `¬ausnahme(x,flugfähig)` in der ersten Regel von Abbildung 18 wahr, wenn `ausnahme(x,flugfähig)` in der Faktenbasis nicht enthalten ist[35].

Es soll noch bemerkt werden, daß die Vorbedingungen der letzten beiden Regeln in Abbildung 18 um die Bedingung `hat-eigenschaft(x,flugfähig)` ergänzt werden können, um die mehrmalige, nach dem ersten Mal überflüssige Anwendung der Regeln im Modus der Vorwärtsverkettung zu unterbinden.

---

[35] Aufgrund der Annahme einer abgeschlossenen Welt wird die in der Vorbedingung auftretende Bedingung `¬ausnahme(x,flugfähig)` auf der rechten Regelseite nicht wiederholt, denn sie ist ja nicht Teil der Faktenbasis und braucht dies auch nicht zu werden.

```
ersetze instanz-von(x,Vogel), ¬ausnahme(x,flugfähig)
durch instanz-von(x,Vogel), hat-eigenschaft(x,flugfähig)

ersetze instanz-von(x,Pinguin)
durch instanz-von(x,Pinguin),
       ¬hat-eigenschaft(x,flugfähig), ausnahme(x,flugfähig)

ersetze instanz-von(x,Vogel), instanz-von(y,Flügel),
       hat-teil(x,y), hat-eigenschaft(y,gebrochen)
durch instanz-von(x,Vogel), instanz-von(y,Flügel),
       hat-teil(x,y), hat-eigenschaft(y,gebrochen),
       ¬hat-eigenschaft(x,flugfähig), ausnahme(x,flugfähig)
```

Abbildung 18: Ein prototypischer regelhafter Zusammenhang und zwei zugehörige Ausnahmen

2.3.2.6 Unsicheres Wissen

Zur Darstellung regelhafter Zusammenhänge, die unsicher sind, werden Produktionsregeln mit *Sicherheitsfaktoren* ausgestattet. Sie können Werte zwischen 0 und 1 oder zwischen -1 und 1 annehmen. Ein Sicherheitsfaktor gibt an, als wie sicher der durch eine Regel ausgedrückte Zusammenhang anzusehen ist. Mit einem Sicherheitsfaktor von 1 sind gesicherte Aussagen versehen, während ein Sicherheitsfaktor von 0 (bzw. -1) einen gesichert nicht zutreffenden Sachverhalt kennzeichnet. Ist einer Aussage a der Sicherheitsfaktor w zugeordnet, dann ergibt sich der Sicherheitsfaktor der Aussage $\neg a$ zu $1 - w$ (bzw. $-w$).

Als Beispiel zeigt Abbildung 19 eine mit einem Sicherheitsfaktor versehene Ersetzungsregel (als Produktionsregel notiert), die dem Expertensystem MYCIN entlehnt wurde. Ist ein Faktum, auf das in einer Vorbedingung zurückgegriffen wird, unsicher, dann ist die gesamte Vorbedingung unsicher, besitzt also einen Sicherheitsfaktor kleiner als 1. Bei einer Regelanwendung sind deshalb die Sicherheitsfaktoren der Vorbedingung und der Regel zu kombinieren (üblicherweise multiplikativ). Das durch die Regel in die Wissensbasis eingetragene Faktum erhält den sich daraus ergebenden Sicherheitsfaktor zugewiesen.

```
wenn instanz-von(x,Organismus)∧
     hat-eigenschaft(x,gram-negativ)∧
     hat-eigenschaft(x,stäbchenförmig)∧
     hat-eigenschaft(x,anaerob)
dann führe aus ergänze-faktum( instanz-von(x,Bakterium) )
mit Sicherheitsfaktor 0.6
```

Abbildung 19: Die Repräsentation eines unsicheren regelhaften Zusammenhangs

Die Kombination verschiedener Evidenzen für ein Faktum kann (für positive Sicherheitsfaktoren) nach der folgenden Formel erfolgen

$$SF_{neu} = SF_{alt} + SF_r \cdot SF_v \cdot (1 - SF_{alt})$$

wobei SF_{neu} der sich neu ergebende Sicherheitsfaktor eines Faktums ist, SF_{alt} sein bisheriger Sicherheitsfaktor, SF_r der Sicherheitsfaktor einer Regel, durch die ein weiterer (unsicherer) Hinweis auf das Vorliegen des Faktums generiert wird, und SF_v der Sicherheitsfaktor der Regelvorbedingung.

2.3.3 Vor- und Nachteile von Produktionsregeln

Es sind verschiedene Vor- und Nachteile von Produktionsregeln zu nennen. Als ein Wissensrepräsentationskonstrukt eignen sie sich gut für die Repräsentation regelhafter Zusammenhänge. Insbesondere ist der Vorteil der *Modularität* hervorzuheben. Damit ist gemeint, daß einzelne Produktionsregeln unabhängig von anderen Produktionsregeln hinzugefügt oder entfernt werden können. Das ist möglich, weil jede Produktionsregel die Bedingungen, unter denen sie anwendbar ist, vollständig angibt und somit nicht in einen bestimmten Kontext anderer Regeln eingebunden ist. Produktionsregeln nehmen nicht direkt aufeinander Bezug, sondern nur indirekt über Änderungen in der Faktenbasis.

Unter einem prozeduralen Blickwinkel sind Produktionsregeln Konstrukte zur Programmierung. Hier erlaubt die hohe Modularität eine deutlich einfachere Programmierung gegenüber anderen, nicht regelbasierten Programmiersprachen, ist aber auch mit einem Nachteil verbunden. Es ist nämlich kaum möglich, den Kontrollfluß selbst für eine noch recht kleine Menge von Produktionsregeln (intellektuell) zu überblicken. Dies führt dazu, daß mit Produktionsregeln erstellte Programme in ihrer Gesamtheit wesentlich schwieriger zu verstehen und zu verifizieren sind. Durch die fehlenden Kontrollstrukturen ergibt sich ferner eine gewisse Ineffizienz. Erweiterungen von Produktionssystemen um Kontrollstrukturen beheben diesen Nachteil, führen dafür aber wiederum zu einer geringeren Modularität (siehe nachfolgendes Kapitel).

2.3.4 Ergänzende Bemerkungen und weiterführende Literatur

Produktionssysteme wurden ursprünglich als Zeichenersetzungssysteme durch Post eingeführt (Post 43) und fanden zunächst in der Theorie formaler Grammatiken ihre wichtigste Anwendung (Salomaa 78). Produktionssysteme wurden auch in (Markov 54) als Markov-Algorithmen beschrieben. Eine frühe, einflußreiche Arbeit, die ein Produktionssystem verwendet, um menschliches Problemlösen nachzubilden, ist (Newell/Simon 72). Heutzutage werden Produktionssysteme sowohl in der Kognitionspsychologie zur psychologischen Modellbildung eingesetzt (einen Überblick hierzu gibt (Neches et al. 87)) als auch für reine Informatikanwendungen herangezogen – am typischsten zur Konstruktion von Expertensystemen (vgl. (Puppe 88) und (Buchanan/Shortliffe 84)). Eine ausführlichere Übersicht über Produktionssysteme geben (Davis/King 77) und (Niemann/Bunke 87, Kap.4).

Zeitkritisch für die Berechnung mit einem Produktionssystem ist in erster Linie die *Auswahl ausführbarer Regeln* aus einer (u.U. recht großen) Regelmenge (Hayes-Roth 78). Ansätze, diesen Auswahlprozeß möglichst effizient zu gestalten, sind in (Forgy 82) und (McDermott et al. 78) beschrieben.

Verfahren der *Konfliktauflösung* werden in (McDermott/Forgy 78) näher beschrieben. Um eine größere Zielgerichtetheit des Berechnungsvorgangs zu erreichen (und als Folge davon die Häufigkeit, mit der eine Konfliktauflösung notwendig wird, zu verringern), wurden verschiedene Ansätze zur Erweiterung eines Produktionssystems um *Kontrollstrukturen* entwickelt. (Moran 73) schlägt die Gruppierung von Produktionsregeln in funktionale Einheiten vor. Es ist immer nur eine Gruppe aktiv, so daß zu einem Zeitpunkt nicht alle Regeln ausführbar sind, sondern nur solche, die als Teil der gerade aktiven Gruppe für die anstehende (Teil-)Aufgabe potentiell relevant sind. Nach Abschluß einer Aufgabe kann dann zu einer anderen Gruppe übergewechselt werden. Das in (Zisman 78) beschriebene Vorgehen sieht eine Verteilung von Produktionsregeln auf Knoten eines Petri-Netzes (Peterson 77) vor und läßt nur solche Regeln zur Auswahl zu, die einem aktiven Knoten im Petri-Netz zugehören. Da dies zu einem Zeitpunkt mehrere Knoten sein können, läßt dieser Ansatz Parallelität zu. Weitere (asynchrone) Parallelität wird dadurch ermöglicht, daß mehrere Petri-Netze vorgesehen werden können, wobei jedes Netz von einem anderen Netz aus aktiviert werden kann. Dabei ist es möglich, die weitere Ausführung in einem Netz von der Beendigung der Ausführung in einem anderen Netz abhängig zu machen. Der in (Georgeff 82) beschriebene Ansatz ist dem Grundgedanken des Ansatzes von Zisman ähnlich. Es wird dort eine Kontrollsprache vorgeschlagen, mit deren Hilfe Einschränkungen in der Ausführungsreihenfolge von Produktionsregeln formulierbar sind. Diese Kontrollsprache übernimmt die gleiche Aufgabe wie das Petri-Netz im Ansatz von Zisman, läßt jedoch keine Parallelität zu. Ein anderer Ansatz besteht darin, die dynamische Änderung von Kontrollstrukturen während der Ausführung eines Produktionssystems mit Hilfe von *Meta-Regeln* zu ermöglichen, die die Abarbeitungsreihenfolge der Produktionsregeln in Abhängigkeit von bestimmten Abarbeitungsmustern steuern. Siehe hierzu (Davis 80) und (Silver 86).

Weit verbreiteten Einsatz findet die auf Produktionsregeln basierende *Programmiersprache* OPS5 ((Krickhahn/Radig 87) und (Brownston et al. 85)). Auch manche *hybride Repräsentationssprachen*, wie KEE (Fikes/Kehler 85) oder BABYLON (Christaller et al. 89), sehen eine Produktionsregelkomponente vor.

2.3.5 Übungsaufgaben

1. Es definieren die folgenden Ersetzungsregeln eine kleine Grammatik[36]:

R1: **ersetze** (S) **durch** (NP, VP)

R2: **ersetze** $(x_1, \ldots, x_m, NP, x_{m+1}, \ldots, x_n)$
durch $(x_1, \ldots, x_m, Art, N, x_{m+1}, \ldots, x_n)$

R3: **ersetze** $(x_1, \ldots, x_m, NP, x_{m+1}, \ldots, x_n)$
durch $(x_1, \ldots, x_m, N, x_{m+1}, \ldots, x_n)$

R4: **ersetze** $(x_1, \ldots, x_m, VP, x_{m+1}, \ldots, x_n)$
durch $(x_1, \ldots, x_m, V, NP, x_{m+1}, \ldots, x_n)$

R5: **ersetze** $(x_1, \ldots, x_m, Art, x_{m+1}, \ldots, x_n)$
durch $(x_1, \ldots, x_m, der, x_{m+1}, \ldots, x_n)$

R6: **ersetze** $(x_1, \ldots, x_m, Art, x_{m+1}, \ldots, x_n)$
durch $(x_1, \ldots, x_m, die, x_{m+1}, \ldots, x_n)$

R7: **ersetze** $(x_1, \ldots, x_m, Art, x_{m+1}, \ldots, x_n)$
durch $(x_1, \ldots, x_m, das, x_{m+1}, \ldots, x_n)$

R8: **ersetze** $(x_1, \ldots, x_m, V, x_{m+1}, \ldots, x_n)$
durch $(x_1, \ldots, x_m, nimmt, x_{m+1}, \ldots, x_n)$

R9: **ersetze** $(x_1, \ldots, x_m, V, x_{m+1}, \ldots, x_n)$
durch $(x_1, \ldots, x_m, holt, x_{m+1}, \ldots, x_n)$

R10: **ersetze** $(x_1, \ldots, x_m, N, x_{m+1}, \ldots, x_n)$
durch $(x_1, \ldots, x_m, Hans, x_{m+1}, \ldots, x_n)$

R11: **ersetze** $(x_1, \ldots, x_m, N, x_{m+1}, \ldots, x_n)$
durch $(x_1, \ldots, x_m, Gabi, x_{m+1}, \ldots, x_n)$

R12: **ersetze** $(x_1, \ldots, x_m, N, x_{m+1}, \ldots, x_n)$
durch $(x_1, \ldots, x_m, Geige, x_{m+1}, \ldots, x_n)$

R13: **ersetze** $(x_1, \ldots, x_m, N, x_{m+1}, \ldots, x_n)$
durch $(x_1, \ldots, x_m, Flöte, x_{m+1}, \ldots, x_n)$

Zeigen Sie, daß nach dieser Grammatik der folgende Satz zulässig ist: $(Hans, holt, die, Flöte)$. Dazu nehmen Sie an, das Faktum (S) stehe in der Faktenbasis. Eignet sich Vorwärts- oder Rückwärtsverkettung besser?

---

[36] Es handelt sich um eine kontextfreie Grammatik, die man üblicherweise etwas anders notiert, z.B. die Regel R2 in der Form $NP \rightarrow Art, N$.

2. a) Es seien die folgenden Produktionsregeln gegeben, wobei x als Variable zu interpretieren ist:

```
R1: wenn v(x) dann führe aus ergänze-faktum( u(x) )
R2: wenn u(x) dann führe aus ergänze-faktum( r(x) )
R3: wenn v(x) dann führe aus ergänze-faktum( w(x) )
R4: wenn w(x) dann führe aus ergänze-faktum( s(x) )
R5: wenn w(x) dann führe aus ergänze-faktum( z(x) )
```

   Leiten Sie mit Hilfe dieser Produktionsregeln aus dem Faktum v(a) durch Vorwärtsverkettung das Ziel z(a) her. Eine Regel ist einer anderen gegenüber zu bevorzugen, wenn sie noch nicht angewandt wurde, die andere dagegen schon. Wählen Sie ferner bei mehreren gleichzeitig anwendbaren Regeln diejenige aus, die in der obigen Reihenfolge am weitesten vorne angegeben ist.

  b) Notieren Sie die unter a) angegebenen Produktionsregeln als Ersetzungsregeln, und bestätigen Sie das Ziel z(a) durch Rückwärtsverkettung unter der Voraussetzung, daß die Faktenbasis v(a) enthält.

3. Erstellen Sie für den folgenden Sachverhalt eine Repräsentation mit Produktionsregeln: "Eine Workstation ist ein Rechner für einen Benutzer und hat einen Grafikbildschirm, Maus und Tastatur".

2.4 Analoge (direkte) Repräsentation

2.4.1 Einführung

Die beiden vorangehenden (und die folgenden) Kapitel beschäftigen sich mit Repräsentationsformaten, die man *symbolisch* nennt. Damit ist gemeint, daß es Symbole (oder Repräsentationsstrukturen) gibt, die für bestimmte Konzepte, Beziehungen oder Eigenschaften stehen. Jedes dieser Symbole ist als Repräsentationsstruktur Ausprägung eines Repräsentationskonstrukts, z.B. ein Prädikatsymbol oder ein Term in einer logischen Repräsentation oder ein Knoten oder eine Kante in einem semantischen Netz (s. Kap.3). Die Symbole werden entsprechend der für die betreffenden Repräsentationskonstrukte festgelegten Semantik interpretiert.

Bei den *nicht-symbolischen* Repräsentationen sieht das ganz anders aus. Dort gibt es entweder überhaupt gar keine eindeutig identifizierbaren Teilstrukturen, die für Konzepte, Beziehungen und Eigenschaften stehen (vgl. mit den Aussagen zu konnektionistischen Repräsentationen in Kap.3.6) oder aber die Teilstrukturen leiten sich nicht aus Repräsentationskonstrukten ab und sind deshalb nicht mit einer bestimmten Interpretationsvorschrift versehen. Es geht deshalb keinerlei Interpretation mit ihnen einher, die nicht schon durch die Struktur der Repräsentation selber gegeben ist. Bildet eine nicht-symbolische Repräsentation der zweiten Art Zusammenhänge derart ab, daß sich die Regularitäten (oder Eigenschaften) der dargestellten Zusammenhänge als Regularitäten (oder Eigenschaften) der Repräsentationsstrukturen wiederfinden, spricht man von einer analogen (oder direkten) Repräsentation (weil sie dem repräsentierten Sachverhalt analog ist). Eine Landkarte ist ein Beispiel dafür. Die Entfernung zwischen zwei Städten entspricht direkt dem Abstand der zugehörigen Markierungen auf der Landkarte. Räumliche Distanz ist in der Repräsentation also wiederum durch räumliche Distanz dargestellt, jedoch in einem verkleinerten Maßstab. Analog ist die Darstellung von Distanz deshalb, weil die Eigenschaften von Entfernungsbeziehungen (wie ihre Addierbarkeit oder ihre Ordnung bzgl. der Größer-Beziehung) erhalten bleiben. Die Markierungen für Städte auf einer Landkarte dienen der Identifizierung bestimmter Punkte und damit dem Ablesen von Entfernungen. Daß für eine Landkarte verschiedene Arten der Markierung von Städten verschiedene Aussagen über die Stadt bedeuten und die Markierungen somit Symbolcharakter besitzen, ist für die analoge Repräsentation von Distanz unerheblich.

Wir können zusammenfassen und feststellen, daß eine analoge Repräsentation durch einen *Homomorphismus* gegeben ist, der Beziehungen zwischen Konzepten der repräsentierten Welt strukturerhaltend in Beziehungen zwischen Teilstrukturen der Repräsentation abbildet. Ein Homomorphismus (oder homomorphe Abbildung) heißt deshalb *strukturerhaltend*, weil er eine Verknüpfung oder eine Beziehung zwischen zwei Elementen im Definitionsbereich in eine entsprechende Verknüpfung oder Beziehung im Bildbereich abbildet. Er überführt also die durch die Verknüpfung (oder Beziehung) aufgespannte Struktur und bewahrt die dadurch gegebenen Eigenschaften des Definitionsbereichs.

Definition: Homomorphismus

Sind M und M' zwei Mengen mit den jeweils zugehörigen Verknüpfungen $\otimes$ und $\odot$, dann ist eine Abbildung $h : M \to M'$ ein *Homomorphismus*, wenn für alle $a, b \in M$ gilt: $h(a \otimes b) = h(a) \odot h(b)$

$\square$

Beispielsweise bewahrt die homomorphe Abbildung von Entfernungen zwischen Städten auf Abstände einer Landkarte die Addierbarkeit von Entfernungen, so daß es gleich ist, ob zwei Entfernungen vor ihrer Abbildung addiert werden oder ob erst die sich aus den Entfernungen ergebenden Landkartenabstände addiert werden (in diesem Beispiel sind die Verknüpfungen im Definitions- und Bildbereich gleich):

$$h(e_1 + e_2) = h(e_1) + h(e_2)$$

Neben der additiven Verknüpfung bewahrt die homomorphe Abbildung von Entfernungen auf Abstände einer Landkarte auch die Ordnungsrelation auf der Menge der Entfernungen:

$$h(e_1 > e_2) \Leftrightarrow h(e_1) > h(e_2)$$

und das Verhältnis zweier Entfernungen zueinander bleibt in der Repräsentation erhalten:

$$h\left(\frac{e_1}{e_2}\right) = \frac{h(e_1)}{h(e_2)}$$

Dagegen weist eine symbolische Repräsentation der Entfernungen zwischen Städten keine strukturelle Ähnlichkeit zu der repräsentierten Welt auf. In einer logischen Repräsentation könnte dies z.B. folgendermaßen aussehen:

$$entfernung(\text{Konstanz}, \text{Darmstadt}, 350\,\text{km})$$

Symbolische Repräsentationen lösen sich von der unmittelbaren Erscheinungsform eines zu repräsentierenden Sachverhalts und können dadurch im Gegensatz zu analogen Repräsentationen das Wesen eines Sachverhalts näher erfassen – es kann also eine *Konzeptualisierung* vorgenommen werden. Dies ermöglicht im Gegensatz zu analogen Repräsentationen, die eine in vielen Fällen unnötig hohe Präzision aufweisen, die Darstellung von Generalisierungen und Regularitäten sowie von unvollständigen, ungenauen und verneinenden Aussagen. Beispielsweise läßt sich in einer symbolischen Repräsentation von Entfernungen als generell zutreffende Regularität die Symmetrie der Entfernungsbeziehung darstellen:

$$\forall x, y, w : entfernung(x, y, w) \Leftrightarrow entfernung(y, x, w)$$

Für eine analoge Repräsentation ist diese Regularität zwar der gewählten Repräsentationsstruktur inhärent, kann aber aufgrund der fehlenden Konzeptualisierung nicht als eine unabhängig von einer gerade vorliegenden Repräsentation gültige Regularität erkannt und repräsentiert werden! Man kann sagen, daß alle Regularitäten in einer analogen Repräsentation *intrinsisch* sind (vgl. Kap.1.3).

Ebenfalls aufgrund der Unfähigkeit, Konzeptualisierungen zuzulassen, kann durch eine analoge Repräsentation kein unvollständiges Wissen dargestellt werden, da in ihr Angaben zu einem Sachverhalt entweder vollständig vorliegen oder gar nicht. Deshalb läßt sich der folgende Sachverhalt nicht analog repräsentieren:

$$entfernung(\text{Konstanz}, \text{Darmstadt}, a)$$
$$entfernung(\text{Konstanz}, \text{Hamburg}, b)$$
$$a < b$$

Zusammenfassend können wir die folgende Definition aufstellen:

Definition: Analoge Repräsentation

Eine *analoge Repräsentation* ist durch einen Homomorphismus, der die zu repräsentierende Welt auf die Repräsentation abbildet, bestimmt. Die dargestellten Sachverhalte sind direkt in der Struktur der Repräsentation enthalten und ihr Herauslesen benötigt neben dem zugehörigen Homomorphismus keine weiteren Interpretations- und Inferenzprozesse, wie dies in einer symbolischen Repräsentation der Fall ist. Regularitäten, die den dargestellten Sachverhalten zugrunde liegen, finden sich aufgrund der Homomorphieeigenschaft als Regularitäten der Repräsentationsstrukturen wieder.

$\square$

2.4.2 Modellierung mit analogen Repräsentationsformaten

Analoge Repräsentationsformate eignen sich nur für wenige Anwendungsfälle, für die wir in Kapitel 2.4.4 einige Beispiele geben werden. Anhand verschiedener Wissensarten wollen wir zunächst ihre Einsatzgrenzen verdeutlichen.

2.4.2.1 Eigenschaften und semantische Beziehungen

Die analoge Repräsentation von Eigenschaften oder semantischen Beziehungen setzt voraus, daß eine *Visualisierung* des zu repräsentierenden Sachverhalts möglich ist. So sind Eigenschaften wie Gewicht, Tonhöhe oder Geschwindigkeit durch die Länge eines Striches darstellbar[37]. Es kann zeitliche Distanz durch räumliche Distanz, eine zweidimensionale Koordinatenfolge durch eine Trajektorie und der Winkel zwischen zwei Linien durch eine entsprechende Grafik erfaßt werden. Nicht visualisierbar und deshalb nicht analog zu repräsentieren sind beispielsweise die Eigenschaften, giftig, selten oder wasserlöslich zu sein, lesen oder rechnen zu können sowie Kausalbeziehungen oder die semantischen Beziehungen zwischen einem Buch und seinem Autor oder einer ganzen Zahl und ihren Teilern.

---

[37] Die Strichlänge selber kann dabei auf beliebige Art und Weise repräsentiert sein.

2.4.2.2 Regelhafte Zusammenhänge und Einschränkungen

Wie wir schon diskutiert haben, können in einer analogen Repräsentation aufgrund der geforderten Strukturgleichheit zwischen Repräsentation und repräsentierter Welt keine Abstraktionen und damit keine Generalisierungen erfaßt werden. Regelhafte Zusammenhänge und Einschränkungen sind deshalb nicht darstellbar. Als Beispiele lassen sich Transitivität und Symmetrie einer semantischen Beziehung nennen. In der analogen Repräsentation einer semantischen Beziehung, die diese Regularitäten aufweist, sind sie zwar intrinsisch (vgl. Kap.1.3) enthalten, aber dadurch sind sie nicht als generell gültige Regularitäten erfaßt und können nicht für Schlußfolgerungen herangezogen werden. Auch Negationen sind in einer analogen Repräsentation nicht möglich, selbst wenn die nicht verneinte Form der Aussage analog repräsentierbar sein sollte (z.B. "Die Geschwindigkeit des Zuges beträgt nicht 120 km/h."), denn die Tatsache, daß eine Negation vorliegt, kann nur mittels eines entsprechend zu interpretierenden Symbols kenntlich gemacht werden.

2.4.2.3 Konzeptklassen, Individualkonzepte und prototypisches Wissen

Aufgrund der fehlenden Unterstützung jeglicher Art von regelhaften Zusammenhängen kann eine analoge Repräsentation lediglich Aussagen über Individualkonzepte darstellen. Ausnahmen sind (analog zu repräsentierende) Aussagen zu Eigenschaften, die für alle Elemente einer Konzeptklasse gelten. Eine Ausnahme bildet auch der Fall, daß eine Konzeptklasse durch ein prototypisches Klassenelement analog repräsentiert wird (vgl. hierzu das in Kap.2.4.4 beschriebene System zur Herleitung prototypischer Trajektorien). Beispielsweise wäre als analoge Repräsentation der Konzeptklasse eines Hauses die Skizze eines (proto-)typischen Vertreters möglich. Daraus können dann die Positionen und relativen Größen von Fenstern und Tür sowie die Position und Form des Daches entnommen werden. Der Homomorphismus, der einer solchen Repräsentation zugrunde liegt, ist dann u.a. strukturerhaltend bezüglich der räumlichen Beziehungen zwischen diesen Beschreibungsmerkmalen. So gilt die "ist-tiefer-als"-Beziehung zwischen der Tür und den Fenstern sowohl für das "reale" prototypische Objekt als auch für dessen analoge Repräsentation.

Aussagen über den Wertebereich einer Eigenschaftsklasse oder über die Art eines Konzepts, das in einer bestimmten semantischen Beziehung zu einem anderen Konzept steht, sind analog prinzipiell nicht repräsentierbar.

2.4.2.4 Ereignisse und Handlungen

Auch bestimmte Aspekte von Ereignissen können durch eine analoge Repräsentation erfaßt werden. Im Falle von Bewegungsabläufen lassen sich die Trajektorien analog darstellen, während für Ereignisse beliebiger Art die zeitlichen Beziehungen zwischen ihnen durch entsprechende räumliche Beziehungen analog repräsentiert werden können. So finden nach Abbildung 20 die Ereignisse A und B nacheinander statt, während das Ereignis C parallel zum Ereignis A abläuft.

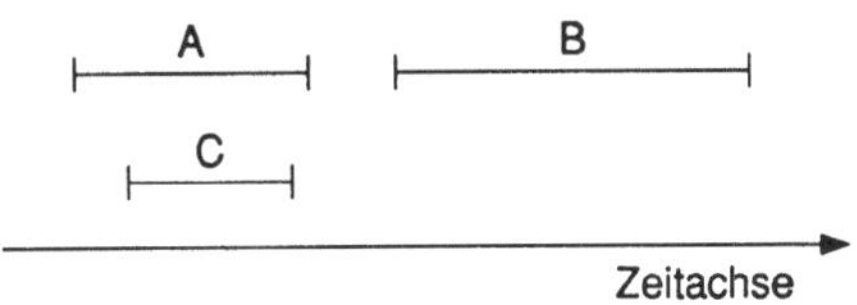

Abbildung 20: Analoge Repräsentation zeitlicher Beziehungen zwischen Ereignissen

2.4.2.5 Unvollständiges, unsicheres und ungenaues Wissen

Durch eine analoge Repräsentation kann unvollständiges Wissen nicht dargestellt werden. Auch dies liegt an der fehlenden Möglichkeit, von einzelnen Sachverhalten zu abstrahieren, denn unvollständiges Wissen liegt vor, wenn ein Sachverhalt zwar näher umschrieben ist, aber dabei nicht explizit angegeben ist. Es erscheint auf den ersten Blick möglich, unvollständige Eigenschaftsangaben auf der Basis von Wertevergleichen analog darzustellen. Danach könnte eine unvollständige Entfernungsangabe, wie "Die Entfernung zwischen a und b ist größer als die zwischen c und d", durch zwei verschieden lange Striche, je einer für eine Entfernung, repräsentiert werden. Damit aber die Strichlänge nicht als exakte Eigenschaftsangabe interpretiert, sondern nur die Tatsache ihrer zum anderen Strich unterschiedlichen Länge berücksichtigt wird, ist eine Kennzeichnung, daß es sich bei beiden Strichen um eine Vergleichsangabe handelt, notwendig. Wie weiter oben für Negationen bedeutet eine solche Kennzeichnung aber die Angabe eines entsprechend zu interpretierenden Symbols, wodurch die Repräsentation nicht mehr analog wäre!

Ob eine bestimmte Aussage unvollständig ist oder nicht, hängt nicht von der Aussage allein ab, sondern auch davon, welche Aspekte einer zu repräsentierenden Welt zu erfassen sind. So ist die Aussage, daß ein Objekt c zwischen den Objekten a und b liegt, unvollständig bezüglich der exakten räumlichen Position von c, aber in bezug auf Wissen über die Anordnungsreihenfolge von Objekten ist diese Repräsentation vollständig und somit analog darstellbar.

Aussagen, die unsicheres Wissen ("Die Entfernung zwischen a und b beträgt wahrscheinlich e") oder ungenaues Wissen ("a liegt etwa bei b") zum Ausdruck geben, können in keinem Fall analog repräsentiert werden, wiederum weil Unsicherheit und Ungenauigkeit Begriffe abstrakter Natur sind, für die es keine strukturelle, visualisierbare Interpretation gibt, die als Grundlage für eine analoge Repräsentation dienen kann. Insbesondere kann der Charakteristik ungenauer Eigenschaftsangaben, daß verschiedene quantitative Werte verschieden charakteristisch für einen ungenauen qualitativen Wert sind, in keinster Weise Rechnung getragen werden.

2.4.3 Operationen auf analogen Repräsentationen

Ein besonderer Vorteil analoger Repräsentationen besteht darin, daß Vorgänge, die Veränderungen in der repräsentierten Welt bewirken, auf einfache Weise in der Repräsentation nachzuvollziehen sind. Das kommt daher, weil aufgrund der strukturellen Ähnlichkeit einer analogen Repräsentation zum dargestellten Sachverhalt auch eine unmittelbare Entsprechung zwischen Änderungsvorgängen in der repräsentierten Welt und Änderungen in der Repräsentation besteht. Das bedeutet, daß alle von einem Änderungsvorgang betroffenen Beschreibungsmerkmale automatisch berücksichtigt werden. Für symbolische Repräsentationen ist das nicht der Fall. Da dort Aussagen erst durch Interpretation der Repräsentationsstrukturen erschlossen werden müssen, wird den Seiteneffekten einer Änderung nicht automatisch Rechnung getragen. Sie müssen durch entsprechende Inferenzen erst bestimmt werden. Es stellt sich für symbolische Repräsentationen damit das *Frame-Problem*, welches darin besteht, zu bestimmen, welche der in einer Wissensbasis repräsentierten Aussagen aufgrund einer Änderung nicht mehr zutreffen und deshalb ebenfalls zu modifizieren sind, um die neue Situation in der repräsentierten Welt korrekt zu beschreiben (vgl. (Shoham 87) sowie (Pylyshyn 87)). Wird beispielsweise in eine Landkarte eine neue Stadt eingetragen, so sind ihre Entfernungen zu anderen Städten damit automatisch schon repräsentiert und müssen nicht durch zusätzliche Änderungsoperationen in die Repräsentation eingespielt werden. Dagegen würde in einer symbolischen Repräsentation die Lage einer neuen Stadt durch eine neue Symbolstruktur eingeführt werden, wodurch aber noch keinerlei Angaben über Entfernungen zu anderen Städten vorliegen. In einer logischen Repräsentation könnte die neu eingeführte Symbolstruktur eine atomare Formel sein, z.B.:

$$lage(x^\circ, y^\circ, \text{Gunzenhausen})$$

Für jede Entfernungsangabe zwischen der neu eingeführten Stadt und einer anderen Stadt ist dann eine weitere atomare Formel einzuführen, z.B.:

$$entfernung(\text{Gunzenhausen}, \text{Zwiebach}, 13\,\text{km})$$

Für ein weiteres Beispiel wollen wir die bildliche Darstellung einer zweidimensionalen Anordnung mehrerer Objekte heranziehen. Das Verschieben eines Objekts in der repräsentierten Welt entspricht der Verschiebung der zugehörigen analogen Objektrepräsentation. Die Position eines neu plazierten Objekts zu allen anderen Objekte ist damit direkt aus der Repräsentation ablesbar. Es tritt somit das Frame-Problem nicht auf. In einer symbolischen Repräsentation, die die Position eines Objekts beschreibt, indem sie seine Position relativ zu allen anderen Objekten angibt, muß nach der Verschiebung eines Objekts die Gültigkeit der bisherigen Aussagen überprüft und die neu geltenden räumlichen Beziehungen zu den anderen Objekten erst berechnet werden. Dieser Berechnungsvorgang kann recht umfangreich sein.

Es ist recht attraktiv, das Frame-Problem mit einer analogen Repräsentation zu umgehen, denn die Bestimmung aller von einer Änderung betroffenen Sachverhalte in einer symbolischen Darstellung ist in der Regel sehr aufwendig. Trotzdem kann es im Einzelfall aber auch gerade ungünstig sein, das Resultat einer langen Folge von Zustandsänderungen durch Simulation auf einer analogen Repräsentation zu bestimmen. Besser kann es sein, eine geeignete Abstraktion vorzunehmen und die neue Zustandsbeschreibung durch eine Inferenz auf einer äquivalenten symbolischen Repräsentation herzuleiten. Wechselt beispielsweise ein Objekt 461-mal hintereinander zwischen zwei Räumen hin und her, ist die insgesamt resultierende Situation in einer symbolischen Repräsentation sehr schnell herzuleiten, wenn die beiden auftretenden Aktionstypen als invers zueinander bekannt sind. In einer analogen Repräsentation bleibt nichts anderes übrig, als jede Einzeländerung in der Repräsentation explizit nachzuvollziehen.

2.4.4 Ergänzende Bemerkungen und weiterführende Literatur

Aufgrund ihrer stark eingeschränkten Anwendungsmöglichkeiten werden analoge Repräsentationen selten eingesetzt. Sie bieten jedoch immer dann besondere Vorteile, wenn die im Rahmen eines wissensbasierten Systems vorzusehenden Inferenzregeln leicht in bildhaften Strukturen beschrieben werden können. Dann ist eine analoge Repräsentation eine dem Problembereich sehr nahe stehende Darstellungsform und erlaubt eine effiziente Realisierung des zugehörigen Inferenzsystems. Wir wollen im folgenden einige Systeme, die analoge Repräsentationen benutzen, vorstellen und aufzeigen, welche Vorteile dieses Repräsentationsformat jeweils bietet.

Der in (Gelernter 63) beschriebene automatische Beweiser für Probleme aus dem Gebiet der Geometrie benutzt zusätzlich zu einer symbolischen Repräsentation von Aussagen, Behauptungen und Heuristiken auch Diagramme, um Behauptungen, die in der bildlichen Darstellung unmittelbar als korrekt bestimmt werden können, auf diese Weise einfach zu verifizieren. Das System erspart sich in solchen Fällen das Führen eines aufwendigen Beweises über die symbolisch repräsentierten Axiome. Eine zweite Aufgabe der Diagramme besteht darin, bei der Konstruktion von Beweisen Lösungsansätze, die aufgrund einer bildlichen Betrachtung im Diagramm als aussichtslos erkannt werden können, von vornherein auszuschließen. Auf diese Weise wird der durch den Theorembeweiser zu betrachtende Suchraum durch einfache Überprüfungen in der Diagramm-Darstellung erheblich eingeschränkt. Angeblich können so in der Regel über 99% aller in einem Problemlösungszustand zu betrachtenden Teilziele als irrelevant ausgeschlossen werden.

Der 'General Space Planner' (Eastman 73) wurde für die Aufgabe entwickelt, Gegenstände in einem zweidimensionalen Raum so zu plazieren, daß vorgegebene Randbedingungen, wie das (Nicht-)Berühren zweier Objekte oder die Sichtbarkeit eines Gegenstandes von einem anderen aus, erfüllt werden. Dazu wird – ähnlich wie im oben beschriebenen Theorembeweiser von Gelernter – eine Diagrammdarstellung herangezogen. Der wesentliche Unterschied zu dem obigen Ansatz besteht darin, daß die Verwendung der

Diagrammrepräsentation nicht bloß unterstützenden Charakter für eine im wesentlichen auf einer symbolischen Repräsentation arbeitenden Inferenzkomponente besitzt, sondern dessen primäre Basis bildet. Das Diagramm realisiert eine analoge Repräsentation bezüglich der Größe, Form und Lage von Objekten. Ferner kann daraus entnommen werden, welcher Raum schon belegt und welcher noch frei ist, sowie ob sich zwei Gegenstände berühren oder ob sie voneinander aus sichtbar sind. Die auch in diesem System vorhandene symbolische Repräsentationskomponente übernimmt mehr eine Hilfsfunktion und ermöglicht die Formulierung von Heuristiken zur Wahl des Zeitpunktes, zu dem eine der vorgegebenen Randbedingungen in der Problemlösung berücksichtigt wird.

Die Schlußfolgerungskomponente des WHISPER-Systems (Funt 80) basiert ausschließlich auf einer analogen Repräsentation. Es betrachtet Konstellationen aus mehreren, zweidimensionalen Gegenständen und hat die Aufgabe, herauszufinden, ob sie mechanisch stabil sind oder ob einzelne Objekte Rutsch- oder Drehbewegungen ausführen und u.U. weitere Objekte in Bewegung versetzen. Das System simuliert den Vorgang. Dazu werden die dafür wichtigen Eigenschaften von Position, Ausrichtung und Umfang der beteiligten Objekte aus der Diagrammdarstellung entnommen. Die daraus ermittelten Bewegungen werden in entsprechende Diagrammänderungen umgesetzt. Auf diese Weise wird das sonst große Schwierigkeiten bereitende Frame-Problem umgangen. Das System berücksichtigt Eigenschaften wie Gewicht oder Gewichtsverteilung nicht. Eine Erweiterung in diese Richtung müßte die bisherige analoge Repräsentation um eine symbolische ergänzen, da beide Eigenschaften für sich genommen zwar analog repräsentiert werden können[38], aber nicht in die schon bestehende analoge Repräsentation zu integrieren sind. Die analoge Repräsentation dieser beiden Eigenschaften bringt deshalb keinen Vorteil mit sich.

In den Jahren nach der Entwicklung der oben vorgestellten Systeme spielten analoge Repräsentationen kaum noch eine Rolle. Erst in neuerer Zeit gewinnen sie wieder an Bedeutung. So wird in (Mohnhaupt 87) die Anwendung eines analogen Repräsentationsformats zur Ableitung von typischen Trajektorien aus einer Menge bildlich repräsentierter Einzelbeobachtungen eines bestimmten Ereignistyps – im dort diskutierten Beispiel das Abbiegen eines Fahrzeugs – beschrieben. Die hierzu notwendigen Abstraktions- und Generalisierungsoperationen lassen sich auf der Basis eines analogen Repräsentationsformats wesentlich einfacher definieren als für ein symbolisches Format. Das Ergebnis einer Abstraktion ist wiederum eine analoge Repräsentation, die als prototypisches Klassenelement interpretiert wird.

(Habel 88) stellt einen Ansatz zur Repräsentation räumlichen Wissens im Rahmen eines Systems zur Generierung natürlichsprachlicher Wegebeschreibungen vor, der ein symbolisches Repräsentationsformat (dort propositional genannt) mit einem bildhaften, analogen Format zu einem hybriden Repräsentationssystem vereinigt. Die verschiedenen Beschreibungsmerkmale räumlicher Objekte sind teils im symbolischen und teils

---

[38] Gewichtsverteilung kann durch eine dreidimensionale Verteilungskurve auf dem Grundriß eines Gegenstands analog dargestellt werden.

im analogen Repräsentationsformat dargestellt. Daraus ergibt sich wiederum der Vorteil, Inferenzen jeweils in der dafür am besten geeigneten Repräsentation vornehmen zu können. So werden alle räumlichen Inferenzen auf der analogen Repräsentation durchgeführt, die die räumliche Anordnung und die räumliche Ausdehnung der Objekte darstellt, während alle anderen Angaben zu den einzelnen Objekten, wie ihr Name, ihre Konzeptklassenzugehörigkeit oder ihre Teil-von-Beziehungen zu anderen Objekten, in der symbolischen Repräsentation abgelegt sind.

Zweidimensionale Diagramme als analoge Repräsentationen geographischen Wissens werden in (Davis 86) verwendet. Die dort vorgeschlagene Repräsentationssprache unterstützt insbesondere die Darstellung von Objekten mit unvollständigen und ungenauen Ortspositionen. Eine unvollständige Ortsbeschreibung liegt beispielsweise vor, wenn bekannt ist, daß ein Objekt parallel zu einem anderen ausgerichtet ist, aber keinerlei Kenntnis über die Entfernung zwischen beiden besteht. Eine ungenaue Ortsbeschreibung besteht, wenn nur der ungefähre Abstand zwischen zwei Objekten bekannt ist. Die ungefähre Position und Ausrichtung eines Objekts wird im Diagramm festgehalten. Da die entsprechenden Angaben jedoch unvollständig und ungenau sind, kann weder die absolute Position eines Objekts noch seine Entfernung zu einem anderen Objekt mit dem Diagramm analog repräsentiert werden (vgl. Kap.2.4.2.5). Jedoch ist die relative Position der Objekte zueinander (z.B. "Objekt a ist hinter Objekt b") exakt: Dieses Beschreibungsmerkmal ist somit analog repräsentiert.

Ähnlich zu dem weiter oben vorgestellten WHISPER-System ist der in (Gardin/Meltzer 89) beschriebene Ansatz, Schlußfolgerungen im Bereich der naiven Physik durch Simulationen auf analogen Repräsentationen der betreffenden Situationen zu realisieren. Damit sind z.B. das Fließverhalten von Flüssigkeiten und die Verformung von Seilen, die an einem Ende fixiert sind und über verschieden geformte Gegenstände gelegt werden, simuliert worden. Die Grundregeln physikalischen Verhaltens, die natürlich zusätzlich zu den analogen Repräsentationen benötigt werden, um Zustandsänderungen zu bestimmen, sind symbolisch repräsentiert.

Alle oben vorgestellten Systeme benutzen als analoge Repräsentation eine zweidimensionale, bildliche Darstellung. Obwohl das der typische Anwendungsfall ist, bedeutet dies nicht, daß analoge Repräsentationen immer zweidimensional und bildlich sind. Ein Gegenbeispiel ist eine sortierte Liste, die die durch die Sortierreihenfolge ausgedrückte Beziehung zwischen den Listenelementen analog repräsentiert. Auch stellt jede Liste eine analoge Repräsentation bezüglich der Listengröße dar.

Auseinandersetzungen mit den Eigenschaften analoger Repräsentationen und ihre Abgrenzung zu symbolischen Repräsentationsansätzen findet man in (Hayes 74) und (Sloman 75). Zur psychologisch geprägten Debatte bildhafter und damit analoger Repräsentationen im menschlichen Gedächtnis siehe (Kosslyn 80), wo eine Kombination bildhafter und symbolischer Repräsentationen vertreten wird, sowie (Pylyshyn 81) und (Pylyshyn 84, Kap.8), wo für eine rein symbolische Repräsentation argumentiert wird.

Kurze Übersichten zur Diskussion bildhafter Repräsentationen in der Psychologie geben (Conway/Wilson 88) und (Steiner 88).

2.4.5 Übungsaufgaben

1. Erklären Sie, warum die Darstellung der Einwohnerzahl von Städten durch geometrische Figuren verschiedener Größe, Form und Farbe, wie es für Landkarten üblich ist, eine symbolische Repräsentation ist. Wie müßte eine analoge Repräsentation des Sachverhalts aussehen?

2. Machen Sie einen Vorschlag, wie man für einen akustischen Ton Tonhöhe und Lautstärke in einer analogen Repräsentation gemeinsam darstellen kann.

3. Schlagen Sie eine symbolische und eine analoge Repräsentation von Fährverbindungen zwischen Inseln vor. Als Eigenschaft jeder Verbindung ist ihre Zeitdauer darzustellen.

3. Semantische Netze

3.1 Einführung

Netzartige Repräsentationsformate, die man unter dem Begriff semantische Netze zusammenfaßt, gehen zurück auf Modelle menschlichen Gedächtnisses der Kognitionspsychologie (ein detaillierter historischer Abriß findet sich in Kap.3.6). Diesen Modellen liegt aufgrund experimenteller Untersuchungen die Annahme zugrunde, daß Konzepte, die semantisch miteinander in Beziehung stehen, durch Strukturen repräsentiert sind, die in einer geeigneten Art und Weise (die in den Modellen nicht näher festgelegt zu werden braucht) miteinander verbunden sind. Diese Verbindungen, die man sich formal als zweistellige Relationen vorstellen kann, heißen *assoziative Beziehungen*. Modelle menschlichen Gedächtnisses, die assoziative Beziehungen vorsehen, heißen Assoziationsmodelle. Wird eine Konzeptrepräsentation durch einen Erinnerungsvorgang aktiviert, dann sehen solche Assoziationsmodelle die Ausbreitung der Aktivierung über alle Verbindungen, die von der betroffenen Konzeptrepräsentation ausgehen, vor. Dadurch erhalten alle Konzepte, die mit dem primär angesprochenen Konzept in einer assoziativen Beziehung stehen, eine Aktivierungserhöhung und rücken damit näher an die Erinnerungsschwelle oder überschreiten sie.

Assoziationsmodelle lassen sich bildlich leicht als Netzwerke veranschaulichen, in denen *Knoten* für Konzepte und *Kanten* für assoziative Beziehungen zwischen den Konzepten stehen. Zwei Arten von Netzwerken sind dabei zu unterscheiden. In den einen werden keine unterschiedlichen Typen assoziativer Beziehungen unterschieden, so daß es nur einen Kantentyp gibt (vgl. Abb.21). Die einzelnen Kanten sind höchstens mit numerischen Angaben beschriftet, die die Stärke der assoziativen Bindung anzeigen. Die anderen Modelle sehen verschiedene Typen von Kanten für verschiedene Typen assoziativer Beziehungen vor (vgl. Abb.22). Ein expliziter numerischer Indikator für die Assoziationsstärke entfällt dabei. Soll eine Unterscheidung verschiedener Assoziationsstärken vorgenommen werden, erfolgt dies am besten als Teil der Interpretation der unterschiedlichen Kantentypen und durch die Inferenzen, die mit ihnen möglich sind. Für Modelle der ersten Art trifft am ehesten die Bezeichnung *assoziatives Netzwerk* zu, während Modelle der zweiten Art *semantische Netzwerke* genannt werden – eine klare Terminologie existiert jedoch nicht, denn es werden manchmal auch Netze der ersten Art als semantisches Netz bezeichnet sowie Netze der zweiten Art manchmal als assoziatives Netz (zumindest früher). Da Netzwerke mit Kantentypen wesentlich ausdrucksmächtiger sind, spielen die assoziativen Netzwerke in der KI praktische keine Rolle mehr (vgl. aber die Bemerkungen zu konnektionistischen Ansätzen in Kap.3.6, die im Gegensatz zu assoziativen Netzen subsymbolisch sind).

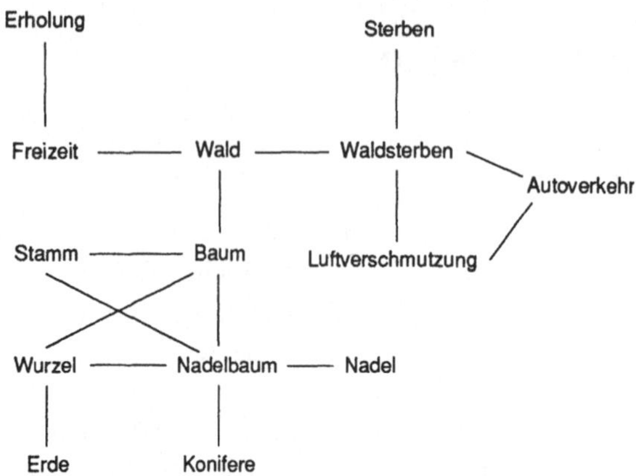

Abbildung 21: Ein assoziatives Netz

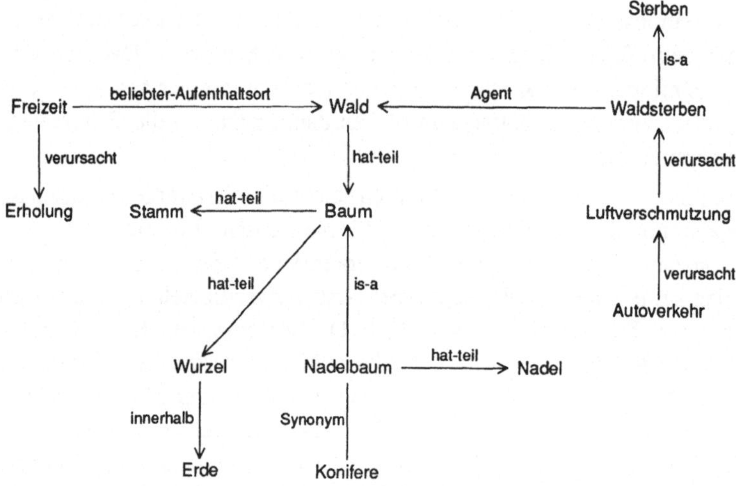

Abbildung 22: Das assoziative Netz aus Abbildung 21 als ein semantisches Netz mit getypten Kanten

Zur Überprüfung ihrer Adäquatheit wurden Netzwerkmodelle auf Rechnern simuliert (vgl. die Literaturhinweise in Kap.3.6). Aus diesen Implementationen, bei denen es primär um ihre kognitive Plausibilität ging, entstanden im Rahmen der mehr informatik-orientierten Forschung neue Modelle und Implementationen, die in erster Linie unter funktionalen Gesichtspunkten entworfen wurden, also mit dem Ziel, Programme einer bestimmten Funktionalität zu realisieren. Der Anspruch kognitiver Plausibilität trat dabei in den Hintergrund. Mit solchen Ansätzen werden wir uns im vorliegenden Kapitel beschäftigen. Die Abkehr vom Anspruch der kognitiven Adäquatheit bedeutet jedoch nicht, daß sich das Gebiet der Wissensrepräsentation damit von der psychologischen

Forschung vollständig abgekoppelt hätte; tatsächlich beeinflussen sich beide Disziplinen gegenseitig und man muß die Wissensrepräsentation als ein interdisziplinäres Gebiet ansehen, zu dem auch die Linguistik, die Philosophie und seit einiger Zeit die Neurobiologie hinzuzuzählen sind.

Bevor wir die historische Betrachtung abschließen und uns dem Einsatz netzwerkartiger Repräsentationsformate zuwenden, sind einige Bemerkungen zu den Abbildungen 21 und 22 angebracht. Vergleicht man beide Abbildungen miteinander, stellt man fest, daß in Abbildung 22 nicht alle Kanten aus Abbildung 21 übernommen wurden. So entfällt in Abbildung 22 die direkte Kante von 'Autoverkehr' zu 'Waldsterben', da sie aus der Kantenfolge 'Autoverkehr' $\xrightarrow{\text{verursacht}}$ 'Luftverschmutzung' $\xrightarrow{\text{verursacht}}$ 'Waldsterben' abgeleitet werden kann. Durch das Weglassen solcher *transitiven Kanten*[39] wird Redundanz in der Darstellung vermieden. Ähnliches gilt für die in Abbildung 22 weggefallenen Kanten zwischen 'Stamm' und 'Nadelbaum' und zwischen 'Wurzel' und 'Nadelbaum'. Hier handelt es sich zwar nicht um transitive Kanten, aber durch eine geeignete Schlußfolgerungsregel (die wir in verallgemeinerter Form später als Vererbung behandeln werden), sind auch diese Kanten herleitbar, also implizit ebenfalls vorhanden. Die benötigte Regel besagt, daß, wenn ein x (z.B. 'Stamm') Teil eines y (z.B. 'Baum') ist und ein z (z.B. 'Nadelbaum') ein y ('Baum') ist, ein x ('Stamm') auch Teil eines z ('Nadelbaum') ist.

Es ist weiterhin festzustellen, daß die Kanten in Abbildung 21 ungerichtet sind, da sie Assoziationen, also unsymmetrische Beziehungen zwischen Konzepten ausdrücken. Dagegen stehen die getypten Kanten in Abbildung 22 (bis auf die Kante 'Synonym') für nicht symmetrische Beziehungen und sind deshalb gerichtet.

Schließlich ist zu bemerken, daß in Abbildung 22 die Kantentypen 'is-a', 'verursacht', 'hat-teil' und 'Synonym' *domänenunabhängig*, also unabhängig vom dargestellten Weltausschnitt sind. Sie sind *epistemische Primitive* (vgl. Kap. 1.3) und eignen sich als Repräsentationskonstrukte eines Repräsentationsmodells. Dort wäre ihre Semantik zu spezifizieren, so z.B. die Transitivität von 'is-a' festzulegen. Als *Grundvokabular* (vgl. Kap. 1.3) eignen sich die Kantentypen 'Agent' und 'innerhalb'. Der Kantentyp 'beliebter Aufenthaltsort' in Abbildung 22 ist dagegen so stark auf einen bestimmten Sachverhalt spezialisiert, daß er sich ganz offensichtlich nicht für ein Grundvokabular eignet. Die Bereitstellung geeigneter epistemischer Primitive als Repräsentationskonstrukte ist eine wesentliche Voraussetzung für die *Interpretierbarkeit* semantischer Netzwerke, denn die Bedeutung einer Repräsentation ist nur durch die Semantik der verwendeten Repräsentationskonstrukte festgelegt, während die *Vergleichbarkeit* zweier

---

[39] Unter *Transitivität* versteht man die folgende Eigenschaft einer mathematischen Relation R (als solche können die Kanten in einem semantischen Netz betrachtet werden): $xRy \wedge yRz \Rightarrow xRz$. Im Beispiel also

'Autoverkehr' $\xrightarrow{\text{verursacht}}$ 'Luftverschmutzung' $\wedge$ 'Luftverschmutzung' $\xrightarrow{\text{verursacht}}$ 'Waldsterben' $\Rightarrow$

$\Rightarrow$ 'Autoverkehr' $\xrightarrow{\text{verursacht}}$ 'Waldsterben'.

Repräsentationen durch die Verwendung eines gemeinsamen Grundvokabulars gewährleistet wird.

3.2 Modellierung mit semantischen Netzen

Wir wollen uns nun damit beschäftigen, wie semantische Netze zur Repräsentation von Wissen eingesetzt werden können. Es ist schon deutlich geworden, daß die
Bezeichnung "semantisches Netzwerk" nicht für eine klar ausgrenzbare Menge von Repräsentationen mit genau festgelegten Eigenschaften steht, sondern eine eher unspezifische Bezeichnung ist. Prinzipiell können alle auf einem Graph-Formalismus (Dörfler/Mühlbacher 73) basierenden Repräsentationen als semantische Netze aufgefaßt werden. Zur besseren Veranschaulichung werden wir semantische Netze ausschließlich grafisch illustrieren. Lineare Notationen machen das Charakteristische semantischer Netze
nicht so deutlich, sind aber natürlich ohne weiteres möglich[40].

Auch für semantische Netze gilt die in Kapitel 2.2.2 eingeführte Annahme der
Namenseindeutigkeit:

Vereinbarung: Annahme der Namenseindeutigkeit

In einem semantischen Netz werden zwei Knoten unterschiedlicher Beschriftung als
verschieden angesehen.

☐

Daraus folgt, daß zwei Knoten, die nicht verschieden sind, gleiche Beschriftung haben.
Da beide in einem solchen Fall über die gleichen Kanten mit denselben anderen Knoten
verbunden sein müssen, ist die folgende Vereinbarung sinnvoll:

Vereinbarung: Einmaligkeit von Knoten

In einem semantischen Netz treten keine zwei Knoten gleicher Beschriftung auf.

☐

Schließlich treffen wir auch noch die folgende Vereinbarung:

Vereinbarung: Implizite Konjunktion

Alle in einem semantischen Netz repräsentierten Aussagen sind implizit konjunktiv
verknüpft.

☐

---

[40] Beispielsweise können die Kanten durch zweistellige Prädikate dargestellt werden; siehe auch
(Hendrix 79) und (Sowa 84).

3.2.1 Eigenschaften

Konzepte sind in semantischen Netzen durch Knoten repräsentiert, wobei die Knotenbeschriftung den Konzeptnamen angibt. Aussagen über ein Konzept werden durch Kantenverbindungen mit anderen Knoten dargestellt. Auf diese Weise können Angaben zu den *Eigenschaften* eines Konzepts gemacht werden (vgl. Abb.23). Eine *Eigenschaft* wird dabei durch einen Knoten repräsentiert, während die Beschriftung der Kante, die einen Konzeptknoten mit einem solchen Eigenschaftsknoten verbindet, die *Eigenschaftsklasse* angibt. In einer logikbasierten Repräsentation würde man für die Knoten in einem semantischen Netz entsprechende Terme vorsehen, während die Kanten Prädikaten entsprächen[41].

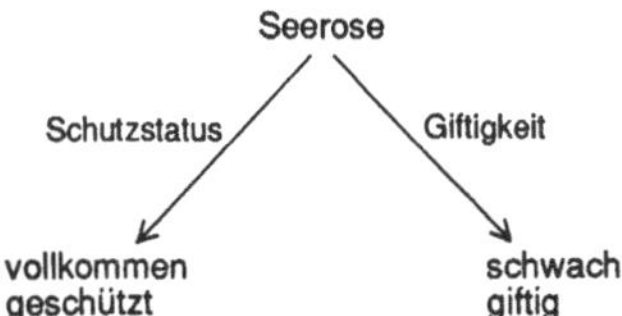

Abbildung 23: Die Repräsentation von Konzepteigenschaften

3.2.2 Semantische Beziehungen

Eine *semantische Beziehung* eines Konzepts zu einem anderen Konzept wird durch eine Kante zwischen den betreffenden Konzeptknoten dargestellt. Die Kantenbeschriftung bezeichnet den Kantentyp und somit die Art der Beziehung[42], wie dies Abbildung 24 illustriert.

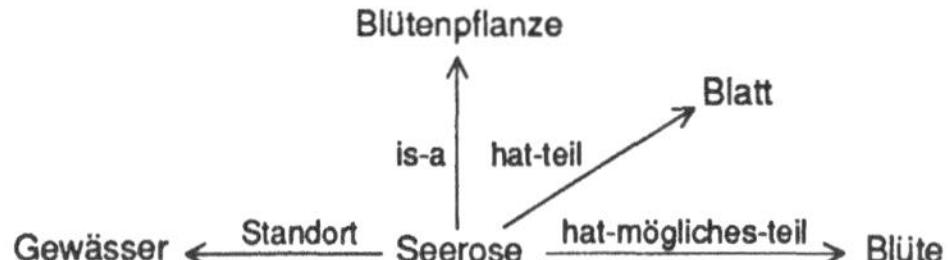

Abbildung 24: Die Repräsentation von semantischen Beziehungen zwischen Konzepten

Kanten sind immer dann gerichtet, wenn die durch sie repräsentierten semantischen Beziehungen nicht symmetrisch, also die Knoten an den verschiedenen Enden einer Kante bezüglich ihres Stellenwerts in der Beziehung jeweils unterschiedlich zu interpretieren sind, z.B. als Ober- oder Unterbegriff (is-a), als Teil oder Ganzes (hat-teil). Die

---

[41] Dies ist natürlich nur eine von vielen Möglichkeiten, eine Netzrepräsentation in eine Logikrepräsentation zu überführen (auch die Kanten könnten auf Terme abgebildet, also reifiziert werden), wenn auch die naheliegendste.

[42] Die Notwendigkeit der Unterscheidung zwischen den Kantentypen 'hat-teil' und 'hat-möglichesteil' resultiert aus der Tatsache, daß nicht jede Seerose zu jedem Zeitpunkt eine Blüte besitzt (vgl. die Behandlung dieses Modellierungsproblems in Kap.4.2.2).

Richtung kann für einen Kantentyp beliebig festgelegt werden (z.B. für is-a vom Unterbegriff zum Oberbegriff), ist aber für alle Ausprägungen des Kantentyps verbindlich einzuhalten.

Wir haben bis jetzt zwei Typen von Knoten unterschieden: Konzeptknoten und Eigenschaftsknoten[43], und wir haben zwei Typen von Kanten unterschieden: Kanten für semantische Beziehungen sowie für die Zuordnung von Eigenschaften zu Konzepten. Damit für ein semantisches Netz eine korrekte Interpretation möglich ist (sowohl durch einen menschlichen Betrachter als auch durch ein Programm), muß der Typ jedes Knotens und jeder Kante aus einer Repräsentation erkenntlich sein, denn mit den verschiedenen Typen sind unterschiedliche Bedeutungen verbunden. So sind aufgrund der Semantik von Eigenschaftsknoten Eigenschaftskanten, die von einem solchen Knoten ausgehen (statt dort hinführen) unsinnig und ohne Interpretation. Das gleiche gilt für Beziehungskanten, die zu einem Eigenschaftsknoten hinführen oder von dort ausgehen (vgl. mit dem Begriff einer Eigenschaft, wie er in Kap.1.4 eingeführt wurde). Solche unzulässigen Konstellationen können nur vermieden werden, wenn man aus einer Repräsentation immer ablesen kann, ob es sich jeweils um einen Eigenschafts- oder einen Konzeptknoten handelt. Idealerweise führt das Repräsentationssystem, das ein netzartiges Repräsentationsmodell implementiert und für die Verwaltung einzelner Netzrepräsentationen zuständig ist, entsprechende Zulässigkeitsprüfungen (auch Integritätsüberwachung genannt) durch. Eigenschafts- und Konzeptknoten sind somit als *Repräsentationskonstrukte* einzuführen. In den grafischen Illustrationen von semantischen Netzen unterscheiden wir beide Knotentypen durch verschiedene Schrifttypen (vgl. Abb.25). Kanten, die zu Eigenschaftsknoten führen, sind immer Eigenschaftskanten und können aufgrund dieses Kriteriums von Beziehungskanten unterschieden werden, die immer zwei Konzeptknoten verbinden.

Vereinbarung: Eigenschaftsknoten

Eigenschaftsknoten werden durch kursive Knotenbeschriftungen gekennzeichnet.

□

Definition: Eigenschafts-, Beziehungskanten

Eine Eigenschaftskante verbindet einen Konzeptknoten mit einem Eigenschaftsknoten; eine Beziehungskante verbindet zwei Konzeptknoten.

□

---

[43] In der Literatur wird diese Unterscheidung nicht immer durchgeführt (z.B. (Rich 83)) und manchmal alle Knoten in einem Netz als Konzept- oder Objektknoten betrachtet. Da sich aber zwischen Konzepten und Eigenschaften klar und sinnvoll differenzieren läßt (vgl. Kap.1.4), wollen wir diese Unterscheidung auch in einem semantischen Netz widerspiegeln können.

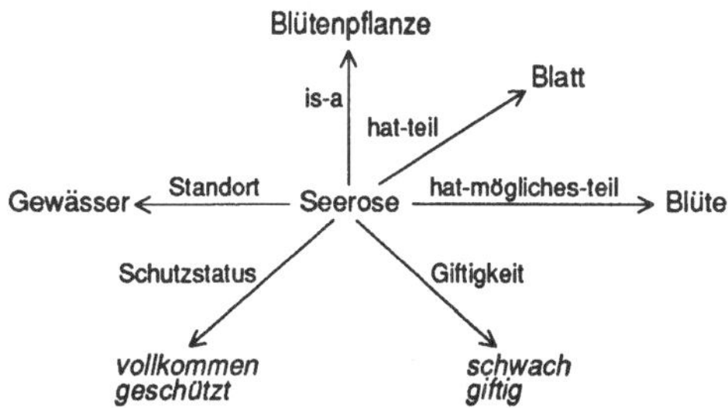

Abbildung 25: Eine Repräsentation von Eigenschaften und semantischen Beziehungen
für das Konzept 'Seerose'

3.2.3 Konzeptklassen und Individualkonzepte

Der in Abbildung 25 dargestellte Konzeptknoten 'Seerose' steht für die Klasse aller
Seerosen. Die an dem Knoten hängenden Kanten repräsentieren Aussagen über diese
Konzeptklasse, die für alle Klassenelemente zutreffen. Aussagen, die sich nicht auf alle,
sondern nur auf einzelne Klassenelemente beziehen, sind in der Repräsentation des jeweiligen Individualkonzepts zu berücksichtigen (siehe Abb.26 auf S.87). Wir gelangen
somit durch Ausdifferenzieren des Knotentyps 'Konzept' in die beiden Typen 'Konzeptklasse' und 'Individualkonzept' zusammen mit den Eigenschaftsknoten zu insgesamt
drei Typen von Knoten in einem semantischen Netz. Aus den oben schon diskutierten Gründen muß auch die eindeutige Unterscheidung dieser beiden neuen Knotentypen
in einer Netzrepräsentation gewährleistet sein. Knoten für Konzeptklassen und Knoten
für Individualkonzepte bilden deshalb zwei weitere, auf der epistemologischen Ebene
anzusiedelnde Repräsentationskonstrukte. In den grafischen Illustrationen werden wir
Konzeptknoten, die für Konzeptklassen stehen, in Fettdruck darstellen. Die Zugehörigkeit eines Individualkonzepts zu einer Konzeptklasse wird durch eine semantische
Beziehung des Typs 'instanz-von' ausgedrückt (vgl. Kap.1.4)[44].

---

[44]   Man könnte einwenden, daß der Typ eines Konzeptknotens implizit dadurch bestimmt ist, ob eine
Is-a-Kante von ihm ausgeht oder zu ihm hinführt (in beiden Fällen kann es sich nur um eine Konzeptklasse
handeln), ob eine Instanz-von-Kante zu ihm hinführt (dann steht er ebenfalls für eine Konzeptklasse) oder
ob eine Instanz-von-Kante von ihm ausgeht (dann steht er für ein Individualkonzept). Dieser Einwand ist
jedoch nicht gerechtfertigt, da im Falle unvollständigen Wissens Individualkonzepte repräsentiert sein können, ohne daß der betreffende Konzeptknoten einem Konzeptklassenknoten durch eine Instanz-von-Kante
zugeordnet ist. Ebenso können Konzeptklassen repräsentiert sein, die mit keiner anderen Konzeptklasse
in einer Is-a-Beziehung stehen und für die auch noch keine Klassenelemente angegeben sind.
Innerhalb einer konkreten Repräsentation könnte man eine fehlende Unterscheidung von Knoten für
Individualkonzepte und Knoten für Konzeptklassen jedoch dadurch ausgleichen, indem man eine allgemeinste Konzeptklasse einführt, der alle anderen Klassen untergeordnet sind. In diesem Fall wäre ein
Konzeptknoten als für eine Konzeptklasse stehend zu interpretieren, wenn eine Is-a-Kante zu einer Kon-
zeptklasse besteht (dies ist dann immer möglich), und als für ein Individualkonzept stehend, wenn eine
Instanz-von-Kante zu einer Konzeptklasse besteht (auch dies ist dann immer möglich).

Vereinbarung: Knoten für Konzeptklassen

Knoten, die für Konzeptklassen stehen, werden durch fett gedruckte Beschriftungen gekennzeichnet.

☐

Wir nehmen an, daß die Repräsentation eines Individualkonzepts die Behauptung dessen Existenz impliziert. Dasselbe gilt für Konzeptklassen, jedoch bedeutet die Repräsentation einer Konzeptklasse lediglich, daß sie terminologisch eingeführt, also ihre Intension festgelegt ist, und nicht, daß sie tatsächlich Klassenelemente enthält.

Vereinbarung: Implizite Existenzquantifizierung

Die Repräsentation eines Individualkonzepts impliziert die Behauptung dessen Existenz.

☐

Die folgende Definition bildet für Repräsentationen von Individualkonzepten die auf der Symbolebene angesiedelten Netzstrukturen (durch die Prädikate *ekante* und *bkante* identifiziert) auf entsprechende Interpretationen auf der Wissensebene ab (die Prädikate *hat-eigenschaft* und *bez*). Für Konzeptklassenbeschreibungen werden wir eine analoge Definition weiter unten angeben. Ähnlich werden wir auch für Frame-Repräsentationen in Kapitel 4.2 vorgehen, so daß ein formaler Vergleich zwischen semantischen Netzen und Frames möglich wird.

Definition: Repräsentation von Individualkonzepten

Es stehe das Prädikat $ekante(e, i, w)$ für eine Eigenschaftskante der Beschriftung e vom Konzeptknoten i zum Eigenschaftsknoten w und das Prädikat $bkante(b, k, k')$ für eine Beziehungskante der Beschriftung b vom Konzeptknoten k zum Konzeptknoten k'. Zur Beschreibung von Wissen auf der Wissensebene verwenden wir das Prädikat $hat\text{-}eigenschaft(k, e, w)$, das wahr ist genau dann, wenn das Konzept k die Eigenschaft w bzgl. der Eigenschaftsklasse e aufweist, sowie das Prädikat $bez(b, k, k')$, das wahr ist genau dann, wenn eine semantische Beziehung des Typs b zwischen k und k' besteht. Wir definieren dann ($individuum(i)$ sei wahr genau dann, wenn i ein Individualkonzeptknoten ist):

$$\forall e, w, i : (individuum(i) \wedge ekante(e, i, w) \Rightarrow hat\text{-}eigenschaft(i, e, w)) \qquad (1)$$

$$\forall b, i, i' : (individuum(i) \wedge individuum(i') \wedge bkante(b, i, i') \Rightarrow bez(b, i, i')) \qquad (2)$$

☐

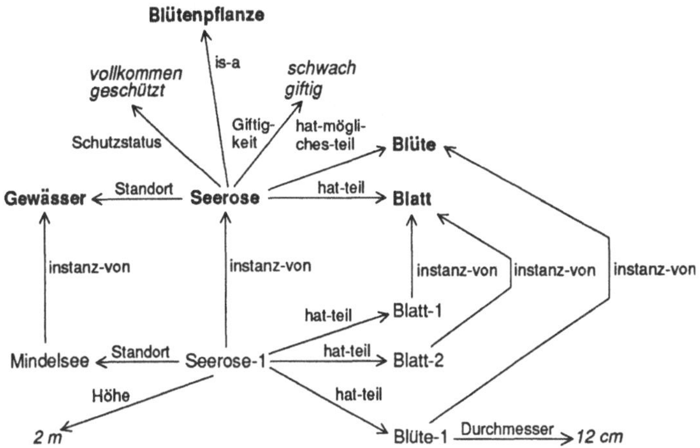

Abbildung 26: Eine Repräsentation der Konzeptklasse 'Seerose' und eines zugehörigen Individualkonzepts 'Seerose-1'

Abbildung 26 zeigt den Knoten 'Seerose-1', der für ein Individualkonzept steht und über mehrere semantische Beziehungen mit anderen Individualkonzepten relationiert ist. Diese Beziehungen sind vom gleichen Typ wie die Beziehungen, an denen die zugehörige Konzeptklasse 'Seerose' beteiligt ist. Jedes mit 'Seerose-1' relationierte Individualkonzept gehört dabei einer Konzeptklasse an, die über eine Beziehungskante des jeweils gleichen Typs mit der Konzeptklasse 'Seerose' verbunden ist (mit Ausnahme von 'Blüte-1': s.u.). Am Beispiel des Konzepts 'Blatt-1' ist dies die folgende Konstellation:

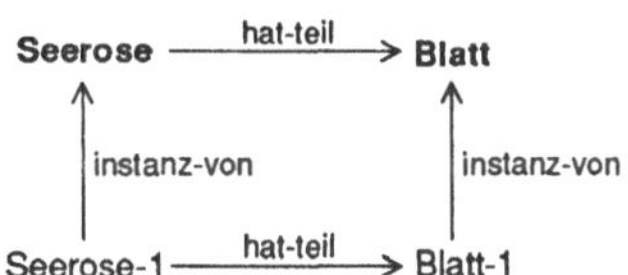

Einer solchen Konstellation liegt die *Vererbung semantischer Beziehungen* von Konzeptklassenbeschreibungen auf die Beschreibungen zugehöriger Klassenelemente zugrunde. Gleichzeitig werden dabei die auf der Konzeptklassenebene angegebenen Beziehungen zu Beziehungen zwischen Individualkonzepten *spezialisiert*. Auch hinter der in Abbildung 26 dargestellten Ersetzung der Beziehungskante 'hat-mögliches-teil' zwischen den Konzeptklassen[45] 'Seerose' und 'Blüte' durch eine Beziehungskante 'hat-teil' zwischen den zugehörigen Klassenelementen steht eine Spezialisierung, auch wenn dies nicht aus der Repräsentation herauszulesen ist.

---

[45] Natürlich kann die Beziehungskante 'hat-mögliches-teil' nicht zwei Konzeptklassen verbinden, sondern nur die zugehörigen Konzeptknoten. Um die Lesbarkeit zu erhöhen, werden wir aber sprachlich hier nicht immer exakt differenzieren (ohne daß die Verständlichkeit darunter leiden würde).

Neben den semantischen Beziehungen werden auch die in einer Konzeptklassenbeschreibung festgelegten Eigenschaften an alle Klassenelemente vererbt. Das bedeutet, daß sie in den Beschreibungen der Individualkonzepte nicht nochmals angegeben werden müssen – dort treten lediglich diejenigen Eigenschaftsangaben auf, die von Individualkonzept zu Individualkonzept verschieden sind und deshalb nicht Teil der Klassenbeschreibung sein können[46].

Vererbungsmechanismen werden auch bei der *Spezialisierung von Konzeptklassen* herangezogen. Die Vererbung erfolgt dann entlang der Is-a-Kanten. Es sind dabei die gleichen Konstellationen möglich, wie bei der Spezialisierung von Konzeptklassen zu Individualkonzepten über die Instanz-von-Relation. Abbildung 27 illustriert die verschiedenen Fälle. Dort sind Eigenschaften, die für alle Unterbegriffe von 'Teichrosengewächs' gelten, an diesem Konzeptknoten repräsentiert und bei den Unterbegriffen nicht nochmals aufgeführt (in Abb.27 die Eigenschaft 'Schutzstatus'). Gleiches gilt für semantische Beziehungen zu anderen Konzeptklassen, wenn sie für alle Unterbegriffe gelten (in Abb.27 die Teil-von-Beziehung zu 'Blatt'). Semantische Beziehungen, an denen ein Konzept teilhat, können sich bei seinen Unterbegriffen aber auch auf spezifischere Konzeptklassen beziehen. In diesen Fällen sind sie beim jeweiligen Unterbegriff entsprechend aufgeführt (in Abb.27 die Spezialisierungen der Beziehung 'Standort').

Die folgende Definition spezifiziert die verschiedenen Vererbungsfälle und definiert damit die Semantik von Konzeptklassenbeschreibungen in semantischen Netzen. Auch hier geben wir die Bedeutung von Strukturen auf der Symbolebene durch eine Zuordnung entsprechender Interpretationen auf der Wissensebene an.

---

[46] Obwohl in semantischen Netzen unüblich, können die in einer Klassenbeschreibung angegebenen Eigenschaften bei den Beschreibungen zugehöriger Klassenelemente natürlich nochmals erwähnt werden. Der Repräsentationsinhalt ändert sich dadurch in keinster Weise. Die Wahl zwischen beiden Varianten ist letztendlich eine reine *Implementierungsentscheidung* auf der Symbolebene und wird bestimmt durch Faktoren wie Speicherplatz, Rechenzeit und dem Verhältnis der Anzahl von Lese- und Schreiboperationen. In der Zugriffszeit günstiger ist klarerweise die wiederholte Angabe von in einer Klassenbeschreibung schon festgelegten Eigenschaften, jedoch auf Kosten eines erhöhten Speicherplatzbedarfs. Diese Variante nennt man *Vererbung zur Änderungszeit*. Treten auf einer Wissensbasis dagegen Operationen zum Anlegen neuer Klassenelemente deutlich häufiger oder unter zeitkritischeren Randbedingungen auf als Leseoperationen darauf, ist es günstiger, die Eigenschaftsangaben nicht in den Repräsentationen aller Klassenelemente zu wiederholen. Diese Variante heißt *Vererbung zur Anfragezeit*. Wir werden auf die Unterscheidung beider Varianten in Kapitel 3.3.1 näher eingehen.

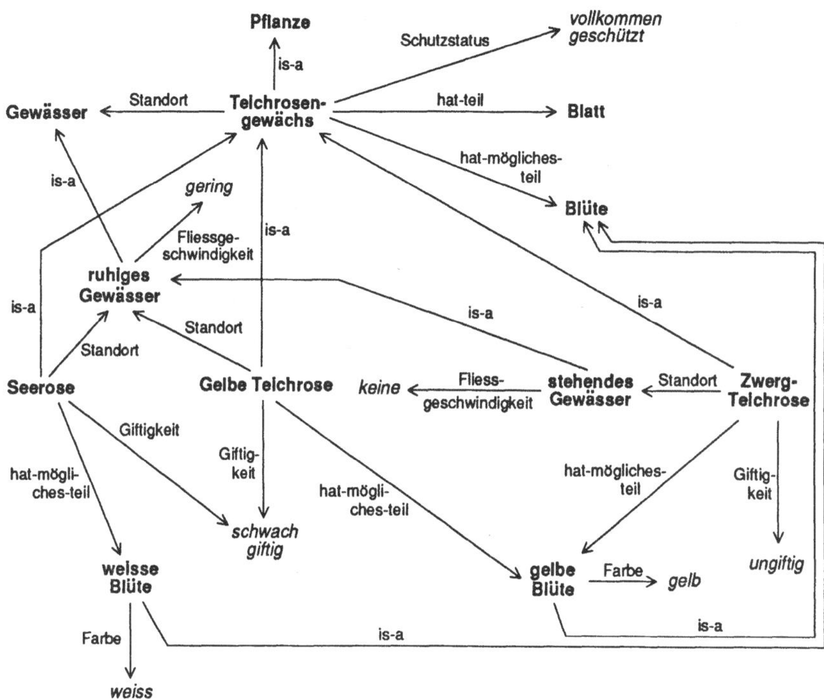

Abbildung 27: Vererbung bei der Spezialisierung von Konzeptklassen

Definition: Konzeptklassenbeschreibung, Vererbung

a) Wie schon zuvor, stehe $ekante(e, k, w)$ für eine Eigenschaftskante der Beschriftung e vom Konzeptknoten k zum Eigenschaftsknoten w. Ebenso sei das Wissensebenenprädikat $hat\text{-}eigenschaft(k, e, w)$ wieder wahr genau dann, wenn das Konzept k die Eigenschaft w bzgl. der Eigenschaftsklasse e aufweist. Ferner steht $is\text{-}a(k', k)$ für eine Is-a-Kante von k' nach k sowie $instanz\text{-}von(k', k)$ für eine Instanz-von-Kante von k' nach k; $klasse(k)$ sei genau dann wahr, wenn k ein Konzeptklassenknoten ist. Es gilt dann (für definitorische und kontingente Eigenschaften: vgl. Kap.3.2.10):

$$\forall e, w, k, k' : \big((klasse(k) \wedge ekante(e, k, w) \wedge (is\text{-}a(k', k) \vee k' = k)\big) \Rightarrow \quad (1)$$
$$hat\text{-}eigenschaft(k', e, w)\big)$$

$$\forall e, w, k, k' : \big((klasse(k) \wedge ekante(e, k, w) \wedge instanz\text{-}von(k', k)\big) \Rightarrow \quad (2)$$
$$hat\text{-}eigenschaft(k', e, w)\big)$$

b) Wir schreiben für eine Beziehungskante der Beschriftung b von einem Konzeptknoten k zu einem Konzeptknoten k' $bkante(b, k, k')$. Das Wissensebenenprädikat $bez(b, k, k')$ stehe wieder für eine Beziehung des Typs b zwischen den Konzepten k und k'. Dann gilt für definitorische und kontingente Beziehungen: vgl. Kap.3.2.10):

$$\forall b, k, l : \big((klasse(k) \wedge bkante(b, k, l) \wedge klasse(l)) \Rightarrow bez(b, k, l)\big) \qquad (3)$$

$$\forall b, k, k', l : \big((klasse(k) \wedge bkante(b, k, l) \wedge klasse(l) \wedge \textit{is-a}(k', k)) \Rightarrow \qquad (4)$$
$$\exists l' : \big((\textit{is-a}(l', l) \vee instanz\text{-}von(l', l) \vee l' = l) \wedge$$
$$bez(b, k', l'))\big)$$

$$\forall b, k, k', l : \big((klasse(k) \wedge bkante(b, k, l) \wedge klasse(l) \wedge \qquad (5)$$
$$instanz\text{-}von(k', k)) \Rightarrow$$
$$\exists l' : (instanz\text{-}von(l', l) \wedge bez(b, k', l')))$$

Wir ergänzen verbal, daß als Belegungen für b die Beziehungstypen 'is-a', 'instanz-von' und 'may-be-a' (siehe weiter unten) ausgeschlossen sind.

Nach den Axiomen (4) und (5) wird *eine Beziehungskante zwischen zwei Klassenknoten nur auf die Elemente derjenigen Konzeptklasse vererbt, von der die Kante ausgeht!*

c) Eine ungerichtete Beziehungskante zwischen zwei Klassenknoten k und l wird als zwei gerichtete Beziehungskanten $bkante(b, k, l)$ und $bkante(b, l, k)$ interpretiert.

d) Für eine gerichtete Beziehungskante zwischen einem Konzeptklassenknoten k und einem Knoten i, der ein Individualkonzept repräsentiert (in welchem Fall $individuum(i)$ wahr ist), gilt (für definitorische und kontingente Beziehungen):

$$\forall b, k, k', i : \big((klasse(k) \wedge bkante(b, k, i) \wedge individuum(i) \wedge \qquad (6)$$
$$(\textit{is-a}(k', k) \vee instanz\text{-}von(k', k) \vee k' = k)) \Rightarrow bez(b, k', i)\big)$$

Auch hier gilt, daß als Belegungen für b die Beziehungstypen 'is-a', 'instanz-von' und 'may-be-a' ausgeschlossen sind.

$\square$

Der Fall einer Beziehungskante, die von einem Individualkonzeptknoten zu einem
Konzeptklassenknoten geht, ist in der obigen Definition nicht berücksichtigt, da eine
solche Kante nicht vererbt werden kann, denn sie geht ja bereits von einem Individualkonzept aus. Man kann auf Kanten dieser Art völlig verzichten, denn sie könnten
höchstens dazu verwendet werden, unvollständiges Wissen zu repräsentieren, doch selbst
dafür werden sie nicht benötigt, da man stattdessen eine Kante gleichen Typs zu einem
der Konzeptklasse zugehörigen Individualkonzept ziehen kann (vgl. Kap.3.2.11).

Die nachfolgende Vereinbarung legt fest, daß ererbte Beschreibungsmerkmale implizit repräsentiert werden (vgl. Kap.1.3), also nur an den Oberbegriffen aufgeführt sind.

Vereinbarung: Vererbung

Ererbte Beschreibungsmerkmale werden nicht explizit repräsentiert. Sie sind stattdessen mittels der Axiome (1) bis (6) der obigen Definition ableitbar. Nur in den
Fällen der Axiome (4) (für $l' \neq l$) und (5) muß eine entsprechende Beziehungskante
explizit vorgesehen werden.

□

Manchmal möchte man in einer Konzepthierarchie kenntlich machen, welche Konzeptklassen disjunkt sind (dann kann ein Element der einen Klasse nicht gleichzeitig
zur anderen gehören). Dies läßt sich mit Hilfe eines weiteren Beziehungstyps (auf der
epistemologischen Ebene angesiedelt) darstellen, wie Abbildung 28 illustriert. Da die
Beziehung 'disjunkt' nicht transitiv ist, kann 'Terminal' Unterbegriff sowohl zu 'Eingabegerät' als auch zu 'Ausgabegerät' sein. Dagegen gibt es kein Individualkonzept, das
gleichzeitig zu 'Eingabegerät' und 'Massenspeicher' gehört.

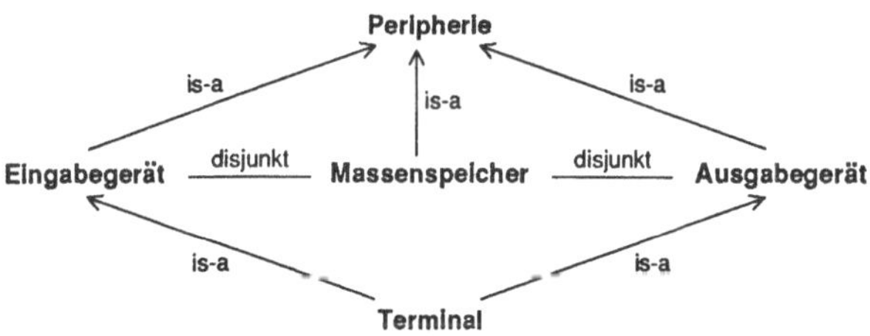

Abbildung 28: Repräsentation des Sachverhalts, daß die Konzeptklassen 'Eingabegerät' und
'Massenspeicher' sowie 'Ausgabegerät' und 'Massenspeicher' jeweils disjunkt sind

In semantischen Netzen ist die Angabe möglicher Eigenschaften als Teil einer Klassenbeschreibung, also die Angabe von Eigenschaften, die ein Klassenelement aufweisen
kann, untypisch, obwohl natürlich prinzipiell möglich. Die in diesem Zusammenhang
auftretenden Repräsentationsfälle sind strukturell ähnlich zu entsprechenden Fällen in
frame-artigen Repräsentationsformaten, so daß wir hier nicht näher darauf eingehen und
stattdessen auf Kapitel 4.2.1 verweisen.

3.2.4 Gruppenklassen

Statt eine Konzeptklasse aus Individualkonzepten zu bilden, können auch Konzeptklassen zu einer Konzeptklasse höherer Ordnung zusammengefaßt werden. Solche Mo-
dellierungen sind in der KI weniger verbreitet, sondern eher im Gebiet semantischer
Datenmodelle vertreten. Den Vorgang der Zusammenfassung mehrerer Klassen zu einer
Klasse höherer Ordnung wollen wir in Übersetzung des englischen Begriffs 'grouping'
(vgl. (Hammer/McLeod 81)) *Gruppierung* nennen und die dabei entstehende Klasse
Gruppenklasse. Ein Beispiel ist die in Abbildung 29 dargestellte Gruppenklasse 'Schiffs-
typ'. Der dort verwendete Beziehungstyp 'Gruppenelement' und die Eigenschaftsklasse
'Gruppierungskriterium' müssen durch ein entsprechendes Repräsentationskonstrukt für
Gruppenklassen in einem Repräsentationsmodell unterstützt werden, um der Semantik
von Gruppenklassen Rechnung tragen zu können.

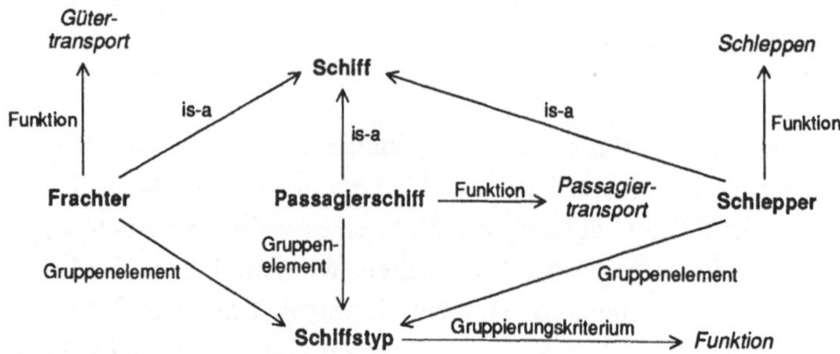

Abbildung 29: Repräsentation der Gruppenklasse 'Schiffstyp'

Die Beziehung der Konzeptklassen 'Frachter', 'Passagierschiff' und 'Schlepper' zur
Gruppenklasse 'Schiffstyp' ist mengentheoretisch eine Elementbeziehung: alle drei Konzeptklassen sind Elemente der Gruppenklasse 'Schiffstyp'[47]. Eine Gruppierung ist nur
dann sinnvoll, wenn die zu einer Gruppe zusammengefaßten Konzeptklassen nach demselben Gruppierungskriterium zusammengestellt sind. Im obigen Beispiel ist dies die
Funktion eines Schiffs. Als Gruppierungskriterium kann eine Eigenschaftsklasse oder
ein Beziehungstyp herangezogen werden. Im ersten Fall werden dann die verschiedenen
Wertausprägungen auf der Ebene der Gruppenklasse verdeckt, und die als Gruppierungskriterium dienende Eigenschaftsklasse wird das für die Gruppenklasse charakteristische Beschreibungsmerkmal (vgl. Abb.29). Im zweiten Fall wird das Konzept, zu
dem die betreffende Beziehung besteht, verdeckt, und es wird der Beziehungstyp das
für die Gruppenklasse charakteristische Beschreibungsmerkmal (vgl. Abb.31). Die in
beiden Fällen entstehende *Gruppierungsbeziehung* zwischen einer Gruppenklasse und
ihren Elementen, die wir durch den Beziehungstyp 'Gruppenelement' angeben, ist damit

---

[47] Gruppenklassen stellen wir mit Hilfe des Repräsentationskonstrukts eines Konzeptklassenknotens dar.
Durch die Angabe eines Gruppierungskriteriums lassen sich Gruppenklassen eindeutig von "normalen"
Konzeptklassen unterscheiden.

deutlich eine Abstraktionsbeziehung (wie z.B. auch die Spezialisierungsbeziehung zwischen Konzeptklassen). Sinnvoll ist die Bildung einer Gruppenklasse deshalb nur, wenn das Gruppierungskriterium für ihre verschiedenen Klassenelemente verschiedene Werte aufweist (dies ist jedoch keine zwingende Bedingung). Abbildung 30 illustriert diesen Aspekt. Dort abstrahiert sowohl die Gruppenklasse 'Steinklee-Farbvariante' als auch die Konzeptklasse 'Steinklee' von den zwei möglichen Farbausprägungen. Der Unterschied besteht jedoch darin, daß bei der Gruppenklasse im Gegensatz zum Oberbegriff 'Steinklee' die Tatsache, daß verschiedene Farbausprägungen existieren, sichtbar bleibt.

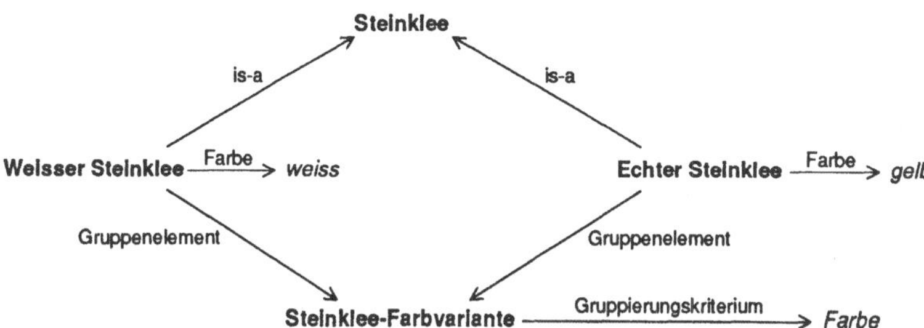

Abbildung 30: Repräsentation der Gruppenklasse 'Steinklee-Farbvariante'

Die folgende Definition faßt zusammen, wann Konzeptklassen zu einer Gruppenklasse zusammengefaßt werden dürfen:

Definition: Gruppenklasse

Ist das Gruppierungskriterium einer Gruppenklasse

- eine Eigenschaftsklasse, dann müssen alle ihr zugehörigen Konzeptklassen diese Eigenschaftsklasse als Beschreibungsmerkmal aufweisen.
- ein Beziehungstyp, dann müssen alle ihr zugehörigen Konzeptklassen eine Beziehung diesen Typs zu einem beliebigen Konzept aufweisen.

Darüber hinaus müssen alle Elemente einer Gruppenklasse einen gemeinsamen Oberbegriff besitzen (damit nicht gänzlich verschiedene Dinge zusammengefaßt werden können).

☐

Eine Gruppenklassenzugehörigkeit vererbt sich ebenso wie andere Beschreibungsmerkmale einer Konzeptklasse auf ihre Unterbegriffe. Alle Unterbegriffe eines Gruppenklassenelements sind deshalb ebenfalls Element der Gruppenklasse. Da nur Konzeptklassen zu einer Gruppenklasse gehören können, vererbt sich die Gruppenzugehörigkeit nicht auf Individualkonzepte weiter[48]! Die in Abbildung 31 dargestellte Repräsentation

---

[48] Damit ist das Axiom (5) der Definition der Vererbung entlang von Spezialisierungsbeziehungen (vgl. Kap.3.2.3) nicht verletzt, wenn wir voraussetzen, daß das dort verwendete Prädikat *klasse* für Gruppenklassen nicht erfüllt ist.

illustriert die Zusammenhänge. Es sind ihr u.a. die folgenden Sachverhalte zu entnehmen: Ein Frachter ist ein Schiff; ein Öltanker ist ein Schiff; Berta ist ein Schiff. Ein Frachter ist ein Schiffstyp; ein Öltanker ist ein Schiffstyp. Nicht enthalten ist die Aussage, daß Berta ein Schiffstyp ist, da Berta keine Konzeptklasse ist und somit keine Gruppenklassenzugehörigkeit erbt. Trotz der gleichen Art der Verbalisierung ("x ist ein y") ist wegen ihrer verschiedenen Bedeutung die Gruppierungsbeziehung von der Spezialisierungsbeziehung zu unterscheiden.

Definition: Vererbung von Gruppierungsbeziehungen

Die Gruppierungsbeziehung vererbt sich auf Konzeptklassen weiter:

$$\forall k, k', g : \left(gruppenelement(k,g) \wedge \textit{is-a}(k',k) \Rightarrow gruppenelement(k',g)\right)$$

Dabei steht $gruppenelement(k,g)$ für eine Gruppierungsbeziehung zwischen der Konzeptklasse k und der Gruppenklasse g, die durch eine Kante der Beschriftung 'Gruppenelement' angezeigt wird.

$\square$

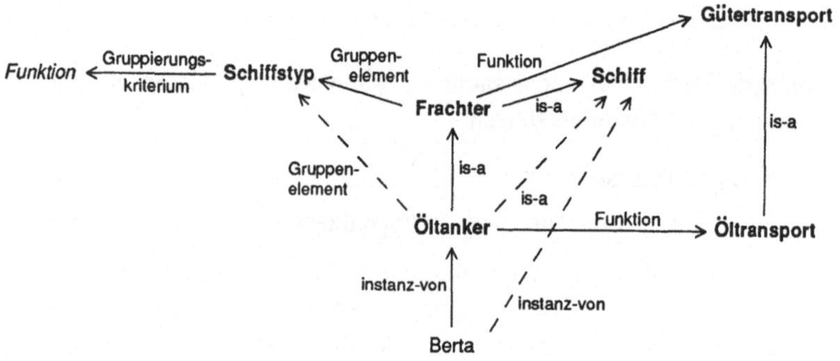

Abbildung 31: Vererbung von Gruppierungs- und Spezialisierungsbeziehungen (geerbte Beziehungskanten sind gestrichelt dargestellt)

Da Gruppenklassen Mengen sind, können zwischen ihnen ebenso wie zwischen Konzeptklassen Spezialisierungsbeziehungen bestehen (in beiden Fällen die Is-a-Beziehung). Danach ist eine Gruppenklasse Unterbegriff einer anderen, wenn sie eine Teilmenge dieser ist und wenn beide dasselbe Gruppierungskriterium aufweisen. Abbildung 32 zeigt ein Beispiel. Die dort vorgesehene Spezialisierungsbeziehung zwischen 'Frachtertyp' und 'Schiffstyp' basiert darauf, daß die Konzeptklassen 'Öltanker' und 'Containerschiff' auch zur Gruppenklasse 'Schiffstyp' gehören (wegen der Vererbung der Gruppierungsbeziehung) und daß es Schiffstypen gibt, die nicht zur Gruppenklasse 'Frachtertyp' gehören (z.B. 'Schlepper').

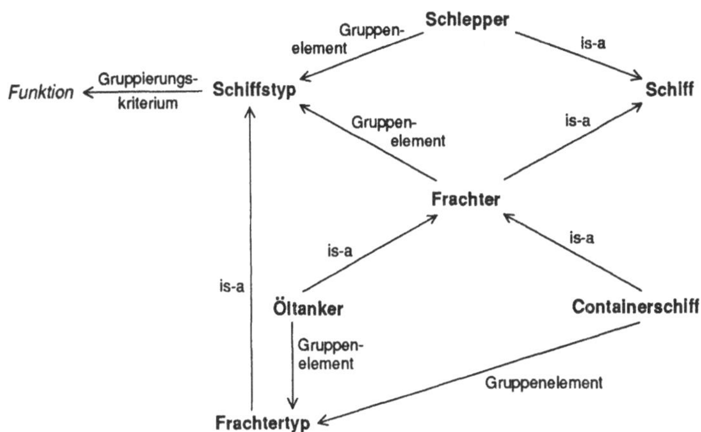

Abbildung 32: Spezialisierung einer Gruppenklasse (die Beziehungskanten vom Typ 'Funktion' sind für die betreffenden Konzeptklassen der Übersicht halber nicht angegeben)

3.2.5 Eigenschaften für semantische Beziehungen und Detaillierungsgrad von Repräsentationen

Die Darstellung semantischer Beziehungen zwischen Konzepten mit Hilfe von Kanten zwischen den betreffenden Konzeptknoten erlaubt lediglich die Erfassung zweistelliger Beziehungen. Beziehungen zwischen mehr als zwei Konzepten oder Eigenschaften für eine semantische Beziehung sind bei Verwendung von Beziehungskanten nicht darstellbar!

Wir gehen im folgenden zunächst auf den Fall ein, daß eine semantische Beziehung um eine Eigenschaftsangabe ergänzt werden soll, und diskutieren, wie dies durch Transformation der ursprünglichen Repräsentation erfolgen kann. Dazu sei die in Abbildung 33 gegebene Repräsentation betrachtet, die um die Angabe zu ergänzen ist, daß die betreffende Stockente im Mai 1989 mit dem Nisten begonnen hat, oder anders ausgedrückt, daß die dargestellte Beziehung seit Mai 1989 besteht (wie lange die Beziehung andauert, sei nicht bekannt und deshalb nicht zu repräsentieren). Die Aufnahme dieser Aussage in die bestehende Repräsentation ist nur durch das Hinzufügen neuer Knoten und das Einziehen neuer Kanten möglich, da sie die einzigen Darstellungsmittel für ein semantisches Netz sind (wobei eine Kante nur zwei Knoten verbinden kann und nicht etwa eine Kante mit einem Knoten). Die neu aufzunehmende Zeitangabe bezieht sich auf die durch die Beziehungskante 'nistet-an' repräsentierte Aussage und kann weder allein dem Knoten 'Stockente-1' noch dem Knoten 'Mindelsee' zugeordnet werden.

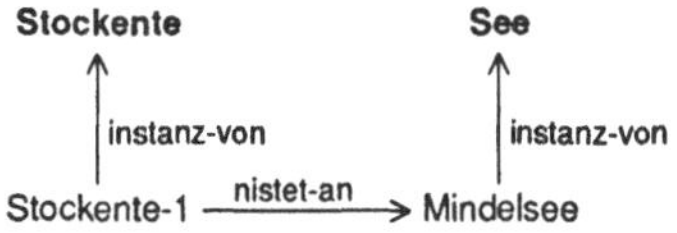

Abbildung 33: Eine semantische Beziehung zwischen zwei Konzepten

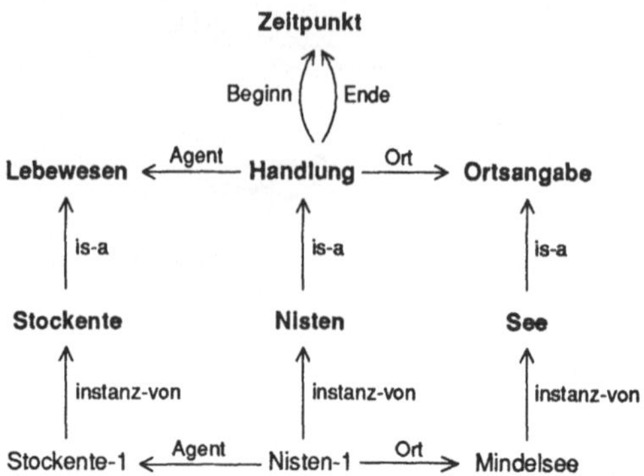

Abbildung 34: Darstellung der in Abbildung 33 repräsentierten semantischen
Beziehung durch einen Konzeptknoten

Das Anhängen neuer Knoten mittels geeigneter Kanten an einen der beiden bestehenden
Knoten kommt also nicht in Frage. Die Lösung dieses Repräsentationsproblems besteht
darin, zunächst die durch die Beziehungskante ausgedrückte Aussage in eine Knotendarstellung zu überführen (vgl. diesen Vorgang mit der in Kapitel 2.2.2 eingeführten
Reifikation!). Der neue Knoten steht dann für ein bestimmtes Nistereignis, bezeichnet
also ein Individualkonzept und ist der Konzeptklasse aller Nistereignisse zuzuordnen,
wie das in Abbildung 34 dargestellt ist. Um den Bezug des neu eingeführten Knotens
zu den beiden Konzeptknoten, die vorher durch die Beziehungskante miteinander verbunden waren, herzustellen, sind von diesem neuen Knoten aus die zwei Kanten 'Agent'
und 'Ort' zu den betreffenden Konzeptknoten vorgesehen. In diese neue Repräsentation kann nun ohne Schwierigkeiten die zeitliche Angabe zum Nistbeginn eingebracht
werden (siehe Abb.35).

Verallgemeinern wir unsere Erfahrungen aus dem letzten Beispiel, ergibt sich die
generelle Aussage, daß eine semantische Beziehung zwischen zwei Konzepten immer
dann durch einen Knoten und nicht durch eine Kante zu repräsentieren ist, wenn zu dieser Beziehung Eigenschaften dargestellt werden sollen. Liegt für eine Beziehung eine
Kantenrepräsentation vor, kann sie, wie oben beispielhaft gezeigt wurde, in eine Knotendarstellung transformiert werden. Unter Umständen sind dazu auch mehrere Transfor-
mationsschritte notwendig. Ein zweites Beispiel illustriert dies. Ausgangspunkt sei dazu
die Repräsentation in Abbildung 36, die um die Angabe des Zeitpunkts der Brutplatzeinnahme ergänzt werden soll. Die Umwandlung der Beziehungskante 'hat-Brutplatz-an'
in einen Konzeptknoten ergibt die Darstellung in Abbildung 37. Der Zeitpunkt der
Brutplatzeinnahme ist nun aber keine Eigenschaft des Konzepts 'Brutplatz-1', sondern
Eigenschaft des Besitzverhältnisses zwischen 'Stockente-1' und dem Brutplatz. Folglich
ist die Beziehungskante 'Besitzer', die dieses Besitzverhältnis repräsentiert, in einem
zweiten Transformationsschritt ebenfalls in eine Knotendarstellung zu überführen. An
den so hinzukommenden Knoten kann nun die Zeitangabe angehängt werden (Abb.38).

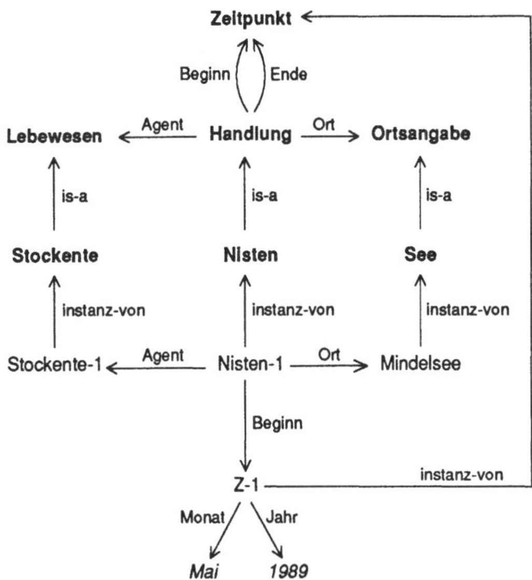

Abbildung 35: Erweiterung der Repräsentation aus Abbildung 34 um eine zeitliche Angabe

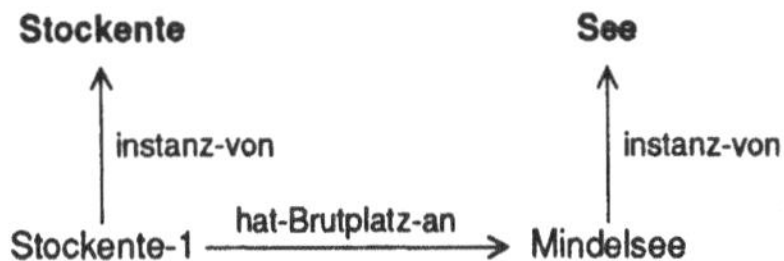

Abbildung 36: Die semantische Beziehung 'hat-Brutplatz-an'

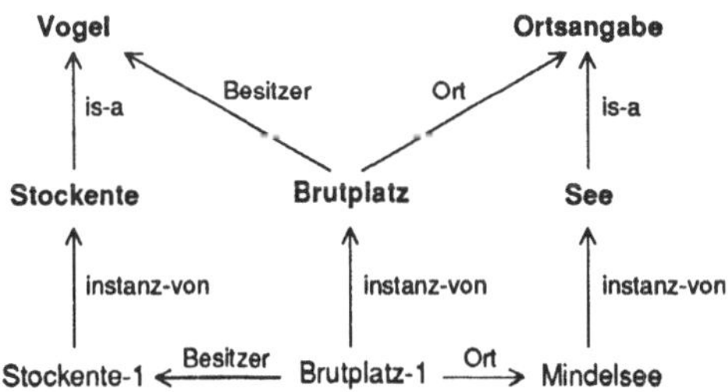

Abbildung 37: Ausdifferenzierung der Repräsentation aus Abbildung 36

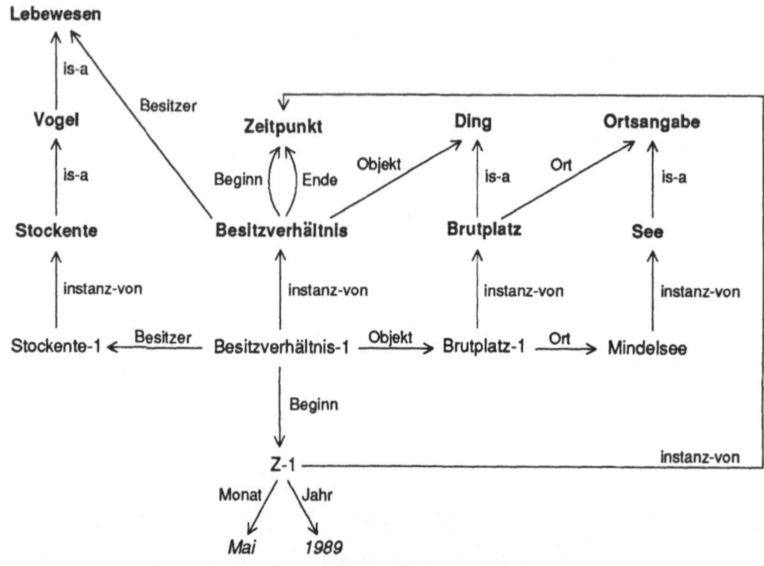

Abbildung 38: Ausdifferenzierung der Repräsentation aus Abbildung 37

Die Transformationen, die in den letzten beiden Beispielen gezeigt wurden, verdeutlichen einen wichtigen, methodischen Aspekt. Beide Transformationen bewirken die Ausdifferenzierung einer vorgegebenen Repräsentation in eine detailliertere Darstellung: Eine Aussage, die durch eine Beziehungskante repräsentiert war, wird nach der Transformation durch ein semantisches (Teil-)Netz dargestellt. Die stark domänenspezifische Beziehungskante entfällt dabei, und es treten in der resultierenden Repräsentation Beziehungstypen auf, die entweder den Status eines epistemischen Primitivs haben oder zum Grundvokabular gehören (vgl. Kap.1.3). Sie sind somit entweder domänenunabhängig (im ersten Fall) oder gewährleisten aufgrund ihres höheren Allgemeinheitsgrades eine bessere Vergleichbarkeit mit anderen Repräsentation(sausschnitt)en. Die durch die Verwendung allgemeinerer Beziehungskanten verlorengegangenen domänenspezifischen Anteile des darzustellenden Sachverhalts werden durch die hinzukommenden Konzeptknoten erfaßt. Die durch eine solche Ausdifferenzierung entstehende, detailliertere Repräsentation berücksichtigt mehr inhaltliche Aspekte eines Sachverhalts. Das liegt daran, daß eine semantische Beziehung (im ersten der beiden obigen Beispiele 'nistet-an') aufgelöst wird in zwei Beziehungen ('Agent' und 'Ort'), die über ein gemeinsames Individualkonzept ('Nisten-1') miteinander verbunden sind. So erfaßt die in Abbildung 35 gegebene Repräsentation die Tatsache, daß es sich bei der in Abbildung 33 angegebenen semantischen Beziehung um die Beziehung zwischen dem Agenten einer bestimmten Tätigkeit und dem Ort, an dem sie stattfindet, handelt. Gleiches gilt für das zweite der oben diskutierten Beispiele. Dort ist in der ursprünglich gegebenen Beziehungskante 'hat-Brutplatz-an' (vgl. Abb.36) nicht enthalten, daß es sich um eine Beziehung zwischen dem Besitzer eines Objekts und dem Ort, an dem sich dieses Objekt befindet, handelt.

Eine weitere Ausdifferenzierung bewirken die oben vorgestellten Transformationen dadurch, daß das jeweils neu eingeführte Individualkonzept einer Konzeptklasse zugeordnet ist, von der zusätzliche Beschreibungsmerkmale ererbt werden. So ist im Beispiel von Abbildung 35 der aus der Beziehungskante 'nistet-an' abgeleitete Knoten 'Nisten-1' einer Konzeptklasse 'Nisten' zugeordnet, die wiederum als Unterbegriff der Klasse aller Handlungen repräsentiert ist. Der Knoten 'Nisten-1' erbt deshalb die dort repräsentierten Beschreibungsmerkmale für Handlungen; sie waren in der ursprünglichen Kantendarstellung (Abb.33) nicht enthalten. Die wichtigsten Merkmale sind die Existenz eines Anfangs- und eines Endzeitpunkts einer Handlung, die Tatsache, daß ein Lebewesen die Handlung ausführt und daß sie an einem Ort stattfindet. Als Resümee wollen wir die folgende Forderung aufstellen:

Forderung: Einführung von Beziehungskanten

In einem semantischen Netz sind möglichst nur solche Beziehungskanten zu verwenden, die durch ein Repräsentationskonstrukt im zugehörigen Repräsentationsmodell bereitgestellt werden oder die den Status von Grundvokabular besitzen. Ad hoc eingeführte, domänenspezifische Beziehungskanten, die zu speziell sind, als daß sie sich als Grundvokabular eignen (wie 'nistet-an' oder 'hat-Brutplatz-an') sollten nur dann verwendet werden, wenn der sonst höhere Detaillierungsgrad und die sonst bessere Vergleichbarkeit verschiedener Repräsentationsausschnitte für die betreffende Anwendung tatsächlich nicht benötigt werden.

☐

Durch Beachtung dieser Forderung erhöht sich der Detaillierungsgrad einer Repräsentation, und die Vergleichbarkeit verwandter Repräsentationsinhalte wird sichergestellt (z.B. ob es sich bei zwei Sachverhalten um Handlungen handelt, ob sie den gleichen Agenten besitzen usf.). Man darf sich auf keinen Fall durch die Beschriftung einer Beziehungskante vorgaukeln lassen, es seien allein durch die Existenz der Kante schon bestimmte Bedeutungsinhalte in der Repräsentation erfaßt. Dies ist nur der Fall, wenn der Beziehungstyp durch ein semantisch entsprechend spezifiziertes Repräsentationskonstrukt unterstützt wird, ansonsten deutet die Beschriftung einer Kante lediglich an, welches die *intendierte Bedeutung* der Kante sein könnte, ist aber formal betrachtet völlig nichtssagend und könnte ebenso eine beliebige andere Zeichenkette sein.

Die Forderung nach Verwendung einer möglichst kleinen Anzahl möglichst allgemeiner Beziehungstypen gilt genauso für Eigenschaftsklassen; diese haben aber in der Regel einen spezielleren Charakter, so daß hier eine größere Variation kaum zu vermeiden ist.

3.2.6 Mehrstellige semantische Beziehungen

Ein ähnliches Problem wie mit der Darstellung von Eigenschaften für semantische Beziehungen ergibt sich, wenn Beziehungen zwischen mehr als zwei Konzepten zu repräsentieren sind. Auch in solchen Fällen ist die Verwendung einer Beziehungskante nicht möglich. Stattdessen muß

- entweder ein zusätzlicher Konzeptknoten eingeführt werden, der die in Beziehung zu setzenden Konzeptknoten über geeignete Beziehungskanten an sich bindet, oder
- es muß die mehrstellige Beziehung in mehrere zweistellige Beziehungen zwischen den beteiligten Konzepten aufgelöst werden; dabei wird kein neues Konzept eingeführt.

Ein Beispiel für den ersten Fall zeigt Abbildung 39. Dort ist die dreistellige Beziehung, die durch eine Lieferung zwischen einem Hersteller, einem Kunden dieses Herstellers und einer gelieferten Ware induziert wird, als ein Konzept repräsentiert. Ein weiteres Beispiel zeigt Abbildung 40, wo ebenfalls die Beziehung zwischen einem Rechner, einem Drucker und der Datenleitung, die beide miteinander verbindet, als Konzept repräsentiert ist. Ein Beispiel für den zweiten der beiden oben genannten Fälle gibt Abbildung 41, wo derselbe Sachverhalt wie in Abbildung 39 zugrunde liegt. Der Nachteil dieser Variante gegenüber derjenigen in Abbildung 39 liegt in dem geringeren Detaillierungsgrad, denn es wird nicht berücksichtigt, daß hinter den erfaßten Beziehungen eine Handlung steht (vgl. auch mit Kap.3.2.7). Die Individualkonzepte 'DV GmbH' und 'Ludwig Meier' sind in Abbildung 41 über das Konzept 'Drucker-1' miteinander relationiert, während in Abbildung 39 der Knoten 'L-79' die drei relationierten Konzepte verbindet.

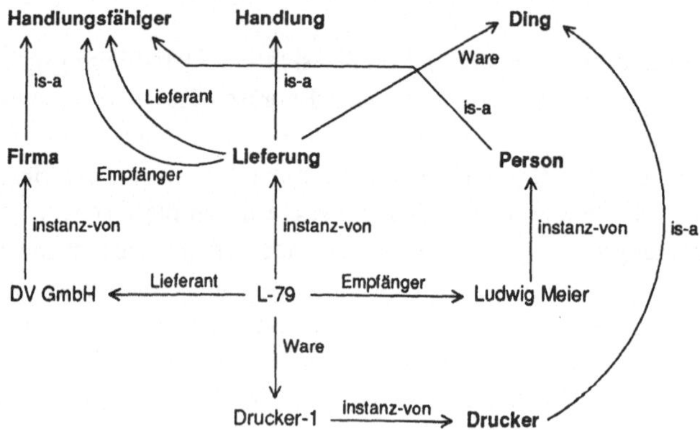

Abbildung 39: Beispiel für eine dreistellige semantische Beziehung, die als ein Lieferungsereignis aufgefaßt wird

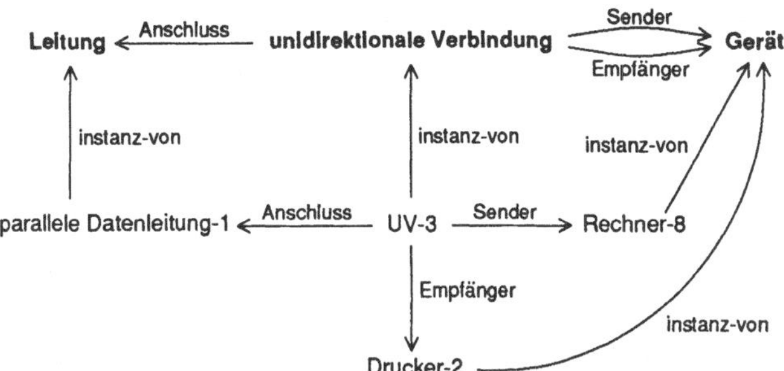

Abbildung 40: Weiteres Beispiel für eine dreistellige semantische Beziehung, die als ein Konzept aufgefaßt wird

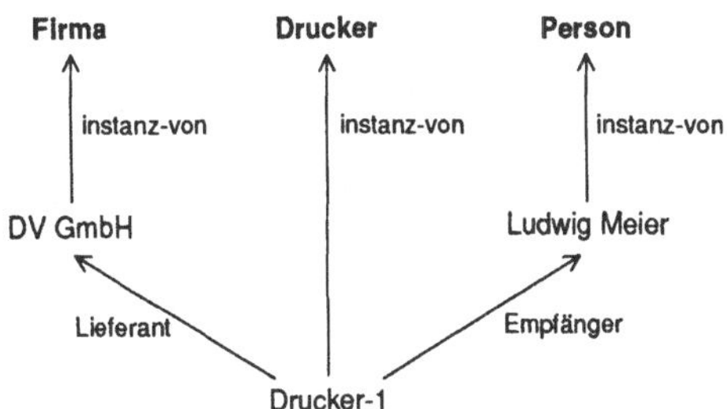

Abbildung 41: Beispiel für die Rückführung einer dreistelligen Beziehung auf zwei zweistellige Beziehungen (vgl. Abb.39)

In den Abbildungen 39 und 40 wurde für eine mehrstellige Beziehung jeweils ein Individualkonzept eingeführt, in Abbildung 39 der Klasse aller Lieferungsereignisse und in Abbildung 40 der Klasse aller unidirektionalen Datenverbindungen zugehörig. Beide Beispiele verdeutlichen die in Kapitel 1.4 schon erläuterte *Relativität* der Begriffe Konzept und semantische Beziehung: Jede semantische Beziehung kann als ein Konzept aufgefaßt werden, für das Eigenschaften und wiederum Beziehungen zu anderen Konzepten beschrieben werden können. Umgekehrt kann ein Konzept als eine semantische Beziehung zwischen den mit ihm relationierten Konzepten betrachtet werden.

Faßt man ein Konzept als eine (mehrstellige) semantische Beziehung zwischen den mit ihm relationierten Konzepten auf (Ober-/Unterbegriffsbeziehungen nicht betrachtet), dann spezifizieren die Beziehungskanten, die diese Relationierungen in einer Netzrepräsentation darstellen, die *Rolle*, die ein daran anhängendes Konzept in der semantischen Beziehung spielt (vgl. Kap.3.2.8). So kennzeichnen in Abbildung 39 die Beziehungskanten 'Lieferant', 'Empfänger' und 'Ware' die Rollen, die die daran anhängenden Konzeptknoten in der Lieferungsbeziehung 'L-79' jeweils übernehmen. Allgemein läßt sich eine zweistellige semantische Beziehung von einem Typ 'B'

$$K\text{-}1 \xrightarrow{\quad B \quad} K\text{-}2$$

folgendermaßen als ein Konzept 'B-1' darstellen:

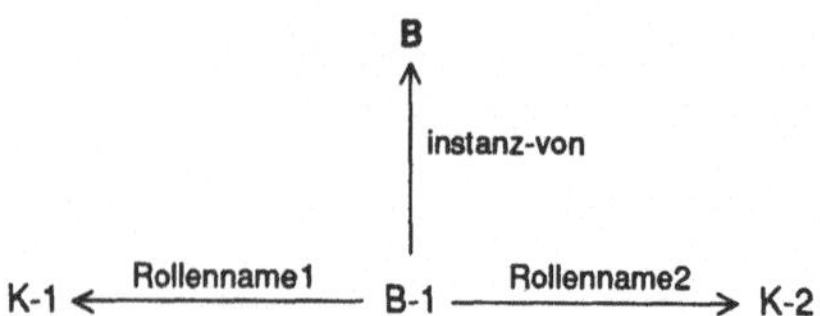

Es können ferner zwei Konzepte, die mit einem dritten Konzept in Beziehung stehen, mittels dieses dritten Konzepts als relationiert betrachtet werden. Im obigen Schema sind also 'K-1' und 'K-2' über 'B-1' mittels der beiden Kanten 'Rollenname1' und 'Rollenname2' relationiert. Abbildung 42 gibt ein konkretes Beispiel.

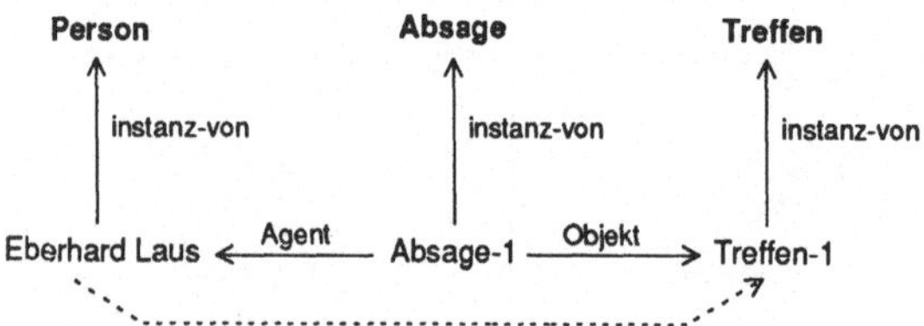

Abbildung 42: Die mittelbare Relationierung der Konzepte 'Eberhard Laus' und 'Treffen-1' mittels des Konzeptknotens 'Absage-1'

3.2.7 Ereignisse und Handlungen

Konzepte, die Zustandsübergänge beschreiben, heißen Ereignisse. Gibt es einen Ausführenden für ein Ereignis, spricht man von einer Handlung. Wir sind Beispielen für Netzrepräsentationen von Ereignis- und Handlungskonzepten in den Kapiteln 3.2.5 und 3.2.6 schon begegnet (vgl. Abb.35 und Abb.39). Repräsentationen von Ereignissen und Handlungen mittels semantischer Netze orientieren sich häufig an dem aus der Linguistik stammenden *Kasusrahmen*-Ansatz (Fillmore 68). Danach werden zur Erfassung der syntaktischen und semantischen Struktur von Sätzen Verbrepräsentationen vorgesehen, deren Argumentstruktur durch die verschiedenen, in einem Satz auftretenden Konstituenten (wie Subjekt und Objekt) instantiiert werden können. Interessant ist dabei, daß sich eine begrenzte Anzahl an Argumenttypen bestimmen läßt, die alle Repräsentationsfälle abdecken. Sie eignen sich somit als Bestandteil eines Grundvokabulars[49]. Die gebräuchlichsten Argumenttypen (Kasus genannt) sehen den Ausführenden einer Handlung vor (*Agent*), den betroffenen Gegenstand (*Objekt*), den Nutznießer (*Begünstigter*), das benutzte Hilfsmittel (*Instrument*) sowie Orts- und Zeitangaben. Diese

---

[49] Da sie kaum domänenspezifisch sind, könnte man auch dafür argumentieren, daß sie den Status epistemischer Primitive besitzen: Die Unterscheidung zwischen Grundvokabular und epistemischen Primitiven ist hier fließend.

noch recht grobe Einteilung kann je nach Bedarf beliebig verfeinert werden. Beispiels-
weise lassen sich Objekte, die durch ein Ereignis eine Veränderung erfahren (z.B. die
Verschmutzung eines Gegenstandes), von Objekten unterscheiden, für die sich durch ein
Ereignis lediglich ihre Beziehungen zu anderen Konzepten ändern (z.B. eine gelieferte
Ware). Beide Typen von Objekten können wiederum von solchen Objekten unterschie-
den werden, deren Existenz von einem Ereignis betroffen ist (z.B. das Herstellen oder
Vernichten eines Gegenstandes).

Ein Beispiel für eine an Kasusrahmen orientierte Handlungsrepräsentation haben wir
anhand von Abbildung 35 schon diskutiert. Ein zusätzliches Beispiel modifiziert und
erweitert das in Abbildung 39 dargestellte Lieferungsereignis derart, daß die Argumenttypen aus dem Kasusrahmenansatz Verwendung finden (Abb.43). Die Repräsentation
einer Klasse von Ereignissen unter Verwendung von Kasus zeigt Abbildung 44.

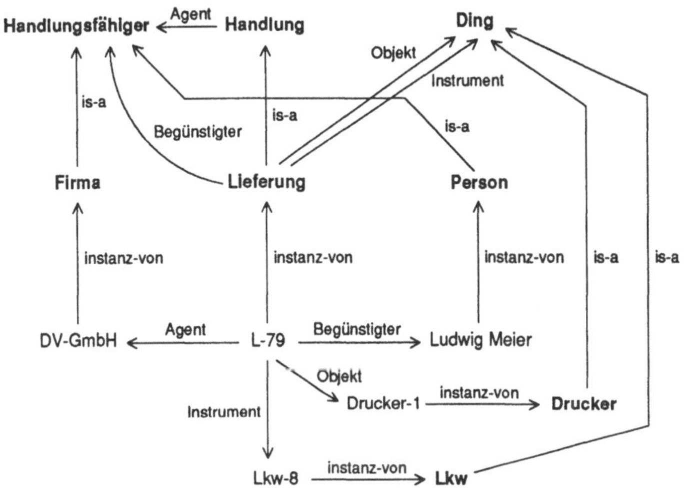

Abbildung 43: Kasusrahmendarstellung eines Ereignisses (vgl. Abb.39)

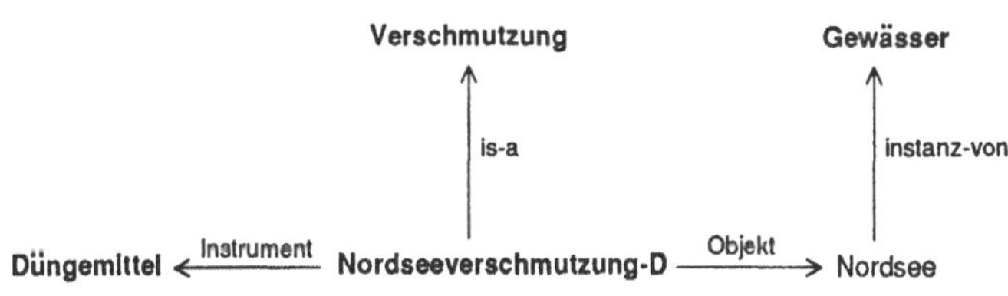

Abbildung 44: Kasusrahmendarstellung für eine Ereignisklasse

Speziell für die Repräsentation von Ereignissen und Handlungen ist die 'conceptual dependency theory' (im folgenden als CD abgekürzt) von Schank (Schank 75) entworfen worden. Die CD-Theorie ist ein spezieller netzartiger Repräsentationsformalismus, der sich in die Ansätze *semantischer Primitive* einreiht (siehe Kapitel 3.6). Diesen Ansätzen ist gemeinsam, daß Konzepte durch ein festes Inventar von nicht weiter zerlegbaren Grundeinheiten zu beschreiben sind, die zahlenmäßig deutlich geringer sind, als die durch sie definierbaren Konzepte. Für die CD-Theorie bedeutet dies, daß alle Ereignisse auf ein festes Repertoire primitiver Ereignisse zurückgeführt werden. Auf diese Weise ist die Beschreibung der Bedeutung von Sachverhalten auf einer Ebene möglich, die viel elementarere Konzepte verwendet, als solche, für die es Wörter in unserer Sprache gibt. Zwei gleiche, aber verschieden verbalisierte Sachverhalte besitzen in diesem Ansatz dieselbe CD-Repräsentation. Deshalb ist die CD-Theorie besonders für Sprachverstehen und Sprachgenerierung geeignet und dafür auch eingesetzt worden.

Die CD-Theorie stellt eine Vielzahl von Repräsentationskonstrukten für primitive Aktionen zur Verfügung. Diese Konstrukte sind auf der konzeptuellen Ebene angesiedelt (vgl. Kap.1.3, Abb.7). Einige davon sind:

ATRANS: Der Transfer einer abstrakten Beziehung, wie der Besitz eines Objekts oder die Kontrolle darüber. Mit Hilfe von ATRANS lassen sich Konzepte wie 'geben', 'nehmen' (als Inverses dazu) oder 'kaufen' (als zwei ATRANS-Aktionen, zwischen denen eine Kausalbeziehung besteht) modellieren.

PTRANS: Der Transfer des physischen Aufenthaltsortes eines Objekts. Hierauf sind Konzepte wie 'gehen', 'reisen' oder 'herunterfallen' zurückzuführen.

PROPEL: Die Anwendung einer physischen Kraft auf ein Objekt. Beispielsweise setzt sich das Konzept 'schieben' aus einem PROPEL- und einem PTRANS-Ereignis zusammen.

MTRANS: Der Austausch von Information zwischen Lebewesen oder innerhalb eines Lebewesens zwischen seinen Sinnesorganen und seinem Bewußtsein oder seinem Gedächtnis. So ist 'erzählen' ein MTRANS-Ereignis zwischen Personen und 'sehen' ein MTRANS-Ereignis zwischen den Augen und dem Bewußtsein eines Lebewesens; 'erinnern' ist ein Transfer vom Gedächtnis in das Bewußtsein eines Lebewesens.

MBUILD: Die Bildung neuen Wissens durch einen kognitiven Prozeß. Hierauf lassen sich Konzepte wie 'entscheiden' oder 'vorstellen' zurückführen.

SPEAK: Das Erzeugen von Lauten.

Zwei Beispiele für CD-Repräsentationen sind in Abbildung 45 gegeben. In der grafischen Darstellung relationiert der ungerichtete Doppelpfeil '⇔' den Agenten einer Handlung mit der Handlungsbeschreibung. Oberhalb eines solchen Doppelpfeils befindet sich eine Zeitangabe (in Abbildung 45 ein 'p' für ein vergangenes Ereignis). Der dreifache Pfeil steht für eine Kausalitätsbeziehung, und eine Kante mit der Beschriftung 'o' gibt das Objekt eines Ereignisses an. Man beachte, daß – anders als in semantischen Netzen sonst üblich – die mit 'R' und 'D' bezeichneten Kanten jeweils drei Knoten miteinander verbinden: ein Knoten, der für den Ereignistyp steht, und zwei Knoten, die Absender und Empfänger bzw. Herkunfts- und Zielort eines Transfers angeben. Ferner können in CD-Graphen Knoten mit gleichem Namen mehrmals auftreten, sie bezeichnen dann jeweils dasselbe Konzept.

Die Semantik jeder primitiven Aktion ist durch ihr zugeordnete Inferenzregeln festgelegt, beispielsweise für PTRANS, daß sich das betroffene Objekt nach dem Ereignis an dem Zielort befindet.

"Hans hörte ein Rotkehlchen singen":

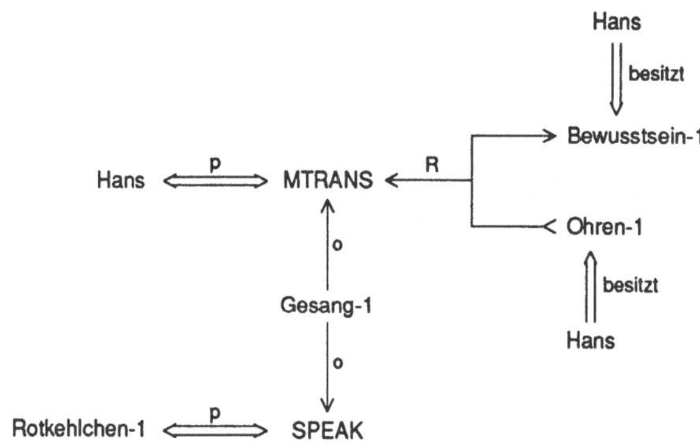

"Hans schob das Fahrrad vom Strand zu seiner Wohnung":

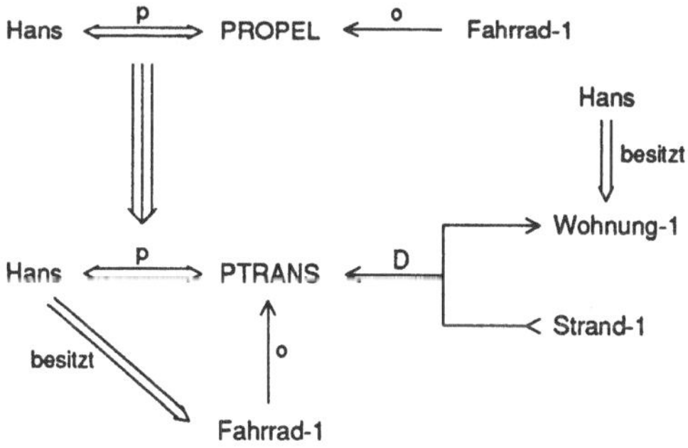

Abbildung 45: Zwei Netze im Format der 'conceptual dependency theory'

3.2.8 Rollen

Die Verwendung von kasusrahmenartigen Repräsentationen, wie im vorangegangenen Kapitel diskutiert, hat den Vorteil, daß alle Ereignisse mittels desselben Grundvokabulars beschrieben und ad hoc eingeführte Beziehungstypen vermieden werden. Gleichzeitig möchte man aber nicht darauf verzichten, genauere Angaben zu den Beziehungen
zwischen einem Ereignis und den daran beteiligten Konzepten vorzusehen. So ist der
Agent eines Lieferungsereignisses ein Lieferant und hat z.B. eine Adresse, das Objekt
ist eine Ware und hat z.B. einen Warenwert, während der Begünstigte ein Empfänger
ist, der ebenfalls eine Adresse besitzt (vgl. Abb.43 mit Abb.39). Solche Angaben lassen
sich berücksichtigen, wenn man ein zusätzliches Repräsentationskonstrukt einführt, um
mit dessen Hilfe Aussagen zu den *Rollen*, die ein Konzept einnehmen kann, zu repräsentieren. Rollen werden durch Konzeptklassen beschrieben (im Gegensatz zu der noch
sehr oberflächlichen Sicht, die wir in Kapitel 3.2.6 hatten), so daß die Tatsache, daß ein
Klassenelement die durch eine andere Klasse beschriebene Rolle annehmen kann, sich
als eine semantische Beziehung zwischen beiden Klassen darstellen läßt. Wir wollen
diese Beziehung (in Anlehnung an is-a) *may-be-a* nennen. Demnach kann nach Abbildung 46 ein Mikroprozessor die Rolle einer Cpu einnehmen, und in der komplexen
Repräsentation von Abbildung 47 können eine Firma und eine Person die Rolle eines
Lieferanten annehmen. Die Tatsache, daß ein Klassenelement eine bestimmte Rolle auch
tatsächlich einnimmt, wird mittels einer Instanz-von-Kante angezeigt, die es als zu der
Konzeptklasse, die die Rolle beschreibt, zugehörig angibt. Beispielsweise gilt dies in
Abbildung 46 für das Individualkonzept '68030-1' und in Abbildung 47 für das Individualkonzept 'DV GmbH', das zusätzlich als zur Klasse 'Lieferant' zugehörig dargestellt
ist. Diese Variante der Berücksichtigung von Rollen ist der in Kapitel 3.2.6 beschriebenen Vorgehensweise, Rollen durch Beziehungskanten darzustellen, überlegen, da sie
die Angabe von *rollenspezifischen Eigenschaften* erlaubt. Wir führen diesen Aspekt hier
jedoch nicht näher aus, da wir dazu ein Konstrukt zur Repräsentation möglicher Eigenschaften benötigen, das wir für semantische Netze nicht eingeführt haben. Detailliertere
Ausführungen zu diesem Thema finden sich zu Frames in Kapitel 4.2.3.

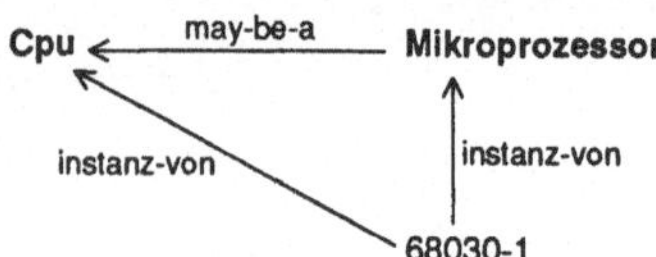

Abbildung 46: Ein einfaches Beispiel für eine Rollenrepräsentation

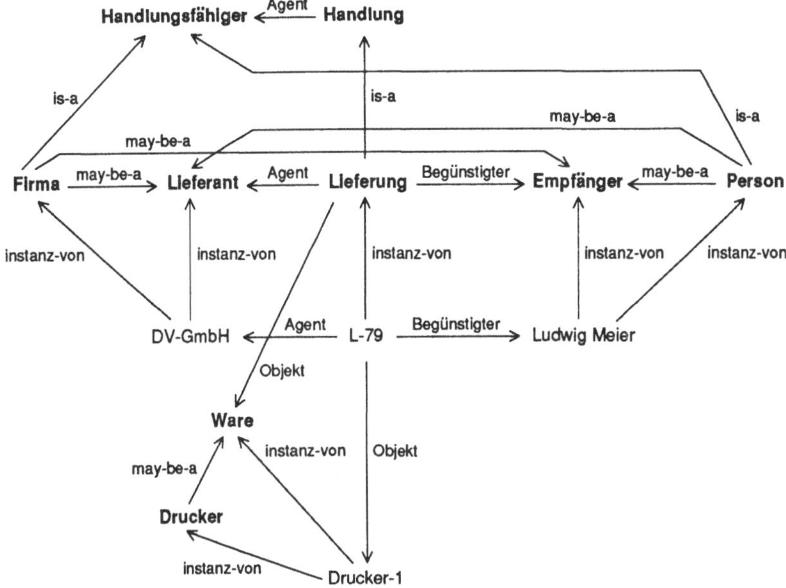

Abbildung 47: Kasusrahmenartige Darstellung eines Ereignisses unter Berücksichtigung von Rollenbeziehungen, jedoch aus Gründen der Übersichtlichkeit ohne rollenspezifische Eigenschaften (angelehnt an Abbildung 43)

Definition: May-be-a-Beziehung

Die May-be-a-Beziehung von einer Konzeptklasse k zu einer Konzeptklasse k' (im folgenden durch $may\text{-}be\text{-}a(k, k')$ notiert) repräsentiert die Tatsache, daß die Elemente der Klasse k die durch die Klasse k' beschriebene Rolle annehmen können. Jedes Element der Klasse k, das die Rolle k' besitzt, ist mittels einer Instanz-von-Beziehung als zusätzlich der Klasse k' zugehörig gekennzeichnet. In der folgenden formalen Notation drückt der Modaloperator $\Diamond$ eine Möglichkeit aus (vgl. Kap.2.2.2.6), und $klasse(k)$ ist wahr genau dann, wenn k für eine Konzeptklasse steht:

$$\forall k, k', i : \big(may\text{-}be\text{-}a(k, k') \wedge klasse(k) \wedge klasse(k') \wedge instanz\text{-}von(i, k) \Rightarrow$$
$$\Diamond\, instanz\text{-}von(i, k')\big)$$

$\Box$

Bemerkt werden soll noch, daß eine Beziehung $may\ be\ a(k_1, k_2)$ manchmal gemeinsam mit der Beziehung $is\text{-}a(k_2, k_1)$ auftreten kann. Ein Beispiel, wo dies der Fall ist, zeigt Abbildung 48, während Abbildung 49 ein Beispiel gibt, wo diese Kombination nicht zutrifft.

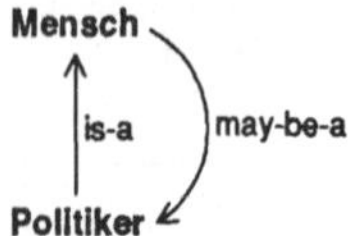

Abbildung 48: Ein Beispiel für die Kombination einer Is-a- und einer May-be-a-Beziehung

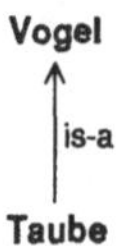

Abbildung 49: Ein Beispiel, wo eine Is-a-Beziehung nicht mit einer May-be-a-Beziehung kombiniert werden kann

3.2.9 Regelhafte Zusammenhänge und Einschränkungen

Mit Hilfe semantischer Netze können prinzipiell alle Sachverhalte dargestellt werden, die auch mit Prädikatenlogik erster Ordnung darstellbar sind, – somit auch regelhafte Zusammenhänge und Einschränkungen allgemeiner Art. Dies folgt aus der Tatsache, daß mit Hilfe netzartiger Strukturen beliebige prädikatenlogische Formeln repräsentierbar sind. Jedoch führt schon die Repräsentation einer einfachen prädikatenlogischen Formel als ein semantisches Netz zu einer recht komplexen und unübersichtlichen Struktur. Zur Illustration sei die in Abbildung 50 gegebene Repräsentation betrachtet, die ein in (Woods 75) diskutiertes Beispiel erweitert. Die Repräsentation stellt die folgende Formel dar: $\forall x \in \mathbf{Z} : \neg \exists y \in \mathbf{Z} : (x > y \land y > x)$, wobei $\mathbf{Z}$ die Menge der Ganzen Zahlen bezeichnet. Das Netz in Abbildung 50 repräsentiert nun aber keinen dieser Formel äquivalenten Sachverhalt, sondern die Formel! Stellen wir regelhafte Zusammenhänge und Einschränkungen in dieser Weise dar, dann verwenden wir einen Netzformalismus als *Meta-Sprache* zur Repräsentation entsprechender prädikatenlogischer Formeln. Um solche Strukturen zu interpretieren und vor allem Schlußfolgerungen damit durchzuführen, müssen wir letztlich auf die Prädikatenlogik zurückgreifen. Damit haben wir im Grunde aber gar keine Repräsentation in einem netzartigen Format vorliegen, sondern eine logikbasierte Repräsentation. Da ist es besser, gleich Logik zu verwenden, denn es ergeben sich aus einer Repräsentation wie in Abbildung 50 eine Reihe von Problemen.

Ein Problem besteht darin, daß für konjunktive Verknüpfungen sowie für Existenzaussagen Konzeptklassen (oder alternativ entsprechende Knotentypen) eingeführt werden müssen. Dies ist schlecht, denn es sind sowieso schon implizit alle Aussagen in einem semantischen Netz konjunktiv verknüpft, und die Existenz eines Konzeptknotens für ein Individualkonzept impliziert die Behauptung dessen Existenz (vgl. Einführung von Kap.3.2 sowie Kap.3.2.3). Es bestehen damit zwei verschiedene Wege, Konjunktionen und Existenzquantifizierungen auszudrücken! Die dafür neu geschaffenen Ausdrucksmittel sind dem bestehenden Netzformalismus einfach hinzugefügt, aber nicht in ihn integriert worden.

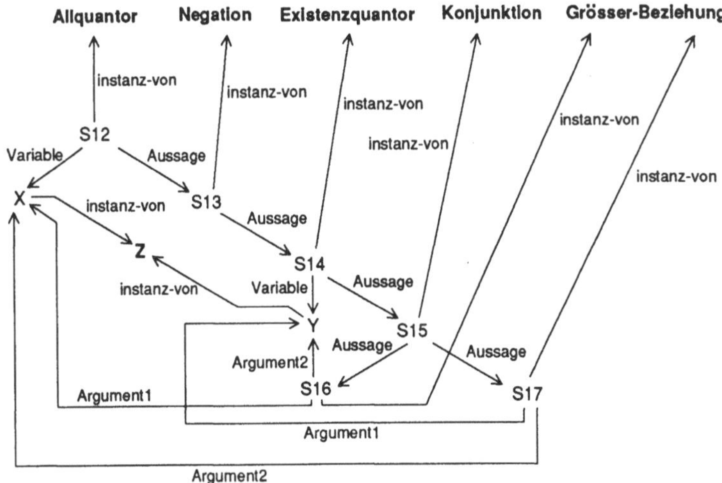

Abbildung 50: Darstellung einer prädikatenlogischen Formel als semantisches Netz

Ein weiteres Problem mit der Einführung von Konzeptklassen für Quantoren, Negationen oder andere Operatoren (wie Disjunktion), ist die Tatsache, daß sie sich nicht auf Aussagen beziehen können, die durch Kanten dargestellt sind (z.B. zur Negierung der durch eine Instanz-von-Kante repräsentierten Aussage, daß Peter ein Student ist). Durch Umwandlung von Kanten- in Knotendarstellungen läßt sich das Problem in allen Fällen lösen, aber auch dieses ist wieder recht unschön, denn daraus folgt, daß die Einführung einer Quantifizierung oder Negation in ein bestehendes Netz eine z.T. erhebliche Umstrukturierung bedeuten kann (z.B. die Überführung aller Instanz-von-Kanten in Knotendarstellungen).

Es gibt jedoch Ansätze zur Erweiterung semantischer Netze, die einige der geschilderten Nachteile vermeiden. Mit Hilfe dieser Ansätze läßt sich die Repräsentation regelhafter Zusammenhänge und Einschränkungen für den allgemeinen Fall recht gut unterstützen. Einen dieser Vorschläge, der auf der Einführung von Partitionen beruht, werden wir in Kapitel 3.4 noch näher kennenlernen. Auf die anderen wird hier nicht näher eingegangen und stattdessen auf die in Kapitel 3.6 aufgeführte Literaur verwiesen.

Als Folgerung aus den obigen Betrachtungen wollen wir festhalten, daß in einem Repräsentationsformat keine Wissensarten dargestellt werden sollen, die damit nicht zufriedenstellend unterstützt werden können. Stattdessen wechselt man entweder ganz in ein anderes Repräsentationsformat oder nimmt eine Integration zweier oder mehrerer Formate vor. In solchen Fällen spricht man von einem *hybriden Repräsentationsformat* (siehe Kap.4.2.6.1).

In einigen speziellen Fällen, denen wir schon begegnet sind, ist die Repräsentation von regelhaften Zusammenhängen (oder von Einschränkungen) mit Hilfe semantischer

Netze auf sehr direkte und einfache Weise möglich. So sind Angaben zu den Eigenschaften einer Konzeptklasse und den semantischen Beziehungen, die zu anderen Konzeptklassen bestehen, Allaussagen über die betreffenden Klassenelemente. Im Beispiel von Abbildung 51 sind dies die Aussagen, daß alle Seerosen schwach giftig sind und daß sie ihren Standort in ruhigen Gewässern haben.

ruhiges Gewässer <——— Standort ——— **Seerose** ——— Giftigkeit ———> *schwach giftig*

Abbildung 51: Eine Repräsentation der Konzeptklasse 'Seerose'

Weiterhin werden durch semantische Netze Einschränkungen des Wertebereichs von Eigenschaften recht gut unterstützt, wie in Abbildung 52 illustriert ist. Auch solche Einschränkungen gelten für alle Elemente der betreffenden Konzeptklasse und stellen somit einen regelhaften Zusammenhang dar. Als Nebeneffekt dieser Art der Darstellung ergibt sich nach unseren bisherigen Vereinbarungen, daß aus der Eigenschaft eines Durchmessers ein Konzept wird, da Aussagen darüber vorliegen – allgemein betrachtet also, daß die Aufnahme von Wertebereichsbeschränkungen für eine Eigenschaft zu ihrer Umwandlung in eine Konzeptrepräsentation führt. Das ist nicht von Nachteil, aber entspricht auch nicht unbedingt der Intuition (siehe auch Kap.3.2.11). Man kann die Umwandlung in Konzepte vermeiden, wenn man für Kanten, die Wertebereichsbeschränkungen anzeigen, einen speziellen Kantentyp einführt, durch den ihre korrekte Interpretation sichergestellt ist (denn sie sind weder als Beziehungskanten wie in Abbildung 52, noch als Eigenschaftskanten zu interpretieren).

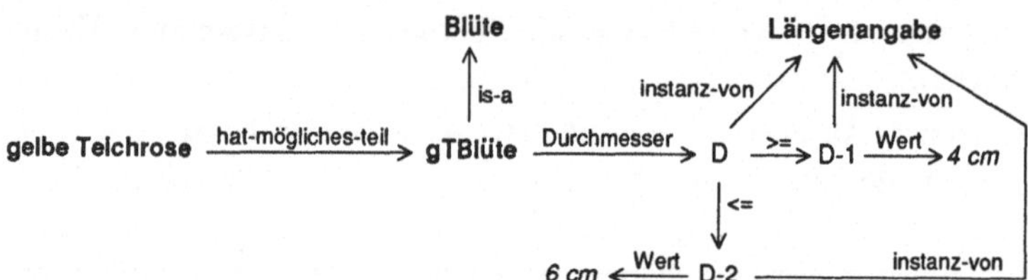

Abbildung 52: Einschränkung des Blütendurchmessers für das Konzept 'gelbe Teichrose'

3.2.10 Unterscheidung von definitorischen und kontingenten Aussagen

In Kapitel 1.4 haben wir zwischen definitorischen und kontingenten Aussagen über Konzepte unterschieden. Danach wird eine Aussage als definitorisch bezeichnet, wenn sie einen, den Konzeptinhalt betreffenden Sachverhalt feststellt; definitorische Aussagen haben somit Anteil an der Definition eines Konzepts. Kontingent heißen solche Aussagen, die *über* ein Konzept sind und den Konzeptinhalt selber gar nicht betreffen. Eine Unterscheidung zwischen beiden Aussagetypen kann also wichtig sein (vgl. Kap.1.4).

Wir wollen uns zunächst mit dem definitorischen und kontingenten Stellenwert semantischer Beziehungen befassen. Abbildung 53 illustriert dazu einen Fall, wo sowohl definitorische als auch kontingente Beziehungen in einer Repräsentation auftreten. Jede der dargestellten Teil-von-Beziehungen steht für eine Aussage über alle Klassenelemente von 'LKW'. Trotzdem wird man ein in der Zukunft möglicherweise auftretendes Fahrzeug, das (da es über einen Elektromotor verfügt) bis auf die Teil-von-Beziehung zu einem Dieselmotor allen Klassenmerkmalen von 'LKW' genügt, ebenfalls als einen LKW klassifizieren wollen. Dazu muß die Teil-von-Beziehung zum Konzept 'Dieselmotor' als kontingent dargestellt sein (wie in Abb.53 geschehen), denn nur, wenn diese Beziehung als kontingent gekennzeichnet ist, würde man eine solche Klassifizierung zulassen und die bisher für alle Klassenelemente zutreffende, kontingente Teil-von-Beziehung in eine semantische Beziehung mit Default-Status (vgl. Kap.1.4) umwandeln.

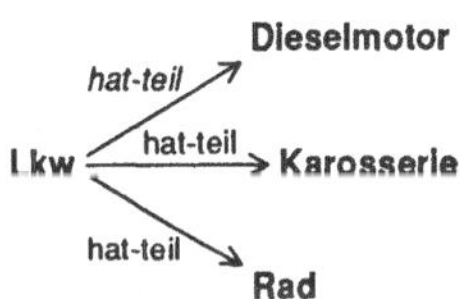

Abbildung 53: Unterscheidung definitorischer Beziehungskanten von kontingenten Beziehungskanten (durch kursive Kantenbeschriftung kenntlich gemacht)

Aus der Diskussion des obigen Beispiels folgt, daß zur Unterscheidung definitorischer von kontingenten Beziehungen zwei Typen von Beziehungskanten einzuführen sind, ähnlich wie das für die Unterscheidung von Knoten, die für Konzeptklassen stehen, und Knoten, die Individualkonzepte repräsentieren, geschehen ist. Die beiden neuen Kantentypen haben dann den Status von Repräsentationskonstrukten.

Eine Unterscheidung von definitorischen und kontingenten Aussagen kann auch für Konzepteigenschaften sinnvoll sein. Dazu wollen wir das Beispiel in Abbildung 54 betrachten. Für die Beurteilung der Korrektheit der dort gezeigten Repräsentation muß entschieden werden, ob die Eigenschaft, serieller Architektur zu sein, für eine Workstation definitorisch oder kontingent ist. Wie wir schon wissen, hängt die Beantwortung dieser Frage natürlich von der Sichtweise ab. Sollen Rechner mit einer Parallel-Architektur

prinzipiell nicht als Workstation angesehen werden, so ist die Eigenschaft 'seriell' eindeutig definitorisch, weil sie dazu beiträgt, festzulegen, was eine Workstation ist. Wird
die Eigenschaft dagegen nur aufgenommen, um eine gegenwärtig gültige Aussage über
Workstations zu repräsentieren, dann ist damit nicht gemeint, daß Workstations prinzipiell seriell aufgebaut sein müssen. In diesem Fall wäre die Eigenschaft 'seriell' kontingent. In dem Beispiel in Abbildung 55 ist die gleiche Eigenschaft dagegen eindeutig
definitorischer Natur, weil ein Rechner, der keine serielle Architektur besitzt, eben keine
serielle Workstation ist.

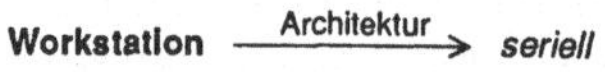

Workstation ——^{Architektur}→ *seriell*

Abbildung 54: Eine Eigenschaftsangabe

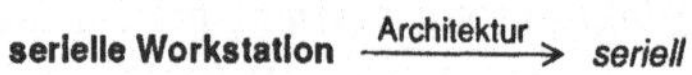

serielle Workstation ——^{Architektur}→ *seriell*

Abbildung 55: Eine definitorische Eigenschaft

Mit der gleichen Argumentation ist in der Repräsentation von Abbildung 56 die Eigenschaft 'billig' definitorisch. Eine Ersetzung des qualitativen Werts 'billig' durch eine
quantitative Preisangabe wäre dagegen wieder kontingenter Natur, da die Zuordnung
eines bestimmten Preisbereichs zu 'Billig-Workstation' nicht prinzipiell dessen Billigkeit beschreibt, denn was billig ist oder nicht, ist kontext- und zeitabhängig, deshalb
quantitativ nicht absolut festsetzbar und somit nicht definitorisch.

billig ←——^{Preis}—— **Billig-Workstation** ——^{Architektur}→ *seriell*

Abbildung 56: Definitorische Eigenschaften

Auch für Eigenschaftskanten wird die Unterscheidung zwischen definitorischem und
kontingentem Status durch Einführung zweier Typen von Eigenschaftskanten ermöglicht.
In den grafischen Illustrationen semantischer Netze werden wir kontingente Kanten ab
jetzt durch kursive Kantenbeschriftungen kennzeichnen:

Vereinbarung: Kontingente Eigenschafts- und Beziehungskanten
Kontingente Eigenschafts- und Beziehungskanten werden durch kursive Kantenbeschriftung gekennzeichnet.

□

Wie wir in der Definition zur Vererbung in Kapitel 3.2.3 schon festgelegt haben, werden kontingente Eigenschaften ebenso wie definitorische Eigenschaften vererbt, da beide für Allaussagen über die Elemente einer Konzeptklasse stehen. Dasselbe gilt für semantische Beziehungen mit kontingentem Stellenwert.

Die Unterscheidung definitorischer von kontingenten Eigenschaften und Beziehungen ergibt sich auch für Individualkonzepte. Kontingent sind Beschreibungsmerkmale für ein Individualkonzept immer dann, wenn sie nicht für seine Zugehörigkeit zu einer Konzeptklasse bestimmend sind. Beispiele hierfür sind zeitliche Beziehungen zwischen Individualereignissen oder die Feststellung, daß ein Objekt größer als ein anderes ist (vgl. z.B. Abb.57).

3.2.11 Unvollständiges Wissen

Zur Repräsentation unvollständigen Wissens wird ebenso wie für regelhafte Zusammenhänge für den allgemeinen Fall die Ausdruckskraft von Prädikatenlogik erster Ordnung benötigt. Wie schon diskutiert wurde (Kap.3.2.9), ist diese mit semantischen Netzen zwar prinzipiell gegeben, aber mit einer Reihe von Nachteilen verbunden, wenn man nicht entsprechende Erweiterungen vornimmt (vgl. Kap.3.4). Gut unterstützt wird jedoch der spezielle Fall der Darstellung eingrenzender Angaben zu nicht näher bekannten Konzepteigenschaften, wie das Beispiel in Abbildung 57 illustriert (vgl. auch Abb.52, wo nach demselben Prinzip der Wertebereich einer Eigenschaftsklasse angegeben wird). In dieser Darstellung sind die Höhen der beiden Gebäude nicht angegeben, es ist jedoch die Aussage repräsentiert, daß das Empire State Building höher ist als der Münchner Fernsehturm. Es liegt somit zwar eine Angabe zu den Gebäudehöhen vor, diese ist aber unvollständig, weil sie die tatsächlichen Werte nicht vorsieht. Da durch die Beziehungskante 'größer' eine Aussage über die Gebäudehöhen dargestellt wird, sind diese keine Eigenschaften, sondern Konzepte (siehe jedoch die Bemerkung zum Ende

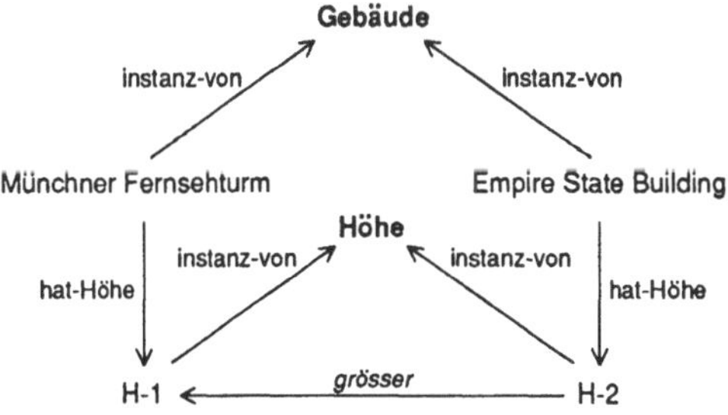

Abbildung 57: Unvollständiges Wissen über Eigenschaften

von Kap.3.2.9). Die Beziehungskante 'größer' ist eine kontingente Kante, da sie eine
nur zufällige Beziehung zwischen 'H-1' und 'H-2' repräsentiert und weder 'H-1' noch
'H-2' definiert (vgl. Kap.3.2.10).

Unvollständiges Wissen zur Höhe des Empire State Building liegt auch in Abbildung
58 vor, die aufgrund der Angabe der Höhe des Münchner Fernsehturm jedoch genauer
ist als die Repräsentation in Abbildung 57 (siehe auch Übungsaufgabe 2).

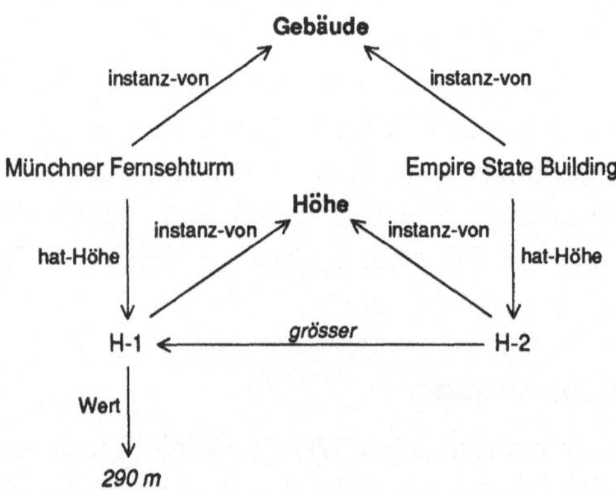

Abbildung 58: Unvollständiges Wissen über Eigenschaften

Ein letzter Fall unvollständigen Wissens, der durch semantische Netze gut unterstützt
wird, ist das Fehlen der genauen Konzeptklassenzugehörigkeit eines Individualkonzepts.
In einem solchen Fall wird einfach die Zugehörigkeit zu derjenigen allgemeineren Klasse
angegeben, die als gesichert gilt. Im Extremfall kann man eine generischste Klasse
('Ding') einrichten, der alle anderen Klassen untergeordnet sind, und ein nicht näher
bestimmtes Individualkonzept als zu dieser Klasse zugehörig angeben. Abbildung 59
zeigt eine Repräsentation des Sachverhalts, daß in Juttas Garten ein Vogel nistet; um
was für einen Vogel es sich dabei handelt, ist unbekannt.

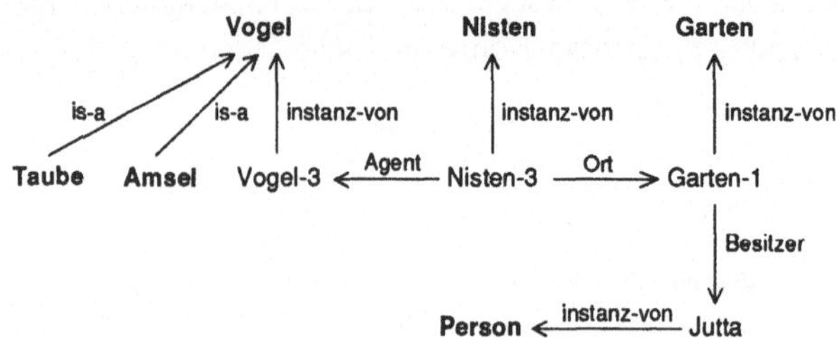

Abbildung 59: Repräsentation unvollständigen Wissens durch Zuordnung eines
Individualkonzepts zu einer allgemeineren Konzeptklasse

Prinzipiell kann man feststellen, daß immer dann, wenn eine Instanz-von-Beziehung zu einer Konzeptklasse mit Unterklassen vorliegt, entweder das Wissen über die Klassenzugehörigkeit des betreffenden Individualkonzepts unvollständig ist oder die Unterklasse, zu der das Individualkonzept gehört, in der Repräsentation fehlt (wenn z.B. in Abb.59 'Vogel-3' zur nicht dargestellten Klasse der Meisen gehört).

3.2.12 Widersprüchliches Wissen

Der Hauptaspekt, der im Zusammenhang mit der Unterstützung widersprüchlichen Wissens durch ein Repräsentationsformat wichtig ist, besteht darin, sicherzustellen, daß ein Inferenzsystem bei Vorliegen widersprüchlicher Aussagen funktionsfähig bleibt (siehe die Diskussion in Kap.2.2.2.9). Dazu muß einem Inferenzprozeß ermöglicht werden, zwei sich widersprechende Aussagen auseinanderhalten zu können, so daß nicht beide in einer Schlußfolgerung herangezogen werden. Erreicht wird dies durch die Zuordnung sich widersprechender Aussagen zu verschiedenen Repräsentationskontexten derart, daß die einzelnen Kontexte in sich widerspruchsfrei sind. Ein dazu benötigter Kontextmechanismus ist mit der Einführung von *Partitionen* für semantische Netze, wie wir sie in Kapitel 3.4 beschreiben werden, gegeben.

Ob zwei widersprüchliche Aussagen in einer Repräsentation überhaupt als widersprüchlich erkannt werden können, hängt vom Detaillierungsgrad und der Vollständigkeit der Repräsentation ab. So ist die Angabe zweier Größen für die Höhe eines Gebäudes nur dann als widersprüchlich zu erkennen, wenn entweder in der Repräsentation angegeben ist, daß ein Gebäude nur eine Höhe besitzen kann oder wenn generell für das Repräsentationskonstrukt zur Angabe von Eigenschaften spezifiziert ist, daß ein Individualkonzept für jede Eigenschaftsklasse nur einen Wert aufweisen kann (siehe die Diskussion zur Einwertigkeit terminaler Slots in Kap.4.2.1).

3.2.13 Unsicheres und ungenaues Wissen

Unsichere Aussagen werden unabhängig von dem Repräsentationsformat, durch das sie dargestellt werden, üblicherweise mit einem numerischen Sicherheitsfaktor (zwischen 0 und 1 oder zwischen -1 und 1) versehen, der für den Grad ihrer Zuverlässigkeit steht. Der Wert 1 wird dabei für sichere Aussagen und der Wert 0 (bzw. -1) für sicher nicht zutreffende Aussagen vergeben. Für ein semantisches Netz bedeutet das die Zuordnung von Sicherheitsfaktoren zu Kanten und, da auch Knoten Aussagen repräsentieren können, zu Knoten. So stellt Abbildung 60 die Aussage dar, daß es sich bei einem beobachteten Vogel 'Vogel-1' höchstwahrscheinlich um eine Stockente handelt (Sicherheitsfaktor 0.8) und daß sie höchstwahrscheinlich noch keinen Brutplatz hat (Sicherheitsfaktor 0.2 ($=1-0.8$); vgl. Kap.2.3.2.6).

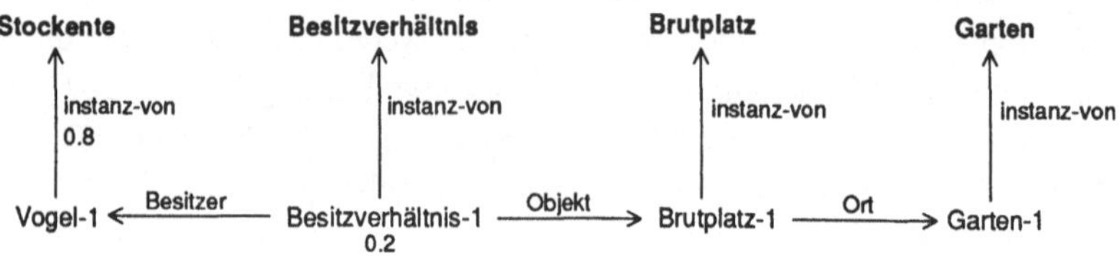

Abbildung 60: Zuordnung eines Sicherheitsfaktors zu Konzeptknoten und Beziehungskanten

Soll dagegen die Aussage repräsentiert werden, daß eine bestimmte Stockente einen Brutplatz hat, aber nur vage vermutet wird, daß es der durch 'Brutplatz-1' beschriebene ist, dann bezieht sich die Unsicherheit nicht auf die Existenz eines entsprechenden Besitzverhältnisses, wie im obigen Beispiel, sondern auf die Zuordnung des Brutplatzes zu dem Besitzverhältnis. In der in Abbildung 61 dargestellten Repräsentation spiegelt sich dies darin wieder, daß der Sicherheitsfaktor nicht einem Besitzverhältnis zugeordnet ist (wie in Abb.60), sondern der Beziehungskante vom Typ 'Objekt', die das betreffende Besitzverhältnis näher charakterisiert.

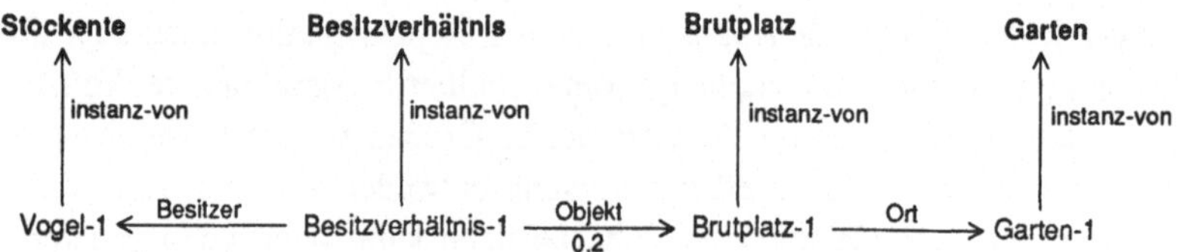

Abbildung 61: Zuordnung eines Sicherheitsfaktors zu einer Beziehungskante

Bei *ungenauen* Aussagen handelt es sich um Aussagen zu Eigenschaften, die zwar als sicher zutreffend angenommen werden, aber keine exakten Angaben machen. Wie man an den beiden Aussagen "Hans ist groß" und "Das Empire State Building ist groß" sieht, steht die Angabe 'groß' für eine Eigenschaft, die nicht genau festgelegt ist, sondern einen *Wertebereich* spezifiziert. Hinzu kommt, daß dieser Wertebereich *kontextabhängig* ist, die quantitative Interpretation der Eigenschaft 'groß' von Konzeptklasse zu Konzeptklasse also unterschiedlich ist. Verschiedene kontextabhängige Interpretationen dieser Eigenschaft in bezug auf die Eigenschaftsklasse 'Höhe' können durch ein semantisches Netz auf die in Abbildung 62 illustrierte Weise dargestellt werden. Für die Eigenschaftsangabe 'groß' (in bezug auf Höhe) sind in dieser Repräsentation zwei Konzeptklassen ('große Höhe-M' und 'große Höhe-G') vorgesehen, die jeweils für eine Konzeptklasse eine entsprechende Interpretation festlegen. Wenn nötig, kann diese Darstellung um noch feinere Kontextdifferenzierungen erweitert werden, z.B. für Gebäude in einer Großstadt und Gebäude in einem Dorf. Der Schluß, daß die Größe von Hans zwischen 1.85 m und 2.50 m liegt, ist aus der Repräsentation in Abbildung 62 jedoch nur zu ziehen, wenn die

Eigenschaftskanten 'untere Grenze' und 'obere Grenze' als Repräsentationskonstrukte mit entsprechender Semantik vorgesehen werden.[50]

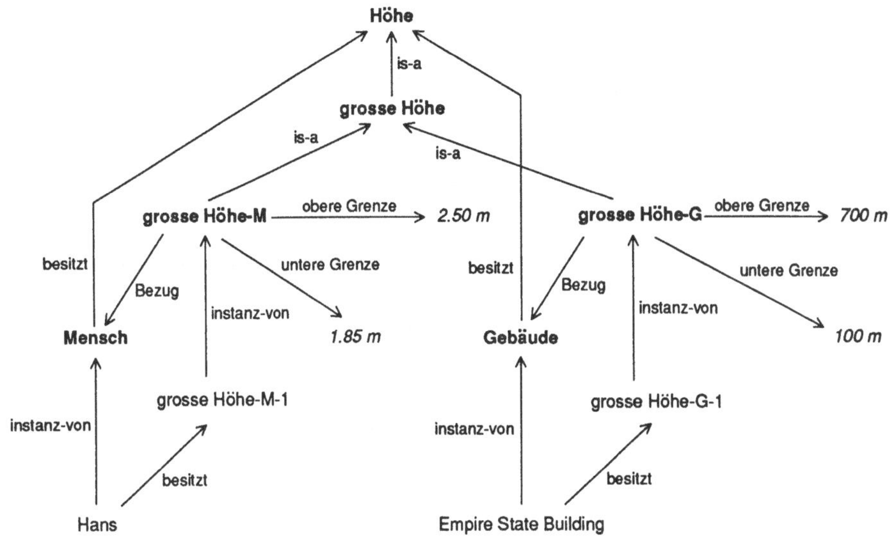

Abbildung 62: Definition verschiedener kontextspezifischer Begriffe von großer Höhe und deren Verwendung zur Repräsentation ungenauer Eigenschaftsangaben

Die Repräsentation in Abbildung 62 berücksichtigt nicht die Tatsache, daß nicht alle quantitativen Werte innerhalb eines spezifizierten Wertebereichs gleich eng mit der qualitativen Eigenschaftsangabe 'groß' in Beziehung stehen. Vielmehr trifft die Angabe 'groß' umso eher zu, desto größer der tatsächliche Wert ist. Um diesen Sachverhalt zu erfassen, muß eine *Verteilungsfunktion* repräsentiert werden, die für jeden Wert festlegt, als wie sicher er mit der qualitativen Bezeichnung 'groß' belegt werden kann. Dieses ist mit den Ausdrucksmitteln, wie sie ein Netzformalismus zur Verfügung stellt, nicht machbar (oder ist nur mit extrem viel Aufwand näherungsweise zu erreichen, wenn man eine solche Verteilungsfunktion in diskrete Intervalle unterteilt und diese repräsentiert).

---

[50] Ein Anwendungsprogramm kann diesen Inferenztyp natürlich auch selber implementieren, aber dies ist außerhalb des Repräsentationssystems und somit nicht unser Betrachtungsgegenstand.

3.2.14 Koreferenz und Manifestation

Verschiedene Konzeptbeschreibungen werden *koreferent* genannt, wenn sie sich auf die gleiche Objektmenge beziehen, also die gleiche Extension besitzen. Solche Repräsentationsfälle treten auf, da zwei, das gleiche Konzept repräsentierende Beschreibungen immer dann nicht zu einer Konzeptbeschreibung verschmolzen werden dürfen, wenn eine der beiden zu einem Bezugskontext gehört, in den hinein von außen nicht referenziert werden kann. Man nennt einen solchen Kontext deshalb *opak*. In diesem Fall muß die Tatsache, daß zwei Konzeptbeschreibungen koreferent sind, durch eine zusätzliche Angabe in der Repräsentation kenntlich gemacht werden. In einem semantischen Netz erfolgt das am einfachsten mit Hilfe einer speziellen Beziehungskante.

Zur Illustration der Problematik opaker Bezugskontexte betrachten wir den folgenden Sachverhalt (das Beispiel geht auf McCarthy zurück (McCarthy 79)): Jutta und Michael besitzen die gleiche Telefonnummer und Peter kennt Michaels Telefonnummer. Das Netz in Abbildung 63 repräsentiert diese Aussagen. Der Tatsache, daß die Telefonnummern von Jutta und Michael dieselben sind, darf nicht durch ein Verschmelzen der beiden Knoten 'Telefonnummer-1' und 'Telefonnummer-2' zu einem Knoten Rechnung getragen werden, da aus der daraus enstehenden Repräsentation fälschlicherweise der Schluß gezogen werden könnte, daß Peter Michaels *und* Juttas Telefonnummern kennt. Peter kennt in unserem Beispiel aber nur Michaels Telefonnummer und weiß nicht, daß sie mit Juttas Nummer identisch ist: Der Knoten 'Telefonnummer-1' ist *intensional* (als Michaels Telefonnummer) und nicht extensional (als die tatsächlich zugrundeliegende Ziffernfolge) zu interpretieren; anders formuliert: Michaels Telefonnummer wird in dem opaken Kontext, der Peters Überzeugungen umfaßt, referenziert. Zu diesen Überzeugungen gehört nicht das Wissen um die Gleichheit von Juttas und Michaels Nummer. Beide Telefonnummern müssen deshalb durch verschiedene Konzeptknoten repräsentiert werden. Um aber die Tatsache widerzuspiegeln, daß die Nummern an sich gleich sind, wird eine *Koreferenzkante* zwischen den zugehörigen Konzeptknoten gezogen. Man beachte, daß Koreferenzkanten ungerichtet sind, da die Koreferenzbeziehung symmetrisch ist.

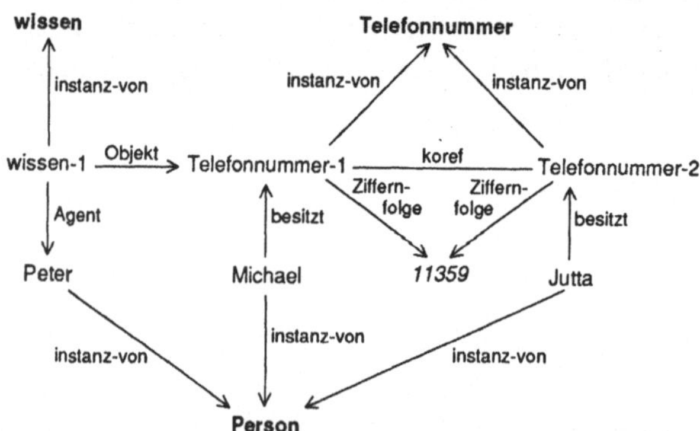

Abbildung 63: Koreferenzangabe im Falle intensional verschiedener Konzeptbedeutungen

Opake Kontexte treten immer dann auf, wenn Bezug auf *mentale Zustände* genommen wird, denn diese müssen nicht mit den Sachverhalten des repräsentierten Weltausschnitts übereinstimmen oder beziehen sich nur auf einen Teil dieser Sachverhalte (wie im Beispiel von Abb.63). Zur Darstellung opaker Kontexte ist für den allgemeinen Fall ein Partitionierungskonstrukt, wie es in Kapitel 3.4 eingeführt wird, sinnvoll. Die Intensionen zweier als koreferent markierter Konzepte sind durch die Koreferenzbeziehung in keinster Weise eingeschränkt und können sogar widersprüchlich sein (vgl. Übungsaufgabe 5). Die folgende Definition legt die Bedeutung einer Koreferenzbeziehung fest:

Definition: Koreferenzbeziehungen

> Eine Koreferenzkante zwischen zwei Konzeptknoten (die für Individualkonzepte oder Konzeptklassen stehen können) postuliert, daß die (nicht leeren) Extensionen der durch sie repräsentierten Konzepte gleich sind. Ihre Intensionen können beliebiger Art sein. Koreferenzkanten werden nicht vererbt.
>
> □

Zwei Konzeptknoten, die nicht durch eine Koreferenzkante verbunden sind, werden aufgrund der Annahme einer abgeschlossenen Welt (vgl. Kap.2.2.3) als nicht koreferent interpretiert. Da es jedoch zulässig ist, sie jederzeit als koreferent zu markieren, ergibt sich die Notwendigkeit, neben einem Kantentyp für Koreferenz einen weiteren für gesicherte Nicht-Koreferenz, also gesicherte Verschiedenheit der Extensionen zweier Konzepte einzuführen. Die Existenz einer solchen Kante verbietet dann das Einrichten einer Koreferenzkante parallel dazu. Um eine solche Inferenz zu ermöglichen, müssen Koreferenz- und Verschiedenheitsbeziehungen als Repräsentationskonstrukte eingeführt und ihre Semantik entsprechend festgelegt sein. Die Repräsentation in Abbildung 64, die für die Aussage "Die beiden Ausgucke sehen zwei Schiffe" steht, illustriert die Nützlichkeit einer *Verschiedenheitskante* (durch die Beschriftung '$\neq$' gekennzeichnet). Die Verschiedenheitskanten geben dort zum Ausdruck, daß die Extensionen von 'Schiff-1' und 'Schiff-2' verschieden sind, und gleiches für 'Schiff-3' und 'Schiff-4'. Solange diese Einschränkungen nicht verletzt werden, sind beliebige Koreferenzbeziehungen zwischen diesen vier Konzepten zulässig[51]. Liegen keine zusätzlichen Aussagen vor, wird jedoch (aufgrund der Annahme einer abgeschlossenen Welt) davon ausgegangen, daß sie insgesamt für vier verschiedene Schiffe stehen. Eine Verschiedenheitskante ist somit ein spezieller Fall einer *expliziten Negation*, während es sonst üblich ist, in einem semantischen Netz Negation nur implizit auf der Basis der Annahme einer abgeschlossenen Welt zu unterstützen (siehe jedoch Kap.3.2.9 und Kap.3.4).

---

[51] So ist die gleichzeitige Koreferenz zwischen 'Schiff-2' und 'Schiff-3' sowie zwischen 'Schiff-2' und 'Schiff-4' ausgeschlossen, da aus ihnen die Koreferenz von 'Schiff-3' und 'Schiff-4' abgeleitet werden könnte.

Definition: Verschiedenheitsbeziehungen

Eine Verschiedenheitskante zwischen zwei Konzeptknoten postuliert, daß die Extensionen der durch sie repräsentierten Konzepte in jedem Fall unterschiedlich sind. Verschiedenheitskanten werden nicht vererbt.

□

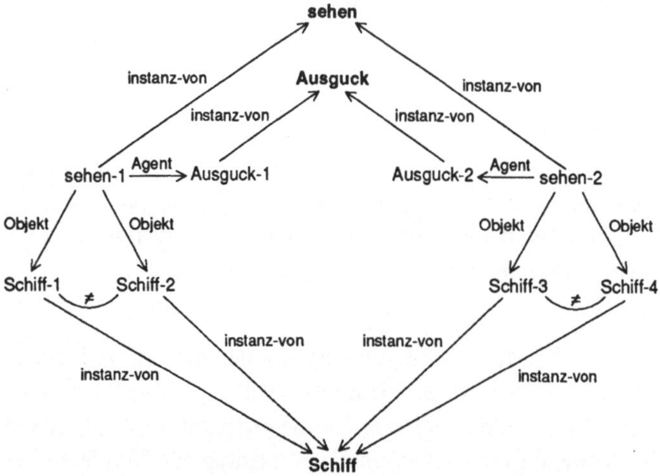

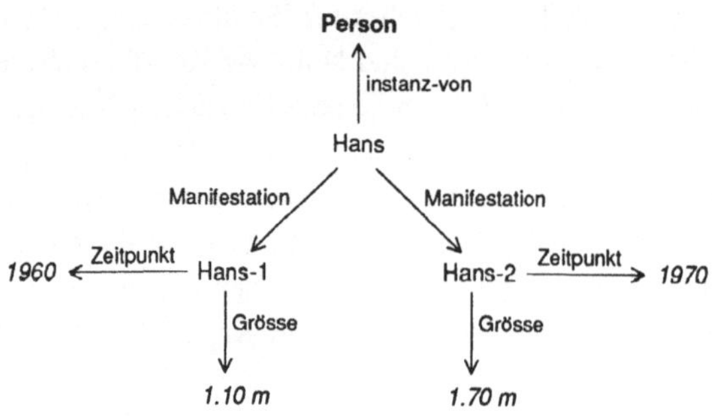

Abbildung 64: Eine Repräsentation mit Verschiedenheitskanten

Manifestationen nennt man Repräsentationen eines Individualkonzepts, die sich auf unterschiedliche Zeitpunkte beziehen. Zu allen Zeitpunkten handelt es sich aber um dasselbe Individualkonzept, das lediglich jeweils verschiedene Eigenschaften aufweist. Manifestationen lassen sich durch semantische Netze darstellen, wenn man einen weiteren Beziehungstyp einführt (vgl. Abb.65).

Abbildung 65: Repräsentation zweier Manifestationen

3.3 Operationen auf semantischen Netzen

In den vorangegangenen Kapiteln wurde ausführlich auf die Darstellung verschiedener Sachverhalte mit Hilfe netzartiger Strukturen eingegangen. Welche Operationen auf diesen Strukturen möglich sind, wurde explizit noch nicht angesprochen, jedoch wurden durch die Angaben zur Interpretation der zugrunde gelegten Repräsentationskonstrukte wesentliche Merkmale möglicher Operationen auf ihnen schon festgelegt. Beispiele hierfür sind die Transitivität der Beziehungstypen 'is-a' und 'hat-teil', die Vererbung entlang Spezialisierungskanten, die Unterscheidung definitorischer und kontingenter Eigenschaften sowie der Beitrag von Koreferenzkanten für ein korrektes Schlußfolgern. Im Rahmen des Entwurfs eines konkreten Repräsentationsmodells ist eine formale Spezifikation der Semantik der bereitgestellten Repräsentationskonstrukte notwendig (wohingegen wir uns in den vorangegangenen Kapiteln auf einer abstrakteren Ebene bewegt und die typischen Aspekte der Modellierung mit semantischen Netzen betrachtet haben). *Inferenzregeln* legen dabei fest, welche Schlußfolgerungen auf den damit erstellbaren Repräsentationsstrukturen gezogen werden können, und *Integritätsbedingungen* geben an, welche Konstellationen von Repräsentationsstrukturen überhaupt zulässig sind. Die Spezifikation der Semantik der Repräsentationskonstrukte bildet damit die Basis für die Spezifikation der Operationen, die ein Repräsentationsmodell unterstützt.

Ein Repräsentationsmodell ist letztlich ausschließlich durch die zur Verfügung gestellten Operationen definiert. Sie bilden die alleinige Möglichkeit zur Erstellung, Modifikation und Anfrage einer Wissensbasis. Die durch die Anfrage- und Änderungsoperationen bereitgestellte Sicht auf eine Wissensbasis ist im Falle genügender Abstraktion der *Wissensebene* zuzuordnen (vgl. Kap.1.2). Welches tatsächlich die Repräsentationsstrukturen in einer Wissensbasis sind (z.B. ob sie netzartig oder logikbasiert sind, ob Vererbung schon durchgeführt wurde oder erst zur Anfragezeit erfolgt), ist eine Frage, wie das zugehörige Repräsentationssystem Sachverhalte auf der *Symbolebene* darstellt (vgl. Kap.1.2).

Wir wollen in diesem Buch keine konkreten Repräsentationsmodelle definieren, so daß sich die Aufgabe der Spezifikation von Operationen nur bedingt stellt. Wir wollen jedoch untersuchen, was für Typen von Operationen auf einer Symbolebene, die netzartige Strukturen aufweist, möglich sind. Um das Verständnis für die Unterscheidung von Symbol- und Wissensebene zu vertiefen, werden wir ferner in Kapitel 3.3.1 anhand von zwei Operationstypen die Entkopplung der beiden Ebenen verdeutlichen.

Wir legen für eine Anfrageauswertung auf semantischen Netzen die *Annahme einer abgeschlossenen Welt* zugrunde (vgl. Kap.2.2.3). Danach werden Aussagen, die aus einer Wissensbasis nicht abgeleitet werden können, als nicht gültig betrachtet.

3.3.1 Entkopplung von Wissens- und Symbolebene

Das Ziehen von Inferenzen auf einer Repräsentation kann zu zwei verschiedenen Zeitpunkten erfolgen: zum Zeitpunkt der Auswertung einer Anfrage an eine Wissensbasis oder zum Zeitpunkt einer Wissensbasisänderung. Entsprechend ergeben sich auf der Symbolebene unterschiedliche Repräsentationen, obwohl auf der Wissensebene kein Unterschied feststellbar ist, da das abfragbare Wissen in beiden Fällen gleich ist. Lediglich der Umfang des semantischen Netzes und der für Anfrage- und Änderungsoperationen benötigte Zeitaufwand variiert zwischen beiden Varianten. Anhand der Vererbung von semantischen Beziehungen und Eigenschaften entlang Spezialisierungskanten und einer Anfrage- und einer Änderungsoperation wollen wir den Unterschied zwischen einer Inferenz zur Anfragezeit und einer Inferenz zur Änderungszeit illustrieren und damit ein Beispiel für die Entkopplung von Wissens- und Symbolebene geben.

a) Erste Variante: Vererbung zur Anfragezeit[52]

Eine Operation zur Anfrage von Konzepteigenschaften kann man formal als eine Abbildung von der Menge der Konzeptnamen in die Potenzmenge über das Kreuzprodukt von Eigenschaftsklassen mit Eigenschaftswerten beschreiben:

bestimme-eigenschaft :

$$\{k \mid k \text{ ist Konzeptname}\} \rightarrow 2^{\{\langle ek,ew\rangle \mid ek \text{ ist Eigenschaftsklasse und } ew \text{ ist Eigenschaftswert}\}}$$

In der Implementierung einer solchen Anfrageoperation auf semantischen Netzen, die von Oberbegriffen ererbte Eigenschaften nicht explizit darstellen, müssen neben den für ein Konzept k direkt aufgeführten Eigenschaften zusätzlich die Eigenschaften aller Oberbegriffe von k bezüglich der Is-a- und Instanz-von-Beziehung bestimmt werden:

bestimme-eigenschaft(k)
    für alle Oberbegriffe von k sowie k selber führe aus:
        bestimme alle Eigenschaftskanten am aktuell betrachteten Konzeptknoten
        und konstruiere aus den Kantenbezeichnungen sowie
        den jeweils anhängenden Eigenschaftsknoten die Ergebnismenge

Eine Implementation der Operation für das Hinzufügen einer neuen Eigenschaftsangabe für ein Konzept braucht dafür Vererbung nicht zu berücksichtigen:

ergänze-eigenschaft(k, ek, ew)
    sofern nicht schon vorhanden,
        füge dem Konzeptknoten k eine Eigenschaftskante der Beschriftung ek hinzu,
        die zu einem Eigenschaftsknoten ew hinführt

---

[52]   In der englischsprachlichen Literatur ist von 'question time' die Rede.

Eine Repräsentation, wie sie durch die obigen beiden Operationen aufgebaut und interpretiert werden kann, ist die folgende:

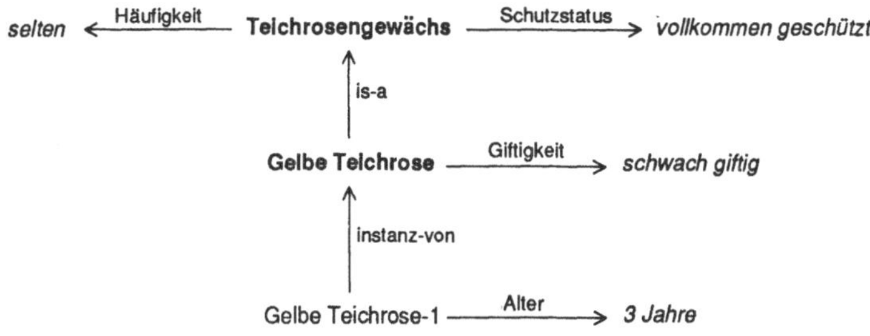

Die Anfrage bestimme-eigenschaft('Gelbe Teichrose-1') liefert das Ergebnis

$$\{\langle\text{'Alter'}, \text{'3 Jahre'}\rangle,$$
$$\langle\text{'Giftigkeit'}, \text{'schwach giftig'}\rangle,$$
$$\langle\text{'Häufigkeit'}, \text{'selten'}\rangle,$$
$$\langle\text{'Schutzstatus'}, \text{'vollkommen geschützt'}\rangle\}$$

b) Zweite Variante: Vererbung zur Änderungszeit[53]

Wird Vererbung schon zur Änderungszeit vorgenommen, sind die Operationen für das Anfragen und Hinzufügen von Eigenschaften folgendermaßen zu implementieren:

bestimme-eigenschaft(k)
    bestimme alle Eigenschaftskanten am Knoten k und konstruiere aus den
    Kantenbezeichnungen sowie den jeweils anhängenden Eigenschaftsknoten
    die Ergebnismenge

ergänze-eigenschaft(k, ek, ew)
    für alle Unterbegriffe von k sowie k selber führe aus:
        sofern nicht schon vorhanden,
            füge dem aktuell betrachteten Konzeptknoten eine Eigenschaftskante
            der Beschriftung ek hinzu, die zu einem Eigenschaftsknoten ew hinführt

Die oben unter a) für eine Vererbung zur Anfragezeit gegebene Beispielrepräsentation würde im Falle einer Vererbung zur Änderungszeit folgendermaßen aussehen:

---

[53] In der englischsprachigen Literatur ist hier von 'read time' die Rede, also der Zeitpunkt, zu dem neues Wissen in eine Wissensbasis eingelesen wird.

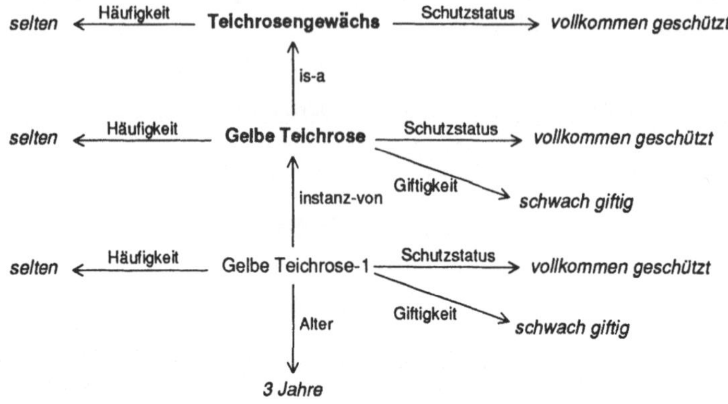

Das Ergebnis der Anfrage bestimme-eigenschaft('Gelbe Teichrose-1') ist für diese Repräsentation und die zweite Implementationsvariante der Anfrageoperation dasselbe wie im unter a) diskutierten Fall.

Es wird deutlich, daß beim Übergang von Variante a) zu Variante b) die Zuständigkeit für die Berücksichtigung der Vererbung von der Anfrageoperation auf die zugehörige Änderungsoperation wechselt. Man erkennt ferner, daß die erste Variante einen deutlich geringeren Speicherbedarf aufweist, dafür ist das Anfragen von Eigenschaften zeitaufwendiger. Dagegen ist für die zweite Variante ein höherer Speicherbedarf zu verzeichnen, aber das Anfragen von Konzepteigenschaften ist viel weniger aufwendig. Umgekehrt ist dafür das Hinzufügen neuer Eigenschaften in Version b) aufwendiger als in Version a). Welcher der beiden Varianten in einer Anwendung der Vorzug zu geben ist, hängt von deren Rahmenbedingungen ab, z.B. ob Anfrageoperationen wesentlich häufiger auftreten als Änderungsoperationen oder umgekehrt und ob bestimmte Operationen unter zeitkritischen Bedingungen ablaufen müssen. Zusätzlich wäre sicherzustellen, daß der erhöhte Platzbedarf der zweiten Variante gedeckt werden kann, sollte man sich für sie entscheiden.

3.3.2 Formulierung komplexer Anfragen durch Anfragenetze

Anfragen an ein semantisches Netz, die auf der Wissensebene angesiedelt sind (und deshalb völlig davon abstrahieren, daß sie auf einer Netzrepräsentation auszuwerten sind), werden zunächst auf entsprechende Anfragenetze abgebildet. Diese Anfragenetze werden dann auf die folgende Weise auf der Symbolebene ausgewertet: Ist ein Anfragenetz ein Teilnetz der angefragten Repräsentation, so wird die durch dieses Netz repräsentierte Anfrage mit "ja" beantwortet. Treten in einem Anfragenetz als variabel gekennzeichnete Knoten auf, sind sie jeweils einem unterschiedlichen Knoten der angefragten Repräsentation zuzuordnen, und zwar so, daß dadurch das Anfragenetz Teilnetz der angefragten Repräsentation wird. Die dabei auftretenden Knotenbelegungen bilden im Falle einer positiv zu beantwortenden Anfrage das Anfrageergebnis. Anhand einiger

Anfragebeispiele wollen wir die zugrundeliegende Idee verdeutlichen. Alle Anfragen beziehen sich dabei auf die in Abbildung 66 angegebene Repräsentation. .

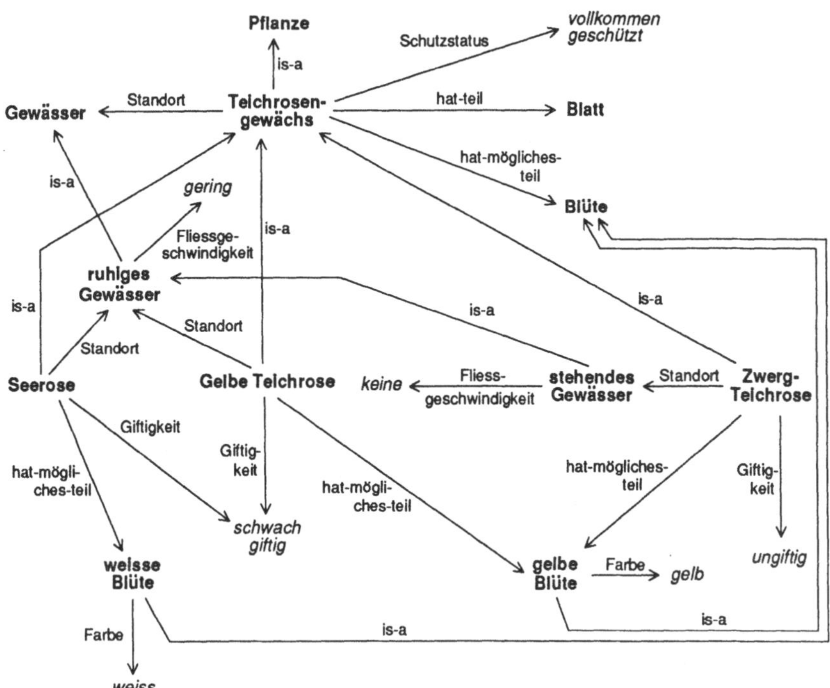

Abbildung 66: Eine anzufragende Repräsentation

a)   "Sind Zwerg-Teichrosen ungiftig?"

Zwerg-Teichrose $\xrightarrow{\text{Giftigkeit}}$ *ungiftig*

Dieses Anfragenetz enthält keine variablen Knoten und ist ein Teilnetz der angefragten Netzrepräsentation. Die Anfrage wird positiv beantwortet.

b)   "Wie ist die Giftigkeit von Zwerg-Teichrosen?"

Zwerg-Teichrose $\xrightarrow{\text{Giftigkeit}}$?

Im Unterschied zu Anfrage a) wird nicht nach der Bestätigung einer Annahme gefragt, sondern nach einem unbekannten Eigenschaftswert. Das Symbol '?' im Anfragenetz steht für einen beliebigen Knoten. Es existiert für die angefragte Repräsentation nur die eine Möglichkeit, das Fragenetz durch Ersetzung des Knotens '?' mit

'ungiftig' zum Teilnetz der angefragten Repräsentation zu machen. Der Knoten '?'
wird folglich mit 'ungiftig' belegt und dadurch die Anfrage mit der Angabe 'ungiftig' positiv beantwortet.

c) "Welche Pflanzen sind vollkommen geschützt und kommen in Gewässern vor?"

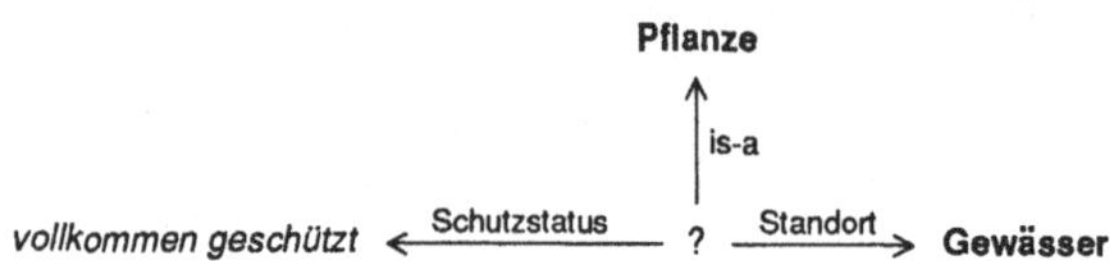

Für diese Anfrage gibt es zunächst nur die Antwort 'Teichrosengewächs', denn dies
ist die einzige Belegungsmöglichkeit für den Knoten '?'. Erst wenn man den Knoten 'Gewässer' im Anfragenetz derart interpretiert, daß er auch für Knoten steht,
die Unterbegriff von 'Gewässer' sind und man die Transitivität der Is-a-Beziehung
sowie die Vererbung von Eigenschaften an Unterbegriffe (im Beispiel die Eigenschaft 'Schutzstatus') berücksichtigt, ergeben sich als weitere Anfrageergebnisse die
Knoten 'Seerose', 'Gelbe Teichrose' und 'Zwerg-Teichrose'.

Eines der nun insgesamt vier zurückgelieferten Konzepte ist Oberbegriff der übrigen
drei Konzepte. Trifft man die Vereinbarung, daß sich stets nur die spezifischsten
Konzepte als Anfrageergebnis qualifizieren, wird dieses Konzept in der Antwortmenge unterdrückt. In diesem Fall ergäben sich nur die drei Konzepte 'Seerose',
'Gelbe Teichrose' und 'Zwerg-Teichrose' als Antwort auf die obige Anfrage.

d) "Welche Pflanzen sind vollkommen geschützt und kommen in Gewässern vor;
     welches ist ihre Blütenfarbe?"

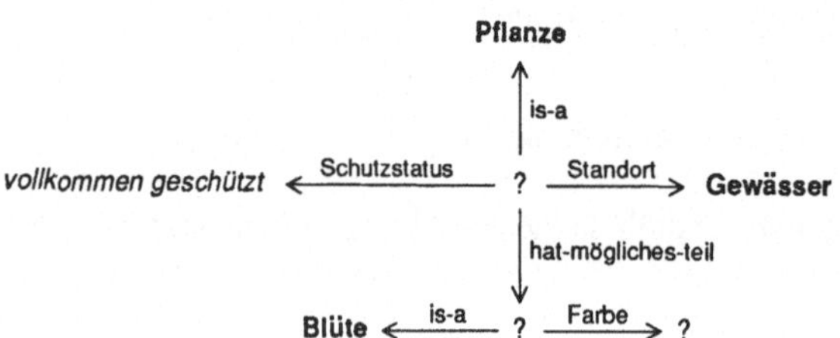

Diese Anfrage erweitert die unter c) diskutierte Anfrage um die Anweisung, für jedes
gefundene Konzept die Blütenfarbe zu ermitteln. Sie verdeutlicht, daß ein Fragenetz
mehrere variable Knoten aufweisen kann. Zur Notationsvereinfachung führen wir
dabei für die Knotenvariablen nicht verschiedene Bezeichner ein, sondern legen die
Annahme zugrunde, daß verschiedene Knoten der Bezeichnung '?' für verschiedene
Variablen stehen. Das Ergebnis der obigen Anfrage sind damit die Knotentripel
<'Seerose', 'weiße Blüte', 'weiß'>, <'Gelbe Teichrose', 'gelbe Blüte', 'gelb'> und

<'Zwerg-Teichrose', 'gelbe Blüte', 'gelb'>. Das Konzept 'Teichrosengewächs' ist in der Ergebnismenge nicht vertreten. Der Grund liegt darin, daß für den betreffenden Knoten keine Kantenverbindung des Typs 'hat-mögliches-teil' zu einem Knoten, der Unterbegriff von 'Blüte' ist, existiert (stattdessen zu dem Knoten 'Blüte' selber), so daß sich das Fragenetz an dieser Position nicht mit der angefragten Repräsentation abgleichen läßt. Aber selbst, wenn dies nicht der Fall ist, wäre trotzdem kein Abgleich an dem Knoten 'Teichrosengewächs' möglich, weil für das Konzept 'Blüte' keine Angabe zur Blütenfarbe vorliegt.

Zusammenfassend läßt sich festhalten, daß die Auswertung eines semantischen Netzes als ein Fragenetz eine solche Belegung aller Knotenvariablen bedeutet, daß das Fragenetz zum Teilnetz der angefragten Repräsentation wird, sich also mit einem Ausschnitt des angefragten Netzes in Deckung bringen läßt. Dabei müssen sowohl Knoten- und Kantenbezeichnungen als auch Kantenrichtungen zwischen beiden Netzen übereinstimmen. Diesen Vorgang nennen wir *Abgleich* (im Englischen: 'matching') und die dabei vorgenommene Belegung von Knotenvariablen *Instantiierung*. Ist ein Abgleich nicht möglich, wird keine der Knotenvariablen belegt und die Anfrage negativ beantwortet.

Um einen Abgleich zwischen zwei Netzen zu erreichen, besteht neben der Variablenbelegung ferner die Möglichkeit, die für die Repräsentationskonstrukte vereinbarten *Inferenzregeln* heranzuziehen. Das bedeutet, daß Inferenzen, die nicht zum Änderungszeitpunkt vorgenommen wurden, im Rahmen eines Fragenetzabgleichs zur Anfragezeit gezogen werden, um einen Netzabgleich zu erzielen. Beispiele dafür haben wir oben unter c) schon diskutiert. Einen weiteren Fall illustriert das folgende Beispiel, wo mit Hilfe einer Regel, die die Transitivität der Teil-von-Beziehung festlegt, ein Abgleich zwischen den beiden Netzen möglich ist:

Repräsentationsausschnitt: Fragenetz:

Felge $\xleftarrow{\text{hat-teil}}$ **Rad** $\xleftarrow{\text{hat-teil}}$ **Auto**   **Felge** $\xleftarrow{\text{hat-teil}}$ **Auto**

Die im nachstehenden Beispiel den Netzabgleich ermöglichende Inferenzregel besagt, daß ein Individualkonzept, welches als zu einer Konzeptklasse *k* zugehörig dargestellt ist, auch zu allen dieser Konzeptklasse übergeordneten Klassen gehört:

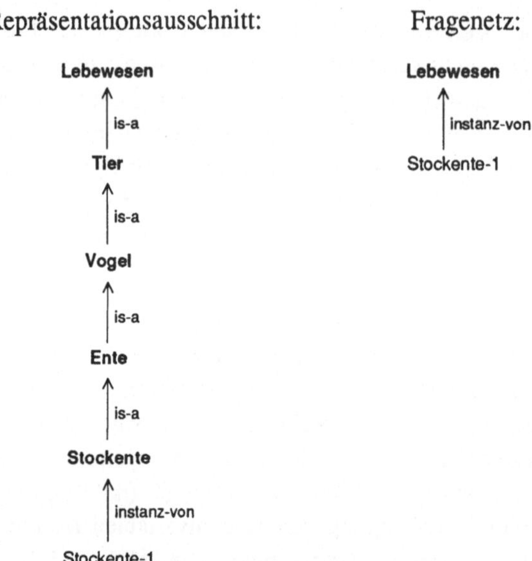

Durch die Möglichkeit, während eines Netzabgleichs Variablen zu belegen und Inferenzen zu ziehen, weisen Algorithmen zum Netzabgleich eine recht hohe Berechnungskomplexität auf. In ihrer Funktionalität entsprechen sie einem *Theorembeweiser*: die anzufragende Repräsentation und die den Repräsentationskonstrukten zugrundeliegenden Inferenzregeln bilden das Axiomensystem, während das Fragenetz das zu beweisende Theorem darstellt.

3.3.3 Identifizierung von Kantenfolgen

Mit Hilfe des im vorangegangenen Abschnitt beschriebenen Netzabgleichs lassen sich nur Anfragenetze auswerten, wo höchstens Knoten als variabel vorgesehen sind. Anfragenetze mit variablen Kanten erfordern ein anderes Auswerteverfahren. Ein solches ist das von Quillian (Quillian 67) vorgestellte Verfahren der *Aktivierungsausbreitung* ('spreading activation'). Es dient dazu, Kantenverbindungen zwischen zwei beliebigen Knoten in einem Netz ausfindig zu machen. Anfragen der folgenden Art werden mit Hilfe der Aktivierungsausbreitung auswertbar (der vierte Fall wird lediglich aus Gründen der Vollständigkeit erwähnt, besitzt aber keine praktische Bedeutung)[54]:

$$a \overset{?}{\longrightarrow} b \qquad\qquad a \overset{?}{\longrightarrow} ? \qquad\qquad ? \overset{?}{\longrightarrow} b \qquad\qquad ? \overset{?}{\longrightarrow} ?$$

---

[54] Anfragen aller vier Typen kann man nicht mehr unter einem prädikatenlogischen Blickwinkel als zu beweisende Aussagen interpretieren. Zunächst einmal müßte man dazu auf Prädikatenlogik zweiter Ordnung zurückgreifen, da variable Kanten variablen Prädikaten entsprechen (man könnte die Kanten zu Knoten reifizieren, aber damit würde man die anzufragende Repräsentation ändern). Prädikatenlogik zweiter Ordnung ist im Gegensatz zur ersten Stufe jedoch noch nicht einmal mehr semi-entscheidbar, so daß es (außer in speziellen Fällen) Unsinn wäre, Theoreme in einer solchen Logik zu formulieren und automatisch beweisen lassen zu wollen. Ferner stehen Kantenvariablen in einer Anfrage nicht nur für

Das der Aktivierungsausbreitung zugrundeliegende Prinzip ist recht einfach. Ausgehend von zwei Knoten, zwischen denen Kantenverbindungen zu bestimmen sind[55], werden alle mit ihnen jeweils direkt verbundenen Knoten aktiviert. Der gleiche Vorgang wiederholt sich für alle nach diesem ersten Schritt aktiven Knoten, wobei Knoten, die jeweils im Schritt vorher aktiv waren, nicht erneut aktiviert werden, da dies keine zusätzlichen Ergebnisse liefern würde. Der Vorgang wird solange wiederholt, bis ein Knoten von zwei verschiedenen Nachbarknoten aus aktiviert wird oder sich zwei Aktivierungen beim Passieren einer Kante begegnen. In beiden Fällen ist eine Verbindung zwischen den beiden Ausgangsknoten gefunden worden. Die Ausführung weiterer Aktivierungsschritte kann schließlich noch zusätzliche, längere Kantenverbindungen liefern, wobei jedoch Aktivierungen an Knoten, an denen sich zwei Aktivierungen getroffen haben, gelöscht werden, denn durch ihre Propagierung können keine weiteren Ergebnisse mehr bestimmt werden (vgl. den dritten Schritt im Beispiel unten).

Die untenstehende Abbildungsfolge illustriert die Auswertung einer Anfrage, die sich natürlichsprachlich formulieren läßt als "Welche Beziehung besteht zwischen dem Konzept 'Hans' und dem Konzept 'Herr Meier'?". Die jeweils aktiven Knoten sind eingerahmt, und eine doppelte Einrahmung kennzeichnet einen Knoten, an dem zwei Aktivierungsausbreitungen zusammentreffen. Es wird begonnen mit der Aktivierung der beiden Ausgangsknoten 'Hans' und 'Herr Meier' (die Kante 'bewirkt' ist übrigens kontingent):

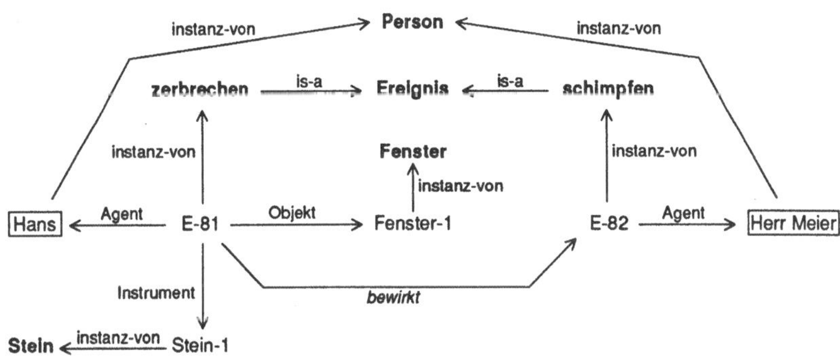

Im zweiten Schritt gehen die Aktivierungen auf die jeweiligen Nachbarknoten über. Am Knoten 'Person' treffen sie sich zum ersten Mal:

einzelne Kanten, sondern auch für Kantenfolgen. In einer logischen Interpretation wären sie Variablen, die durch Formeln zu belegen sind. So etwas ist auch in Prädikatenlogik zweiter Stufe nicht möglich, allerdings in der Typenlogik (Andrews 86) erlaubt.

[55] Ist nur ein Knoten vorgegeben, von dem aus Verbindungen zu beliebigen anderen Knoten zu bestimmen sind, vereinfacht sich der Algorithmus entsprechend.

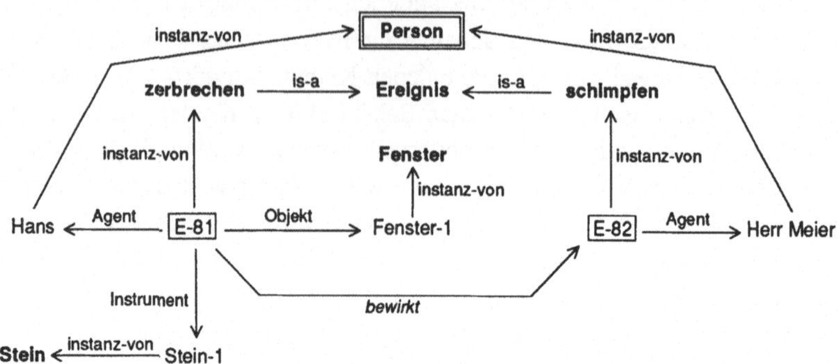

Im dritten Schritt werden wiederum alle Nachbarknoten aktiviert, bis auf diejenigen, die im Schritt vorher schon aktiv waren (nämlich 'Hans' und 'Herr Meier'). Die doppelte Aktivierung am Knoten 'Person' (deren Propagierung kein Ergebnis mehr liefern kann) wird gelöscht. Zwei Aktivierungen begegnen sich beim Passieren der Kante 'bewirkt', womit eine zweite Lösung gefunden wird:

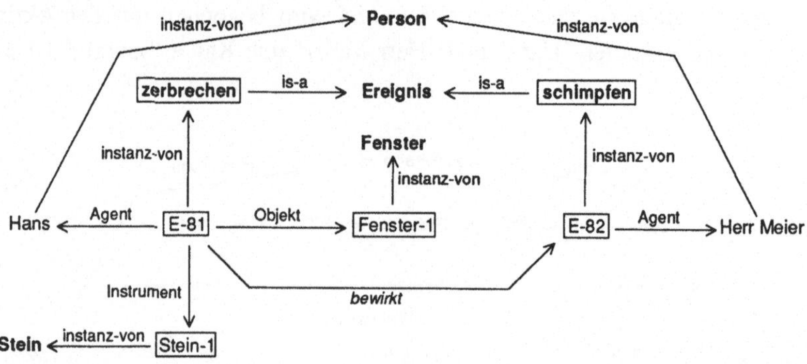

Zwischen den Knoten 'Hans' und 'Herr Meier' wurde demnach zunächst die nachstehende Kantenfolge identifiziert (vgl. die zweite der obigen Abbildungen):

Das Gemeinsame zwischen Hans und Herrn Meier besteht danach darin, daß beides Personen sind. Als zweites Anfrageergebnis ergab sich die folgende Verbindung (vgl. die dritte der obigen Abbildungen):

Diese Kantenfolge läßt sich verbalisieren als "Hans ist Agent eines Ereignisses, das ein anderes Ereignis verursacht, dessen Agent Herr Meier ist". Damit ist die zweite Gemeinsamkeit zwischen Hans und Herrn Meier bestimmt.

Je länger eine Kantenverbindung ist, desto geringer ist die semantische Nähe der durch sie verbundenen Konzepte. Das Verfahren der Aktivierungsausbreitung läßt sich deshalb auch dazu heranziehen, den Grad der semantischen Nähe zwischen zwei Konzepten zu bestimmen. Eine solche Verwendung steht in der Tradition der ursprünglichen Konzeption semantischer Netze als Modelle assoziativen menschlichen Gedächtnisses (vgl. Kap.3.1).

Die durch eine Aktivierungsausbreitung zurückgelieferten Kantenfolgen können anschließend auf Zulässigkeit geprüft werden, bevor sie sich schließlich als Anfrageergebnis qualifizieren. Hierbei können beliebige Bedingungen zum Tragen kommen. Beispielsweise mag es sinnvoll sein, Wege auszuschließen, die gleichzeitig auf- und absteigende Spezialisierungskanten beinhalten. Auch können die Wege, die eine Aktivierungsausbreitung nehmen kann, von vornherein eingeschränkt werden. Denkbar ist, daß nur Wege bis zu einer maximalen Länge zugelassen werden oder daß die weitere Ausbreitung einer Aktivierungsmarkierung an Knoten stoppt, die zuviele Nachbarknoten besitzen. Auch können Kanten eines vorher festgelegten Typs gänzlich ausgenommen werden oder nur in einer bestimmten Richtung durchlaufen werden (z.B. Spezialisierungskanten generell nur aufsteigend, also zu allgemeineren Konzeptbeschreibungen hin). Literaturhinweise und weitere Bemerkungen finden sich in Kapitel 3.6.

3.4 Erweiterung der Ausdruckskraft durch Partitionierung

Zur Erweiterung der Ausdruckskraft semantischer Netze wurde eine Vielzahl von Ergänzungen vorgeschlagen (vgl. Kap.3.6). Im folgenden wollen wir einen der Ansätze näher vorstellen, da er recht vielseitig einsetzbar ist. Es handelt sich um die Einführung von Partitionen, die z.B. von Hendrix (Hendrix 79) und Sowa (Sowa 84) vorgeschlagen wurden. Die folgende Darstellung erarbeitet die Grundideen und hält sich nicht exakt an einen der existierenden Formalismen.

Eine *Partition* kann man als einen unbeschrifteten Knoten auffassen, der nicht atomarer Struktur ist, wie die Knotentypen, die wir bisher kennengelernt haben, sondern ein von außen nicht sichtbares semantisches Netz enthält (vgl. Abb.67). Die in einer Partition dargestellten Aussagen bleiben auf diese Weise lokal und haben außerhalb der Partition keine Gültigkeit. Da Partitionen Knoten sind, können sie über Kanten mit anderen Knoten verbunden sein (vgl. Abb.67). Ferner können innerhalb einer Partition wiederum Partitionen auftreten (vgl. Abb.68).

Zu Beginn von Kapitel 3.2 hatten wir vereinbart, in einem semantischen Netz keine zwei Knoten gleicher Beschriftung zuzulassen. Wir wollen dies in partitionierten Netzwerken beibehalten und müssen deshalb zulassen, daß eine Kante aus einer Partition heraus zu einem Knoten außerhalb führen kann (und umgekehrt; vgl. Abb.68), denn ein

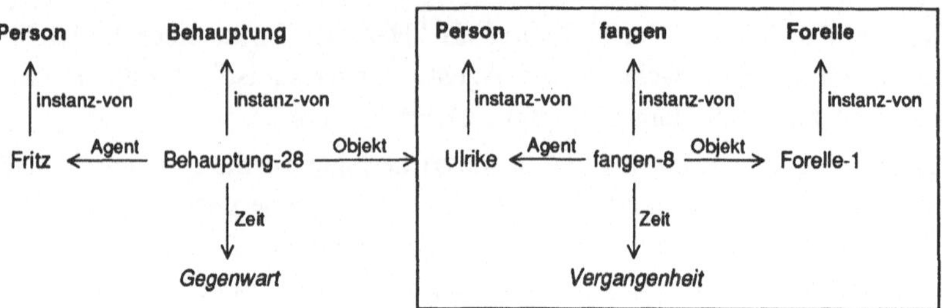

Abbildung 67: Eine Repräsentation der Aussage "Fritz behauptet, daß Ulrike eine Forelle gefangen hat"

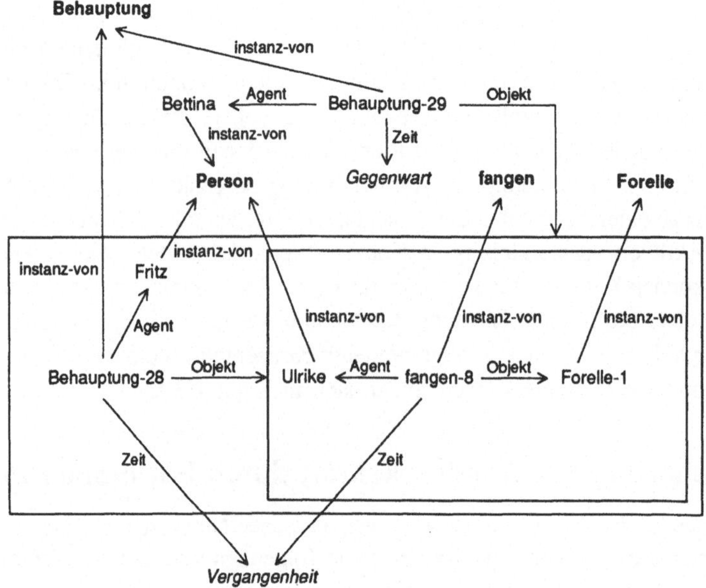

Abbildung 68: Ein Beispiel für die Schachtelung von Partitionen (Es wird die Aussage repräsentiert, daß Bettina behauptet, daß Fritz behauptete, daß Ulrike eine Forelle gefangen hat.)

Knoten innerhalb einer Partition ist von außerhalb nicht sichtbar und kann von dort deshalb nicht angesprochen werden. Aus diesem Grund müssen sich Knoten, die für Konzepte oder Eigenschaften stehen, die in einem Netz an mehreren Positionen benötigt werden, weit genug außerhalb einer Schachtelung von Partitionen befinden, so daß sie entsprechend zugreifbar sind. Umgekehrt gilt, daß ein Knoten, der nur innerhalb des von einer Partition repräsentierten Kontexts gültig ist, sich nicht außerhalb von ihr befinden darf.

Für einen in einer Partition zu repräsentierenden Sachverhalt ist es unerheblich, ob ein Knoten zu einer Partition gehört oder nicht, denn es kann aus einer Partition heraus eine Kante zu jedem Knoten außerhalb gezogen werden (und umgekehrt). Eine Kante wollen wir in unseren graphischen Illustrationen immer dann als zu einer Partition

Abbildung 69: Zwei Partitionen, deren verschiedene Inhalte denselben Sachverhalt der
Teil-von-Beziehung zwischen Felgen und Rädern darstellen

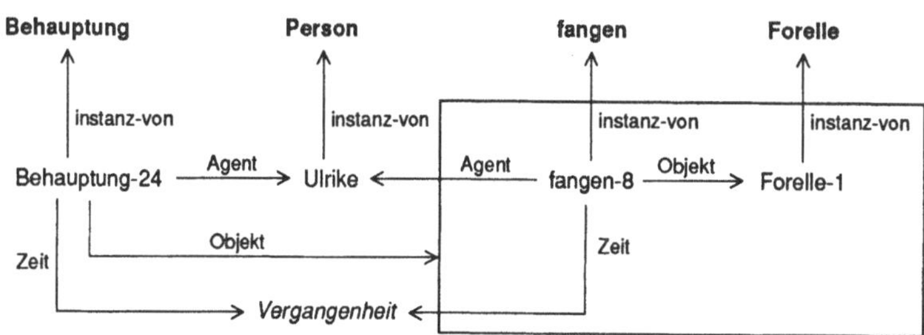

Abbildung 70: Eine Repräsentation der Aussage "Ulrike behauptete, daß sie eine
Forelle gefangen hat" (vgl. mit Abbildung 67)

gehörig betrachten, wenn die Kantenbeschriftung innerhalb der Partition angegeben ist
(vgl. Abb.69 und Abb.70).

Definition: Sichtbarkeit des Inhalts einer Partition

Alle Knoten innerhalb einer Partition sind außerhalb von ihr nicht sichtbar. Die
durch sie repräsentierten Aussagen haben somit nur innerhalb des durch die Partition
definierten Kontexts Gültigkeit.

□

Vereinbarung: Kantenzugehörigkeit

In den grafischen Darstellungen von Partitionen gehört eine Kante genau dann zu
einer Partition, wenn sich ihre Beschriftung innerhalb der Partition befindet.

□

Aufgrund der obigen Vereinbarung sind Kanten wie die in Abbildung 71 gezeigten
nicht zulässig, denn sie gehören weder zur Partition, noch ist der Knoten innerhalb der
Partition von außerhalb sichtbar. Beide Kanten wären somit mit nur einem Knoten
verbunden und würden in der Luft hängen.

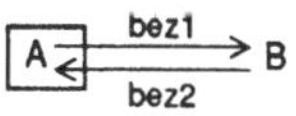

Abbildung 71: Unzulässige Kanten

Partitionen können sich *überlappen*, damit dieselben Kanten und Knoten zu mehr als einer Partition gehören können. Im Beispiel von Abbildung 72 enthält die eine Partition nur eine Hat-teil-Kante, während die andere Partition beide Kanten umfaßt.

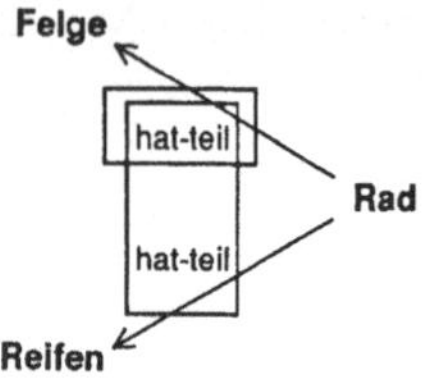

Abbildung 72: Zwei sich überlappende Partitionen

Vereinbarung: Überlappung von Partitionen

In den grafischen Darstellungen von Partitionen sind sich überlappende Partitionen daran zu erkennen, daß keine innerhalb der anderen gezeichnet ist, sie aber gemeinsame Kanten (und eventuell Knoten) aufweisen (der spezielle Fall einer Überlappung, der einer Inklusion entspricht, ist hier nicht betrachtet).

□

Wie wir gesehen haben, ist eine Partition ein Knoten in einem semantischen Netz, dessen Inhalt wiederum ein semantisches Netz ist. Aufgrund dieser Eigenschaft eignen sich Partitionen hervorragend für einige Repräsentationsaufgaben, die wir bisher nur sehr unbefriedigend lösen konnten. Entsprechend wollen wir im folgenden diejenigen Wissensarten, die durch Partitionen besonders gut unterstützt werden, näher betrachten. Insbesondere werden wir sehen, daß mit Hilfe von Partitionen Sachverhalte, deren Repräsentation die Darstellungsmächtigkeit von Prädikatenlogik erster Stufe verlangt, ohne die in Kapitel 3.2.9 diskutierten Nachteile repräsentiert werden können.

3.4.1 Opake Kontexte

Mit Hilfe von Partitionen lassen sich die in Kapitel 3.2.14 schon angesprochenen Repräsentationsprobleme mit opaken Kontexten einfach lösen: Ein opaker Kontext wird durch eine Partition repräsentiert. Da deren Inhalt ein beliebiges semantisches Netz sein kann, werden alle solchen opaken Kontexte unterstützt, deren Inhalte durch ein semantisches Netz repräsentierbar sind. Beispiele hierfür sind die Abbildungen 67, 68 und 70. Das in Kapitel 3.2.14 diskutierte Problem, den Sachverhalt, daß Jutta und Michael dieselbe Telefonnummer besitzen und Peter Michaels Telefonnummer kennt, so zu repräsentieren, daß nicht gleichzeitig behauptet wird, daß Peter auch Juttas Telefonnummer kennt, läßt sich mit Hilfe einer Partition, wie in Abbildung 73 angegeben, darstellen. Da die Beschreibung von Peters Wissen in einer Partition gekapselt und außerhalb von ihr nicht sichtbar ist, kann der Schluß, daß Peter auch Juttas Telefonnummer kennt, korrekterweise nicht gezogen werden. Da der von Peter

geglaubte Sachverhalt tatsächlich zutrifft, muß er aber auch außerhalb der Partition
dargestellt werden, weswegen die Kante 'besitzt' von 'Michael' zu 'Telefonnummer-1'
dort nochmals auftritt. Die ohne Verwendung einer Partition bestehende Notwendigkeit,
zwei intensional verschiedene, aber als koreferent gekennzeichnete Telefonnummern in
der Repräsentation vorzusehen (vgl. Kap.3.2.14), entfällt.

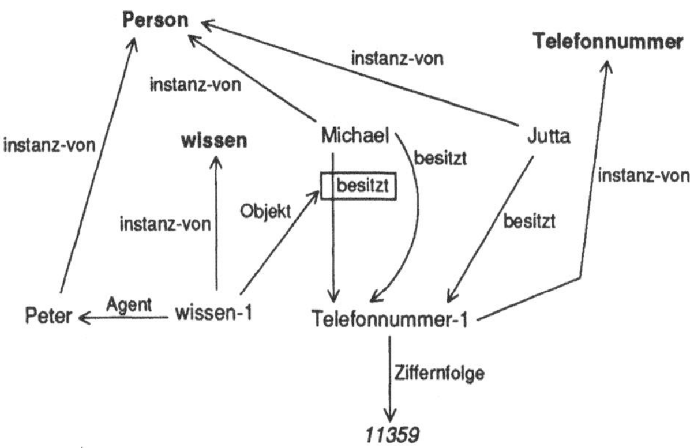

Abbildung 73: Repräsentation eines opaken Kontexts durch eine Partition

3.4.2 Regelhafte Zusammenhänge, Einschränkungen, unvollständiges Wissen und Modalaspekte

Wir haben in Kapitel 3.2.9 festgestellt, daß sich semantische Netze im allgemeinen
Fall kaum für die Repräsentation regelhafter Zusammenhänge, einschränkender Bedingungen oder unvollständigen Wissens eignen. Diese Feststellung trifft für partitionierte
semantische Netzwerke nicht zu, da das Partitionierungskonstrukt auf einfache Weise
ermöglicht, den Geltungsbereich von Quantoren und Negationsoperatoren festzulegen
sowie disjunktiv oder implikativ verknüpfte Sachverhalte zu repräsentieren, ohne dabei
als Meta-Sprache (vgl. Kap.3.2.9) zu fungieren. Die verschiedenen Nachteile, die wir in
Kapitel 3.2.9 festgestellt haben, fallen weg. So werden zwar zusätzliche Ausdrucksmittel
eingeführt, um allquantifizierte sowie disjunktiv verknüpfte Aussagen zu repräsentieren,
doch Existenzquantifizierung und konjunktive Verknüpfung erfolgt nach wie vor implizit,
so daß dafür keine zwei Darstellungsmöglichkeiten entstehen (vgl. Kap.3.2.9).

Die Ausdrucksmächtigkeit partitionierter semantischer Netze entspricht der von
Prädikatenlogik erster Ordnung. Partitionierte semantische Netze stellen somit eine
Alternative zu einem hybriden Repräsentationsformat, das semantische Netze mit Logik
kombiniert, dar. Der Vorteil partitionierter Netze besteht darin, daß eine Kopplung
verschiedener Formate wie im hybriden Fall nicht notwendig wird. Ihr Nachteil liegt
darin, daß spezielle Theorembeweiser bereitzustellen sind.

Wir wollen im folgenden die Repräsentation quantifizierter, negierter sowie disjunktiv und implikativ verknüpfter Aussagen näher betrachten.

3.4.2.1 Quantifizierung

Entsprechend der in Kapitel 3.2.3 getroffenen Vereinbarung bedeutet die Repräsentation eines Individualkonzepts, daß dessen Existenz behauptet wird. Existenzquantifizierung ist in semantischen Netzen also implizit gegeben, und die Darstellung existenzquantifizierter Aussagen kommt deshalb ohne Partitionen aus. In Abbildung 74 ist als Beispiel ein Netz angegeben, das für die Aussage "Es gibt einen Hund, der eine Katze mag", steht – in prädikatenlogischer Notation:

$$\exists x, y, z : (\textit{instanz-von}(x, \text{Hund}) \land \textit{instanz-von}(y, \text{Katze}) \land$$
$$\textit{instanz-von}(z, \text{mögen}) \land \textit{agent}(z, x) \land \textit{objekt}(z, y))$$

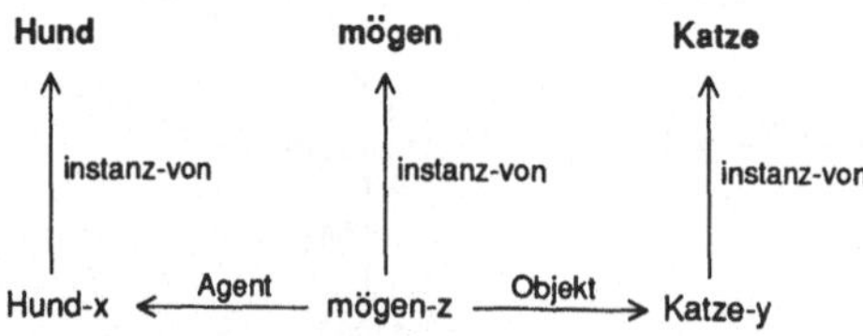

Abbildung 74: Eine Existenzaussage

Für allquantifizierte Aussagen werden dagegen im allgemeinen Fall Partitionen benötigt, um den Geltungsbereich des Allquantors anzugeben. Die in Abbildung 75 angegebene Repräsentation illustriert das Vorgehen. Sie steht für die Aussage "Alle Hunde mögen eine Katze", die sich in logischer Schreibweise folgendermaßen notieren läßt:

$$\forall x : (\textit{instanz-von}(x, \text{Hund}) \Rightarrow$$
$$\exists y, z : (\textit{instanz-von}(y, \text{Katze}) \land \textit{instanz-von}(z, \text{mögen}) \land$$
$$\textit{agent}(z, x) \land \textit{objekt}(z, y)))$$

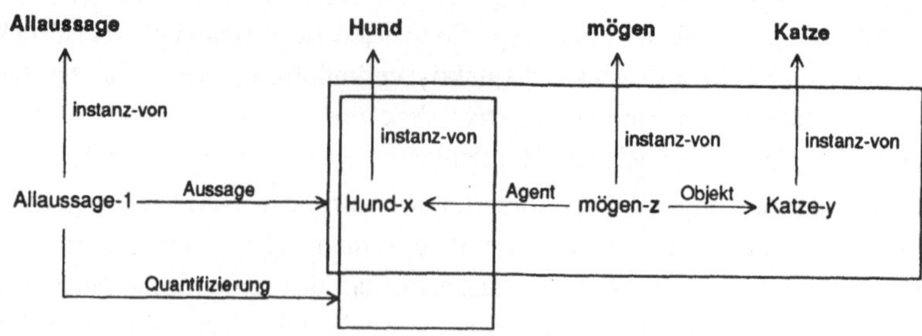

Abbildung 75: Eine Allaussage

Für die Darstellung allquantifizierter Aussagen wird eine Konzeptklasse 'Allaussage' vorgesehen. Das Vorliegen einer Allaussage wird durch ein dieser Konzeptklasse zugeordnetes Individualkonzept kenntlich gemacht – im Beispiel von Abbildung 75 durch den Knoten 'Allaussage-1'. Die davon ausgehende Beziehungskante des Typs 'Aussage' führt zu der Partition, die eine Repräsentation der allquantifizierten Aussage enthält. Eine zweite Kante vom Typ 'Quantifizierung' führt zu einer zweiten Partition, die sich mit der ersten überlappt und die Konzeptklasse identifiziert, über die allquantifiziert wird. Dies geschieht, indem ein nicht näher charakterisiertes Klassenelement als Stellvertreter für alle Klassenelemente herangezogen wird, im Beispiel von Abbildung 75 durch den Konzeptknoten 'Hund-x' dargestellt. Der Knoten 'Hund-x' und die von ihm ausgehende Instanz-von-Kante gehören also beiden Partitionen an. Alle anderen in der umfassenderen Partition auftretenden Individualkonzepte sind wie üblich implizit existenzquantifiziert. Außerhalb der Partition sind sie nicht sichtbar, so daß nur in Abhängigkeit von der Allaussage die Existenz einer bestimmten Katze (durch den Knoten 'Katze-y') postuliert wird und nicht generell. Die Konzeptknoten 'Hund-x', 'Katze-y' und 'mögen-z' besitzen somit den Charakter von Variablen.

Ausgehend von dem Beispiel aus Abbildung 75, das den Grundmechanismus verdeutlicht, können nun leicht komplexere Allaussagen repräsentiert werden. So ist das Netz in Abbildung 76 eine Erweiterung dieses Beispiels und steht für den Sachverhalt "Alle Hunde aus Dortmund mögen eine braune Katze".

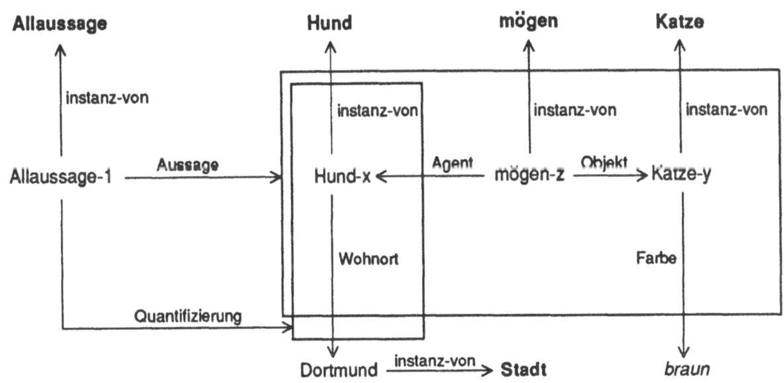

Abbildung 76: Eine weitere Allaussage

Vertauscht man die Reihenfolge der Quantoren der in Abbildung 75 behandelten Allaussage, ergibt sich die inhaltlich unterschiedliche Aussage, daß es einen Hund gibt, der alle Katzen mag – prädikatenlogisch:

$$\exists x : (instanz\text{-}von(x, \text{Hund}) \land \forall y : (instanz\text{-}von(y, \text{Katze}) \Rightarrow$$
$$\exists z : (instanz\text{-}von(z, \text{mögen}) \land agent(z, x) \land objekt(z, y))))$$

Wir können diese Aussage durch das in Abbildung 77 dargestellte Netz repräsentieren (das sich am besten liest als "Für alle Katzen gilt, daß sie von ein und demselben Hund gemocht werden"). Man beachte, daß sich der Knoten 'Hund-x' außerhalb der Partition befindet, da es sich immer um denselben Hund handelt und nicht für jede Katze um einen verschiedenen Hund (dann müßte 'Hund-x' innerhalb der Partition sein).

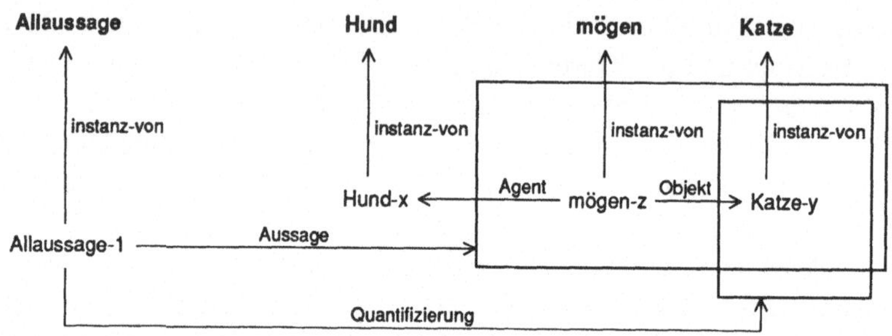

Abbildung 77: Eine Allaussage, die einer Existenzaussage untergeordnet ist

Manche Allaussagen lassen sich auch ohne Partitionen repräsentieren. So kann die Aussage, daß jeder Hund eine Katze mag, durch eine entsprechende Beschreibung der Klasse 'Hund' erfolgen (vgl. Abb.78). Jedoch muß dazu eine Kante 'ist-Agent' statt einer Kante 'Agent' verwendet werden, da wir eine Kante benötigen, die von 'Hund' ausgeht, damit sie für diese Konzeptklasse eine Allaussage über alle Klassenelemente darstellt (vgl. die entsprechende Definition in Kap.3.2.3). Dadurch erben alle Elemente der Klasse 'Hund' die Beziehung 'ist-Agent' zu einem Mögen-Ereignis, dessen Objekt eine Katze ist. Das Problem mit dieser Darstellung besteht darin, daß die Tatsache, daß eine Kante 'ist-Agent' invers zu einer Kante 'Agent' ist, nicht repräsentiert ist. Der Vergleich zweier Repräsentationen, eine mit einer Kante 'ist-Agent' und eine mit einer Kante 'Agent', würde deshalb keine Gemeinsamkeit feststellen. Auf ähnliche Weise läßt sich auch die Repräsentation in Abbildung 77 ohne Partitionen darstellen, diesmal jedoch unter Verwendung einer Kante 'ist-Objekt'.

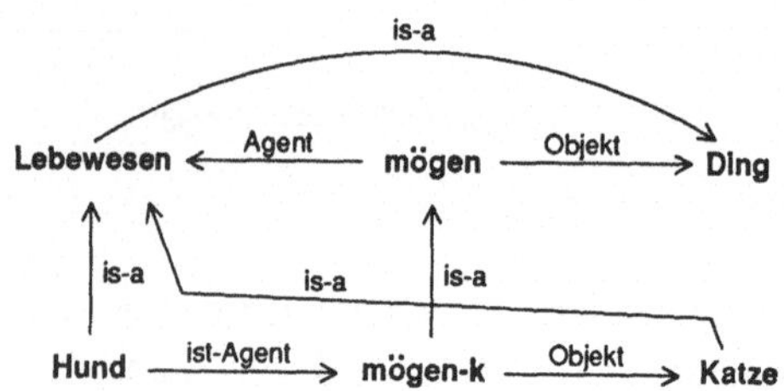

Abbildung 78: Die Repräsentation der Allaussage aus Abbildung 75 ohne Partitionen

Im allgemeinen benötigt man für die Repräsentation allquantifizierter Aussagen jedoch ein Partitionierungskonstrukt. Dazu wollen wir die Schachtelung zweier Allaussagen betrachten, wie sie einer Repräsentation des Sachverhalts, daß alle Hunde alle Katzen mögen, zugrunde liegt. In Prädikatenlogik läßt sich dies notieren als

$$\forall x : (instanz\text{-}von(x, \text{Hund}) \Rightarrow \forall y : (instanz\text{-}von(y, \text{Katze}) \Rightarrow$$
$$\exists z : (instanz\text{-}von(z, \text{mögen}) \wedge agent(z, x) \wedge objekt(z, y))))$$

Der Schachtelung der Geltungsbereiche beider Quantoren entspricht in der Netzdarstellung die Schachtelung der beiden Partitionen, die die zwei quantifizierten Aussagen repräsentieren (vgl. Abb. 79). Da die Reihenfolge mehrerer Allquantoren bedeutungsmäßig keine Rolle spielt[56], ist es nicht notwendig, die Quantorenschachtelung auf eine Schachtelung von Partitionen abzubilden, sondern es können alle quantifizierten Konzepte auch gleichberechtigt einer Partition zugeordnet werden – das prädikatenlogische Äquivalent:

$$\forall x, y : ((instanz\text{-}von(x, \text{Hund}) \wedge instanz\text{-}von(y, \text{Katze})) \Rightarrow$$
$$\exists z : (instanz\text{-}von(z, \text{mögen}) \wedge agent(z, x) \wedge objekt(z, y)))$$

Dazu muß jedoch zugelassen werden, daß von einem Knoten, der für eine Allaussage steht, mehrere Kanten des Typs 'Quantifizierung' ausgehen. Modifiziert man die Repräsentation von Abbildung 79 in diesem Sinne, ergibt sich das Netz in Abbildung 80.

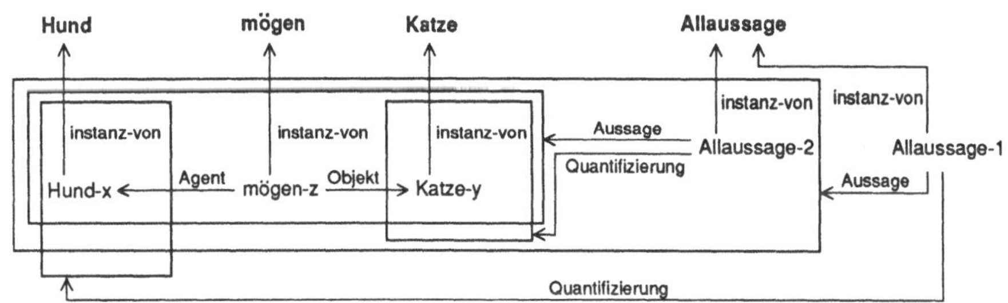

Abbildung 79: Zwei geschachtelte Allaussagen

---

[56] Das steht im Gegensatz zur Reihenfolge von Existenz- und Allquantoren, deren Vertauschung den Sinn ändert, z.B. für die Formel $\forall x : \exists y : x > y$.

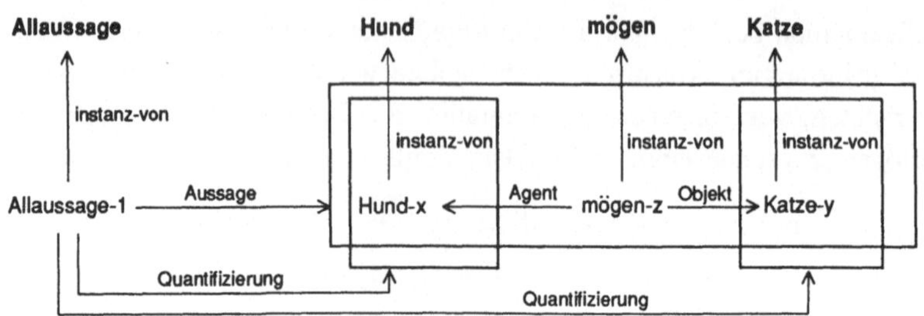

Abbildung 80: Modifizierte Version von Abbildung 79

3.4.2.2 Negation und Modalaspekte

Mit Hilfe von Partitionen können auch negierte Aussagen repräsentiert werden. Dazu wird die zu negierende Aussage innerhalb einer Partition dargestellt und die Tatsache der Negation durch eine Beziehungskante ausgedrückt, die die Partition als zur Klasse aller negierten Aussagen zugehörig kennzeichnet[57]. Abbildung 81 zeigt ein Netz, das für die Aussage "Keine Seerose besitzt eine rote Blüte" steht. Da dort alle Konzepte in der als negiert gekennzeichneten Partition implizit existenzquantifiziert sind, läßt sich der repräsentierte Sachverhalt auch folgendermaßen natürlichsprachlich formulieren: "Es gilt nicht, daß es eine Seerose gibt, für die es eine rote Blüte gibt, die Teil von ihr ist".

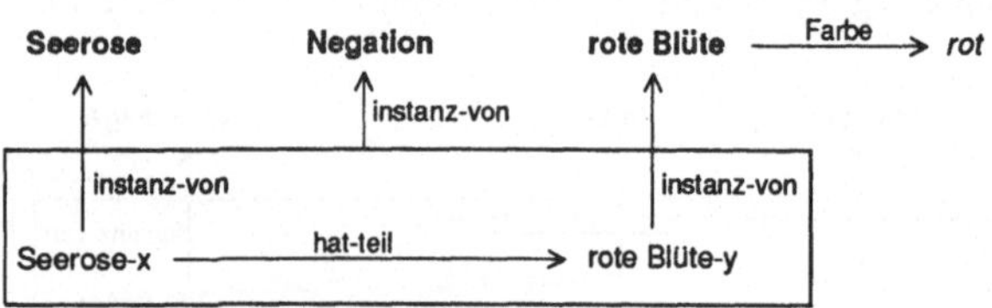

Abbildung 81: Die Repräsentation einer negierten Aussage

Im Gegensatz zu dem Sachverhalt, daß keine Seerose eine rote Blüte besitzt, ist die Aussage "Es gibt eine Seerose, die keine rote Blüte besitzt" auf die in Abbildung 82 illustrierten Weise zu repräsentieren. Der entscheidende Unterschied zur Darstellung in Abbildung 81 besteht darin, daß der Knoten 'Seerose-x' außerhalb der Partition angesiedelt ist und somit dessen Existenz behauptet wird. Die Partition enthält dann eine (negierte) Aussage zu dieser einzelnen Seerose.

---

[57] Andere Möglichkeiten der Darstellung lassen sich vorstellen. Die hier gewählte orientiert sich an (Hendrix 79).

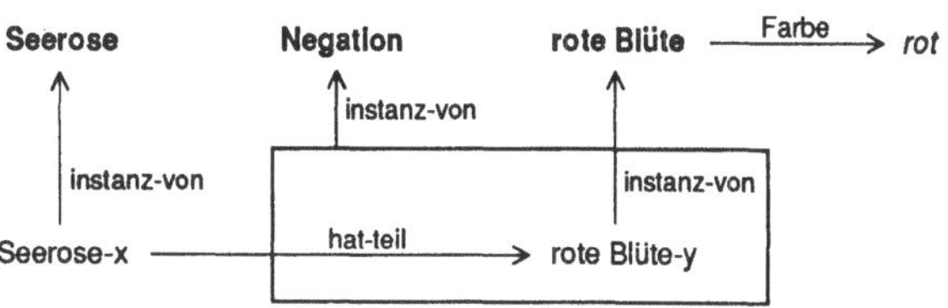

Abbildung 82: Die Repräsentation eines von Abbildung 81 verschiedenen Sachverhalts

Demselben Prinzip wie die Darstellung von Negationen unterliegt auch die Repräsentation von Modalaussagen, die z.B. Möglichkeiten, Notwendigkeiten, Erlaubnisse oder Verpflichtungen beschreiben. Als ein Beispiel repräsentiert das in Abbildung 83a abgebildete Netz die Aussage, daß Seerosen weiße Blüten besitzen können. Bisher haben wir der Tatsache, daß für die Klasse aller Seerosen keine Teil-von-Beziehung zur Klasse aller weißen Blüten vorgesehen werden kann, da nicht jede Seerose zu jeder Zeit eine Blüte besitzt, dadurch Rechnung getragen, daß wir eine spezielle Beziehungskante 'hat-mögliches-teil' vorgesehen haben (vgl. Abb.83b). Das Partitionierungskonstrukt gibt uns jetzt die Möglichkeit, auf diesen zusätzlichen Kantentyp zu verzichten und stattdessen den darzustellenden Sachverhalt auf die Teil-von-Beziehung zurückzuführen. Es wird auf diese Weise ein zusätzlicher Aspekt des Sachverhalts erfaßt, ohne daß ein weiterer Kantentyp eingeführt werden muß.

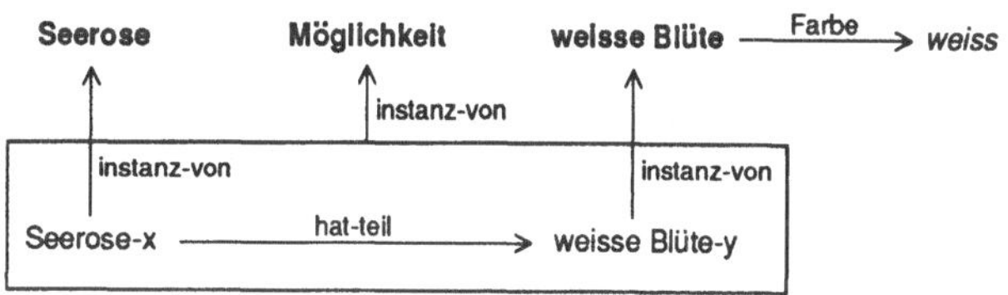

Abbildung 83a: Eine Repräsentation des Sachverhalts, daß Seerosen weiß blühen

Abbildung 83b: Eine Repräsentation des Sachverhalts aus Abbildung 83a mit Hilfe eines eigens für diesen Zweck eingeführten Kantentyps

Ergänzend sei auf den fundamentalen Unterschied zwischen den in Abbildung 83a und Abbildung 84 gezeigten Repräsentationen hingewiesen. Letztere steht für den Sachverhalt, daß es möglich ist, daß *alle* Seerosen eine weiße Blüte besitzen, da sich die Modalität auf die Konzeptklassenbeschreibung bezieht. Dagegen stellt die Repräsentation in Abbildung 83a lediglich dar, daß einzelne Seerosen eine weiße Blüte besitzen können.

Abbildung 84: Eine Repräsentation des Sachverhalts, daß es möglich ist, daß alle
Seerosen eine weiße Blüte besitzen

Schließlich können auch zeitliche Einschränkungen zur Gültigkeit einer Aussage mit
Hilfe von Partitionen dargestellt werden. Insbesondere entfällt dabei die in Kapitel 3.2.5
diskutierte Notwendigkeit zur Transformation von einer Kanten- in eine Knotendarstellung. So repräsentiert Abbildung 85 den Sachverhalt, daß Seerosen nur in der Zeit
von Mai bis August eine Blüte besitzen können (in Erweiterung der Repräsentation aus
Abb.83a). Man beachte, daß die Kante vom Typ 'instanz-von' zum Knoten 'Möglichkeit' innerhalb der äußeren Partition liegt und somit von der Zeitangabe mit erfaßt wird.

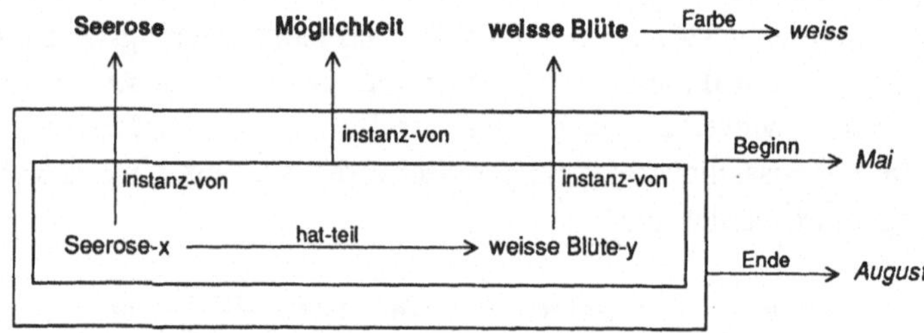

Abbildung 85: Repräsentation zeitlicher Angaben mit Hilfe einer Partition

3.4.2.3 Disjunktion und Implikation

Für die Darstellung unvollständigen Wissens ist ein Konstrukt zur Repräsentation
disjunktiv verknüpfter Aussagen von zentraler Bedeutung. Für die Darstellung regelhafter Zusammenhänge wird ein Konstrukt zur Repräsentation von *Implikationen* benötigt.
Die *konjunktive* Verknüpfung von Aussagen erfolgt implizit und verlangt deshalb kein
zusätzliches Ausdrucksmittel. Verknüpfungen von Aussagen können mit Hilfe von Partitionen unterstützt werden, indem die zu verknüpfenden Aussagen durch Partitionen aus-
gegrenzt werden und die Art der Verknüpfung durch einen speziellen Knoten dargestellt
wird. Ihm sind die zu verknüpfenden Aussagen über entsprechende Beziehungskanten
zugeordnet. Eine Repräsentation für die Aussage "Das Tier im Garten ist ein Kaninchen
oder ein Hase" könnte danach wie in Abbildung 86 angegeben erfolgen (man beachte
wiederum, daß die beiden Instanz-von-Beziehungen für das Individualkonzept 'Tier-x'
auf der äußeren Repräsentationsebene aufgrund des Lokalitätsprinzips von Partitionen
nicht sichtbar sind). Die Einschränkung, daß das Konzept 'Tier-x' nicht Kaninchen und
Hase zugleich sein kann, ist durch die Repräsentation der Aussage, daß die beiden Konzeptklassen disjunkt sind, Rechnung getragen (vgl. Kap.3.2.3). Die Tatsache, daß das

Konzept 'Tier-x' in jedem Fall zur Klasse aller Tiere gehört, egal ob es ein Hase oder
ein Kaninchen ist, läßt sich in der Darstellung von Abbildung 86 daraus ableiten, daß
mindestens eine der beiden Instanz-von-Beziehungen zutrifft.

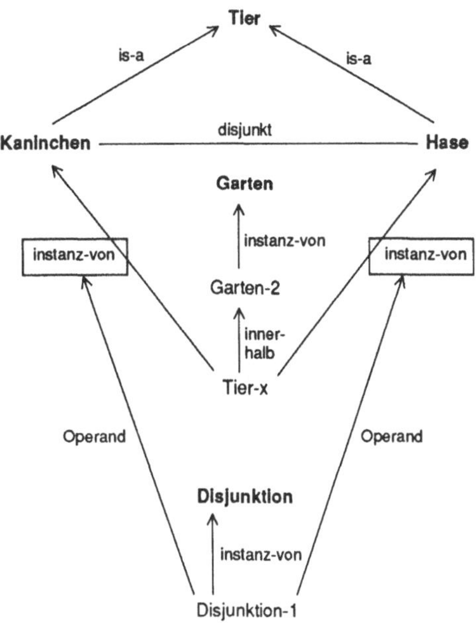

Abbildung 86: Zwei disjunktiv verknüpfte Aussagen

Als ein Beispiel für die Repräsentation einer Implikation sei das Netz in Abbildung
87 betrachtet. Es läßt sich verbalisieren zu "Ein Dienstreiseantrag kann genehmigt werden, wenn im Reise-Etat noch genügend Mittel vorhanden sind" oder, etwas stärker an
der Struktur der Repräsentation orientiert, zu "Wenn ein Dienstreiseantrag einen geringeren Kostenumfang aufweist, als noch Mittel vorhanden sind, folgt, daß es zulässig
ist, daß eine Genehmigung für diesen Antrag existiert". Die Überlappung von zwei
der Partitionen auf dem Knoten 'Antrag-y' bewirkt, daß sich die Aussagen in beiden
Partitionen auf denselben (jedoch beliebigen, da nicht näher festgelegten) Antrag beziehen. Man beachte auch, daß die Partition, die die durch die Implikation als folgerbar
dargestellte Aussage enthält, eine Zulässigkeit beschreibt. Auf welchen Sachverhalt sich
diese Zulässigkeit bezieht, ist durch die darin enthaltene Partition repräsentiert.

Im Unterschied zu der disjunktiven Verknüpfung in Abbildung 86 ist in Abbildung
87 der Implikationsoperator nicht durch einen Knoten, sondern durch eine Beziehungskante dargestellt. Es sind prinzipiell immer beide Varianten möglich, aber für disjunktive
Verknüpfungen eignet sich am besten die Knotendarstellung, da sie bei einer Verknüpfung von mehr als zwei Aussagen im Inferenzverhalten günstiger ist. Dies liegt daran,
daß die Reihenfolge, in der mehrere Aussagen disjunktiv verknüpft sind, keine Rolle

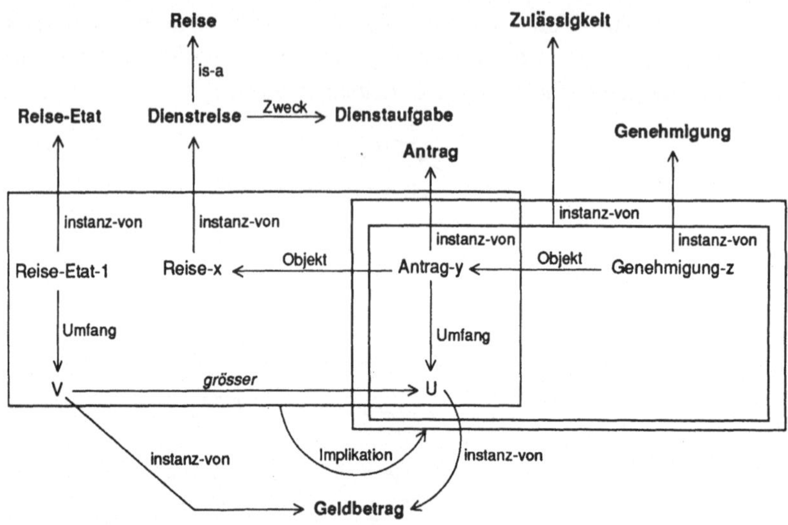

Abbildung 87: Zwei implikativ verknüpfte Aussagen

spielt (im Gegensatz zur Implikation). In der Kantendarstellung muß u.U. erst eine transitive Kante hergeleitet werden, um festzustellen, ob zwei Aussagen disjunktiv verknüpft
sind (in Abb.88 z.B. für die Knoten 'a' und 'e'). Im Gegensatz dazu behandelt die Knotendarstellung (vgl. Abb.89) alle Operanden als gleichberechtigt, und es sind von einem
Knoten aus alle damit disjunktiv verknüpften Aussagen direkt erreichbar.

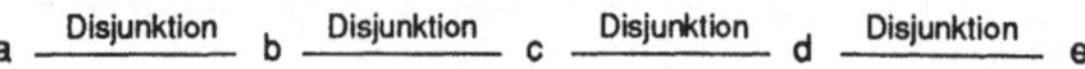

Abbildung 88: Die Darstellung mehrerer disjunktiv verknüpfter Aussagen mittels mehrerer
Beziehungskanten (die Knoten 'a' bis 'e' stehen für beliebige Partitionen)

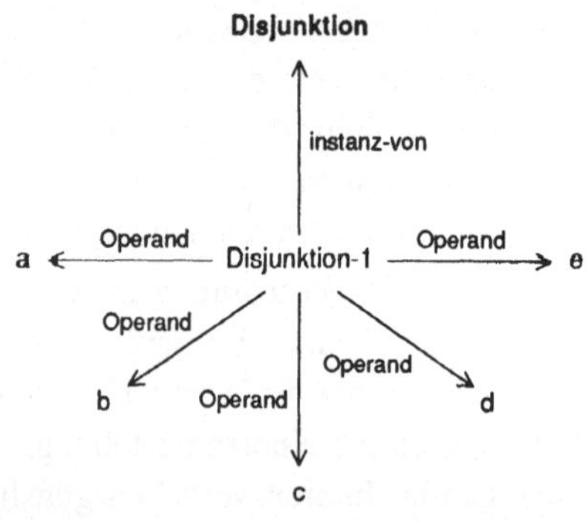

Abbildung 89: Die Darstellung mehrerer disjunktiv verknüpfter Aussagen mittels eines Knotens

3.5 Vor- und Nachteile semantischer Netze

Das Repräsentationsformat semantischer Netze basiert auf dem Prinzip, daß (bis auf die Repräsentation von Eigenschaften) Knoten für Konzepte und Kanten zwischen den Knoten für Beziehungen zwischen den Konzepten stehen. Aus diesem, allen semantischen Netzen gemeinsamen Grundprinzip leiten sich die ihnen eigenen, vorteilhaften und nachteiligen Eigenschaften ab.

3.5.1 Vorteile

Von zentraler Bedeutung ist, daß ein semantisches Netz *semantische Nähe* zwischen Konzepten widerspiegelt. Dies ist zurückzuführen auf die Tatsache, daß semantische Beziehungen durch Kantenverbindungen ausgedrückt werden. Es ergibt sich somit (zumindest tendenziell) eine umso längere Kantenfolge zwischen zwei Konzepten, je geringer ihre semantische Nähe ist, denn sind zwei Konzepte inhaltlich weit voneinander entfernt, muß ihr Bezug zueinander über eine Reihe von Zwischenknoten hergestellt werden. Da sich semantische Nähe durch Entfernung im Netz widerspiegelt, ergibt sich für die Auswertung von Anfragen eine lokale Beschränkung der im Netz durchzuführenden Suche, um einen Abgleich zwischen einem Fragenetz und einer Repräsentation zu erzielen. Ferner sind die in einem Problemlösungs- oder Verstehensprozeß in aufeinanderfolgenden Teilschritten zuzugreifenden Sachverhalte häufig inhaltlich eng miteinander verbunden, so daß dieses Wissen auch nah beisammen in einem Netz repräsentiert ist. Der Zugriff darauf ist deshalb besonders schnell möglich. Wir können als generellen Vorteil semantischer Netze festhalten, daß mit ihnen in der Regel ein *geringerer Suchaufwand* verbunden ist als mit Repräsentationsformaten, die keine Strukturierungsmittel aufweisen, wie z.B. Logik. Die bei einer Suche bzw. Inferenz zu betrachtenden Kombinationsmöglichkeiten können in einer logischen Repräsentation deshalb kaum eingeschränkt werden und führen eher zu einer *kombinatorischen Explosion*.

Das Prinzip, semantisch Nahes auch nah beieinander im Netz zu repräsentieren, läßt sich z.B. am Aufbau einer Konzepthierarchie erkennen: Je mehr Spezialisierungskanten passiert werden müssen, desto allgemeiner (oder spezieller, je nach Traversierungsrichtung) und damit umso unterschiedlicher werden die Konzepte, die man von einem gegebenen Konzeptknoten aus erreicht. Am deutlichsten wird die Korrespondenz von Nähe in einem semantischen Netz mit semantischer Nähe jedoch daran, daß alle ein Konzept betreffenden Aussagen durch Strukturen in unmittelbarer Nähe des zugehörigen Konzeptknotens repräsentiert sind. Wir nennen dies *Objektzentrierung*[58] (eine noch ausgeprägtere Form der Objektzentrierung weisen Frame-Repräsentationen auf: siehe Kap.4). Logische Repräsentationen sind beispielsweise nicht objektzentriert, da dort ein

---

[58]   In diesem Zusammenhang wird auch häufig von Objektorientierung gesprochen. Unter diesen Begriff fallen aber auch Ansätze aus dem Programmiersprachenbereich, die Berechnungen durch Botschaftenaustausch zwischen Objekten realisieren. Um eine Verwechslung zu vermeiden, verwenden wir hier den Begriff der Objektzentrierung.

Bezug auf ein Konzept an mehr als einer Stelle und über die Repräsentation beliebig
verstreut erfolgen kann[59]. Die Gegenüberstellung einer Logikrepräsentation und einer
äquivalenten Netzrepräsentation in Abbildung 90 illustriert den Unterschied.

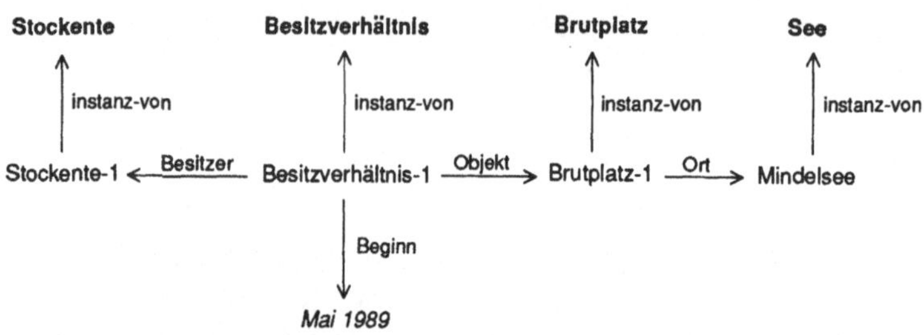

$$besitzer(\text{Besitzverhältnis-1}, \text{Stockente-1})$$
$$ort(\text{Brutplatz-1}, \text{Mindelsee})$$
$$instanz\text{-}von(\text{Brutplatz-1}, \text{Brutplatz})$$
$$objekt(\text{Besitzverhältnis-1}, \text{Brutplatz-1})$$
$$instanz\text{-}von(\text{Besitzverhältnis-1}, \text{Besitzverhältnis})$$
$$beginn(\text{Besitzverhältnis-1}, \text{Mai 1989})$$
$$instanz\text{-}von(\text{Stockente-1}, \text{Stockente})$$
$$instanz\text{-}von(\text{Mindelsee}, \text{See})$$

Abbildung 90: Ein semantisches Netz und eine logische Repräsentation desselben Sachverhalts
(die logischen Formeln sind implizit und-verknüpft)

Als weiterer Vorteil semantischer Netze kommt hinzu, daß sie sich gut für die Durchführung einer *parallelen Suche* eignen (siehe auch Kap.3.6). So können bei der im
Kapitel zu Operationen beschriebenen Aktivierungsausbreitung (Kap.3.3.3) alle Aktivie-
rungsmarker parallel propagiert werden. Ein anderes Beispiel für die Möglichkeit zur
Parallelisierung ist die Bestimmung der gemeinsamen Oberbegriffe zweier Konzepte.
Hierzu kann von den zwei betroffenen Konzeptknoten aus parallel in der Konzepthierarchie aufgestiegen werden bis beide Suchprozesse dieselben Knoten erreichen.

Wir fassen zusammen, daß ein Vorteil semantischer Netze gegenüber anderen Repräsentationsformaten darin besteht, daß die Realisierung von Inferenzprozessen als

---

[59] Durch die Einführung von Indexstrukturen für logische Repräsentationen kann der Zugriff auf
alle Vorkommen eines Terms unterstützt werden. Damit wäre dann ebenfalls ein objektzentrierter
Zugriff realisierbar. Andererseits erhält man dadurch aber auch noch lange kein semantisches Netz,
denn die Interpretation von zweistelligen Prädikaten als Kanten, die zur Durchführung einer Inferenz
traversiert werden können, ist durch die Einführung von Indexstrukturen nicht gegeben (dies sind ja nur
Speicherstrukturen zur Implementation der Symbolebene). Darüber hinaus können ein- oder mehr als
zweistellige Prädikate gar nicht als Kanten interpretiert werden.

(u.U. parallel realisierte) Graphtraversierung eine wesentlich höhere Effizienz ergibt, als Inferenzen auf nicht netzwerkartigen Strukturen aufweisen. Dies läßt sich schon an einem einfachen Beispiel für die Bestimmung der gemeinsamen Oberbegriffe zweier Konzepte illustrieren. Legen wir dazu die folgende Konzepthierarchie zugrunde:

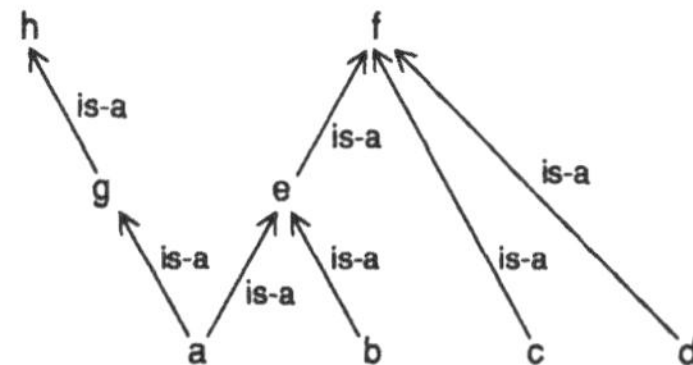

Um für die Konzepte 'a' und 'd' alle gemeinsamen Oberbegriffe zu finden, sind auf diesem Netz alle von 'a' und 'd' aufsteigenden Wege zu verfolgen und ihre Schnittpunkte zu bestimmen. Es werden also die Wege von 'a' nach 'h', von 'a' nach 'f' und von 'd' nach 'f' verfolgt. Dies sind insgesamt 5 Schritte sowie für 'h' und 'f' jeweils ein Schritt, um festzustellen, daß ein Weg zu Ende ist. In der Summe ergibt sich eine Gesamtzahl von 7 Schritten recht geringer Berechnungskomplexität (eine parallele Suche benötigt 3 Schritte). Die gleiche Hierarchie sei in Logik repräsentiert:

$$is\text{-}a(a,g) \qquad is\text{-}a(a,e) \qquad is\text{-}a(b,e) \qquad is\text{-}a(c,f)$$

$$is\text{-}a(d,f) \qquad is\text{-}a(g,h) \qquad is\text{-}a(e,f)$$

$$\forall x,y,z : (is\text{-}a(x,y) \wedge is\text{-}a(y,z) \Rightarrow is\text{-}a(x,z)) \qquad (1)$$

Zu beweisen ist dann die folgende Formel, wobei alle Belegungen für x zu finden sind:

$$\exists x : (is\text{-}a(a,x) \wedge is\text{-}a(d,x)) \qquad (2)$$

Dazu sind die folgenden Berechnungen nötig, wobei die Reihenfolge, in der die einzelnen Kanten betrachtet werden, für die Berechnungslänge irrelevant ist, da *alle* gemeinsamen Oberbegriffe zu bestimmen sind.

1. Ausgehend von $is\text{-}a(a,g)$ wird wegen (2) geprüft, ob $is\text{-}a(d,g)$ gilt, was nicht der Fall ist (2 Schritte: einer, um $is\text{-}a(a,g)$ zu bestimmen und einer um $is\text{-}a(d,g)$ zu falsifizieren).

2. Immer noch von $is\text{-}a(a,g)$ ausgehend wird jetzt wegen (1) $is\text{-}a(g,h)$ bestimmt (1 Schritt) und $is\text{-}a(a,h)$ abgeleitet (1 Schritt). Anschließend wird festgestellt, daß $is\text{-}a(d,h)$ nicht gilt (1 Schritt).

3. Ausgehend von $is\text{-}a(a,h)$ wird festgestellt, daß hierauf (1) nicht mehr anzuwenden ist (1 Schritt).

4. Ausgehend von $is\text{-}a(a,g)$ wird festgestellt, daß hieraus durch (1) keine nicht schon betrachtete Formel ableitbar ist (1 Schritt).

5. Es wird $is\text{-}a(a,e)$ bestimmt (1 Schritt) und festgestellt, daß $is\text{-}a(d,e)$ nicht gilt (1 Schritt).

6. Ausgehend von $is\text{-}a$(a,e) wird $is\text{-}a$(e,f) bestimmt (1 Schritt) und mit (1) $is\text{-}a$(a,f) abgeleitet (1 Schritt). Anschließend wird festgestellt, daß $is\text{-}a$(d,f) gilt (1 Schritt), womit die erste Lösung gefunden wäre.

7. Ausgehend von $is\text{-}a$(a,f) wird festgestellt, daß hierauf (1) nicht mehr anzuwenden ist (1 Schritt).

8. Für $is\text{-}a$(a,e) wird festgestellt, daß hieraus durch (1) keine nicht schon betrachtete Formel ableitbar ist (1 Schritt).

9. Es wird festgestellt, daß es keine nicht schon betrachtete Formel der Art $is\text{-}a$(a,x) gibt, also keine weiteren Lösungen existieren (1 Schritt).

Zählen wir zusammen, kommen wir auf insgesamt 15 Schritte. Das Beispiel stellt zwar keine genaue Komplexitätsbetrachtung an, zeigt aber schon für einen sehr einfachen Fall, daß der zu leistende Aufwand für die Netzinferenz deutlich geringer ist als die Inferenz mit einem Theorembeweiser, der ja eine viel größere Allgemeinheit besitzt und somit natürlich nicht mit speziellen Inferenzmechanismen konkurrieren kann.

3.5.2 Nachteile

Obwohl semantische Netze prinzipiell die gleiche Darstellungsmächtigkeit wie andere Repräsentationsformate (z.B. Logik) besitzen, gibt es doch erhebliche Unterschiede bezüglich der *Einfachheit und Eleganz*, mit der Wissen verschiedenen Typs dargestellt werden kann. So haben wir gesehen, daß regelhafte Zusammenhänge, einschränkende Bedingungen und unvollständiges Wissen im allgemeinen Fall nur recht umständlich repräsentiert werden können. Letztlich läuft die Darstellung solchen Wissens mit einem semantischen Netz ohne Partitionen auf die Rekonstruktion entsprechender logischer Formeln hinaus, so daß sich in diesen Fällen kein Vorteil daraus ergibt, ein Netzformat zu verwenden. Beschränkt man den Einsatz semantischer Netze auf Bereiche, wo sie tatsächlich vorteilhaft einzusetzen sind, ergibt sich im Vergleich zur Logik eine geringere Darstellungsmächtigkeit. In den Fällen, wo sie gut einsetzbar sind, erlauben semantische Netze dafür effizientere Inferenzen (siehe vorangehendes Kapitel).

Die Einführung von Partitionen hat den Nachteil der schlechten Unterstützung regelhafter Zusammenhänge und einschränkender Bedingungen zwar weitgehend beseitigt, verschärft dafür aber ein zweites, generell bestehendes Defizit semantischer Netze. Dieses besteht in ihrer häufig nur unzureichend ausgearbeiteten und so gut wie nie formal spezifizierten *Semantik* (siehe jedoch die in Kap.3.6 erwähnten Formalisierungsansätze). Das führt dazu, daß die Bedeutung einer Repräsentation nicht exakt festgelegt ist, wodurch ein Interpretationsspielraum entsteht, der durch verschiedene Benutzer auf nicht zu kontrollierende Weise ausgefüllt wird. So bleibt im Gegensatz zu auf Logik basierenden Repräsentationen für semantische Netze häufig offen, welche Inferenzen auf ihnen erlaubt sind, welche Kombinationen von Knoten und Kanten überhaupt zulässig sind und wie die erlaubten Kombinationen zu interpretieren sind. Da es allerdings durchaus möglich ist, semantische Netzmodelle in ihrer Semantik formal zu spezifizieren (wie wir das durch unsere Definitionen in Grundzügen getan haben), ist das zuletzt diskutierte Defizit nicht als ein prinzipieller Nachteil semantischer Netze zu werten.

3.6 Ergänzende Bemerkungen und weiterführende Literatur

Einen historischen Überblick über psychologische Modelle menschlichen Gedächtnisses, die *assoziative Strukturen* postulieren, geben (Anderson/Bower 73, Kap.2) und (Klimesch 88, Kaps.5–10). Eine Diskussion verschiedener Beobachtungen zu dem Phänomen von Assoziationen enthält (Schwartz/Rouse 61). Daneben geht dieser Aufsatz auch darauf ein, das Entstehen von Assoziationen als Folge des Energieflusses in einem Netzwerk zu erklären. Semantische Netzwerke als Modelle kognitiver Strukturen werden auch in (Reitman 65) herangezogen.

Den deutlichsten Einfluß auf die Verwendung und Entwicklung semantischer Netzwerke in der KI hatte Quillians Arbeit, deren Gegenstand ein Modell assoziativen menschlichen Gedächtnisses war (Quillian 67). Die Implementation dieses Modells wird allgemein als Vorläufer der späteren semantischen Netzwerke betrachtet.

Auf Quillians Arbeit folgten sowohl Untersuchungen, die rein der psychologischen Modellbildung dienten, als auch Arbeiten mehr aus dem Informatikkontext, wo es primär um die Anwendung semantischer Netze zur Realisierung von Computerprogrammen bestimmter Funktionalität ging. Implementationen assoziativer Gedächtnismodelle sind beispielsweise in (Anderson 72), (Rumelhart et al. 72) und (Anderson/Bower 73) beschrieben. Eine Sammlung von Aufsätzen, die auf psychologische, linguistische und informatische Aspekte semantischer Netze eingehen, enthält (Norman/Rumelhart 78).

Erste Informatikanwendungen semantischer Netzwerke, hauptsächlich zur Realisierung von Frage-Antwort-Systemen, folgten schon Ende der sechziger Jahre. Zu nennen sind etwa (Raphael 68), (Shapiro/Woodmansee 69), (Schwarcz et al. 70) und (Shapiro 71). Die in den frühen Anwendungen verwendeten Netze besitzen als gemeinsames Defizit, daß es keine Unterscheidung von Spezialisierungsbeziehungen zwischen Konzeptklassen und Spezialisierungsbeziehungen zwischen einem Individualkonzept und einer zugehörigen Konzeptklasse gibt.

Betrachtungen zur *Konzeptspezialisierung* und der damit zusammenhängenden *Vererbung* in semantischen Netzen wurden in einer Reihe von Arbeiten angestellt. Der in (Levesque/Mylopoulos 79) beschriebene Netzformalismus unterscheidet die Vererbung von Eigenschaftsklassen und Eigenschaften. In (Nagao/Tsujii 79) steht die Diskussion von Eigenschaften, die ein Unterbegriff zusätzlich zu seinen Oberbegriffen besitzt, im Vordergrund. Die Äquivalenz von Vererbung in semantischen Netzen zu Deduktion in einem logischen Kalkül wird in (Thomason et al. 87) untersucht. Nicht-monotone Vererbung, also Default-Konzeptspezialisierungen und das Überschreiben ererbter Eigenschaften, wurde für semantische Netze erstmals in (Fahlman 79) und (Fahlman et al. 81) thematisiert. Weiterführende Arbeiten dazu sind neueren Datums: (Etherington/Reiter 83), (Touretzky 86), (Etherington 87), (Horty et al. 87), (Froidevaux/Kayser

88) und (Wobcke 88). Ein konnektionistisches Modell (s.u.) als Alternative zu der von (Fahlman 79) vorgeschlagenen Parallel-Architektur stellen (Cottrell 85) und (Shastri 88) vor. Einen kritischen Überblick über die verschiedenen Bedeutungsvarianten, in denen Beziehungen zur Konzeptspezialisierung in semantischen Netzen auftreten, gibt (Brachman 83).

Teil-von-Beziehungen werden vor allem in (Schubert 79) und (Papalaskaris/Schubert 81) betrachtet, wo Teil-von-Hierarchien formalisiert und Inferenzen über solchen Hierarchien untersucht werden. Auf die Vererbung von Teil-von-Beziehungen geht (Hayes 77) ein.

Die Verwendung von Kantentypen, die auf den *Kasusgrammatik*-Ansatz von Fillmore zurückgehen, ist in (Rumelhart et al. 72) recht ausführlich beschrieben.

Zu *opaken Kontexten* und *intensionalen Knotenbedeutungen* siehe (Woods 75) sowie den in (Maida/Shapiro 82) und (Shapiro/Rapaport 87) beschriebenen Netzformalismus.

Einen Überblick über *semantische Primitive* und darauf basierende Repräsentationsansätze geben (Wettler 89) und (mit kritischer Einschätzung) (Pulman 83, Kap.2). Der spezielle Ansatz der Theorie der *conceptual dependency* (CD) wird in (Schank 75) näher beschrieben; eine Darstellung speziell mit Hinblick auf Inferenzen über CD-Repräsentationen ist (Schank/Rieger 74). Eine netzartige Repräsentation von Konzepten mittels semantischer Primitive wird auch in (Di Manzo et al. 87) diskutiert.

Die (vor allem in den frühen Netzen) häufig fehlende Semantik der Knoten- und Kantentypen in einem semantischen Netzformalismus bedeutet, daß damit erstellte Repräsentationen genau betrachtet nicht interpretierbar sind, auch wenn die Knoten- und Kantenbeschriftungen eine bestimmte Bedeutung suggerieren. Dieses Defizit wurde schon recht früh von Woods (Woods 75) und Brachman (Brachman 77) offen gelegt, und es wurde die Forderung nach einer sauber ausgearbeiteten Semantik aufgestellt (siehe auch (Israel 83)). Diese zunächst informal festzulegende Semantik ist dann auch formal zu beschreiben. *Formale Spezifikationen* semantischer Netzformalismen sind in (Sowa 79) und (Dilger/Womann 83) zu finden; (Simmons/Bruce 71) gibt die formale Semantik mittels eines Algorithmus an, der ein semantisches Netz in eine prädikatenlogische Form transferiert (siehe auch den folgenden Absatz).

Die fehlende Ausdrucksmöglichkeit in den ursprünglichen (assoziativen) semantischen Netzen motivierte eine Reihe von Erweiterungen zu Netzformalismen, deren *Ausdrucksmächtigkeit der von Prädikatenlogik erster Ordnung äquivalent* ist. Diese Formalismen können in einer konkreten Anwendung einer logikbasierten Repräsentationssprache gegenüber Vorteile bieten, da sie andere Inferenzprozesse (wie Aktivierungsausbreitung) unterstützen. Ihre formale Semantik ergibt sich durch die Äquivalenz zur Logik (die jedoch nicht in allen Ansätzen formal gezeigt ist). Solche Erweiterungen semantischer Netze sind beispielsweise in (Deliyanni/Kowalski 79), (Schubert et al. 79), (McSkimin/Minker 79) sowie (Shapiro/Rapaport 87) beschrieben. Erweiterungen, die ein *Partitionierungskonstrukt* vorsehen, werden in (Boley 77), (Hendrix 79), (Janas/Schwind

79) und (Sowa 84) dargestellt. (Chan et al. 88) beschreibt auf der Grundlage der in (Sowa 84) eingeführten konzeptuellen Graphen ein modales Inferenzsystem, das auf Resolution (siehe Kap.2.2.5) basiert.

Den Zusammenhang zwischen der Auswertung von *Anfragen an ein semantisches Netz* und automatischem Theorembeweisen zeigt (Frisch/Allen 82) auf. Die Rolle eines *Netzabgleichs* ('matching') bei der Erweiterung eines bestehenden Netzes um ein neues Teilnetz wird in (Mylopoulos et al. 75) beschrieben. Eine allgemeine Diskussion von partiellem Netzabgleich und seinen verschiedenen Anwendungsmöglichkeiten findet sich in (Hayes-Roth 78).

Das Verfahren der *Aktivierungsausbreitung* als Anfragemechanismus für Netzrepräsentationen geht auf Quillian zurück (Quillian 67). Die Theorie der Aktivierungsausbreitung war ursprünglich rein psychologisch motiviert und als Teil eines Modells menschlicher Informationsverarbeitung gedacht. Eine Erweiterung dieser Theorie um die Abnahme der Stärke einer Aktivierungsmarkierung mit der Anzahl zurückgelegter Kanten wird in (Collins/Loftus 75) vorgeschlagen. Die so modifizierte Theorie steht im Einklang mit einer Reihe experimenteller Untersuchungsergebnisse, die vorher nicht erklärbar waren.

Den Anspruch, ein Modell kognitiver Vorgänge zu sein, haben die auf Quillians Ideen aufbauenden KI-Arbeiten kaum noch. Die Aktivierungsausbreitung wird als Inferenzverfahren u.a. in sprachverstehenden Systemen (Charniak 83), in problemlösenden Systemen (Hendler 88) sowie in Frage-Antwort-Systemen (Cohen/Kjeldsen 87) eingesetzt. Der zuletzt erwähnte Aufsatz beschreibt Mechanismen zur Einschränkung der Aktivierungsausbreitung in einem Netz. Möglich ist die Beschränkung der Länge eines Pfades, das Beenden einer Aktivierungsausbreitung an Knoten, die zuviele Nachbarknoten besitzen, die Schwächung einer Aktivierungsmarkierung an bestimmten Kanten, bis hin zur Sperrung der Ausbreitung über bestimmte Kantentypen (in einer Richtung oder auch in beiden Richtungen). Ein Modell für die Abnahme der Stärke einer Aktivierungsmarkierung mit der Anzahl passierter Knoten wird in (Charniak 86) beschrieben (vgl. auch (Collins/Loftus 75)). Ein Mechanismus zur Aktivierungsausbreitung wird in der Repräsentationssprache NETL (Fahlman 79, 81) zur Bestimmung von Konzepteigenschaften in Vererbungshierarchien eingesetzt. Einen Überblick über verschiedene Ansätze zur Aktivierungsausbreitung gibt (Hendler 88).

Der in dem Gedächtnismodell ACT* (Anderson 83) vorgeschlagene Mechanismus zur Aktivierungsausbreitung unterscheidet sich von dem Quillianschen Ansatz der Aktivierungsausbreitung dadurch, daß nicht einzelne Aktivierungsmarkierungen durch ein Netz propagiert werden, sondern die *Ausbreitung von Aktivierungsenergie* durch ein Netz vorgesehen ist. Die Energie eines Knotens wird aus der Verbindungsstärke der Kanten zu seinen Nachbarknoten und deren Energie bestimmt. Wird an einer Stelle im Netz Energie hinzugefügt, breitet sie sich über das Netz aus, bis ein stabiler Zustand in der Energieverteilung eintritt. Je höher der Energiewert eines Knotens, desto leichter ist er durch eine Anfrage abrufbar. Abrufbare Pfade im Netz ergeben sich nach diesem Verfahren durch Folgen (hinreichend) aktiver Knoten.

Ansätze zur Aktivierungsausbreitung, die auf Aktivierungsenergie basieren, gehen fließend über in *konnektionistische Ansätze*. Ein konnektionistisches Netz besteht aus sehr vielen, gleichartigen Knoten, die über gewichtete Kanten miteinander verbunden sind. Die Knoten verfügen i.a. über nur sehr geringe Verarbeitungskapazität. Die Kanten können positiv gewichtet (anregend) sein und bewirken dann bei den Nachbarknoten eine Energiezunahme, oder sie sind negativ gewichtet (hemmend) und bewirken eine Energieabnahme. Es werden im Gegensatz zu vielen Ansätzen, die eine Aktivierungsausbreitung in einem semantischen Netz realisieren, keine Kantentypen (abgesehen von den Verbindungsgewichten) unterschieden. Während der lokale Konnektionismus einen Netzknoten mit einem Konzept identifiziert (ganz wie in einem semantischen Netz), gilt das für den distribuierten Konnektionismus nicht mehr. Dort werden Konzepte mit bestimmten *Aktivierungsmustern* im Netz identifiziert. Da es für ein Konzept somit kein eindeutig bestimmbares Symbol mehr gibt (vgl. auch mit dem nicht-symbolischen Ansatz der analogen Repräsentation in Kap.2.4), spricht man hier von *subsymbolischer Repräsentation*.

Die Vorteile konnektionistischer Ansätze bestehen in der hohen *Parallelität* und der damit einhergehenden hohen Berechnungseffizienz sowie in der Fehlertoleranz im Falle des distribuierten Konnektionismus. Die Fehlertoleranz besteht einmal darin, daß strukturelle Veränderungen im Netz nur relativ geringe Verhaltensänderungen bewirken. Ferner ist die Wiedergewinnung von in einem Netz abgelegtem Wissen selbst bei stark gestörten Eingabedaten noch gut möglich (man denke z.B. an die Abfrage von Bildern bei Vorgabe nur einiger weniger Bildausschnitte oder eines verschwommenen Bildes).

Der mehr informatik-geprägte Konnektionismus geht fließend über in psychologische Gedächtnismodelle bis hin zu biologisch orientierten Betrachtungen neuronaler Netze (siehe z.B. (Ritter et al. 90) und (Hinton/Anderson 81)). Eine Übersicht über konnektionistische Ansätze geben (Kemke 88), (Feldman/Ballard 82) und (Fahlman/Hinton 87). Eine Gegenüberstellung konnektionistischer und symbolischer Repräsentationsansätze und eine kritische Auseinandersetzung mit den ersteren ist in (Chandrasekaran et al. 88) zu finden. Auf die subsymbolische Repräsentation von Wissen in konnektionistischen Netzen gehen (Hinton 81), (Hinton et al. 86) und (Feldman 88) ein.

Als semantische Netzformalismen können auch das Entitäten-Relationenmodell ('entity relationship model': (Chen 76)) und das binäre Relationenmodell (Abrial 74) betrachtet werden. Beide sind im Datenbankbereich entstanden und werden dort zu den *semantischen Datenmodellen* (einen Überblick gibt (Peckham/Maryanski 88)) gezählt. Semantische Datenmodelle heißen so, weil sie weitergehende Repräsentationskonstrukte anbieten als die klassischen Datenmodelle, also das hierarchische, das Netzwerk- und das relationale Modell.

Das *Entitäten-Relationenmodell* (siehe (Tsichritzis/Lochovsky 82, Kap.8) und (Elmasri/Navathe 89, Kap.3)) erlaubt die Modellierung von Konzeptklassen (Entitäten genannt) und Beziehungen (Relationen genannt) zwischen ihnen. Die Beziehungen können mehr als zweistellig sein. Ferner können Konzepten und Beziehungen Attribute (Eigenschaftsklassen) zugeordnet werden. Individualkonzepte werden nicht mittels des so gegebenen graphartigen Formalismus dargestellt, sondern durch Tabellen – ähnlich wie im relationalen Modell. Da jedoch das Entitäten-Relationenmodell hauptsächlich zum Entwurf und zur Beschreibung des konzeptuellen Schemas einer Datenbank herangezogen wird, besteht in der Regel der Bedarf zur Modellierung von Individualkonzepten mit diesem Modell gar nicht. Seit seiner Einführung durch Chen wurden viele Erweiterungen des Entitäten-Relationenmodells vorgeschlagen. Die wichtigste Ergänzung dürfte wohl die um einen Beziehungstyp sein, der eine Spezialisierungsbeziehung zwischen Konzeptklassen anzeigt und die Vererbung von Attributen bewirkt (Elmasri/Navathe 89, Kap.15.1).

Das *binäre Relationenmodell* (siehe (Tsichritzis/Lochovsky 82, Kap.9)) ist ebenfalls ein Netzformalismus. Im Gegensatz zum Entitäten-Relationenmodell werden nur zweistellige (also binäre) Beziehungen zwischen Konzepten vorgesehen. Mehrstellige Beziehungen sind in mehrere zweistellige Beziehungen aufzulösen. Sowohl Konzeptklassen als auch Individualkonzepte werden durch denselben netzartigen Formalismus beschrieben. Das binäre Relationenmodell sieht keine Unterscheidung zwischen Konzepten und Eigenschaften vor, sondern faßt Eigenschaftsklassen als Konzeptklassen und Eigenschaftswerte als Individualkonzepte auf.

Nahezu alle semantischen Datenmodelle unterstützen die gleichen vier Beziehungstypen (vgl. (Peckham/Maryanski 88), (Elmasri/Navathe 89, Kap.15.3)). Dies sind die Spezialisierungsbeziehung zwischen Konzeptklassen (*Generalisierung*), die Spezialisierungsbeziehung zwischen einem Individualkonzept und der zugehörigen Konzeptklasse (*Klassifikation*), ein Beziehungstyp zur Definition eines Konzepts durch eine Menge anderer Konzepte (*Aggregierung*) sowie die Zusammenfassung von Konzeptklassen zu einer Menge, die anschließend als ein eigenständiges Konzept betrachtet wird (*Gruppierung* oder *Assoziation*). Die Aggregierungsbeziehung wird häufig gleichgesetzt mit der Teil-von-Beziehung, doch ihre tatsächliche Verwendung in verschiedenen Datenmodellen ist allgemeiner und sieht beliebige, assoziative Beziehungen vor (so ist z.B. das Konzept eines Rechners definiert durch seinen Prozessor, seinen Hersteller, das Betriebssystem usf.). Alle der erwähnten Beziehungstypen bewirken eine *Abstraktion* (vgl. (Smith/Smith 77)) von Details der untergeordneten Konzeptbeschreibungen in den Repräsentationen der übergeordneten Konzepte.

Zu erwähnen sind schließlich auch die in Information-Retrieval-Systemen eine wichtige Rolle spielenden Thesauri. Unter einem *Thesaurus* (Soergel 74) versteht man eine Sammlung von Begriffen zu einem Sachgebiet, zwischen denen semantische Beziehungen durch entsprechende Verweise vermerkt sind. Diese Verweise kann man mit den Kanten eines semantischen Netzes vergleichen. Da ein Thesaurus die Terminologie eines Sachgebiets beschreibt, berücksichtigt er keine Individualkonzepte, und es bestehen deshalb keine entsprechenden Beschreibungsmittel.

3.7 Übungsaufgaben

1. Geben Sie für jeden der folgenden Sachverhalte eine Repräsentation in Form eines semantischen Netzes an.
    a) Der Zug EC 389 fährt nach Rom.
    b) Der Zug EC 389 fährt über Mailand nach Rom.
    c) Violette Pilze sind giftige Pilze.
    d) Ein gelbes Fahrzeug hält vor einer Ampel, weil sie auf Rot steht.
    e) Der Hagelschauer vom 20. 5. 1988 vernichtete 20% von Transsylvaniens Weizenernte 1988.
    f) Die Tage sind im Sommer länger als im Winter.
    g) Ein Gewitter verursachte einen Stromausfall in Frankfurt und Bonn.
    h) Jede Katze hat einen Schwanz.
    i) Gärtnereien verbrauchen Wasser.
    j) Ein Quadrat ist ein Polygon mit vier gleich langen Seiten und rechten Winkeln an den vier Ecken. Jede Ecke wird von je zwei der Seiten gebildet.

2. Interpretieren Sie den Unterschied zwischen den folgenden beiden Repräsentationen und bewerten Sie ihre Adäquatheit.

    Repräsentation 1:

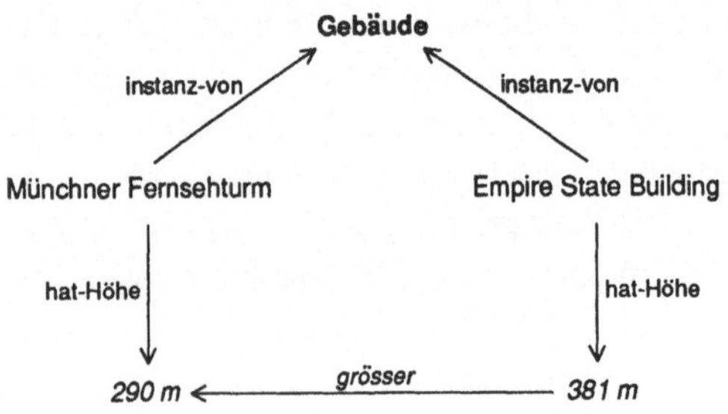

Repräsentation 2:

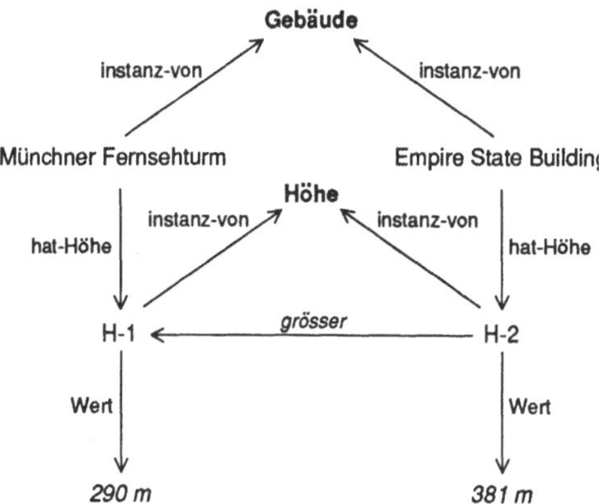

3. Erarbeiten Sie einen Vorschlag, wie für Massenkonzepte, also nicht zählbare Konzepte wie Sand oder Wasser (vgl. Kap.1.4), Mengenausprägungen (z.B. '1 Liter Wasser') repräsentiert werden können. Geben Sie als Beispiel ein semantisches Netz für
    die Aussage an, daß die Firma Vereinigte Kieswerke eine Tonne Kies an die Firma
    Bauen GmbH geliefert hat.

4. Erstellen Sie ein semantisches Netz, welches den Sachverhalt repräsentiert, daß die
    Blüten einer Seerose weiß sind und einen Durchmesser zwischen 5 und 14 cm
    aufweisen.

5. Der Morgenstern und der Abendstern sind zwei verschiedene Konzepte, da ihre
    Intensionen verschieden sind. Trotzdem sind ihre Extensionen gleich (es handelt sich
    in beiden Fällen um die Venus, einmal am Morgen- und einmal am Abendhimmel).
    Erstellen Sie eine Repräsentation für beide Konzepte, die die Gleichheit ihrer
    Extensionen berücksichtigt.

6. Erstellen Sie für die folgenden Sachverhalte eine Repräsentation im Format partitionierter semantischer Netze.
    a) Maria glaubt fälschlicherweise, daß Peter ihre Telefonnummer kennt.
    b) Maria glaubt nicht, daß sich die Sonne um die Erde dreht.
    c) Maria glaubt, daß sich die Sonne nicht um die Erde dreht.
    d) Jeder Hund in der Stadt hat einen Postboten gebissen.
    e) Jeder Hund in der Stadt hat jeden Postboten in der Stadt gebissen.

f) Mikroprozessoren sind aus Silizium oder Galliumarsenid.
   (Wie würde eine Repräsentation dieses Sachverhalts ohne die Verwendung einer Partition aussehen? Führen Sie dazu einen neuen Beziehungstyp als Repräsentationskonstrukt ein! Dieses Repräsentationskonstrukt sollte sich auf der epistemologischen Ebene (vgl. Kap.1.3) befinden.)

g) Im Altertum glaubte man, die Erde sei eine Scheibe.

h) (Vergleiche Abbildung 50, S.109)
   $$\forall x \in \mathbf{Z} : \neg\exists y \in \mathbf{Z} : (x > y \land y > x)$$

7. Konstruieren Sie für die folgende Repräsentation Fragenetze zu den untenstehenden Anfragen.

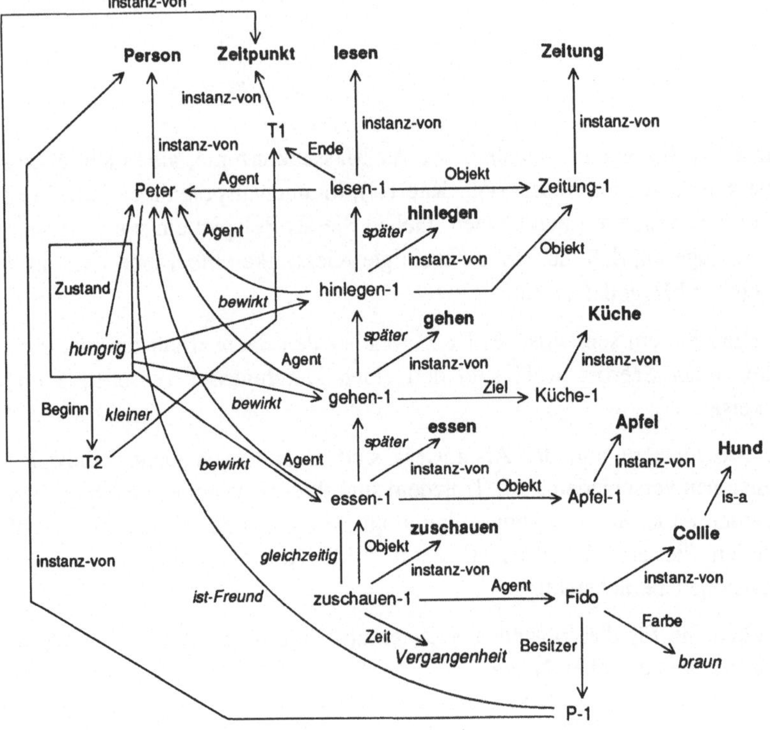

a) Warum ging Peter in die Küche?

b) Welche Ereignisse liefen parallel ab?

c) Welche Ereignisse folgten aufeinander?

d) Wer schaute Peter beim Apfel Essen zu?

e) Wer legte die Zeitung hin, in der er vorher gelesen hatte?

f) Wer aß einen Apfel und ist Freund eines Hundebesitzers?

8. Spezifizieren Sie für jedes der unter a) bis d) angegebenen Fragenetze, ob es mit der untenstehenden Netzrepräsentation abgleichbar ist. Ist ein Abgleich möglich, dann geben Sie für die jeweils durch '?', '?1', '?2' oder '?3' gekennzeichneten Knoten an, auf welche Knoten in der Netzrepräsentation sie passen. Berücksichtigen Sie, daß ein Abgleich auch durch geeignete Inferenzen ermöglicht werden kann.

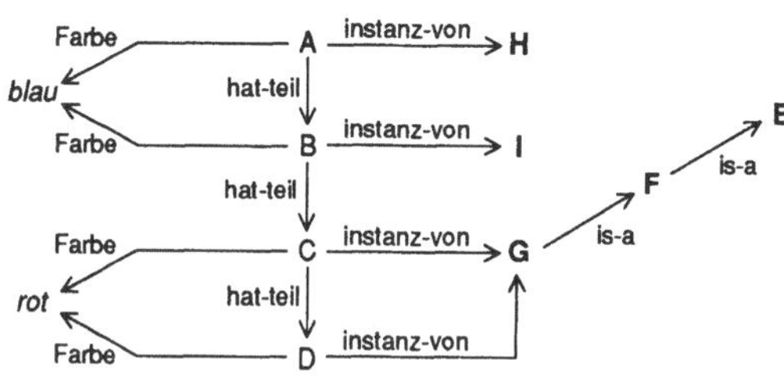

a)

F ←─ instanz-von ─ ? ←─ hat-teil ─ A

b)

?1 ←─ hat-teil ─ ?2
                  │ Farbe
                  ↓
                 rot

c)

Farbe ─ ?1 ─ instanz-von
blau ←   ↘ ?3
Farbe ─ ?2 ─ instanz-von

d)

?1 ←─ hat-teil ─ ?2 ─ Farbe ─→ ?3

9. Vergleichen und bewerten Sie die folgenden beiden Repräsentationsausschnitte:

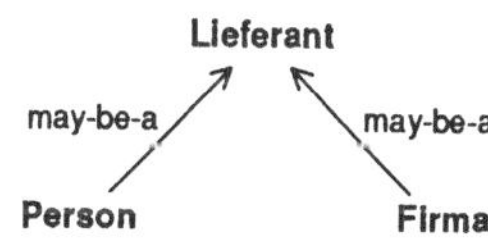

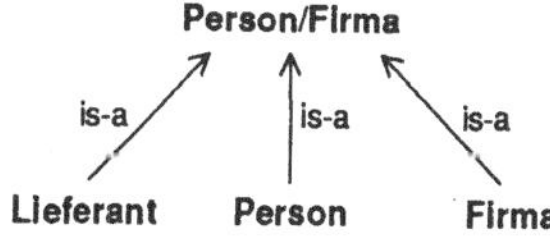

10. Wie ist eine Repräsentation der folgenden Art zu interpretieren?

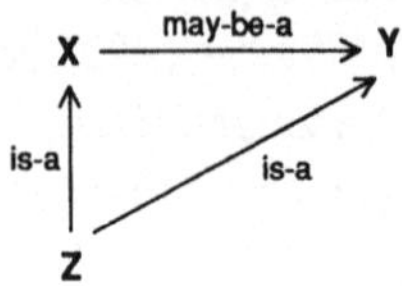

4. Frame-artige Repräsentationsformate

4.1 Einführung

Frame-artige Repräsentationsformate haben ihren Ursprung im Schema-Begriff der Kognitionspsychologie und gehen damit ebenso wie semantische Netze zurück auf kognitionspsychologische Modelle menschlichen Gedächtnisses – jedoch auf schema-artige und nicht auf die assoziativen Modelle, die semantischen Netzen zugrunde liegen. Unter einem *Schema* versteht man ein Modell für eine Gedächtnisstruktur, das nicht allein Assoziationen zwischen Begriffen berücksichtigt, sondern dem Phänomen *stereotypischer Erinnerungsmuster* besonders Rechnung trägt. Die dabei zugrundeliegende These, daß menschliche Kognitionsleistungen durch innere Ordnungstendenzen gesteuert werden, stammt ursprünglich aus der *Gestalttheorie* und wurde später von der *Kognitionspsychologie* wiederaufgenommen (vgl. Kap.4.5).

Als Beispiel sei ein mögliches Gedächtnisschema für das Konzept 'Hochgebirge' betrachtet. Die Aktivierung eines solchen Schemas könnte durch eine Gebirgswanderung oder durch das Betrachten von Erinnerungsfotos erfolgen. Die Schema-Aktivierung bewirkt die mentale Präsenz eines (stereo)typischen Hochgebirges mit Felsen, Geröll- und Schneefeldern, Wiesen und Nadelbäumen. Als typische Tiere fallen einem vielleicht Gemsen, Steinböcke, Murmeltiere und Alpendohlen ein. Charakteristisch für ein solches schematisches Erinnerungsmuster ist seine Unvollständigkeit und die damit einhergehende ungleiche Gewichtung einzelner Beschreibungselemente, die den besonders typischen Merkmalen eine deutlich höhere Dominanz zuweist. Das ist der Grund, warum man Schemata auch als stereotypische Erinnerungs- oder Repräsentationsmuster bezeichnet. Eine Schema-Aktivierung bedingt eine bestimmte *Erwartungshaltung*, die eine kontextabhängige Interpretation von Objekten und Ereignissen bewirkt. So würde die Beobachtung eines schwarzen, etwa krähengroßen Vogels bei aktiviertem Hochgebirgsschema eher zu dem Schluß führen, daß es sich um eine Alpendohle handelt, als um einen Kormoran. Die gleiche Beobachtung an einer Meeresküste würde dagegen aufgrund eines anderen aktiven Schemas eher den zweiten Schluß nahe legen.

Nach experimentellen Untersuchungen scheinen die mentalen Repräsentationen von Konzeptklassen beim Menschen generell stereotypisch zu sein (vgl. (Rosch 78)). Danach ist eine Konzeptklasse durch ihren Repräsentanten beschrieben. Dies ist das stereotypischste Klassenelement, das dadurch bestimmt ist, daß es

- möglichst viele Eigenschaften gemeinsam mit anderen Klassenelementen hat und
- möglichst wenige Eigenschaften gemeinsam mit Mitgliedern anderer Klassen aufweist.

Das so charakterisierte stereotypischste (oder prototypischste) Klassenelement wird *Prototyp* genannt. Der Prototyp einer Klasse ist ein idealisiertes Klassenelement, das real nicht unbedingt existieren muß. Aus der Tatsache, daß Prototypen idealisiert sind, folgt insbesondere, daß die tatsächlichen Klassenelemente in ihren Eigenschaften von denen des zugehörigen Prototypen abweichen können (hieraus entsteht die in Kap.4.2.8 noch zu behandelnde Aufgabe, in einer Klassenbeschreibung nicht nur die für alle Klassenelemente zutreffenden Beschreibungsmerkmale zu erfassen, sondern auch die prototypischen Merkmale). Illustriert wird der Sachverhalt prototypischer Konzeptklassen durch Abbildung 91, die verschiedene Tassenformen zeigt. Der Prototyp einer Tasse ist am ehesten das mittlere Exemplar, während das ganz linke schon so stark von diesem Prototypen abweicht, daß es sich dabei eher um eine Vase als um eine Tasse handelt.

Abbildung 91: Verschieden typische Exemplare von Tassen (nach (Miller/Johnson-Laird 76, S.226) und dort nach (Labov 73))

Die Eigenschaften, die der Prototyp einer Konzeptklasse aufweist, aber nicht alle Klassenmitglieder, heißen *Default-Eigenschaften* (vgl. Kap.1.4). Sie sind für ein Klassenelement erwartete Eigenschaften, die im Einzelfall jedoch abweichen können. Eine solche Default-Eigenschaft ist für die in Abbildung 91 illustrierten Tassenformen das Verhältnis von etwa 1:1 von Höhe zu Breite. Ein weiteres, häufig zitiertes Beispiel einer Default-Eigenschaft ist die Fähigkeit von Vögeln fliegen zu können. Obwohl diese Eigenschaft nicht für alle Vögel zutrifft – nicht nur weil einige Teilklassen, wie Pinguine, diese Eigenschaft nicht aufweisen, sondern auch, weil Individuen z.B. aufgrund ihres zu geringen Alters oder eines gebrochenen Flügels Ausnahmen bilden können – ist sie doch fest mit dem Konzept eines Vogels verbunden. Dagegen ist die Tatsache, daß es Vögel gibt, die tauchen können, nicht Bestandteil einer (prototypischen) Repräsentation für das Konzept Vogel, weil diese Fähigkeit für Vögel untypisch ist.

Mit dem aus der Gestaltpsychologie stammenden Schema-Begriff und den damit verbundenen Begriffen von Stereotypizität und Erwartungshaltung sind die Wurzeln frameartiger Repräsentationsstrukturen beschrieben. Wenn sie auch in manchen der heutigen (sogenannten) Frame-Repräsentationssystemen nicht präsent sind, gehören sie doch zu den wichtigen Charakteristika, die Frames von semantischen Netzen unterscheiden.

Die Umsetzung der dem Schema-Begriff zugrundeliegenden Prinzipien in ein Repräsentationsformat (wie Minsky und Kuipers als eine der ersten vorschlugen (Minsky 75), (Kuipers 75)) bedeutet in erster Linie eine stark ausgeprägte *Objektzentrierung*: Statt der Verteilung des Wissens zu einem Konzept über viele Repräsentationsfragmente ist alles für ein Konzept relevante Wissen in einer Struktur zusammenhängend zu repräsentieren. Solche Strukturen nennen wir im folgenden Frame-Strukturen oder kurz *Frames*.

Ein Frame besteht aus mehreren *Slots* (in manchen Frame-Sprachen auch Rollen genannt[60]), die jeweils für ein Beschreibungsmerkmal des durch den Frame repräsentierten Konzepts stehen. Jeder Slot kann *Slot-Einträge* besitzen, die entsprechende Merkmalsausprägungen darstellen. Repräsentiert ein Slot eine Eigenschaftsklasse, dann steht ein Slot-Eintrag für einen Eigenschaftswert. Ein Slot-Eintrag kann aber auch ein Frame sein. In diesem Fall wird eine semantische Beziehung zwischen dem als Slot-Eintrag auftretenden Frame und dem zum Slot gehörenden Frame angezeigt. Insbesondere werden auf diese Weise alle zum *semantischen Kontext* des beschriebenen Konzepts gehörenden Konzepte gemeinsam in einer Repräsentationsstruktur zusammengefaßt. Ein Beispiel ist der in Abbildung 92 angegebene Frame. Der Name des Frames lautet 'Hochgebirge', und er besitzt die drei Slots 'Flora', 'Fauna' und 'Landschaft', die eine Anzahl von Frames als Slot-Einträge aufweisen.

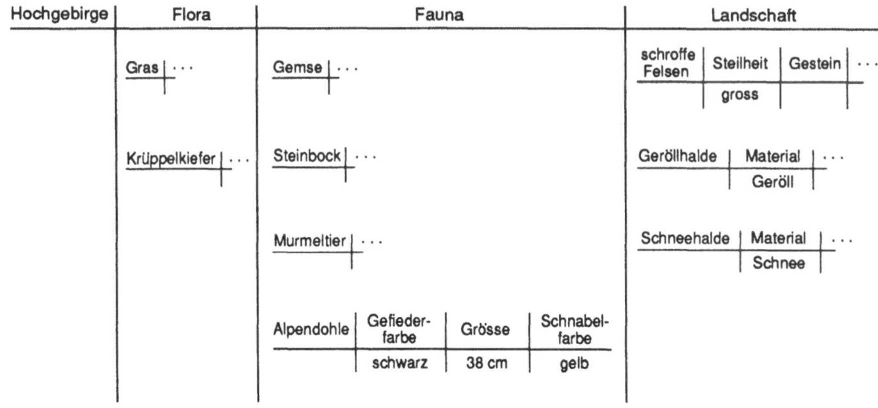

Abbildung 92: Ein Beispiel für einen Frame

---

[60] In Kapitel 4.2.3 werden wir zeigen, daß Slots Rollen repräsentieren können, aber nicht müssen.

Formal wollen wir einen Frame wie folgt definieren.

Definition: Frame

Ein Frame ist ein 3-Tupel (N, SN, ST), wo N der Name des Frames ist, SN die Menge derjenigen Slots, die als Einträge Frames[61] aufweisen (in Kap.4.2 als *nicht-terminale Slots* bezeichnet) und ST die Menge solcher Slots, deren Einträge Zeichenketten sind (in Kap.4.2 als *terminale Slots* bezeichnet). Es gilt also $SN = \{sn_1, sn_2, \ldots, sn_n\}$, wobei ein sn_i ein 3-Tupel (N, SB, SE) ist, wo N der Slot-Name, SB die Slot-Beschreibung und SE die Menge der Slot-Einträge, also eine Menge von Frames ist. Eine Slot-Beschreibung gibt u.a. die Menge der zulässigen Slot-Einträge an, legt fest, wieviele Einträge der Slot maximal haben kann oder spezifiziert, welche Einträge Default-Status haben (siehe die folgenden Kapitel). Analog gilt $ST = \{st_1, st_2, \ldots, st_m\}$, wobei ein st_i ebenfalls ein 3-Tupel (N, SB, SE') ist. Auch hier ist N der Slot-Name, SB die Slot-Beschreibung und SE' die Menge der Slot-Einträge – diesmal jedoch eine Menge von Zeichenketten.
□

Die obige Definition ist lediglich als Grundlage für eine elaboriertere formale Definition eines Frames zu verstehen. Für die Belange dieses Buches reicht sie aber völlig aus (auf Arbeiten zur formalen Spezifikation von Frames wird in Kapitel 4.5 hingewiesen).

Im weiteren Verlauf dieses Buches werden wir Frames grafisch illustrieren, wie das in Abbildung 92 schon geschehen ist. Den Bezug zwischen der grafischen Notation und der obigen formalen Definition verdeutlichen die beiden folgenden Beispiele:

1. Der Frame 'Hochgebirge' aus Abbildung 92 stellt sich als 3-Tupel folgendermaßen dar:

$$('\text{Hochgebirge}', \{('\text{Flora}', \emptyset, \{('\text{Gras}', \ldots), ('\text{Krüppelkiefer}', \ldots)\}),$$
$$('\text{Fauna}', \emptyset, \{('\text{Gemse}', \ldots), ('\text{Steinbock}', \ldots),$$
$$('\text{Murmeltier}', \ldots), ('\text{Alpendohle}', \ldots)\}),$$
$$('\text{Landschaft}', \emptyset, \{('\text{schroffe Felsen}', \ldots), ('\text{Geröllhalde}', \ldots),$$
$$('\text{Schneehalde}', \ldots)\})\},$$
$$\emptyset)$$

Er besitzt also nur Slots, deren Einträge Frames sind, und es liegen keine Slot-Beschreibungen vor (wir führen sie erst in Kap.4.2 ein).

---

[61] Man beachte, daß in Kapitel 4.2.2 stellvertretend für Frames Frame-Namen als Einträge zugelassen werden.

2. Der Frame 'Alpendohle', der als Eintrag im Slot 'Fauna' des Frames in Abbildung 92 auftritt, ist als 3-Tupel folgendermaßen anzugeben:

$$('Alpendohle', \emptyset,$$
$$\{('Gefiederfarbe', \emptyset, \{'schwarz'\}),$$
$$('Größe', \emptyset, \{'38\ cm'\}),$$
$$('Schnabelfarbe', \emptyset, \{'gelb'\})\})$$

Dieser Frame weist demnach nur Slots mit Zeichenketten als Einträge auf (natürlich sind auch Frames möglich, die beide Sorten von Slots aufweisen).

Die weiter oben im Zusammenhang mit Gedächtnisschemata diskutierte kontextabhängige Interpretation von Konzepten wird in einer Frame-Repräsentation durch den Strukturabgleich zwischen der zu interpretierenden (in der Regel unvollständigen) Konzeptbeschreibung und der Frame-Struktur, die das gerade aktive Schema, also den aktuell gültigen Interpretationskontext repräsentiert, realisiert (vgl. Kap.4.3.2). Im Falle eines schwarzen, etwa krähengroßen Vogels, der durch den folgenden Frame repräsentiert wäre

Vogel-?	Gefiederfarbe	Grösse
	schwarz	47 cm $\pm$ 10 cm

würde ein Abgleich auf dem Frame 'Hochgebirge' in Abbildung 92 ergeben, daß diese Beschreibung nur mit der dort enthaltenen Beschreibung einer Alpendohle in Einklang gebracht werden kann.

Neben der Tatsache, daß Frame-Strukturen eine kontextabhängige Wissensverarbeitung ermöglichen, illustriert der Frame 'Hochgebirge' (Abb.92) ferner die Notwendigkeit von Default-Eigenschaften zur prototypischen Beschreibung von Konzeptklassen. So muß zumindest die Angabe der Gefiederfarbe für eine Alpendohle als Default-Eigenschaft interpretiert werden (vgl. Kap.4.2.8), da es Albinos gibt.

Nach dieser kurzen Erörterung des dem Frame-Format zugrundeliegenden Paradigmas und der sich daraus ableitenden, wesentlichen Merkmale von Frames erfolgt im nächsten Kapitel eine systematische Behandlung des Einsatzes von Frames für die Repräsentation von Wissen. Auch hier gilt wie für semantische Netze, daß es nicht ein bestimmtes Frame-Modell gibt, sondern verschiedene Varianten. Wir werden im folgenden die grundsätzlichen Möglichkeiten der Repräsentation mit Frames vorstellen.

4.2 Modellierung mit frame-artigen Konstrukten

Ein struktureller Unterschied zwischen semantischen Netzwerken und Frame-Repräsentationen besteht darin, daß die Knoten, die in einem semantischen Netz einem Konzeptknoten über Eigenschafts- und Beziehungskanten zugeordnet sind, in der Frame-Repräsentation zu einer Frame-Struktur zusammengefaßt werden (vgl. Abb.93); lediglich Spezialisierungsbeziehungen zeigen wir hier aus Gründen der Übersichtlichkeit nicht als Teil einer Frame-Struktur an (s. Kap.4.2.2). In einer ersten Annäherung entsprechen die in einem semantischen Netz von einem Konzeptknoten ausgehenden Kanten den Slots eines Frames und die an den Kanten hängenden Knoten den zugehörigen Slot-Einträgen (vgl. Abb.94). Es deutet sich damit an, daß durch Frames repräsentierte Sachverhalte auch durch semantische Netze darzustellen sind und umgekehrt. Die wesentlichen Unterschiede zwischen Frames und anderen Repräsentationsformaten liegen in der Natürlichkeit, mit der Wissen verschiedener Art repräsentiert werden kann, und in der Komplexität der Inferenzprozesse auf solchen Repräsentationen (wie wir das auch schon für Logik und semantische Netze diskutiert haben).

Für eine eindeutige Differenzierung zwischen Frames, die Konzeptklassen repräsentieren, und solchen, die für Individualkonzepte stehen, ist wie in semantischen Netzen eine Kennzeichnung notwendig – wenn es auch unter bestimmten Annahmen möglich ist, anhand der Frame-Struktur zu erkennen, ob es sich um eine Klassenbeschreibung handelt oder nicht (siehe Bemerkungen zum Ende von Kap.4.2.4). Wir kennzeichnen Frames, die Konzeptklassen repräsentieren, in den folgenden Illustrationen durch Fettschrift des Frame-Namens.

Vereinbarung: Kennzeichnung von Konzeptklassen

Frames, die wir durch Fettdruck des Frame-Namens kennzeichnen, sind als Klassenbeschreibungen zu interpretieren.

□

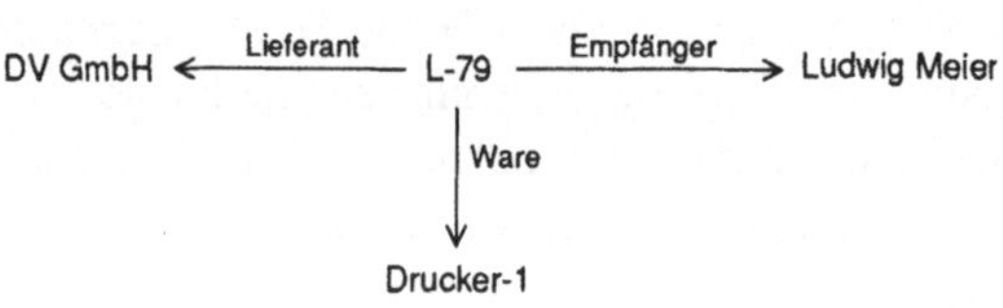

Abbildung 93: Ein semantisches Netz und ein denselben Sachverhalt darstellender Frame

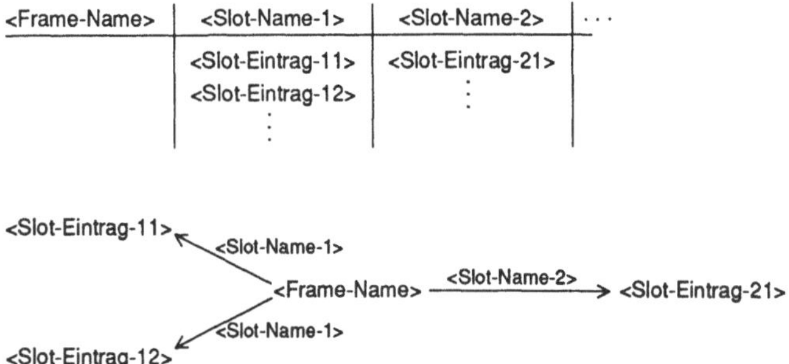

Abbildung 94: Schematische Darstellung einer möglichen Entsprechung zwischen einem Frame und einem semantischen Netz

4.2.1 Eigenschaften

Die Eigenschaften eines Konzepts werden im Frame-Ansatz durch Slot-Einträge dargestellt, wie das Beispiel in Abbildung 95 für die Eigenschaften 'schwach giftig' und 'vollkommen geschützt' illustriert.

Seerose	Giftigkeit	Schutzstatus
	schwach giftig	vollkommen geschützt

Abbildung 95: Repräsentation von Eigenschaften

Die beiden Slots 'Giftigkeit' und 'Schutzstatus' stehen somit für Eigenschaftsklassen und weisen als Einträge Zeichenketten (und keine Frames) auf, die zugehörige Eigenschaften angeben. Wir nennen solche Slots terminale Slots.

Definition: Terminale Slots

Ein Slot, der als Einträge ausschließlich Zeichenketten aufnehmen kann, heißt terminaler Slot. Terminale Slots sind immer einwertig (s.u.).

☐

Terminale Slots sind nach der formalen Frame-Definition (vgl. Kap.4.1) explizit als solche angegeben. In den grafischen Illustrationen sind terminale Slots daran erkennbar, daß sie als Einträge keine Frames aufnehmen können.

Da terminale Slots Eigenschaftsklassen repräsentieren, ist es eine sinnvolle Einschränkung, daß sie nicht mehr als einen Eintrag aufweisen dürfen, weil für eine Eigenschaftsklasse ein Konzept zu einem Zeitpunkt nur einen Eigenschaftswert aufweisen kann. Da eine solche Einschränkung sicherstellt, daß eine Vielzahl unzulässiger Repräsentationen niemals aufgebaut werden kann (vgl. Abb.96), haben wir sie in der obigen Definition terminaler Slots vereinbart. Die Einschränkung auf maximal einen Eintrag für einen Slot ist ein Spezialfall eines allgemeinen Konstrukts zur Einschränkung der Anzahl möglicher Slot-Einträge, das wir noch einführen werden (vgl. Kap.4.2.2). Slots, die höchstens einen Slot-Eintrag besitzen können, nennen wir einwertige Slots.

Definition: Einwertige und mehrwertige Slots

Ein Slot, der maximal einen Eintrag aufnehmen kann, heißt einwertig; alle anderen Slots sind mehrwertige Slots.

□

Seerose	Giftigkeit	Schutzstatus
	schwach giftig ungiftig	vollkommen geschützt

Abbildung 96: Eine widersprüchliche Repräsentation, wie sie durch Vereinbarung der Einwertigkeit terminaler Slots ausgeschlossen werden kann

Sollte in einer Repräsentation der Fall auftreten, daß ein terminaler Slot mehr als einen Eintrag aufzunehmen hätte, so liegt eine inadäquate Modellierung vor. Dies trifft beispielsweise für den Slot 'Telefonnummer' des Frames in Abbildung 97 zu, der terminal ist und als mehrwertig gekennzeichnet ist. Dadurch wäre die Definition eines terminalen Slots verletzt.

Abteilung	Telefonnummer	· · ·
	mehrwertig ⚡	

Abbildung 97: Ein unzulässiger terminaler Slot

Dieser Darstellung liegt der Modellierungsfehler zugrunde, daß eine Telefonnummer genau betrachtet keine Eigenschaft einer Abteilung ist, sondern Eigenschaft eines Telefonanschlusses einer Abteilung. In der korrigierten Darstellung von Abbildung 98 entspricht die (per Definition implizite) Einwertigkeit des terminalen Slots 'Telefonnummer' dem repräsentierten Sachverhalt ('Telefonanschluß' ist nun kein terminaler Slot mehr, da er als Einträge Frames, die Telefonanschlüsse repräsentieren, aufnehmen kann).

Abteilung	Telefonanschluss	· · ·	Telefonanschluss	Telefonnummer	Anschlusstyp	Raum
	mehrwertig					

Abbildung 98: Korrigierte, aus Abbildung 97 abgeleitete Repräsentation

Genauso wäre es inadäquat, einen mehrfarbigen Gegenstand mittels eines terminalen Slots 'Farbe' zu beschreiben, der dann auch wieder mehrwertig sein müßte. Auch in diesem Fall liegt eine falsche Konzeptualisierung vor, da nicht das Konzept insgesamt mehrere Farben gleichzeitig aufweist, sondern verschiedene, in sich einfarbige Partien. Der Konzeptualisierungsfehler ist somit analog zu dem im obigen Beispiel (vgl. auch mit Übungsaufgabe 4). Nur in dem Fall, daß man bewußt eine nicht so exakte Repräsentation vornehmen möchte, würde man die generelle Einwertigkeit terminaler Slots nicht vereinbaren.

Die möglichen Eigenschaftswerte für eine Eigenschaftsklasse werden in einer Frame-Repräsentation durch das Konstrukt der *erlaubten Slot-Einträge* dargestellt (vgl. Abb.99 und Abb.100). Die für jeden Slot vorzusehende Angabe der Menge seiner erlaubten Einträge dient der *Kontrolle von Slot-Füllungen*: Da ein Eintrag für einen Slot nur dann zulässig ist, wenn er dort auch ein erlaubter Eintrag ist, wird so das Schreiben von unzulässigen Einträgen in einen Slot verhindert.

Wir erweitern unsere bisherige Definition eines terminalen Slots als 3-Tupel um die Angabe der erlaubten Slot-Einträge:

Definition: Erlaubte Einträge für terminale Slots

Für einen terminalen Slot (N, SB, SE) setzen wir für die Slot-Beschreibung $SB = (EE)$, wobei EE eine (möglicherweise unendliche) Menge von Zeichenketten ist (diese Menge kann extensional oder intensional festgelegt sein). Für jeden solchen terminalen Slot gilt $EE \supseteq SE$.

□

Seerose	Giftigkeit	Schutzstatus
	erlaubt: { ungiftig, schwach giftig, giftig }	**erlaubt:** { vollkommen geschützt, teilweise geschützt, Sammelverbot, ungeschützt }
	aktuell: { schwach giftig }	**aktuell:** { vollkommen geschützt }

Abbildung 99: Angabe erlaubter Slot-Einträge durch Aufzählung

Hochhaus	Höhe	...
	erlaubt: [100 m, 500 m]	

Abbildung 100: Angabe erlaubter Slot-Einträge durch eine Bereichsangabe

Die Angabe von erlaubten Einträgen sowie von Einträgen (die wir im folgenden zur Unterscheidung auch *aktuelle Einträge* nennen) in unseren grafischen Darstellungen von Frames regelt die folgende Vereinbarung (vgl. auch Abb.99 und Abb.100).

Vereinbarung: Angabe erlaubter und aktueller Slot-Einträge in den grafischen Darstellungen von Frames

Erlaubte Slot-Einträge terminaler Slots werden in einer der folgenden Formen notiert:

- als Aufzählung in der Form '**erlaubt:** { e1, e2, ... }'
- als ganzzahlige Bereichsangabe in der Form '**erlaubt:** [o, u]', mit den Intervallgrenzen o und u; wir lassen zu, daß die Intervallgrenzen eine Maßangabe enthalten (z.B. 100 m), und meinen in solchen Fällen, daß alle Zahlen des angegebenen Intervalls ergänzt um die Maßeinheit die Menge der erlaubten Einträge bilden.

- als Menge von Zeichenketten unter Verwendung des Operators *, der jeweils für eine beliebige Zeichenkette steht; z.B. in der Form '**erlaubt:** { * DM }'
- als intensionale Mengenbeschreibung, z.B. in der Form
'**erlaubt:** { w | ist-zahl(w) }'

Aktuelle Slot-Einträge terminaler Slots (sowie nicht-terminaler Slots, wie wir noch sehen werden) werden in der folgenden Form notiert: '**aktuell:** { e1, e2, ... }'

☐

Wir können nun die Bedeutung terminaler Slots definieren, indem wir ihre Interpretation auf der Wissensebene angeben. Dazu verwenden wir, wie schon für semantische Netze geschehen, das Wissensebenenprädikat $hat\text{-}eigenschaft(k,e,w)$, das wahr ist genau dann, wenn das Konzept k für die Eigenschaftsklasse e den Eigenschaftswert w aufweist.

Definition: Bedeutung terminaler Slots

Die Existenz eines terminalen Slots des Namens s für einen Frame des Namens f[62] zeigen wir im folgenden durch das Prädikat $hat\text{-}tslot(f,s)$ an. Für einen Frame, der eine Konzeptklasse repräsentiert (für einen solchen Frame ist $klasse(f)$ wahr), stellt ein solcher Slot eine Allaussage über alle Klassenelemente dar:

$$\forall f,s : \big(klasse(f) \wedge hat\text{-}tslot(f,s) \Rightarrow \forall i : \big(instanz\text{-}von(i,f) \Rightarrow \\ \exists e \in erlaubte\text{-}einträge(f,s) : hat\text{-}eigenschaft(i,s,e)\big)\big) \tag{1}$$

$$\forall f,s : \big(klasse(f) \wedge hat\text{-}tslot(f,s) \Rightarrow \\ \forall i : \big(instanz\text{-}von(i,f) \Rightarrow \\ \forall e \in einträge(f,s) : hat\text{-}eigenschaft(i,s,e)\big)\big) \tag{2}$$

Dabei steht $einträge(f,s)$ für die Menge der Einträge im Slot s des Frames f und $erlaubte\text{-}einträge(f,s)$ für die Menge der Einträge, die für den Slot s des Frames f zulässig sind.

Analog wird die Existenz eines terminalen Slots für einen Frame, der ein Individualkonzept repräsentiert (für einen solchen Frame ist $individuum(f)$ wahr), interpretiert:

$$\forall f,s : \big(individuum(f) \wedge hat\text{-}tslot(f,s) \Rightarrow \\ \exists e : \big((einträge(f,s) = \{e\} \vee \\ einträge(f,s) = \emptyset \wedge e \in erlaubte\text{-}einträge(f,s)) \wedge \\ hat\text{-}eigenschaft(f,s,e)\big)\big) \tag{3}$$

☐

Aus der obigen Definition folgt, daß ein leerer terminaler Slot eines Frames, der ein Individualkonzept repräsentiert, so zu interpretieren ist, daß der Slot-Eintrag unbekannt und die Repräsentation somit unvollständig ist. Die alternative Interpretationsmöglichkeit, daß ein solcher Slot leer ist, weil er für das betreffende Individualkonzept irrelevant ist, ist ausgeschlossen, da sonst ein Widerspruch zu Axiom (3) der obigen Definition entstehen würde[63].

4.2.2 Semantische Beziehungen

Semantische Beziehungen können in einer Frame-Repräsentation auf zweierlei Weise repräsentiert werden. Prinzipiell möglich, aber untypisch ist ihre Darstellung durch Beziehungskanten zwischen den betroffenen Frames. Trotzdem werden wir für die Spezialisierungsbeziehungen diese Variante aus Gründen der Übersichtlichkeit wählen (vgl. Abb.109 auf S.177).

Die andere Möglichkeit, semantische Beziehungen zu repräsentieren, ist die für Frame-Repräsentationen typische. Sie besteht in der Modellierung eines Slots. Der Slot-Name bezeichnet dann im einfachsten Fall den Beziehungstyp, während ein Slot-Eintrag ein Konzept, zu dem die Beziehung besteht, angibt. So stehen in Abbildung 101 alle Slots des Frames 'Seerose' für semantische Beziehungen, und zwar zwischen dem Konzept 'Seerose' und den Konzepten 'Blatt', 'Stengel', 'Wurzel' und 'Blüte' (die in Abb.101 lediglich durch ihre Namen angegeben sind: s.u.).

Seerose	hat-teil	hat-mögliches-teil
	aktuell: { Blatt, Stengel, Wurzel }	**aktuell:** { Blüte }

Abbildung 101: Slots, die semantische Beziehungen zwischen Konzepten repräsentieren

Slots, die semantische Beziehungen anzeigen, weisen als Slot-Einträge immer Frames auf, da nur Frames Konzepte repräsentieren. Wir wollen Slots, deren Einträge Frames sein können, nicht-terminale Slots nennen.

---

[63] Daß manche Frame-Sprachen diese zweite Interpretationsmöglichkeit zulassen und Sprachmittel bereitstellen, das Vorliegen dieses Falles anzuzeigen, ohne dessen Zulässigkeit in der Klassenbeschreibung schon vorzusehen, ist als ein Indiz für ihre unzureichend festgelegte Semantik zu werten.

Definition: Nicht-terminale Slots

> Ein Slot, der als Einträge ausschließlich Frames aufnehmen kann, heißt nicht-terminaler Slot.
>
> □

Im obigen Beispiel sind im Gegensatz zu Abbildung 93 die Slot-Einträge nicht als Frames illustriert, sondern es sind nur die Frame-Namen angegeben. Dies ist natürlich zunächst ein Unterschied, der rein die graphische Darstellung betrifft, der jedoch auch als Darstellungsunterschied auf der Symbolebene interpretiert werden kann: Ein als Slot-Eintrag auftretender Frame kann entweder durch die gesamte Frame-Struktur oder nur durch eine Namensreferenz auf diese Frame-Struktur in dem betreffenden Slot realisiert sein.

Die Verwendung von Frame-Namen statt Frame-Strukturen als Einträge in nicht-terminalen Slots wird immer dann notwendig, wenn unendlich tiefe Frame-Schachtelungen zu vermeiden sind. Solche Schachtelungen treten immer dann auf, wenn zwei Frames wechselseitig Bezug aufeinander nehmen. Ein Beispiel zeigt Abbildung 102. Verwendet man in einem solchen Fall statt Frame-Namen Frame-Strukturen als Slot-Einträge, entsteht eine unendliche Schachtelung. Abbildung 103 deutet dies an. Die Rekursionspunkte sind dort durch Kursivschrift kenntlich gemacht[64]. Obwohl solche wechselseitigen Frame-Bezüge prinzipiell vermeidbar sind (in Abb. 102 durch Streichen des Slots 'Hersteller), werden sie doch häufig benötigt, um den semantischen Kontext eines Konzepts zu repräsentieren. So drückt in Abbildung 102 die Existenz des Slots 'Hersteller' einen wesentlichen inhaltlichen Aspekt des Konzepts 'PC-X1' aus, der zwar im Frame 'PC GmbH' schon indirekt erfaßt ist, aber für eine objektzentrierte Repräsentation des Konzepts 'PC-X1' auch Teil dessen Repräsentation sein muß. Zur Vermeidung unendlicher Schachtelungen legen wir deshalb fest, daß ausschließlich Frame-Namen als Slot-Einträge auftreten. Ein weiterer, wichtiger Vorteil einer solchen Vereinbarung besteht in der Redundanzvermeidung, da so gleiche Frame-Strukturen nicht mehrfach gehalten werden müssen (vgl. den Frame 'PC-Laufwerk' in Abb. 103).

Definition: Einträge nicht-terminaler Slots

> Unter Modifikation der ursprünglichen Frame-Definition in Kapitel 4.1 legen wir fest, daß die Einträge nicht-terminaler Slots nicht Frame-Strukturen, sondern Frame-Namen sind, die stellvertretend für die entsprechenden Frame-Strukturen stehen.
>
> □

---

[64] Auf der Wissensebene ist der Unterschied zwischen einem Frame-Namen und einer Frame-Struktur als Slot-Eintrag natürlich nicht sichtbar.

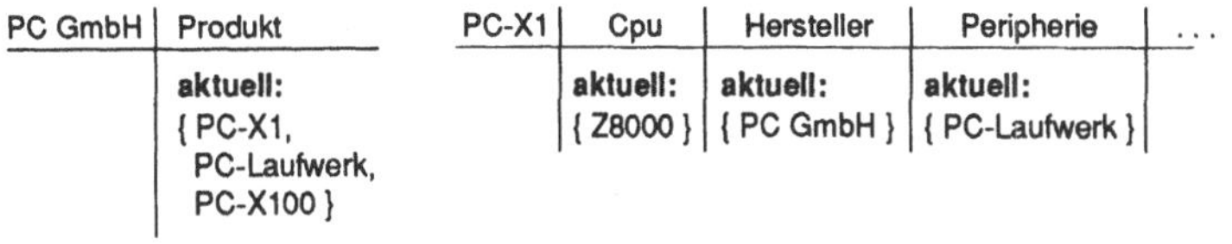

PC GmbH	Produkt

	aktuell:
	{ PC-X1,
	  PC-Laufwerk,
	  PC-X100 }

PC-X1	Cpu	Hersteller	Peripherie	. . .
	aktuell: { Z8000 }	**aktuell:** { PC GmbH }	**aktuell:** { PC-Laufwerk }	

Abbildung 102: Zwei Frames mit gegenseitigem Bezug aufeinander

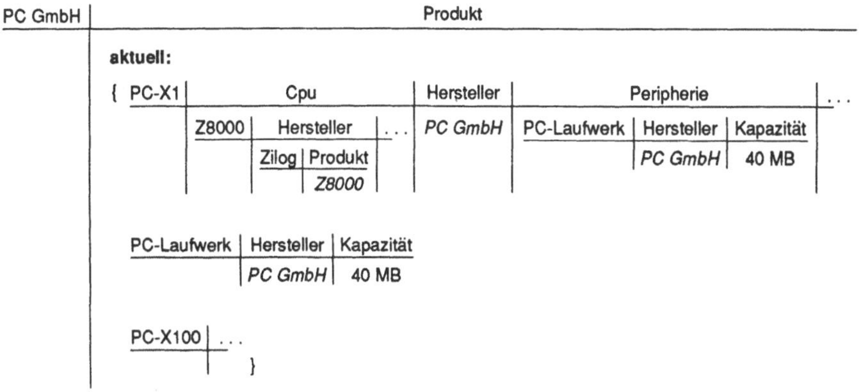

Abbildung 103: Unendliche Schachtelung von Frame-Strukturen

Ebenso wie für terminale Slots muß auch für nicht-terminale Slots die Menge der
erlaubten Einträge angegeben werden. Dies kann prinzipiell durch Aufzählung (also
extensional) erfolgen oder durch die Spezifizierung von Bedingungen, denen ein Eintrag
genügen muß (also intensional). Sinnvoll ist nur der zweite Fall, da man die Angaben zu
den zulässigen Frames unabhängig von deren aktueller Existenz in einer Wissensbasis
machen möchte. Eine entsprechende Erweiterung des in Abbildung 101 angegebenen
Frames 'Seerose' ergibt die Darstellung in Abbildung 104. Für beide Slots ist die
Menge der erlaubten Einträge intensional festgelegt als die Menge aller Frames, die
spezifischer sind als die Konzeptklasse 'Ding' (durch das Prädikat *is-a*), sowie aller zu
dieser Klasse gehörenden Individualkonzepte (durch das Prädikat *instanz-von*). Warum
als Einträge auch Frames zugelassen sind, die Konzeptklassen repräsentieren, werden
wir im Kapitel zur Konzeptspezialisierung verdeutlichen. Ferner ist darauf hinzuweisen,
daß wir uns der Prädikatenlogik bedient haben, um die Bedingungen für die erlaubten
Einträge zu formulieren. Für das in beiden Slots gleiche Spezifikationsmuster kann
man stattdessen auch ein spezielles Repräsentationskonstrukt vordefinieren und damit
die logischen Formeln vermeiden. Läßt man dagegen beliebige Formeln zu, verwendet
man innerhalb einer Frame-Repräsentation als zweites Repräsentationsformat Logik und
gelangt damit zu einer hybriden Repräsentation (vgl. Kap.4.2.6.1).

Seerose	hat-teil	hat-mögliches-teil
	erlaubt:	**erlaubt:**
	$\{k \mid$ is-a(k, Ding) $\vee$	$\{k \mid$ is-a(k, Ding) $\vee$
	instanz-von(k, Ding) $\}$	instanz-von(k, Ding) $\}$
	aktuell:	**aktuell:**
	$\{$ Blatt, Stengel, Wurzel $\}$	$\{$ Blüte $\}$

Abbildung 104: Festlegung erlaubter Einträge für nicht-terminale Slots

Definition: Erlaubte Einträge nicht-terminaler Slots

Für einen nicht-terminalen Slot (N, SB, SE) setzen wir für die Slot-Beschreibung $SB = (EE)$. Dabei ist EE eine Menge von Frame-Namen (die in der Regel intensional definiert, also von der Form $\{k \mid p(k)\}$ ist, wobei $p(k)$ eine beliebige prädikatenlogische Formel mit der freien Variable k ist). Für jeden solchen nicht-terminalen Slot gilt $EE \supseteq SE$.

$\square$

Viele Frame-Modelle unterstützen ein Konstrukt zur Festlegung der Anzahl an Einträgen, die ein Slot mindestens und höchstens aufweisen darf. Entsprechend erweitern wir erneut die Definition eines nicht-terminalen Slots (terminale Slots sind davon nicht betroffen, da wir sie ja als einwertig festgelegt hatten).

Definition: Einschränkung der Kardinalität der Menge von Einträgen in einem nicht-terminalen Slot

Wir erweitern die Slot-Beschreibung SB eines nicht-terminalen Slots (N, SB, SE) um die Angabe $KARD = (U, O)$ der minimalen Anzahl U und maximalen Anzahl O an Slot-Einträgen: $SB = (EE, KARD)$. Der zugehörige Slot ist dann entweder völlig leer (weil er z.B. zu einer Klassenbeschreibung gehört, wo noch keine Einträge spezifiziert sind) oder weist die entsprechende Anzahl an Einträgen auf ($|m|$ steht für die Anzahl an Elementen in der Menge m):

$$|SE| = 0 \vee U \leq |SE| \leq O$$

$\square$

Für die grafischen Darstellungen von Frames in diesem Buch vereinbaren wir:

Vereinbarung: Kardinalitätsangaben

Eine Kardinalitätsangabe für einen Slot schreiben wir in der Form '**kard:** u,o', wobei u für die untere und o für die obere Grenze steht. Liegt für einen Slot keine explizite Angabe vor, dann gilt im Falle eines terminalen Slots '**kard:** 1,1' (entspricht dem Fall eines einwertigen Slots) und im Falle nicht-terminaler Slots '**kard:** 1,∞' (entspricht dem Fall eines mehrwertigen Slots).

□

Abbildung 105 illustriert die Repräsentation eines Rechners mit zwei Mikroprozessoren als Cpu.

DRechner	Cpu	. . .
	kard: 2,2	
	erlaubt:	
	{ k | is-a(k, Mikroprozessor) ∨	
	instanz-von(k, Mikroprozessor) }	

Abbildung 105: Ein Beispiel für eine Kardinalitätsangabe

Nachdem wir nun das Konstrukt eines nicht-terminalen Slots eingeführt haben, wollen wir im verbleibenden Teil dieses Kapitels sowie im folgenden Kapitel zu Rollen insgesamt drei Typen nicht-terminaler Slots unterscheiden. Betrachten wir dazu den Frame in Abbildung 106. Dort ist für den Slot 'Gewässer' der Name der Konzeptklasse, die die erlaubten Einträge bestimmt, identisch mit dem Slot-Namen. Da sich der Slot-Name somit auf eine Konzeptklasse bezieht, zeigt der Slot keine semantische Beziehung bestimmten Typs an. Er gibt vielmehr eine Klasse von Konzepten an, die mit der durch den Frame beschriebenen Konzeptklasse in einer Beziehung stehen, deren Art nicht näher spezifiziert ist. Ein Eintrag in diesem Slot steht entweder für ein Individualkonzept aus der durch den Slot bezeichneten Konzeptklasse, zu dem die nicht näher spezifizierte Beziehung besteht, oder gibt eine speziellere Konzeptklasse an, zu der die Beziehung besteht (im Beispiel die Teilklasse 'ruhiges Gewässer'). Einen nicht-terminalen Slot dieser Art nennen wir assoziativen Slot.

Seerose	Gewässer	hat-teil	hat-mögliches-teil
	erlaubt:	**erlaubt:**	**erlaubt:**
	{ k | is-a(k, Gewässer) ∨	{ k | is-a(k, Ding) ∨	{ k | is-a(k, Ding) ∨
	instanz-von(k, Gewässer) }	instanz-von(k, Ding) }	instanz-von(k, Ding) }
	aktuell:	**aktuell:**	**aktuell:**
	{ ruhiges Gewässer }	{ Blatt, Stengel, Wurzel }	{ Blüte }

Abbildung 106: Ein Frame mit zwei unterschiedlichen Typen nicht-terminaler Slots

Definition: Assoziative Slots

Ein nicht-terminaler Slot, dessen Name dem Namen einer Konzeptklasse entspricht (bezogen auf eine gegebene Repräsentation) und dessen erlaubte Einträge Unterbegriffe dieser Klasse oder Elemente davon sind, heißt *assoziativer Slot*. Formal: Ein Slot (N, SB, SE) mit $SB = (EE, \ldots)$ heißt assoziativ genau dann, wenn

$$klasse(N) \wedge \forall e \in EE : (\textit{is-a}(e, N) \vee \textit{instanz-von}(e, N))$$

Dabei ist $klasse(f)$ wahr genau dann, wenn der Frame mit Namen f eine Konzeptklasse repräsentiert. Die Bedeutung eines assoziativen Slots s eines Frames f, der eine Konzeptklasse beschreibt, legen wir durch die folgenden Axiome, die eine Interpretation auf der Wissensebene angeben, fest. Dabei steht das für semantische Netze schon verwendete Wissensebenenprädikat $bez(b, i, j)$ für eine semantische Beziehung des Typs b vom Konzept i zum Konzept j. $einträge(f, s)$ steht für die (Namen der) Frames, die als Einträge im Slot s eines Frames f auftreten, und $erlaubte\text{-}einträge(f, s)$ für die (Namen der) Frames, die erlaubte Einträge sind. Ferner ist $individuum(f)$ wahr genau dann, wenn f ein Individualkonzept repräsentiert. Die Existenz eines assoziativen Slots s für einen Frame f zeigen wir durch das Prädikat $hat\text{-}aslot(f, s)$ an.

$$
\begin{aligned}
\forall f, s : \big(klasse(f) &\wedge hat\text{-}aslot(f, s) \Rightarrow \\
\exists b : \forall i : &(instanz\text{-}von(i, f) \Rightarrow \\
&\exists j : (individuum(j) \wedge j \in erlaubte\text{-}einträge(f, s) \wedge \\
&\quad bez(b, i, j))))
\end{aligned}
\tag{1}
$$

$$
\begin{aligned}
\forall f, s : \big(klasse(f) &\wedge hat\text{-}aslot(f, s) \Rightarrow \\
\exists b : \forall e &\in einträge(f, s) : \\
\forall i : &(instanz\text{-}von(i, f) \Rightarrow \\
&\exists j : ((klasse(e) \wedge instanz\text{-}von(j, e) \vee \\
&\quad individuum(e) \wedge j = e) \wedge bez(b, i, j))))
\end{aligned}
\tag{2}
$$

Wir ergänzen verbal, daß für einen gegebenen assoziativen Slot der Beziehungstyp b in beiden Axiomen derselbe ist und daß (wie schon für semantische Netze) als Belegungen für b die Beziehungstypen 'is-a', 'instanz-von' und 'maye-be-a' ausgeschlossen sind. Für einen assoziativen Slot eines Frames, der ein Individualkonzept beschreibt, gelten analog die folgenden beiden Axiome:

$$
\begin{aligned}
\forall f, s : (individuum(f) &\wedge hat\text{-}aslot(f, s) \Rightarrow \\
\exists b, j : (individuum(j) &\wedge j \in erlaubte\text{-}einträge(f, s) \wedge \\
&bez(b, f, j)))
\end{aligned}
\tag{3}
$$

$$\forall f, s : (individuum(f) \wedge hat\text{-}aslot(f, s) \Rightarrow$$
$$\exists b : \forall e \in einträge(f, s) :$$
$$\exists j : ((klasse(e) \wedge instanz\text{-}von(j, e) \vee$$
$$individuum(e) \wedge j = e) \wedge bez(b, f, j))) \tag{4}$$

$\square$

Auch für assoziative Slots (und ebenso für alle anderen Typen nicht-terminaler Slots) folgt aus ihrer Definition, daß das Fehlen eines Slot-Eintrags im Falle eines Frames, der ein Individualkonzept repräsentiert, nur bedeuten kann, daß eine entsprechende Angabe unbekannt ist, aber nicht, daß ein solcher Slot für das betreffende Individualkonzept irrelevant ist.

Neben dem assoziativen Slot 'Gewässer' weist Abbildung 106 den nicht-terminalen Slot 'hat-teil' auf, der eine Teil-von-Beziehung repräsentiert. Einen solchen Slot nennen wir Relationen-Slot.

Definition: Relationen-Slots

Ein nicht-terminaler Slot, dessen Name keine Konzeptklasse und kein Individualkonzept identifiziert (bezogen auf eine gegebene Repräsentation), heißt *Relationen-Slot*. Der Slot-Name wird als Name einer semantischen Beziehung interpretiert. Formal: Ein Slot (N, SB, SE) heißt Relationen-Slot genau dann, wenn (die Prädikate *klasse* und *individuum* haben wir oben schon eingeführt):

$$\neg klasse(N) \wedge \neg individuum(N)$$

Die Bedeutung eines Relationen-Slots s eines Frames f, der eine Konzeptklasse beschreibt, ist durch die folgenden Axiome, die wiederum eine Interpretation auf der Wissensebene angeben, festgelegt (das Prädikat *bez* steht erneut für eine semantische Beziehung zwischen zwei Konzepten). Das Vorliegen eines Relationen-Slots s für einen Frame f geben wir durch das Prädikat $hat\text{-}relslot(f, s)$ an.

$$\forall f, s : (klasse(f) \wedge hat\text{-}relslot(f, s) \Rightarrow$$
$$\forall i : (instanz\text{-}von(i, f) \Rightarrow$$
$$\exists j : (individuum(j) \wedge j \in erlaubte\text{-}einträge(f, s) \wedge$$
$$bez(s, i, j)))) \tag{1}$$

$$\forall f, s : (klasse(f) \wedge hat\text{-}relslot(f, s) \Rightarrow$$
$$\forall e \in einträge(f, s) :$$
$$\forall i : (instanz\text{-}von(i, f) \Rightarrow$$
$$\exists j : ((klasse(e) \wedge instanz\text{-}von(j, e) \vee$$
$$individuum(e) \wedge j = e) \wedge bez(s, i, j)))) \tag{2}$$

Für einen Relationen-Slot eines Frames, der ein Individualkonzept beschreibt, gelten die folgenden Axiome:

$$\forall f, s : (individuum(f) \land \textit{hat-relslot}(f, s) \Rightarrow$$
$$\exists j : (individuum(j) \land j \in \textit{erlaubte-einträge}(f, s) \land \tag{3}$$
$$bez(s, f, j)))$$

$$\forall f, s : (individuum(f) \land \textit{hat-relslot}(f, s) \Rightarrow$$
$$\forall e \in einträge(f, s) :$$
$$\exists j : ((klasse(e) \land \textit{instanz-von}(j, e) \lor \tag{4}$$
$$individuum(e) \land j = e) \land bez(s, f, j)))$$

□

Die erlaubten Einträge für die in Abbildung 106 gegebenen Slots 'hat-teil' und 'hat-mögliches-teil' sind durch die Konzeptklasse 'Ding' festgelegt. Diese Angabe ist extrem unspezifisch, und es ist eine Einengung, die der Bedeutung des Konzepts 'Seerose' Rechnung trägt, angebracht. Bemerkenswert ist nun, daß man im gleichen Zuge den Slot 'hat-mögliches-teil' wegfallen lassen kann und stattdessen den durch ihn repräsentierten Sachverhalt durch einen entsprechenden erlaubten Eintrag im Slot 'hat-teil' darstellt, der nicht als aktueller Eintrag auftritt. Daraus ergibt sich der Vorteil, daß im Gegensatz zur ursprünglichen Repräsentation, wo die spezielle Semantik des Slots 'hat-mögliches-teil' nicht vorlag, seine Bedeutung nun durch die Bedeutung des Slots 'hat-teil' festgelegt ist. Es ergibt sich der Frame in Abbildung 107.

Seerose	Gewässer	hat-teil

	erlaubt:
	{ k | is-a(k, Gewässer) v
	    instanz-von(k, Gewässer) }
	
	aktuell:
	{ ruhiges Gewässer }
		erlaubt:
		{ k | (is-a(k, m) v
		    instanz-von(k, m)) $\land$
		    $m \in$ { Blüte, Blatt,
		        Stengel, Wurzel } }
		
		aktuell:
		{ Blatt, Stengel, Wurzel }

Abbildung 107: Darstellung aktueller und möglicher Teil-von-Beziehungen durch den Slot 'hat-teil'

Durch Relationen-Slots können auch Spezialisierungsbeziehungen dargestellt werden (vgl. Abb.108). Da Spezialisierungsbeziehungen in vielen Frame-Sprachen aus den Beschreibungen der betreffenden Konzepte inferiert und nicht explizit vorgegeben werden (vgl. Kap.4.2.4) sowie aus Gründen der größeren Übersichtlichkeit werden wir Spezialisierungsbeziehungen im folgenden durch Beziehungskanten angeben (wie in Abb.109 für die Instanz-von-Beziehungen).

Seerose	Gewässer	hat-teil	is-a
	erlaubt: $\{k \mid$ is-a$(k,$ Gewässer$)$ v instanz-von$(k,$ Gewässer$)\}$	**erlaubt:** $\{k \mid$ is-a$(k,$ Ding$)$ v instanz-von$(k,$ Ding$)\}$	**System-Slot** **erlaubt:** $\{k \mid$ klasse$(k)\}$
	aktuell: $\{$ ruhiges Gewässer $\}$	**aktuell:** $\{$ Blatt, Stengel, Wurzel $\}$	**aktuell:** $\{$ Teichrosengewächs $\}$

Zwerg-Teichrose	Gewässer	hat-teil	is-a
	erlaubt: $\{k \mid$ is-a$(k,$ Gewässer$)$ v instanz-von$(k,$ Gewässer$)\}$	**erlaubt:** $\{k \mid$ is-a$(k,$ Ding$)$ v instanz-von$(k,$ Ding$)\}$	**System-Slot** **erlaubt:** $\{k \mid$ klasse$(k)\}$
	aktuell: $\{$ stehendes Gewässer $\}$	**aktuell:** $\{$ Blatt, Stengel, Wurzel $\}$	**aktuell:** $\{$ Teichrosengewächs $\}$

Abbildung 108: Durch Relationen-Slots dargestellte Is-a-Beziehungen zu 'Teichrosengewächs'[65]

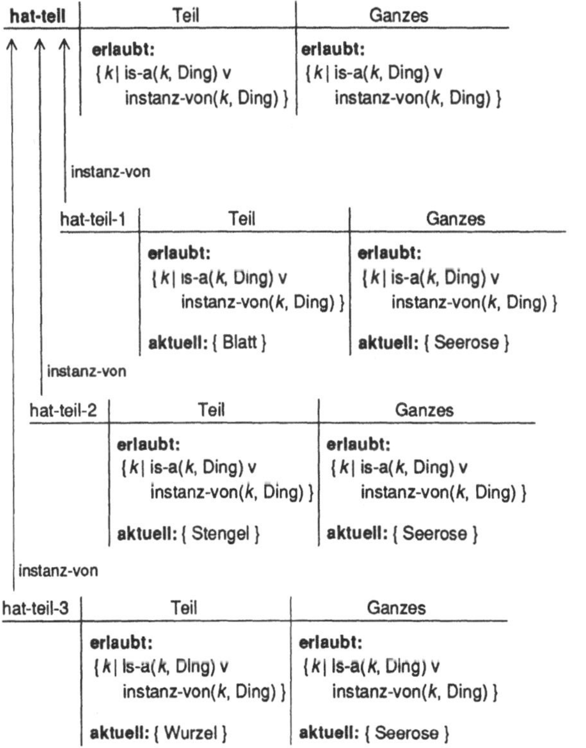

Abbildung 109: Darstellung von Teil-von-Beziehungen durch Frames

---

[65] Das schon vielfach verwendete Prädikat $klasse(k)$ ist wahr genau dann, wenn k eine Konzeptklasse

Schließlich kann man semantische Beziehungen auch als Konzepte auffassen und deshalb durch Frames darstellen. Wie dies für die in Abbildung 107 dargestellten Teil-von-Beziehungen aussehen würde, zeigt Abbildung 109. Man sieht, daß für jede Teil-von-Beziehung ein eigener Frame notwendig ist. Diese Art der Repräsentation ist jedoch nur dann sinnvoll, wenn eine Beziehung tatsächlich als Konzept aufgefaßt werden soll oder wenn die Beziehung mehr als zweistellig ist (vgl. Abb.110). In den anderen Fällen ist diese Art der Darstellung viel zu aufwendig, und sie verschenkt den mit dem Frame-Format verbundenen Vorteil der objektzentrierten Repräsentation.

Übermittlung	Absender	Empfänger	Nachricht	Medium	Dringlichkeit
	erlaubt: $M1$	erlaubt: $M1$	erlaubt: $M2$	erlaubt: $M3$	erlaubt: $M4$

$M1 = \{ k\mid \text{is-a}(k, \text{Person}) \vee \text{instanz-von}(k, \text{Person}) \}$

$M2 = \{ k\mid \text{is-a}(k, \text{Nachricht}) \vee \text{instanz-von}(k, \text{Nachricht}) \}$

$M3 = \{ k\mid \text{is-a}(k, \text{Medium}) \vee \text{instanz-von}(k, \text{Medium}) \}$

$M4 = \{ \text{dringend, schnell, gelegentlich} \}$

Abbildung 110: Die vierstellige Beziehung 'Übermittlung' mit der Eigenschaftsklasse 'Dringlichkeit'

Um die grafischen Frame-Darstellungen im folgenden möglichst übersichtlich zu halten, treffen wir die folgende Vereinbarung (vgl. Abb.111):

Vereinbarung: Vererbung der Festlegung erlaubter Slot-Einträge

Für Frames, die Individualkonzepte repräsentieren, werden die Festlegungen der erlaubten Slot-Einträge in den grafischen Darstellungen nicht explizit angegeben, sondern es wird angenommen, daß sie von der (spezifischsten) zugehörigen Klassenbeschreibung geerbt werden.

□

4.2.3 Rollen

In diesem Kapitel führen wir *Rollen-Slots* als dritten Typ nicht-terminaler Slots ein (nach assoziativen Slots und Relationen-Slots). Rollen-Slots treten immer dann auf, wenn eine semantische Beziehung als ein Konzept aufgefaßt und durch einen Frame repräsentiert wird. Als Beispiel zeigt Abbildung 111 den Frame 'email-Teilnahme', der eine Person und ein Email-Netz in Beziehung setzt. Der Slot 'email-Teilnehmer' repräsentiert die Rolle, die mit einer Person in dieser Beziehung verbunden ist, während der Slot 'email-Netz' ein assoziativer Slot ist. Der Frame 'email-Teilnahme-1' repräsentiert eine Beziehungsausprägung. Durch den Eintrag des Frames 'Person-1' in den Slot 'email-Teilnehmer' des Frames 'email-Teilnahme-1' erhält 'Person-1' die

---

repräsentiert. Die Kennzeichnung der Slots 'is-a' als System-Slots bedeutet, daß sie eine spezielle, von anderen Slots abweichende Bedeutung haben, die im Rahmen der Spezifikation eines Is-a-Slots als Repräsentationskonstrukt festgelegt ist.

Rolle eines Email-Teilnehmers zugewiesen. Die Rollenzuweisung erfolgt in der Frame-Repräsentation durch das Einbringen einer zusätzlichen Instanz-von-Kante zu dem Frame, der das Konzept repräsentiert, welches die Rolle näher beschreibt (im Beispiel 'email-Teilnehmer'). Die rollenspezifischen Beschreibungsmerkmale werden dann mittels Vererbung weitergegeben. So erhält in Abbildung 111 der Frame 'Person-1' den rollenspezifischen Slot 'email-Adresse' zugewiesen. Durch Slot-Füllung wird die Ausprägung dieses rollenspezifischen Merkmals angegeben. Die Tatsache, daß ein Element der Konzeptklasse 'Person' die Rolle eines Email-Teilnehmers annehmen kann, ist durch den Slot 'may-be-a' des Frames 'Person' repräsentiert, der als System-Slot gekennzeichnet ist, weil seine Bedeutung im Rahmen der Definition eines May-be-a-Slots als Repräsentationskonstrukt festgelegt ist (siehe weiter unten). Der Mechanismus für die Repräsentation von Rollen entspricht dem für semantische Netze schon diskutierten (vgl. Kap.3.2.8). Ebenso wurde dort die Semantik der May-be-a-Beziehung schon definiert.

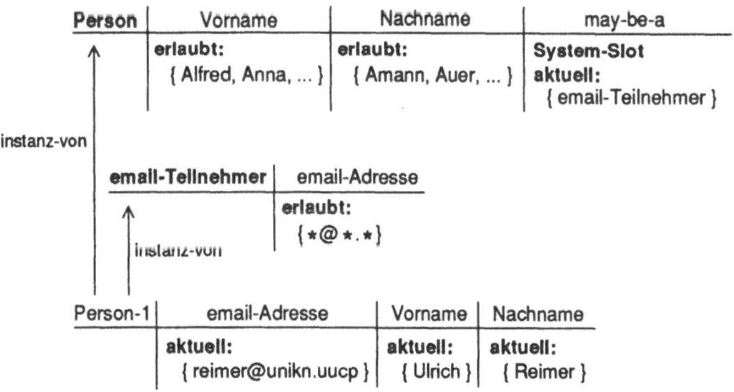

Abbildung 111: Beispiel für eine Rollenrepräsentation

Definition: Rollen-Slot

Ein nicht-terminaler Slot (N, SB, SE) mit $SB = (EE, \ldots)$ ist ein Rollen-Slot genau dann, wenn der Slot-Name eine Konzeptklasse angibt, die als mögliche Rolle für die Frames, die als erlaubte Einträge für diesen Slot zugelassen sind, spezifiziert ist. Formal:

$$klasse(N) \wedge \forall e \in EE :$$
$$\exists k : (may\text{-}be\text{-}a(k, N) \wedge (is\text{-}a(e, k) \vee instanz\text{-}von(e, k)))$$

Dabei wurde das Prädikat $may\text{-}be\text{-}a$, das eine May-be-a-Beziehung zwischen zwei Konzepten anzeigt, in Kapitel 3.2.8 schon definiert. Die Bedeutung eines Rollen-Slots s eines Frames f, der eine Konzeptklasse repräsentiert, ist durch die folgenden Axiome festgelegt, von denen die ersten vier den Axiomen für assoziative Slots analog sind (die dazu verwendeten Prädikate und Funktionen wurden im vorigen Kapitel eingeführt). Das Prädikat $hat\text{-}rollenslot(f, s)$ ist dabei genau dann wahr, wenn der Frame f den Rollen-Slot s besitzt. Als Belegungen für b schließen wir wieder die Spezialisierungsbeziehungen und die May-be-a-Beziehung aus.

$$\forall f, s : \big(klasse(f) \wedge hat\text{-}rollenslot(f, s) \Rightarrow$$
$$\exists b : \forall i : (instanz\text{-}von(i, f) \Rightarrow$$
$$\exists j : (individuum(j) \wedge j \in erlaubte\text{-}einträge(f, s) \wedge$$
$$bez(b, i, j)))) \tag{1}$$

$$\forall f, s : \big(klasse(f) \wedge hat\text{-}rollenslot(f, s) \Rightarrow$$
$$\exists b : \forall e \in einträge(f, s) :$$
$$\forall i : (instanz\text{-}von(i, f) \Rightarrow$$
$$\exists j : ((klasse(e) \wedge instanz\text{-}von(j, e) \vee$$
$$individuum(e) \wedge j = e) \wedge bez(b, i, j)))) \tag{2}$$

Für einen Rollen-Slot eines Frames, der ein Individualkonzept beschreibt, ergeben sich die folgenden Axiome:

$$\forall f, s : (individuum(f) \wedge hat\text{-}rollenslot(f, s) \Rightarrow$$
$$\exists b, j : (individuum(j) \wedge j \in erlaubte\text{-}einträge(f, s) \wedge$$
$$bez(b, f, j))) \tag{3}$$

$$\forall f, s : (individuum(f) \wedge hat\text{-}rollenslot(f, s) \Rightarrow$$
$$\exists b : \forall e \in einträge(f, s) :$$
$$\exists j : ((klasse(e) \wedge instanz\text{-}von(j, e) \vee$$
$$individuum(e) \wedge j = e) \wedge bez(b, f, j))) \tag{4}$$

Die obigen vier Axiome entsprechen denen für assoziative Slots. Charakteristisch für einen Rollen-Slot ist nun das folgende Axiom, das sowohl für Klassenbeschreibungen als auch für Repräsentationen von Individualkonzepten gilt:

$$\forall f, s : (hat\text{-}rollenslot(f, s) \Rightarrow \\ \forall e \in einträge(f, s) : (individuum(e) \Rightarrow instanz\text{-}von(e, s))) \tag{5}$$

□

Zur obigen Definition ist anzumerken, daß Axiom (5) verlangt, daß ein Frame, der als Eintrag in einem Rollen-Slot auftritt und ein Individualkonzept repräsentiert, die durch den Slot angegebene Rolle auch tatsächlich einnimmt, also zu der Konzeptklasse gehört (desselben Namens wie der Rollen-Slot), die die Rolle beschreibt.

Wir haben im Kapitel zu semantischen Netzen die May-be-a-Beziehung als ein Repräsentationskonstrukt aufgefaßt. Wir wollen dies auch für Frame-Repräsentationen tun und führen deshalb das Konstrukt eines May-be-a-Slots ein.

Definition: May-be-a-Slot

Ein Slot mit dem Namen 'may-be-a' zeigt eine May-be-a-Beziehung an, wie sie in Kapitel 3.2.8 definiert wurde. Entsprechend der dortigen Definition sind die Einträge in einem solchen Slot auf Konzeptklassen eingeschränkt, und der Slot vererbt sich auf alle untergeordneten Konzeptklassen. Formal:

$$\forall f, s : ((klasse(f) \land hat\text{-}slot(f, s) \land s = \text{may-be-a}) \Rightarrow \\ (erlaubte\text{-}einträge(f, s) = \{k \mid klasse(k)\} \land \\ \forall e \in einträge(f, s) : may\text{-}be\text{-}a(f, e)))$$

□

Vereinbarung: May-be-a-Slot

Zur Verdeutlichung, daß es sich bei einem May-be-a-Slot um einen vordefinierten Slot-Typ handelt, kennzeichnen wir ihn in den grafischen Frame-Darstellungen als System-Slot. Ferner geben wir geerbte May-be-a-Slots dort nicht explizit an.

□

Obwohl wir zu Beginn dieses Kapitels davon gesprochen haben, daß Rollen-Slots in Frames auftreten, die semantische Beziehungen repräsentieren, läßt sich die Existenz eines Rollen-Slots verallgemeinern und als Aussage zur Existenz einer semantischen Beziehung wie im Falle eines assoziativen Slots interpretieren. Deshalb gleichen die Axiome (1) bis (4) in der Definition eines Rollen-Slots den Axiomen für einen assoziativen Slot. Insbesondere ist es somit völlig gleich, ob wir den Frame, zu dem ein Rollen-Slot gehört, als semantische Beziehung auffassen können oder nicht. Abbildung 112 illustriert dies für die Rolle einer Cpu, die ein Mikroprozessor annimmt, wenn er in einer bestimmten, nicht näher spezifizierten Beziehung zu einem Mikrocomputer steht. Aufgrund solcher Repräsentationsfälle werden in manchen Frame-Repräsentationssprachen Slots

Rollen (englisch: 'roles') genannt, obwohl das in dieser Generalität eine recht undifferenzierte Sicht ist, wie unsere Unterscheidung verschiedener Slot-Typen gezeigt hat. Ein spezieller Repräsentationsfall im Zusammenhang mit Rollen ist auch Gegenstand der Übungsaufgabe 7.

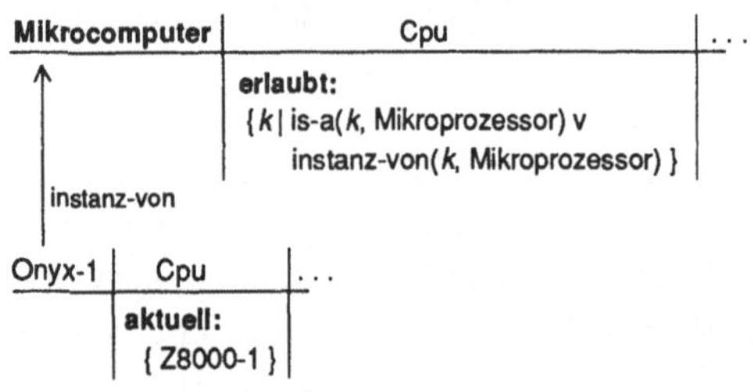

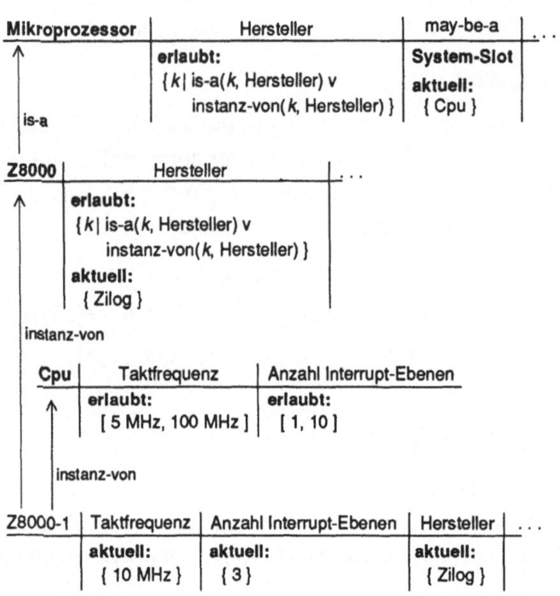

Abbildung 112: Die Verwendung des Rollen-Slots 'Cpu' in einem Frame, der keine semantische Beziehung repräsentiert

4.2.4 Konzeptklassen und Konzeptspezialisierung

Wie im Kapitel zu semantischen Beziehungen schon diskutiert wurde, ist in einer Frame-Repräsentation die Darstellung einer Spezialisierungsbeziehung durch Setzen einer entsprechenden Beziehungskante oder durch einen speziellen Slot, der die

Oberbegriffe[66] des betreffenden Konzepts angibt, möglich. Das Setzen von Spezialisierungsbeziehungen ist damit für beliebige Konzeptbeschreibungen zulässig. Es besteht jedoch auch die Möglichkeit, aus den intensionalen Beschreibungen zweier Konzeptklassen *abzuleiten*, ob die Extension der einen Konzeptklasse in der der anderen enthalten ist. Statt des expliziten Setzens von Spezialisierungsbeziehungen durch eine(n) Wissensingenieur(in), könnten sie so von einem Repräsentationssystem selber anhand der Konzeptbeschreibungen bestimmt werden. Der Vorteil eines solchen Vorgehens liegt in der geringeren Fehleranfälligkeit bei Aufbau und Modifikation einer Wissensbasis, da so Spezialisierungsbeziehungen nur dann in eine Repräsentation aufgenommen werden, wenn sie mit den Klassenbeschreibungen konsistent sind. Tritt der Fall auf, daß vom Repräsentationssystem Spezialisierungsbeziehungen eingerichtet werden, die zwar formal korrekt sind, aber nicht der Intention des Wissensingenieurs entsprechen, dann ist das ein wichtiger Hinweis dafür, daß die zugehörigen Konzeptklassen nicht adäquat beschrieben wurden. Auch der beim expliziten Setzen von Spezialisierungsbeziehungen mögliche, problematische Fall, daß von verschiedenen Oberbegriffen widersprüchliche Beschreibungsmerkmale geerbt werden, kann bei der Ableitung von Spezialisierungsbeziehungen aus Konzeptbeschreibungen nicht auftreten.

Für Konzeptbeschreibungen, die aufgrund fehlenden Wissens unvollständig sind (vgl. Kap.4.2.9), können Spezialisierungsbeziehungen natürlich nicht abgeleitet werden, sondern müssen explizit setzbar (bzw. unterdrückbar) sein.

Die unten angegebenen Kriterien dafür, wann eine Klassenbeschreibung gegenüber einer anderen als spezifischer anzusehen ist, stützen sich alle auf die formale Semantik der verschiedenen Slot-Typen, wie sie in den jeweiligen Definitionen angegeben wurden. Darüber hinaus wird die folgende Definition benötigt.

Definition: Implizite konjunktive Verknüpfung

Die Bedingungen, die von den Slots eines Frames, der eine Konzeptklasse beschreibt, an ein Klassenelement gestellt werden, sind konjunktiv verknüpft, müssen also gleichzeitig erfüllt sein. Genauso sind die Bedingungen, die von den Slots eines Frames ausgehen, der für ein Individualkonzept steht, konjunktiv verküpft.

□

Alle aus den Slots und Slot-Einträgen einer Klassenbeschreibung abgeleiteten Bedingungen zusammengenommen können bei entsprechendem Detaillierungsgrad *notwendig und hinreichend* für die Zugehörigkeit eines Individualkonzepts zu einer Konzeptklasse

---

[66] Es werden in der Regel die Ober- und nicht die Unterbegriffe angegeben, da meistens eine Vererbung zur Anfragezeit durchgeführt wird. Sieht man eine Vererbung zur Änderungszeit vor, sollten für jedes Konzept seine Unterbegriffe angegeben sein.

innerhalb des modellierten Weltausschnitts sein[67]. Alle Bedingungen, die eine Klassenbeschreibung an ein Klassenelement stellt, sind aber mindestens *notwendige* Bedingungen (es sei denn sie haben Default-Charakter (vgl. Kap.4.2.8)).

Die für Frame-Strukturen möglichen Spezialisierungskriterien sind die folgenden:

1. Hinzufügen eines Slots:

   Das Hinzufügen eines Slots zu einem Frame, der eine Konzeptklasse repräsentiert, bedeutet, daß die zugehörigen Klassenelemente zusätzlich die mit dem Slot einhergehenden Bedingungen erfüllen müssen. Dadurch fallen solche Elemente aus der Konzeptklasse heraus, die dieser Bedingung nicht genügen, und dies bedeutet eine Spezialisierung. Ein Beispiel:

Ausgabegerät	Übertragungsrate		
↑ is-a	**erlaubt:** { 300 Bit/s, ... }		

Terminal	Übertragungsrate	Bildschirm	Tastatur
	erlaubt: { 300 Bit/s, ... }	**erlaubt:** { k | is-a(k, Bildschirm) v instanz-von(k, Bildschirm) }	**erlaubt:** { k | is-a(k, Tastatur) v instanz-von(k, Tastatur) }

2. Einschränkung der Menge erlaubter Slot-Einträge:

   Wird die Menge der für einen Slot erlaubten Einträge auf eine Teilmenge eingeschränkt, induziert dies eine Einschränkung auf der durch den betreffenden Frame beschriebenen Konzeptklasse. Im Falle eines terminalen Slots gehören solche Individualkonzepte nicht länger zu der Konzeptklasse, die eine der ausgeschlossenen Eigenschaften besitzen. Im Falle eines nicht-terminalen Slots gehören solche Individualkonzepte nicht länger dazu, die eine semantische Beziehung zu einem der ausgeschlossenen Konzepte aufweisen. Ist der Slot ein Relationen-Slot, dann ist die semantische Beziehung von der durch den Slot-Namen bezeichneten Art. Das folgende Beispiel illustriert die Einschränkung von Eigenschaften:

Blütenpflanze	hat-teil	Blütenfarbe
↑ is-a	**erlaubt:** { k | is-a(k, Pflanzenteil) v instanz-von(k, Pflanzenteil) }	**erlaubt:** { weiss, gelb, rot, blau, violett, grün, braun }

Teichrosengewächs	hat-teil	Blütenfarbe
	erlaubt: { k | is-a(k, Pflanzenteil) v instanz-von(k, Pflanzenteil) }	**erlaubt:** { weiss, gelb }

---

[67] Konzeptbeschreibungen, die nur notwendige und keine hinreichenden Bedingungen für die Klassenzugehörigkeit angeben, werden in Frame-Sprachen, die auf KL-ONE zurückgehen, 'primitive concepts' genannt; notwendige und hinreichende Konzeptbeschreibungen heißen dort 'defined concepts'.

Eine Einschränkung, die eine semantische Beziehung zu bestimmten Konzepten aus-
schließt, illustriert das folgende Beispiel für den Rollen-Slot 'Übertragungsmedium':

Mitteilung	Absender	Empfänger	Übertragungsmedium	Text
↑ is-a	erlaubt: *M1*	erlaubt: *M1*	erlaubt: { *k* | (is-a(*k*, *klasse*) ∨ instanz-von(*k*, *klasse*)) ∧ (*klasse* = Person ∨ *klasse* = sichere Leitung ∨ *klasse* = öffentliche Leitung) }	erlaubt: { ∗ }

sichere Mitteilung	Absender	Empfänger	Übertragungsmedium	Text
	erlaubt: *M1*	erlaubt: *M1*	erlaubt: { *k* | (is-a(*k*, *klasse*) ∨ instanz-von(*k*, *klasse*)) ∧ (*klasse* = Person ∨ *klasse* = sichere Leitung) }	erlaubt: { ∗ }

$M1 = \{\, k \mid$ is-a(k, Person) ∨
instanz-von(k, Person) $\}$

Für assoziative Slots kann gleichzeitig zur Einschränkung der Menge möglicher
Einträge der Slot-Name durch einen Namen ersetzt werden, der auf eine spezifischere
Konzeptklasse Bezug nimmt:

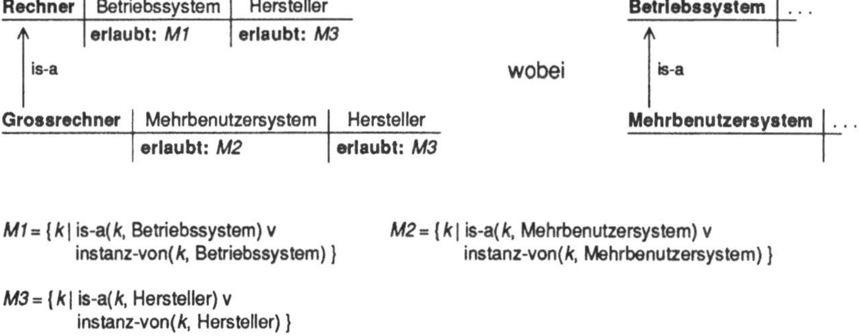

$M1 = \{\, k \mid$ is-a(k, Betriebssystem) ∨ $M2 = \{\, k \mid$ is-a(k, Mehrbenutzersystem) ∨
instanz-von(k, Betriebssystem) $\}$ instanz-von(k, Mehrbenutzersystem) $\}$

$M3 = \{\, k \mid$ is-a(k, Hersteller) ∨
instanz-von(k, Hersteller) $\}$

3. Einschränkung der Anzahl möglicher Einträge in einem Slot:
Eine Spezialisierung wird auch durch Hochsetzen der unteren oder Heruntersetzen
der oberen Grenze einer Kardinalitätsangabe für einen Slot erzielt. Im folgenden
Beispiel wird für den Slot 'serielle Schnittstelle' die obere Grenze, die beim Oberbegriff noch offen ist, also den Wert unendlich besitzt, auf zwei heruntergesetzt. Die

untere Grenze bleibt auf eins. Der Unterbegriff steht somit für Rechner, die mindestens eine, aber höchstens zwei serielle Schnittstellen besitzen (zur Verdeutlichung ist die Kardinalität $1, \infty$ explizit angegeben, obwohl sie nach der Vereinbarung in Kapitel 4.2.2 implizit schon gegeben ist):

Mikrorechner	Betriebssystem	Cpu	serielle Schnittstelle
↑ is-a	**erlaubt:** *M1*	**erlaubt:** *M2*	**kard:** 1,∞ **erlaubt:** *M3*

Mikrorechner2	Betriebssystem	Cpu	serielle Schnittstelle
	erlaubt: *M1*	**erlaubt:** *M2*	**kard:** 1,2 **erlaubt:** *M3*

$M1 = \{\,k \mid$ is-a$(k,$ Betriebssystem$)$ v instanz-von$(k,$ Betriebssystem$)\,\}$

$M2 = \{\,k \mid$ is-a$(k,$ Mikroprozessor$)$ v instanz-von$(k,$ Mikroprozessor$)\,\}$

$M3 = \{\,k \mid$ is-a$(k,$ serielle Schnittstelle$)$ v instanz-von$(k,$ serielle Schnittstelle$)\,\}$

4. Hinzufügen eines Slot-Eintrags:

   Auch ein zusätzlicher Slot-Eintrag stellt eine weitere Bedingung dar, die von einem Individualkonzept zu erfüllen ist, um als zu der durch den betreffenden Frame beschriebenen Konzeptklasse zugehörig betrachtet zu werden. Einige Beispiele:

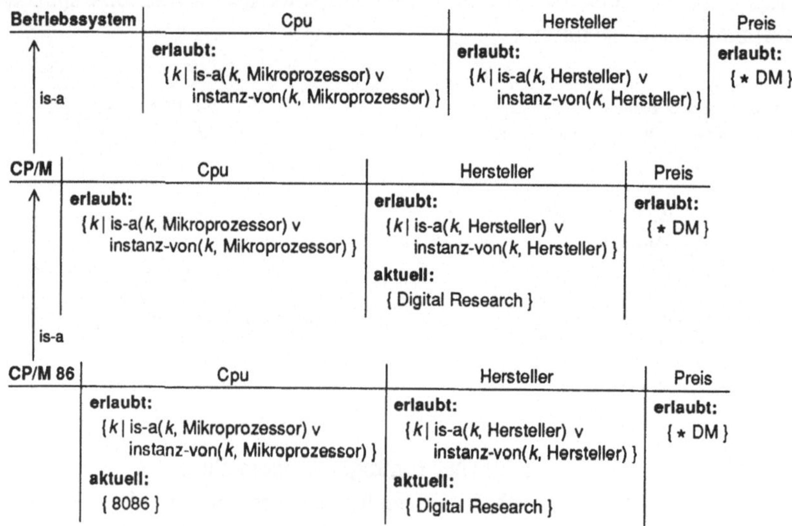

Betriebssystem	Cpu	Hersteller	Preis
↑ is-a	**erlaubt:** { *k* | is-a(*k*, Mikroprozessor) v instanz-von(*k*, Mikroprozessor) }	**erlaubt:** { *k* | is-a(*k*, Hersteller) v instanz-von(*k*, Hersteller) }	**erlaubt:** { ∗ DM }

CP/M	Cpu	Hersteller	Preis
↑ is-a	**erlaubt:** { *k* | is-a(*k*, Mikroprozessor) v instanz-von(*k*, Mikroprozessor) }	**erlaubt:** { *k* | is-a(*k*, Hersteller) v instanz-von(*k*, Hersteller) } **aktuell:** { Digital Research }	**erlaubt:** { ∗ DM }

CP/M 86	Cpu	Hersteller	Preis
	erlaubt: { *k* | is-a(*k*, Mikroprozessor) v instanz-von(*k*, Mikroprozessor) } **aktuell:** { 8086 }	**erlaubt:** { *k* | is-a(*k*, Hersteller) v instanz-von(*k*, Hersteller) } **aktuell:** { Digital Research }	**erlaubt:** { ∗ DM }

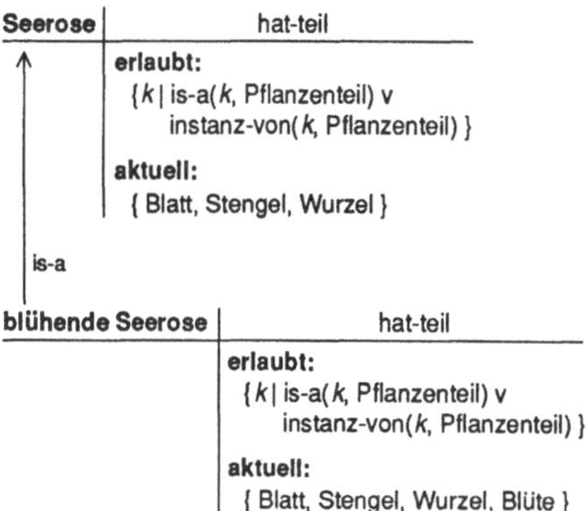

5. **Spezialisierung eines Eintrags in einem nicht-terminalen Slot:**
   Ein Slot-Eintrag in einem nicht-terminalen Slot kann spezialisiert werden, wenn er für eine Konzeptklasse steht. Durch eine solche Spezialisierung werden diejenigen Elemente aus der durch den Frame beschriebenen Konzeptklasse ausgeschlossen, die eine semantische Beziehung zu einem Individualkonzept aufweisen, das durch die Eintragsspezialisierung ausgeschlossen wurde. Im Falle eines Relationen-Slots ist der Typ der semantischen Beziehung angegeben, ansonsten bleibt er unspezifiziert. Ein Beispiel:

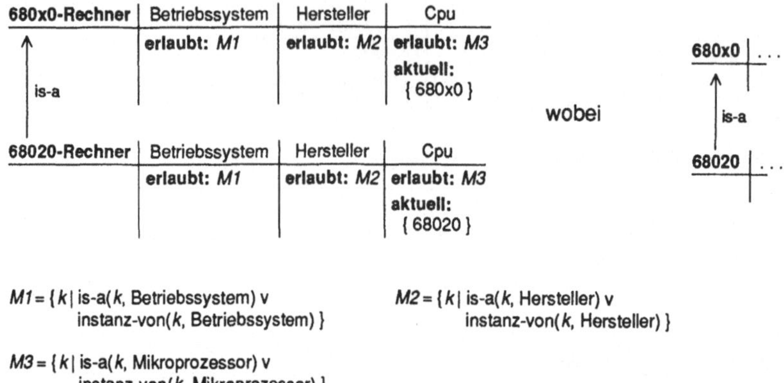

Mehrere der oben aufgeführten Spezialisierungskriterien können in einer Konzeptspezialisierung gleichzeitig auftreten (vgl. Abb.113). Ein Algorithmus zur Bestimmung solcher Konzeptspezialisierungen kann allerdings von erheblicher Zeitkomplexität sein (vgl. die Diskussion hierzu in Kap.4.5).

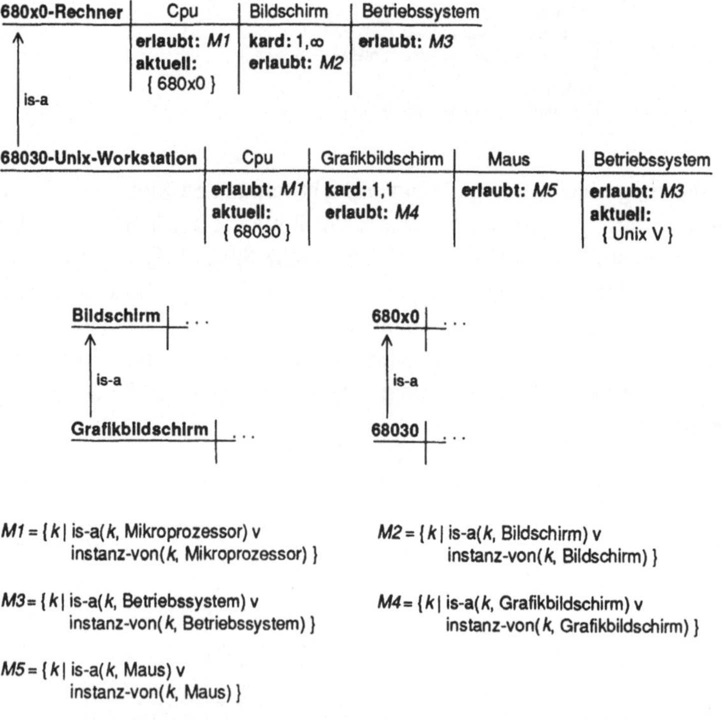

Abbildung 113: Eine Ober-/Unterbegriffsbeziehung, wo mehrere Spezialisierungskriterien gleichzeitig zutreffen

Der mit jeder Spezialisierungsbeziehung einhergehenden *Vererbung* ist in den obigen Spezialisierungskriterien dadurch Rechnung getragen worden, daß die in einer Klassenbeschreibung vorgesehenen Slots und Slot-Einträge auch in den Beschreibungen der Unterbegriffe dieser Klasse auftreten, eventuell in spezialisierter Form. Wir haben somit Vererbung zur Änderungszeit angenommen.

Der Spezialisierung eines Frames, der eine Konzeptklasse repräsentiert, auf einen Frame, der für ein Individualkonzept steht, können dieselben Kriterien zugrunde liegen, wie sie oben für die Spezialisierung zwischen Konzeptklassen beschrieben wurden. Falls man aus der Struktur eines Frames schließen kann, daß er ein Individualkonzept repräsentiert, wäre es deshalb möglich, die Beziehungen vom Typ 'instanz-von' genauso wie die Is-a-Beziehungen aus den Frame-Strukturen abzuleiten. Andernfalls kann man zwar für beliebige Frame-Paare feststellen, ob zwischen ihnen eine Spezialisierungsbeziehung besteht, aber man kann nicht sagen, ob es sich dabei um eine Is-a- oder eine Instanz-von-Beziehung handelt. Eine notwendige Bedingung dafür, daß ein Frame ein Individualkonzept repräsentiert, ist die Belegung aller seiner Slots derart, daß kein Slot-Eintrag mehr spezialisiert werden kann – es treten als Einträge in nicht-terminalen Slots also nur Frames auf, die Individualkonzepte beschreiben. Diese Bedingung gilt allerdings nicht für unvollständig repräsentierte Individualkonzepte!

4.2.5 Klasseneigenschaften

Im Zusammenhang mit Frame-Repräsentationen tritt manchmal das Konstrukt eines Klassen-Slots auf. Im Gegensatz zu anderen Slots beschreiben Klassen-Slots keine Merkmale der Elemente einer Konzeptklasse, sondern Eigenschaften der Klasse selber. Entsprechend treten Klassen-Slots nur in Repräsentationen von Konzeptklassen auf. Ein Beispiel ist der Slot 'Häufigkeit' eines Frames, der eine Tierart repräsentiert. Der Slot-Eintrag 'selten' im Falle eines Uhu als beschriebene Tierart (siehe Abb.114) bezieht sich auf die Klasse insgesamt und ist für ein Element dieser Klasse bedeutungslos, da ein bestimmter Uhu nicht selten oder häufig sein kann. Klassen-Slots vererben sich deshalb niemals auf Frames, die Individualkonzepte repräsentieren (vgl. Abb.115). Dagegen werden Klassen-Slots durchaus an speziellere Konzeptklassen weitervererbt. Da ein Unterbegriff möglicherweise ganz andere Werte für die durch einen Klassen-Slot beschriebene Eigenschaftsklasse aufweist, können dort bei ihm andere Einträge auftreten als im entsprechenden Klassen-Slot eines Oberbegriffs. Einträge in Klassen-Slot werden deshalb nicht vererbt (vgl. Abb.115).

Uhu	Häufigkeit	Nahrung	Vorkommen	Aktivitätszeit	hat-teil
	Klassen-Slot **erlaubt:** { häufig, zerstreut, selten } **aktuell:** { selten }	**erlaubt:** { k | is-a(k, Tier) v is-a(k, Pflanze) v instanz-von(k, Tier) v instanz-von(k, Pflanze) } **aktuell:** { Säugetier, Vogel, Reptil, Insekt }	**erlaubt:** { Wald, Wüste }	**erlaubt:** { tags, nachts } **aktuell:** { nachts }	**erlaubt:** { k | is-a(k, Körperteil) v instanz-von(k, Körperteil) } **aktuell:** { Kopf, Rumpf, Flügel, Bein }

Abbildung 114: Ein Beispiel für einen Klassen-Slot

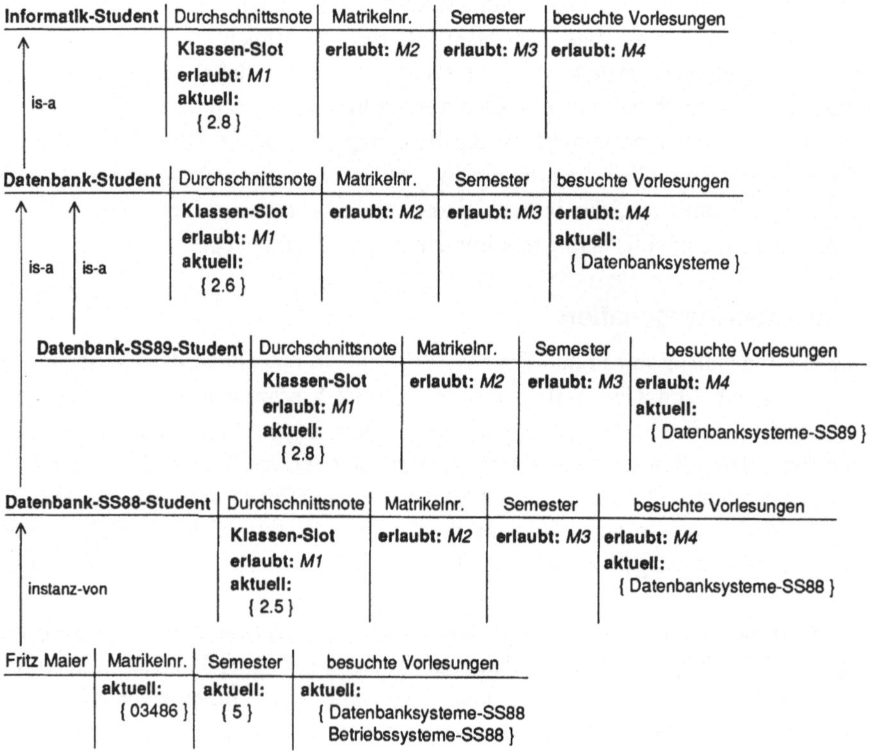

Informatik-Student	Durchschnittsnote	Matrikelnr.	Semester	besuchte Vorlesungen
↑ is-a	**Klassen-Slot** **erlaubt:** *M1* **aktuell:** { 2.8 }	**erlaubt:** *M2*	**erlaubt:** *M3*	**erlaubt:** *M4*

Datenbank-Student	Durchschnittsnote	Matrikelnr.	Semester	besuchte Vorlesungen
↑ ↑ is-a is-a	**Klassen-Slot** **erlaubt:** *M1* **aktuell:** { 2.6 }	**erlaubt:** *M2*	**erlaubt:** *M3*	**erlaubt:** *M4* **aktuell:** { Datenbanksysteme }

Datenbank-SS89-Student	Durchschnittsnote	Matrikelnr.	Semester	besuchte Vorlesungen
	Klassen-Slot **erlaubt:** *M1* **aktuell:** { 2.8 }	**erlaubt:** *M2*	**erlaubt:** *M3*	**erlaubt:** *M4* **aktuell:** { Datenbanksysteme-SS89 }

Datenbank-SS88-Student	Durchschnittsnote	Matrikelnr.	Semester	besuchte Vorlesungen
↑ instanz-von	**Klassen-Slot** **erlaubt:** *M1* **aktuell:** { 2.5 }	**erlaubt:** *M2*	**erlaubt:** *M3*	**erlaubt:** *M4* **aktuell:** { Datenbanksysteme-SS88 }

Fritz Maier	Matrikelnr.	Semester	besuchte Vorlesungen
	aktuell: { 03486 }	**aktuell:** { 5 }	**aktuell:** { Datenbanksysteme-SS88 Betriebssysteme-SS88 }

$M1 = [\,1, 5\,]$

$M2 = [\,00001, 99999\,]$

$M3 = [\,1, 30\,]$

$M4 = \{\, k \mid$ is-a(k, Vorlesung) v instanz-von(k, Vorlesung) $\}$

Abbildung 115: Vererbung von Klassen-Slots

4.2.6 Regelhafte Zusammenhänge und Einschränkungen

4.2.6.1 Hybride Frame-Repräsentation

Wir hatten in Kapitel 3.2.9 für semantische Netze festgestellt, daß alle in Prädikatenlogik erster Ordnung darstellbaren Sachverhalte prinzipiell auch durch ein semantisches Netz repräsentiert werden können, wenn man den Netzformalismus als Meta-Sprache zur Repräsentation prädikatenlogischer Formeln verwendet oder wenn man stattdessen den Netzformalismus erweitert, z.B. um Partitionen. Beides ist auch für Frames möglich. Die Verwendung eines Frame-Formalismus als Meta-Sprache ist jedoch genauso negativ zu bewerten wie im Falle semantischer Netze (vgl. Kap.3.2.9). Auch wurde für Frames kein Partitionierungskonstrukt eingeführt. Stattdessen wurden Frames in manchen Repräsentationssprachen mit einem zweiten Repräsentationsformat gekoppelt, das für die Repräsentation regelhafter Zusammenhänge und Einschränkungen beliebiger Art besonders geeignet ist (in der Regel Logik, Produktionsregeln oder Constraints (siehe Kap.4.5)). Repräsentationssysteme, die mehr als ein Repräsentationsformat unterstützen), bezeichnet man als *hybrid*. Sie sind attraktiv, weil verschiedene Arten von Wissen jeweils in dem für sie am geeignetsten Format (im Sinne der Natürlichkeit der Darstellung als auch der Effizienz der darauf operierenden Inferenzprozesse) dargestellt werden können. Aber nicht jedes Zusammenbringen verschiedener Repräsentationsformate in einer Sprache verdient die Bezeichnung hybrid. Wesentliche Bedingung ist, daß die verschiedenen Teilsprachen aufeinander abgestimmt sind, so daß aus einer Teilsprache heraus auf Repräsentationen in einer anderen Teilsprache Bezug genommen werden kann. Entsprechend müssen auch die einzelnen Schlußfolgerungskomponenten miteinander verzahnt sein, so daß die insgesamt für eine Inferenz benötigten Aussagen auch tatsächlich aus den verschiedenen Teilrepräsentationen mittels ihrer speziellen Schlußfolgerungsmechanismen abgeleitet werden können. Aufgrund der engen Kopplung von Teilsprachen reicht es nicht aus, die Semantik der einzelnen Teilsprachen zu definieren, sondern es muß die Semantik der Gesamtsprache, also inklusive der Interaktion der verschiedenen Teilsprachen miteinander, festgelegt sein.

Wir wollen ein hybrides System, das aus einer Frame-Komponente und einer Logikkomponente besteht, an dem Beispiel in Abbildung 116 (vgl. (Brachman et al. 83)) diskutieren. Dort ist im Frame-Format die Konzeptklasse 'RISC-PC' als die Menge aller Personal-Computer mit einem RISC-Prozessor definiert. In einem logikbasierten Repräsentationsformat ist die Aussage dargestellt, daß die Konzeptklasse 'RISC-PC' leer ist, d.h. daß es keine zugehörigen Individualkonzepte gibt. Dazu wird das Prädikatsymbol 'RISC-PC' aus der Frame-Komponente importiert; es ist für ein als Argument gegebenes Individualkonzept wahr genau dann, wenn dieses zur Klasse 'RISC-PC' gehört. In diesem Beispiel repräsentiert die Frame-Komponente terminologisches Wissen, also definitorisches Wissen über Konzeptklassen, während die Logik-Komponente zusätzliche Aussagen über die dort definierten Begriffe darstellt. Erhebt man für die betreffende

Repräsentationssprache diese Aufgabenteilung zum Prinzip (was in manchen Frame-Sprachen geschieht, wobei jedoch die Logikkomponente nur für kontingente Aussagen über Individualkonzepte zuständig ist; vgl. (Brachman et al. 83)), dann ist die Frame-Komponente für die Repräsentation definitorischer Aussagen zuständig, während die Logikkomponente die Repräsentation kontingenter Aussagen übernimmt. Entsprechend werden dann Inferenzen terminologischer Art[68] in der Frame-Komponente vollzogen, während Inferenzen, die kontingente Aussagen betreffen, innerhalb der Logikkomponente stattfinden. Typischerweise erfordert eine Inferenz auf einer hybriden Repräsentation als Ganzes die Einbeziehung von Wissen aus mehreren ihrer Teilkomponenten[69].

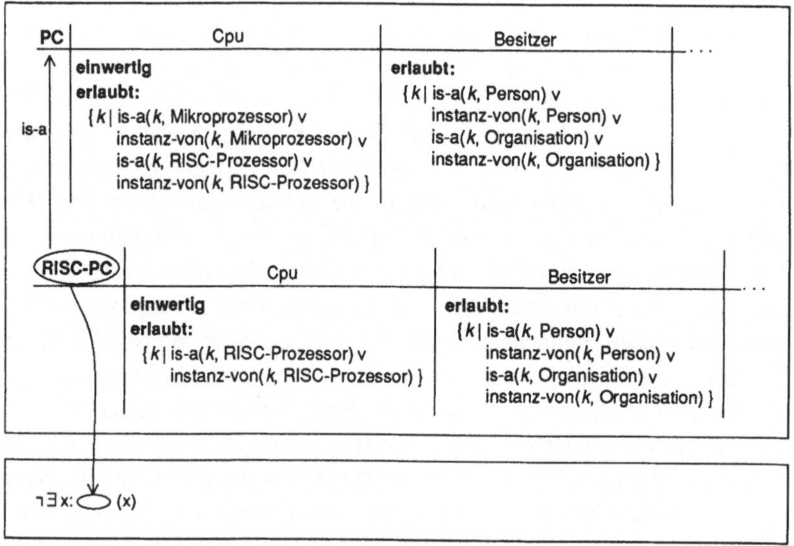

Abbildung 116: Eine hybride Repräsentation, die Frames mit Logik kombiniert

Betrachten wir im Vergleich zu Abbildung 116 die Repräsentation in Abbildung 117. Dort ist die Aussage dargestellt, daß es keine Personal-Computer mit einem RISC-Prozessor gibt (legt man die Annahme einer abgeschlossenen Welt zugrunde). Der wesentliche Unterschied zur Repräsentation in Abbildung 116 besteht darin, daß der Begriff eines Personal-Computers mit einem RISC-Prozessor gar nicht existiert. Es ist deshalb auch nicht möglich, über einen solchen Begriff eine Aussage zu machen –

---

[68] Beispiele hierfür sind die Vererbung von Eigenschaften, der Schluß, daß ein Individualkonzept nicht gleichzeitig zu zwei disjunkten Konzeptklassen gehören kann, oder die Annahme von Default-Eigenschaften, solange kein gegenteiliges Wissen vorliegt.

[69] So kann beispielsweise aus der Nicht-Existenz eines RISC-PCs (Verwendung kontingenten Wissens) auf die Nicht-Existenz eines Besitzers eines solchen Geräts (Verwendung terminologischen Wissens) geschlossen werden.

PC	Cpu	Besitzer	. . .
	erlaubt: { k | is-a(k, Mikroprozessor) ∨ instanz-von(k, Mikroprozessor) }	**erlaubt:** { k | is-a(k, Person) ∨ instanz-von(k, Person) ∨ is-a(k, Organisation) ∨ instanz-von(k, Organisation) }	

Abbildung 117: Eine Frame-Repräsentation, die *nicht* äquivalent zur hybriden Repräsentation in Abbildung 116 ist

z.B. daß die Extension dieses Begriffs in der modellierten Welt leer ist oder daß Objekte solcher Art in der Zukunft existieren werden.

Der größte Bedarf nach einer Unterstützung regelhafter Zusammenhänge und Einschränkungen besteht für Frames bei den *Slot-Füllungsbeschränkungen*. Für nichtterminale Slots haben wir die Festlegung der erlaubten Einträge bisher durch eine intensionale Mengendefinition vorgesehen. Dazu haben wir uns der Prädikatenlogik bedient. Die bisher dazu angegebenen Formeln waren jedoch (bis auf wenige Ausnahmen) immer von dem Muster $\{k \mid is\text{-}a(k, klasse) \lor instanz\text{-}von(k, klasse)\}$. Man hätte stattdessen also auch ein spezielles Konstrukt definieren und die Verwendung logischer Ausdrucksmittel damit umgehen können. Um eine größere Ausdruckskraft zu erzielen, lassen wir nun beliebige prädikatenlogische Formeln zu und erhalten so ein hybrides Repräsentationssystem. Um die *Kopplung* zwischen der logischen Repräsentationskomponente, in der die erlaubten Slot-Einträge festgelegt werden, und der eigentlichen Frame-Komponente herzustellen, vereinbaren wir die folgenden Prädikate und Notationen, die den Zugriff auf die Frame-Strukturen aus der Logikkomponente heraus ermöglichen.

Vereinbarung: Formulierung von Slot-Füllungsbeschränkungen

- Die Funktion $einträge(f, s)$ steht für die Menge aller Einträge im Slot s eines Frames f (für einen nicht-terminalen Slot sind dies Frame-Namen).
- Das Prädikat $ist\text{-}eintrag(f, s, e)$ ist wahr genau dann, wenn e ein Eintrag im Slot s des Frames f ist.
- Das Prädikat $bez(b, f, f')$ ist wahr genau dann, wenn eine semantische Beziehung des Typs b zwischen den Frames f und f' besteht.
- Der Bezug aus einer Slot-Füllungsrestriktion heraus auf denjenigen Frame, dem sie zugeordnet ist, erfolgt durch die Variable *selbst*, die vor Auswertung der Füllungsbeschränkung vom Interpretationsprozeß entsprechend zu belegen ist[70]. Der Bezug kann nicht direkt über den Frame-Namen hergestellt werden, da Füllungsbeschränkungen an Unterbegriffe und Individualkonzepte vererbt werden, und dann würde die explizite Namensangabe den Bezug zu einem falschen Frame (nämlich zu dem Oberbegriff) herstellen.

---

[70] Beispielsweise ist in Abbildung 119 das Prädikat $ist\text{-}eintrag(selbst, \text{Absender}, x)$ genau dann wahr, wenn x Eintrag im Slot 'Absender' desjenigen Frames ist, in dem dieses Prädikat als Teil einer Slot-Füllungsbeschränkung auftritt.

- Das Prädikat *ist-zahl(w)* ist wahr genau dann, wenn w eine Zahl ist, während das Prädikat *ist-massangabe(w)* genau dann wahr ist, wenn w eine Maßangabe ist, sich also aus einer Zahl und einer Maßeinheit (wie km/h oder Bit) zusammensetzt.

□

Die Abbildungen 118 bis 120 illustrieren die Verwendung prädikatenlogischer Formeln zur Formulierung von Slot-Füllungsrestriktionen.

CP/M 86	Personalcomputer	. . .
	erlaubt:	
	{ k | ist-eintrag(k, Cpu, 8086) ∧	
	(is-a(k, Personalcomputer) v instanz-von(k,Personalcomputer)) }	

Abbildung 118: Das Betriebssystem 'CP/M 86' läuft nur auf Personalcomputern mit einer 8086-Cpu

wichtige Nachricht	Empfänger	Absender	Text
	einwertig	**einwertig**	**erlaubt:**
	erlaubt:	**erlaubt:**	{ * }
	{ k | ∃x: (ist-eintrag(*selbst*, Absender, x) ∧	{ k | is-a(k, Mitarbeiter) v	
	ist-eintrag(k, Vorgesetzter, x)) ∧	instanz-von(k, Mitarbeiter) }	
	(is-a(k, Mitarbeiter) v instanz-von(k, Mitarbeiter)) }		

Mitarbeiter	Vorgesetzter	. . .
	erlaubt:	
	{ k | is-a(k, Mitarbeiter) v	
	instanz-von(k, Mitarbeiter) }	

Abbildung 119: Der Absender einer wichtigen Nachricht ist ein Vorgesetzter des Empfängers

Lieferung	Ware	Ankunftstag	. . .	Rechnung	Lieferung	. . .
	erlaubt:	**erlaubt:**			**einwertig**	
	{ k | is-a(k, Ware) v	{ *.*.* }			**erlaubt:**	
	instanz-von(k, Ware) }				{ k | is-a(k, Lieferung) v	
					instanz-von(k, Lieferung) }	

Zahlung	Rechnung	Datum
	erlaubt:	**erlaubt:**
	{ k | ∃x, y, z: (ist-eintrag(k, Lieferung, x) ∧	{ *.*.* }
	ist-eintrag(x, Ankunftstag, y) ∧	
	ist-eintrag(*selbst*, Datum, z) ∧ $y \leq z$) ∧	
	(is-a(k, Rechnung) v instanz-von(k, Rechnung)) }	

Abbildung 120: Eine Rechnungsbegleichung kann nur erfolgen, wenn die zu bezahlende Ware auch geliefert worden ist (es wird angenommen, daß der Operator $\leq$ auf Datumsangaben definiert ist)

Wie wir schon erwähnt haben, werden Slot-Füllungsrestriktionen vererbt. Darüber hinaus wird durch Einschränkung einer Füllungsrestriktion eine Konzeptspezialisierung erreicht, wie in Kapitel 4.2.4 schon diskutiert wurde. Das Problem hierbei liegt darin, daß es für Prädikatenlogik erster Ordnung nicht entscheidbar ist, ob eine logische Formel spezieller als eine andere ist, d.h. ob für beliebige Formeln a und b $a \Rightarrow b$ gilt (a impliziert b und ist damit spezieller). In einem Repräsentationsmodell ist deshalb entweder eine Beschränkung der Ausdrucksmächtigkeit des Formalismus zur Formulierung von Füllungsrestriktionen notwendig, oder es sind die Möglichkeiten der Spezialisierung einer Slot-Füllungsrestriktion zur Unterbegriffsbildung geeignet einzuschränken. Beispielsweise könnte man bei einem Unterbegriff nur die konjunktive Anknüpfung neuer Bedingungen zulassen, wie dies in Abbildung 121 illustriert ist.

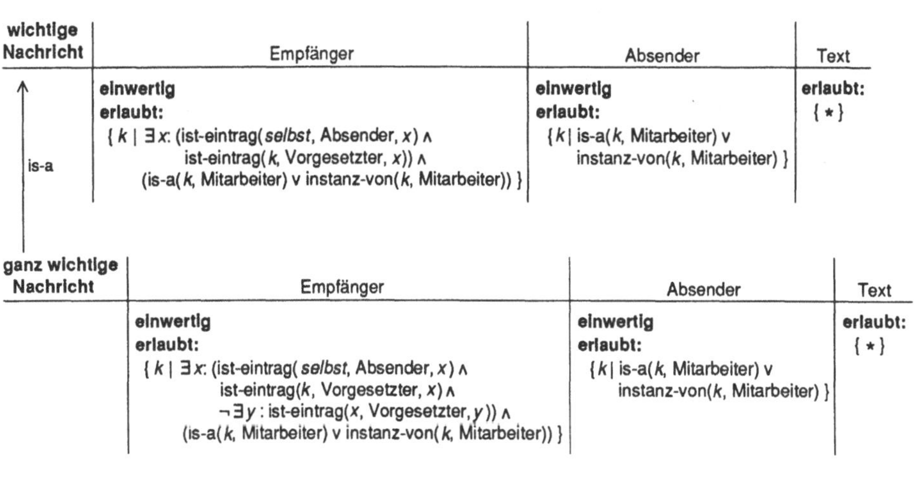

Abbildung 121: Unterbegriffsbildung durch Spezialisierung einer Slot-Füllungsrestriktion (eine ganz wichtige Nachricht ist vom höchsten Vorgesetzten)

Alle bisher behandelten Konstrukte zur Slot-Füllungsbeschränkung sind *deklarative* Konstrukte. Das bedeutet, sie beschreiben, *was* die Restriktionen sind, aber machen keine Angaben dazu, *wie* die Restriktionen zu überprüfen und eventuelle Verletzungen zu beheben sind. Die Integritätserhaltung bezüglich deklarativ formulierter Restriktionen leistet ebenso wie alle anderen Integritätsüberwachungen der Interpreter eines Repräsentationssystems. Für Slot-Füllungsbeschränkungen wird die Integritätsüberwachung i.a. darin bestehen, daß Operationen zum Schreiben unzulässiger Slot-Einträge zurückgewiesen werden. Alternativ kann eine Füllungsrestriktion aber auch als *Inferenzregel* interpretiert und dazu herangezogen werden, zur Integritätserhaltung notwendige Repräsentationsstrukturen zu generieren. Das kann beispielsweise das Weiterreichen eines Eintrags (möglicherweise in modifizierter Form) an einen anderen Slot desselben oder eines anderen Frames sein. An zwei Beispielen wollen wir die Interpretation von Slot-Füllungsrestriktionen als Inferenzregeln illustrieren. Die Füllungsrestriktion, die dem Slot 'hat-teil' des in Abbildung 122 dargestellten Frames zugeordnet ist, legt fest, daß das durch einen Eintrag beschriebene Konzept physisch kleiner sein muß als das durch den zugehörigen Frame beschriebene Konzept. Beim Schreiben eines Frames als Eintrag, dessen Slot 'Größe' noch nicht belegt ist, kann die Einhaltung der Füllungsrestriktion nicht überprüft werden. Statt den Eintrag zurückzuweisen, wird die Füllungsrestriktion als Inferenzregel interpretiert und die Größe des durch den Eintrag repräsentierten Konzepts nach oben hin eingeschränkt. Ist dagegen die Größe eines Konzepts, das durch einen Unterbegriff des Frames 'physisches Objekt' beschrieben wird, noch nicht bestimmt, aber die Größe eines seiner Teile bekannt, dann kann in einem umgekehrten Schluß dessen Größe nach unten hin beschränkt werden. Die Slot-Füllungsrestriktion in Abbildung 123 besagt, daß für einfarbige Blüten (deren Farbe durch einen (einwertigen) terminalen Slot beschrieben ist) die Farbe jedes Blütenblatts mit der Blütenfarbe übereinstimmt. Ist für eine Blüte (oder für ein Blütenblatt) die Farbe angegeben, kann so die Farbe der Blütenblätter (bzw. der Blüte) hergeleitet werden.

physisches Objekt	hat-teil	Grösse	. . .
	erlaubt: $\{\, k \mid \exists\, x,y\colon$ (ist-eintrag(*selbst*, Grösse, x) $\wedge$ ist-eintrag(k, Grösse, y) $\wedge$ $y \leq x$) $\wedge$ (is-a(k, physisches Objekt) $\vee$ instanz-von(k, physisches Objekt)) $\}$	erlaubt: $\{\, w \mid$ ist-massangabe(w) $\}$	

Abbildung 122: Eine Slot-Füllungsrestriktion, die als Inferenzregel interpretiert werden kann

einfarbige Blüte	Farbe	Blütenblatt	. . .
	erlaubt: $\{$ gelb, rot, ... $\}$	erlaubt: $\{\, k \mid \exists\, x\colon$ (ist-eintrag(k, Farbe, x) $\wedge$ ist-eintrag(*selbst*, Farbe, x)) $\wedge$ (is-a(k, Blütenblatt) $\vee$ instanz-von(k, Blütenblatt)) $\}$	

Blütenblatt	Farbe	. . .
	erlaubt: $\{$ gelb, rot, ... $\}$	

Abbildung 123: Eine Slot-Füllungsrestriktion, die als Inferenzregel interpretiert werden kann

Die Zuordnung von Integritätsbedingungen oder Inferenzregeln zu Slots bewirkt, daß sie nur dann berücksichtigt werden, wenn der betreffende Frame (oder gar erst der Slot selber) im Rahmen eines Verstehens- oder Problemlösungsprozesses aktiviert worden ist. Da auf diese Weise nicht alle Inferenzregeln in einer Wissensbasis gleichzeitig sichtbar sind (wie das in logischen Repräsentationen der Fall ist), sondern nur diejenigen, die zu einem gegebenen Zeitpunkt auch potentiell relevant sind, wird die Effizienz der durchzuführenden Inferenzprozesse erheblich gesteigert (vgl. die Diskussion zu hybriden Sprachen in Kap.4.5). Diese, dem Frame-Format eigene *Wissensstrukturierung* ist als eine seiner besonders vorteilhaften Eigenschaften hervorzuheben.

4.2.6.2 Angeheftete Prozeduren

Slot-Füllungsrestriktionen können nicht nur deklarativ, sondern auch *prozedural* angegeben werden. Dazu werden den Slots Prozeduren zugeordnet und für jede Prozedur festgelegt, durch welche Ereignisse sie angestoßen wird. Auslöseereignisse können z.B. das Hinzufügen, das Löschen oder das Lesen eines Slot-Eintrags sein. Solche Prozeduren heißen *angeheftete Prozeduren* ('attached procedures') oder *Dämonen*, da sie ereignisgesteuert aktiviert werden. Je nach Art des Auslöseereignisses führen angeheftete Prozeduren bestimmte Folgeänderungen durch, z.B. im Falle eines hinzuzufügenden Slot-Eintrags, den eine solche Prozedur als unzulässig erkennt, die Zurückweisung der Eintragsoperation oder beim Schreiben eines Slot-Eintrags dessen Vererbung an Unterbegriffe. Das zweite Beispiel zeigt, daß mit angehefteten Prozeduren auch regelhafte Zusammenhänge allgemeiner Art erfaßt werden können.

Angeheftete Prozeduren sind in vielen Frame-Sprachen vorgesehen und waren lange Zeit typisch für sie. In den meisten neueren Frame-Sprachen fehlen prozedurale Konstrukte jedoch aufgrund ihrer Nachteile völlig[71]. Ihr gravierendster Nachteil liegt in der Vermischung von Implementierungsaspekten und Wissensinhalten. Neben der Festlegung, welches die erlaubten Einträge eines Slots sind, realisieren angeheftete Prozeduren nämlich gleichzeitig die zugehörige Integritätsüberwachung. Sie sind damit einmal Inhalt einer Wissensbasis, zum anderen übernehmen sie zusätzlich Funktionen, die in deklarativen Ansätzen durch den Interpretationsalgorithmus eines Repräsentationssystems realisiert sind. Dies verletzt in höchstem Maße die in Kapitel 1.2 postulierte Trennung von Symbol- und Wissensebene: Da eine angeheftete Prozedur über die Wissensebene in eine Wissensbasis eingespielt wird, werden mit ihr Implementationsdetails auf der Wissensebene sichtbar und so die Forderung verletzt, daß auf der Wissensebene nur Wissens*inhalte* zu sehen sind und nicht, wie diese repräsentiert sind. Ein weiterer Nachteil prozeduraler Konstrukte besteht in ihrem gegenüber deklarativen Konstrukten geringeren Abstraktionsgrad, woraus eine geringere Produktivität beim Aufbau und bei der Wartung von Wissensbasen resultiert.

---

[71] Der Verzicht auf prozedurale Konstrukte bedeutet natürlich nicht notwendigerweise, daß mit einem Frame-System nicht programmiert werden kann: siehe weiter unten.

Besonders deutlich wird die mit der Verwendung von angehefteten Prozeduren stattfindende Vermischung der Ebenen, wenn man betrachtet, wie mit ihrer Hilfe Vererbung realisiert wird. Die Vererbung von Slot-Einträgen kann erreicht werden, indem jedem Slot, der einen Eintrag erben soll, eine Prozedur zugeordnet wird, die immer dann, wenn die Einträge in diesem Slot angefragt werden, bei allen Oberbegriffen nachschaut und dort eventuelle Eintragswerte ermittelt. Eine zweite Möglichkeit besteht darin, nicht den Slots, die Werte erben sollen, sondern den Slots, von denen geerbt wird, Prozeduren zuzuordnen. Diese werden dann aktiv, wenn ein Eintrag in den Slot, dem sie zugehören, gefüllt wird, und schreiben diesen Eintrag in die betreffenden Slots aller Unterbegriffe. Die erste Variante realisiert eine Vererbung zur Anfragezeit, die zweite eine Vererbung zur Änderungszeit. Die Unterscheidung von Inferenzzeitpunkten hatten wir früher schon (vgl. Kap.3.3.1) als der Symbolebene zugehörig eingestuft.

Angeheftete Prozeduren können auf der Symbolebene eingesetzt werden, um verschiedenste Inferenzprozesse zu realisieren, haben aber auf der Wissensebene völlig verborgen zu bleiben. Dort werden lediglich in einer von der Symbolebene unabhängigen Sprache Inferenz- und Integritätsregeln beschrieben und davon abstrahiert, ob sie auf der Symbolebene nun durch angeheftete Prozeduren, als logische Formeln oder sonstwie abgelegt sind (vgl. Abb.124). Findet diese Trennung nicht statt, gibt man jegliche Kontrolle des Repräsentationssystems über den Inhalt und die Integrität einer Wissensbasis auf, da dann beliebiger Programmcode, dessen Effekte das System nicht kennt und nicht zu ermitteln vermag, eingeschleust werden kann.

Wissensebene:

$$\forall e : (bez(\text{hat-teil}, \text{Mikrocomputer}, e) \Rightarrow$$
$$(is\text{-}a(e, \text{Bauteil}) \vee instanz\text{-}von(e, \text{Bauteil})))$$

Symbolebene:

<table>
<tr><td>Mikrocomputer</td><td>hat-teil</td><td>. . .</td></tr>
<tr><td></td><td>wenn-hinzugefügt:
check341(Mikrocomputer, hat-teil, Bauteil)</td><td></td></tr>
</table>

```
procedure check341( f, s, OB )
    for all e in einträge( f, s) do
        if not (is-a(e, OB) v instanz-von(e, OB)) then
            entferne( f, s, e)
```

Abbildung 124: Die Implementation einer Slot-Füllungsrestriktion als angeheftete Prozedur

Wechselt man den Blickwinkel und betrachtet Frame-Sprachen nicht als Repräsentationssysteme, sondern als Programmiersprachen, dann stellt sich das Konstrukt der angehefteten Prozeduren als ein Mechanismus zur Ausführung von Berechnungen dar. Eine Prozedur kann die Kontrolle an andere weitergeben, wodurch ein Programmablauf aus mehreren Prozeduraufrufen zusammengesetzt sein kann. Die Kontrollstruktur eines solchen Programms ergibt sich aus der Verteilung der Prozeduren auf die Slots der verschiedenen Frames und aus den für sie definierten Auslöseereignissen.

Aber eine Frame-Programmiersprache kann man auch als deklarative Sprache entwerfen! Statt der angehefteten Prozeduren könnten dann deklarativ formulierte Integritätsbedingungen angegeben sein. Die Überprüfung einer solchen Integritätsbedingung wird durch das Schreiben oder Löschen eines Eintrags für den zugehörigen Slot angestoßen. Sind zur Integritätserhaltung Folgeoperationen notwendig, wie z.B. das Weiterreichen eines Eintrags an einen anderen Slot, werden dadurch weitere Integritätsüberprüfungen ausgelöst. Eine Integritätsverletzung kann auf diese Weise eine Folge von Änderungsoperationen initiieren, deren Endresultat das gewünschte Berechnungsergebnis wäre (bei geeigneter Formulierung der Frames). Die Typen auszulösender Folgeoperationen sind entweder mit dem Frame-System schon vorgegeben oder sind als dynamische Integritätsbedingungen noch festzulegen – selbstverständlich ebenfalls auf deklarative Weise (z.B. in einer dynamischen Logik (Turner 84, Kap.2)). Literaturhinweise zur Programmierung mit Frames sind in Kapitel 4.5 zu finden.

4.2.7 Unterscheidung von definitorischen und kontingenten Aussagen

Zur Unterscheidung zwischen definitorischen und kontingenten Aussagen in einer Frame-Repräsentation wollen wir zwei Möglichkeiten vorstellen. Im weiteren Verlauf dieses Buches werden wir die erste der beiden Varianten verwenden.

a) Ein Slot, der eine kontingente Aussage über ein Konzept repräsentiert, kann entsprechend kenntlich gemacht werden. Dazu dient die folgende Definition. Abbildung 125 gibt ein Beispiel für einen kontingenten terminalen Slot.

Workstation	Architektur	. . .
	kontingent	
	erlaubt:	
	{ seriell, parallel }	
	aktuell:	
	{ seriell }	

Abbildung 125: Ein Beispiel für einen kontingenten Slot

Definition: Kontingente Slots

Wir erweitern die Slot-Beschreibung SB eines Slots (N, SB, SE) zu $SB = (EE, KARD, DK)$, wobei DK die Werte *definitorisch* und *kontingent* annehmen kann.

$\square$

Ebenso werden kontingente semantische Beziehungen durch als kontingent vereinbarte nicht-terminale Slots dargestellt. Bestehen für ein Konzept semantische Beziehungen des gleichen Typs zu mehreren Konzepten und sind einige davon kontingent und einige definitorisch, dann sind zwei nicht-terminale Slots vorzusehen. Das Beispiel in Abbildung 126 stellt die Existenz einer Cpu als Teil einer Workstation für dieses Konzept als definitorisch dar, während die Aussage, daß es sich dabei um eine serielle Cpu handelt, als kontingent repräsentiert ist.

Ein kontingenter Slot kann auch erst für die Repräsentation eines Individualkonzepts eingeführt werden, wie dies Abbildung 127 verdeutlicht.

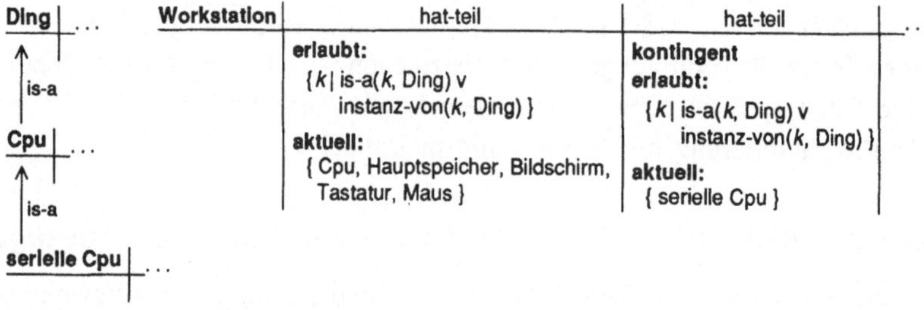

Abbildung 126: Definitorische und kontingente Teil-von-Beziehungen

b) In einem hybriden Repräsentationssystem kann man alle definitorischen Aussagen einer Repräsentationskomponente (das terminologische Wissen) und alle kontingenten Aussagen einer zweiten Repräsentationskomponente (das assertionale Wissen) zuordnen. Dann ist der definitorische oder kontingente Stellenwert einer Aussage aus einer Repräsentation immer eindeutig herauszulesen. Das terminologische Wissen wird durch Frames dargestellt, während man für kontingente Zusicherungen am ehesten ein logikbasiertes Format heranzieht (vgl. Kap.4.2.6.1)[72]. Ein Beispiel gibt Abbildung 128.

---

[72] Viele hybride Frame-Sprachen sehen Zusicherungen nur für Individualkonzepte vor, aber bei entsprechendem Entwurf des hybriden Systems kann man natürlich auch Zusicherungen für Konzeptklassen repräsentieren.

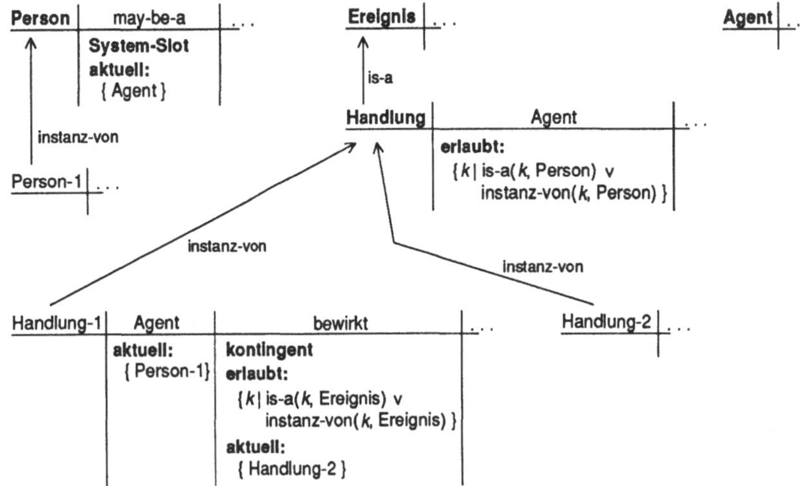

Abbildung 127: Der kontingente Slot 'bewirkt', der erst für die Repräsentation
eines Individualkonzepts eingeführt wird

Terminologisches Wissen:

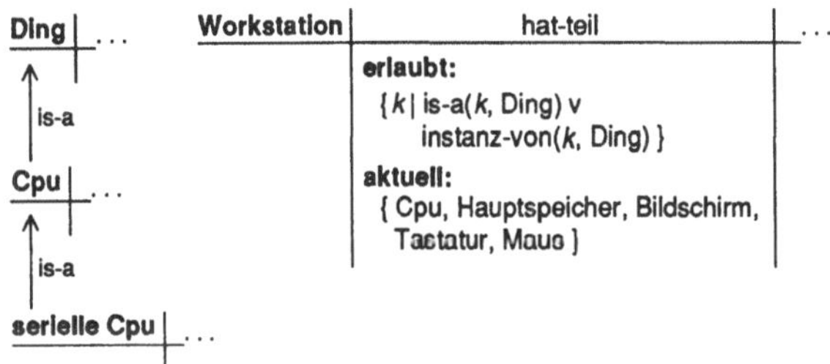

Assertionales Wissen:

$$\forall i : \big(instanz\text{-}von(i, \text{Workstation}) \Rightarrow$$
$$\exists j : (instanz\text{-}von(j, \text{serielle Cpu}) \wedge bez(\text{hat-teil}, i, j))\big)$$

Abbildung 128: Die Unterscheidung definitorischer und kontingenter Aussagen in einem
hybriden Repräsentationssystem (vgl.Abb.126)

Kontingente Slots werden wie alle anderen Slots vererbt, tragen aber nicht zur
Spezialisierung eines Konzepts bei, da das Hinzufügen einer kontingenten Aussage den
Konzeptinhalt nicht betrifft. Es induziert das Hinzufügen eines kontingenten Slots also
keine Spezialisierung (vgl. Kap.4.2.4). Wir weisen in den grafischen Darstellungen von
Frames kontingente Slots explizit als solche aus.

Vereinbarung: Kennzeichnung definitorischer und kontingenter Slots

Ist in den grafischen Darstellungen von Frames ein Slot nicht als kontingent gekennzeichnet, so ist er als definitorisch zu interpretieren.

□

4.2.8 Prototypisches Wissen

In der Einführung zu frame-artigen Repräsentationsformaten (Kap.4.1) haben wir bemerkt, daß die Unterstützung prototypischer Konzeptrepräsentationen für Frames ursprünglich typisch war. Viele der neueren Frame-Sprachen sehen prototypische Konzeptrepräsentationen allerdings nicht mehr vor. Wir wollen prototypische Konzeptrepräsentationen behandeln und müssen dazu die Darstellung von Aussagen zu normalerweise zutreffenden Konzeptmerkmalen unterstützen. Solche Aussagen hatten wir als *Default-Aussagen* bezeichnet (vgl. Kap.1.4). Ein Frame, der den Prototypen einer Klasse von Konzepten beschreibt (vgl. Kap.4.1), erfaßt also nicht nur Eigenschaften, die für alle Klassenelemente gelten, sondern auch Eigenschaften, die nur typischerweise für ein Klassenelement zutreffen, also für einzelne Individualkonzepte nicht unbedingt gültig sind. Damit Slot-Einträge, die für Default-Merkmale stehen, von den in jedem Fall geltenden Slot-Einträgen zu unterscheiden sind, ist für sie ein neuer Eintragstyp einzuführen. Dazu erweitern wir die Definition eines Frames.

Definition: Default-Einträge

Um aktuelle Slot-Einträge, die Default-Status besitzen, von den bisher betrachteten, aktuellen Slot-Einträgen zu unterscheiden, erweitern wir die Slot-Beschreibung SB eines Slots (N, SB, SE) um die Angabe DEF, es ergibt sich also $SB = (EE, KARD, DK, DEF)$. DEF ist eine Menge und enthält diejenigen Slot-Einträge, die Default-Status besitzen. Die Elemente von DEF heißen *Default-Einträge*. Für jeden Slot gilt, daß die Default-Einträge erlaubte Einträge sind, also $EE \supseteq DEF$.

□

Die folgende Vereinbarung legt fest, wie wir Default-Einträge in den grafischen Illustrationen angeben.

Vereinbarung: Default-Einträge

In den grafischen Darstellungen werden die Default-Einträge als Aufzählung in der Form '**default:** { e1, e2, ... }' oder als Intervallangabe in der Form '**default:** [u, o]' angegeben, wobei o die obere und u die untere Intervallgrenze ist.

□

Abbildung 129 illustriert die Repräsentation einer Default-Eigenschaft.

Workstation	Architektur	. . .
	erlaubt: { seriell, parallel }	
	default: { seriell }	
	aktuell: { seriell }	

Abbildung 129: Eine Repräsentation der Tatsache, daß eine Workstation in der Regel serieller Architektur ist

Durch die obige Definition ist noch nicht festgelegt, welche Konstellationen zwischen der Menge der erlaubten oder der aktuellen Einträge und der Menge der Default-Einträge eines Slots zulässig sind und was ihre Bedeutung ist. Die folgende Definition klärt diesen Aspekt.

Definition: Default-Aussagen vs. Allaussagen

a) **Default-Aussagen:**
Default-Aussagen werden durch aktuelle Slot-Einträge repräsentiert, die gleichzeitig Default-Einträge sind. Solche Slot-Einträge nennen wir *default-basiert*. Sie stehen für Merkmale eines Konzepts, die als gegeben angesehen werden, solange kein gegenteiliges Wissen vorliegt.

Wir wollen dies für einen Frame f und einen Slot s dieses Frames (es gilt dann $hat\text{-}slot(f, s)$) formal notieren. Dabei steht $default(f, s)$ für die Default-Einträge, und es ist $default(f, s) \cap einträge(f, s)$ die Menge der default-basierten Einträge. Ferner ist die Modalaussage $M\,a$ zu interpretieren als "es liegt kein Wissen vor, daß a nicht gilt" (vgl. (McDermott/Doyle 80)) und es ist $hat\text{-}merkmal(f, m)$ wahr genau dann, wenn das Konzept f das Beschreibungsmerkmal m aufweist; ob dieses Merkmal als die Eigenschaft m oder als eine semantische Beziehung zum Konzept m zu interpretieren ist, hängt vom Typ des Slots ab, durch den es repräsentiert ist, und soll hier nicht näher spezifiziert werden (vgl. die Definitionen der verschiedenen Slot-Typen). Für Konzeptklassenbeschreibungen gilt das folgende Axiom:

$$\forall f, s : (klasse(f) \wedge hat\text{-}slot(f, s) \Rightarrow$$
$$\forall e \in default(f, s) \cap einträge(f, s) :$$
$$\forall i : (instanz\text{-}von(i, f) \wedge M\,hat\text{-}merkmal(i, e) \Rightarrow \tag{1}$$
$$hat\text{-}merkmal(i, e)))$$

Für Repräsentationen von Individualkonzepten gilt

$$\forall f, s : (individuum(f) \wedge hat\text{-}slot(f, s) \Rightarrow$$
$$\forall e \in default(f, s) \cap einträge(f, s) : \tag{2}$$
$$(M\,hat\text{-}merkmal(f, e) \Rightarrow hat\text{-}merkmal(f, e)))$$

b) **Zulässige Default-Aussagen:**
Default-Einträge (die nicht als aktuelle Einträge auftreten müssen) geben an, welche Default-Aussagen für das betreffende Konzept zulässig sind, repräsentieren also disjunktiv verknüpfte Default-Aussagen. Entsprechend legen wir formal fest:

$$\forall f, s : ((klasse(f) \wedge \textit{hat-slot}(f, s) \wedge default(f, s) \neq \emptyset) \Rightarrow$$
$$\forall i : (instanz\text{-}von(i, f) \Rightarrow$$
$$\exists e \in default(f, s) : (M \ \textit{hat-merkmal}(i, e) \Rightarrow$$
$$\textit{hat-merkmal}(i, e)))) \tag{3}$$

Für Frames, die Individualkonzepte repräsentieren:

$$\forall f, s : ((individuum(f) \wedge \textit{hat-slot}(f, s) \wedge default(f, s) \neq \emptyset) \Rightarrow$$
$$\exists e \in default(f, s) : (M \ \textit{hat-merkmal}(f, e) \Rightarrow$$
$$\textit{hat-merkmal}(f, e))) \tag{4}$$

c) **Gesicherte Sachverhalte:**
Gesicherte Sachverhalte werden durch aktuelle Slot-Einträge repräsentiert, die nicht Default-Einträge sind. Für einen Slot s eines Frames f entsprechen also alle Elemente der Menge $einträge(f, s) \setminus default(f, s)$ den aktuellen Slot-Einträgen, wie wir sie bisher betrachtet haben.

□

Durch die Trennung in aktuelle Slot-Einträge und Default-Einträge sowie die Unterscheidung der obigen drei Fälle wird eine hohe Ausdrucksmächtigkeit erzielt. Für den Fall a) der obigen Definition zeigt Abildung 130 ein Beispiel. Fall b) der obigen Definition wird durch Abbildung 131 illustriert, wo ein Element der repräsentierten Konzeptklasse typischerweise eine von den angegebenen Default-Eigenschaften aufweist. Man beachte, daß die Menge der erlaubten Einträge in dem Slot 'Speicherkapazität' umfassender ist als das Default-Intervall, da es Klassenelemente geben kann, die eben nicht einen der Default-Werte aufweisen.

Entsprechend der Semantik von Default-Eigenschaften wird – solange keine anderslautenden Angaben vorliegen – für ein Individualkonzept angenommen, daß es alle die in der zugehörigen Klassenbeschreibung angegebenen Default-Merkmale tatsächlich aufweist. Später hinzukommendes Wissen kann solche Default-Annahmen entweder bestätigen, wodurch sie den Status von gesichertem Wissen erhalten, oder sie als nicht zutreffend identifizieren. Im letzten Fall werden die Default-Annahmen zurückgenommen. Schlußfolgerungen auf Repräsentationen, die Default-Wissen enthalten, sind deshalb *nicht-monoton* (vgl. mit den Bemerkungen zu nicht-monotonen Logiken in Kap.2.2.2.7).

Workstation	Cpu	Hauptspeicher	Betriebssystem

	einwertig
	erlaubt: *M1*
	default:
	  { Mikroprozessor }
	aktuell:
	  { Mikroprozessor }
		erlaubt: *M2*	**erlaubt:** *M3*

$M1 = \{\,k \mid$ is-a(k, Mikroprozessor) v
  instanz-von(k, Mikroprozessor) v
  is-a(k, RISC-Prozessor) v
  instanz-von(k, RISC-Prozessor) $\}$

$M2 = \{\,k \mid$ is-a(k, Hauptspeicher) v
  instanz-von(k, Hauptspeicher) $\}$

$M3 = \{\,k \mid$ is-a(k, Betriebssystem) v
  instanz-von(k, Betriebssystem) $\}$

Abbildung 130: Eine semantische Beziehung zum Konzept 'Mikroprozessor', die Default-Charakter hat

Winchester-Platte	Speicherkapazität	. . .
	erlaubt: [5 MB, 1 GB] **default:** [60 MB , 500 MB]	

Abbildung 131: Ein Intervall von Eigenschaften als Default-Angabe

Probleme mit der Semantik von Default-Aussagen würden im Zusammenhang mit ihrer Vererbung an Unterbegriffe entstehen, wenn wir nicht zwischen default-basierten Merkmalen und unbedingt geltenden Merkmalen unterschieden hätten. Würde man nämlich alle Slot-Einträge als potentielle Default-Einträge auffassen, um prototypische Konzeptrepräsentationen zu erlauben, dann müßten von einem Oberbegriff ererbte Slot Einträge beliebig überschreibbar sein (vgl. (Brachman 85)). Läßt man dies zu, dann könnte man beispielsweise eine parallele Workstation als Unterbegriff einer seriellen Workstation modellieren, indem der ererbte Eigenschaftswert 'seriell' durch den Wert 'parallel' überschrieben wird. Solche unsinnigen Repräsentationen sind in der oben eingeführten Darstellungsweise nicht möglich. So kann eine parallele Workstation durchaus als Unterbegriff aller Workstations dargestellt werden, für die ausgesagt ist, daß sie in der Regel serieller Architektur sind. Als Unterbegriff der Klasse aller seriellen Workstations kann das Konzept einer parallelen Workstation aber nicht repräsentiert sein, da ererbte aktuelle Einträge nur überschrieben werden können, wenn sie default-basiert sind. Abbildung 132 illustriert dieses Beispiel. Als ein weiteres Beispiel sei das des Elefanten Clyde gegeben, der weiß ist und zu der Klasse aller Elefanten, aber nicht zur Klasse aller grauen Elefanten gehört. Eine zugehörige Repräsentation zeigt Abbildung 133.

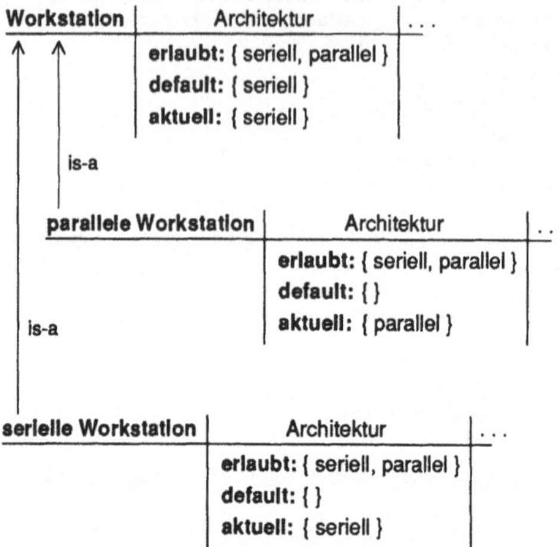

Abbildung 132: Konzeptspezialisierung und Default-Einträge

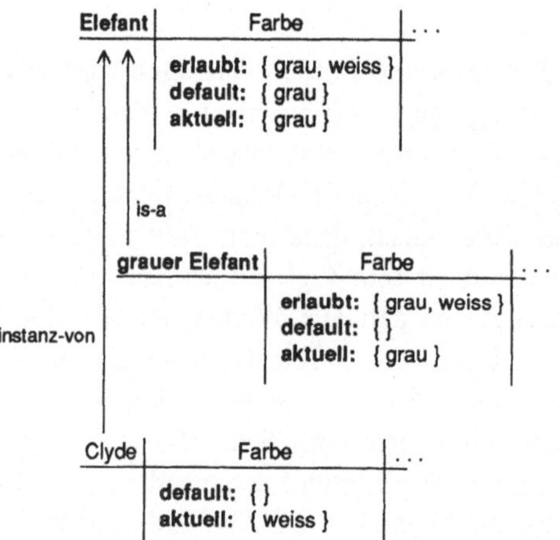

Abbildung 133: Spezialisierung auf ein Individualkonzept und Default-Einträge

Da es für default-basierte Einträge unsicher ist, ob sie tatsächlich zutreffen, bleiben
sie in einer Konzeptspezialisierung prinzipiell unberücksichtigt, d.h. sie werden an Unterbegriffe und Klassenelemente zwar vererbt, aber Konzeptspezialisierungen basieren
ausschließlich auf Einträgen mit gesichertem Status. So ist in Abbildung 132 'parallele
Workstation' Unterbegriff von 'Workstation', da 'Workstation' im Slot 'Architektur' keinen gesicherten Eintrag aufweist, dagegen aber 'parallele Workstation' den gesicherten
Eintrag 'parallel'. Aufgrund des gleichen Zusammenhangs kommt die Spezialisierungsbeziehung zwischen 'serielle Workstation' und 'Workstation' zustande.

4.2.9 Unvollständiges und unsicheres Wissen

Wie in Kapitel 3.2.11 schon festgestellt wurde, verlangt die Unterstützung *unvollständigen Wissens* im allgemeinen Fall die Darstellungsmächtigkeit von Prädikatenlogik erster Ordnung, wofür das Frame-Format zu einem hybriden Repräsentationsformat zu erweitern wäre (vgl. Kap.4.2.6.1). Gut unterstützt werden durch das Frame-Format jedoch solche unvollständigen Konzeptbeschreibungen, in denen Eigenschaften noch unbekannt oder nur partiell bestimmt sind. Dies gilt sowohl für die Repräsentation von Individualkonzepten als auch von Konzeptklassen. Ein Beispiel für eine unvollständige Klassenbeschreibung ist in Abbildung 134 gegeben. Dort liegen über den Stamm und die Blüten des als 'Pflanze-x2' bezeichneten Konzepts keine Angaben vor, weshalb die betreffenden Slots leer sind. Da ferner die Stellung der Blätter dieser Pflanze unbekannt ist, ist auch der Slot 'Stellung' des als Slot-Eintrag auftretenden Frames 'Blatt-x2' leer — 'Blatt-x2' ist folglich ebenfalls eine unvollständige Konzeptrepräsentation.

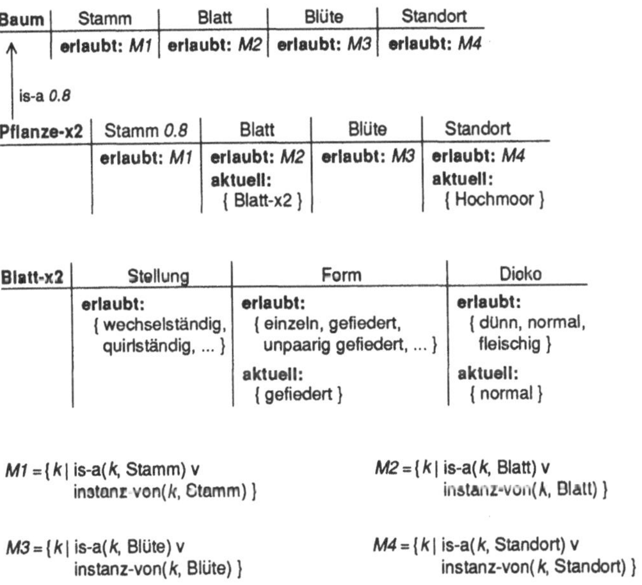

Abbildung 134: Eine unvollständige und unsichere Klassenbeschreibung

Ist die Position eines unvollständig beschriebenen Konzepts in der Konzepthierarchie schon genauer bekannt, als das aufgrund seiner aktuellen Beschreibung durch das Repräsentationssystem abgeleitet werden kann, muß die betreffende Spezialisierungsbeziehung explizit gesetzt werden (vgl. Kap.4.2.4). Mittels Vererbung werden dann die Beschreibungsmerkmale, die mit der so eingenommenen Position in der Konzepthierarchie verbunden sind, auf die neu eingebrachte Konzeptrepräsentation übertragen. Liegen dagegen für eine unvollständige Klassenbeschreibung keine Angaben zur genauen Position in der Konzepthierarchie vor, wird sie nach den in Kapitel 4.2.4 beschriebenen Spezialisierungskriterien an die tiefstmögliche Position eingeordnet. Bei später stattfindenden Erweiterungen der Konzeptbeschreibung ergeben sich zunehmend tiefere Positionen in der Hierarchie, bis schließlich die endgültige Position erreicht ist.

Für die Darstellung *unsicheren Wissens* werden Slots, Slot-Einträge und Beziehungskanten (falls sie verwendet werden) mit numerischen Sicherheitsfaktoren versehen, die die Unsicherheit der durch sie repräsentierten Aussagen angeben. Abbildung 135 zeigt ein Beispiel, wo die Blütenfarbe nicht sicher gegeben ist. Abbildung 134 (oben) illustriert einen Fall, wo die Relevanz des nicht-terminalen Slots 'Stamm' für die Klassenbeschreibung 'Pflanze-x2' unsicher ist. Entsprechend ist nicht klar, ob es sich bei der betreffenden Konzeptklasse tatsächlich um einen Unterbegriff der Konzeptklasse 'Baum' handelt, weshalb die Is-a-Kante ebenfalls mit einem Sicherheitsfaktor versehen ist.

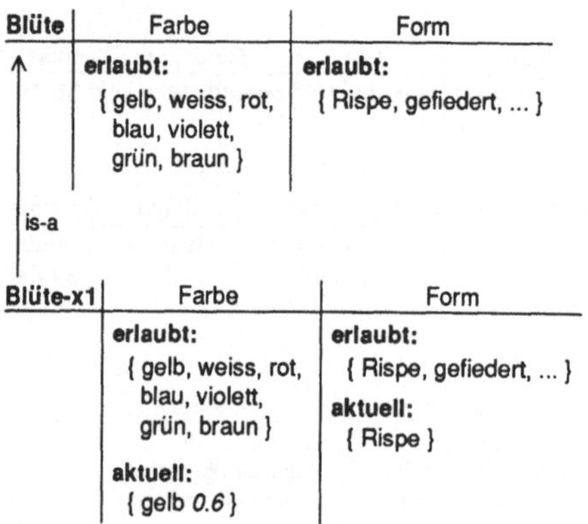

Abbildung 135: Eine Konzeptrepräsentation mit einer unsicheren Eigenschaft

Zu widersprüchlichem und ungenauem Wissen sei auf die entsprechenden Abschnitte im Kapitel zu semantischen Netzen verwiesen, die unmittelbar auf Frames übertragbar sind.

4.2.10 Ereignisse und Handlungen

4.2.10.1 Kasusrahmen

Zur Repräsentation von Ereignissen und Handlungen haben wir für semantische Netze Beziehungstypen verwendet, die aus der Kasusgrammatik entlehnt waren. Sie lassen sich auch für Frame-Repräsentationen heranziehen, wo sie dann durch Relationen-Slots dargestellt werden. Möchte man zu diesen Beziehungstypen Aussagen repräsentieren, dann muß man sie als Konzepte auffassen und sieht statt der Relationen-Slots

Rollen-Slots vor. Will man darüber hinaus nicht auf die Angabe speziellerer Rollen (wie 'Lieferant' statt 'Agent') verzichten, so sieht man entsprechend spezialisierte Rollen-Slots vor, wie dies Abbildung 136 illustriert. Da die Kasusrahmen der Kasusgrammatik ebenso wie Frames Slot-/Eintragsstrukturen sind, kann man sie als spezielle Frames auffassen (vgl. (Charniak 81a)).

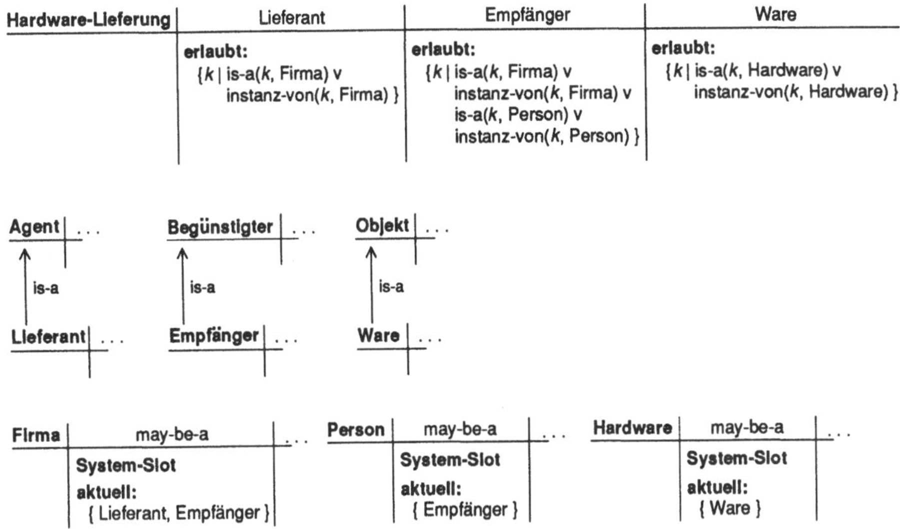

Abbildung 136: Eine Ereignisrepräsentation, die Spezialisierungen der Kasus 'Agent', 'Begünstigter' und 'Objekt' verwendet

4.2.10.2 Scripts

Eine detailliertere Repräsentation von Ereignissen und Handlungen, als durch Kasusrahmen möglich ist, verlangt die Berücksichtigung von Zustandsänderungen und Vorbedingungen, die gelten müssen, damit eine Zustandsänderung stattfinden kann. Ein frame-artiges Konstrukt, das diese Anforderungen erfüllt, ist das eines *Scripts* (Schank/Abelson 77). Ein Script dient der Repräsentation prototypischer Ereignis- (oder Handlungs-)folgen und weist standardmäßig Slots für mindestens die folgenden Beschreibungsmerkmale auf[73]:

- Ein Script beschreibt die Sequenz der *Teilereignisse*, aus denen sich die durch ihn repräsentierte Ereignisfolge zusammensetzt.
- Es wird die *Eingangsbedingung* angegeben, die erfüllt sein muß, damit die durch den Script repräsentierte Ereignisfolge überhaupt eintreten kann.

---

[73] Als ein weiteres Beschreibungsmerkmal sind nach dem ursprünglichen Script-Ansatz (Schank/Abelson 77) die an der Ereignisfolge beteiligten Konzepte in einem eigenen Slot gesondert aufzuzählen. Da diese sowieso in den Beschreibungen der Teilereignisse erwähnt werden, verzichten wir hier auf ihre gesonderte Angabe.

- Es wird der *Ergebniszustand* beschrieben, der aus der durch den Script dargestellten Ereignisfolge resultiert.

So wie Frames als Slot-Einträge Frames zulassen, können die für einen Script relevanten Teilereignisse wiederum durch Scripts beschrieben sein. Den Abschluß einer Schachtelung mehrerer Scripts bilden die als atomar betrachteten Einzelereignisse. Wir werden sie lediglich durch die Angabe einer Eingangsbedingung und eines Ergebniszustands spezifizieren, obwohl sie in dem ursprünglichen Script-Ansatz (Schank/Abelson 77) mit Hilfe eines speziellen, 'conceptual dependency' genannten Repräsentationsformats beschrieben werden (vgl. Kap.3.2.7).

Auf den Slots, die die Teilereignisse eines Scripts beschreiben, ist eine Ordnung festgelegt, die die Reihenfolge ihres Eintretens angibt. Falls in einem dieser Slots mehr als ein Eintrag auftritt (das hängt davon ab, wie fein die Slots untergliedert sind), sind auch die Slot-Einträge geordnet. Beide Ordnungsangaben sind eine Erweiterung des Frame-Konstrukts, wo eine Reihenfolge von Slots und Slot-Einträgen nicht vorliegt.

Definition: Script

Ein Script ist ein 6-Tupel (N, EB, AB, TE, SN, ST). N (der Scipt-Name), SN (die Menge der nicht-terminalen Slots) und ST (die Menge der terminalen Slots) haben dieselbe Bedeutung wie in der Frame-Definition in Kapitel 4.1, so daß ein Script eine erweiterte Frame-Struktur ist. EB und AB sind logische Formeln, die die Eingangsbedingung bzw. den Ergebniszustand für den Script angeben. TE ist ein n-Tupel ($n \geq 0$). Die Elemente von TE sind Slots, die wir *Ereignis-Slots* nennen. Ein solcher Ereignis-Slot ist ein 3-Tupel (N, SB, SE), wobei N der Slot-Name und SB die Slot-Beschreibung ist, die der eines nicht-terminalen Slots entspricht. SE ist ein m-Tupel ($m \geq 0$) von Slot-Einträgen, die Namen von Scripts sind.

$\square$

Die Semantik von Ereignis-Slots, die ja das Charakteristische an Scripts sind, wird durch die folgende Definition festgelegt.

Definition: Ereignis-Slot

Die unten aufgeführten Axiome legen die Bedeutung einer Menge von Ereignis-Slots für einen Script fest. Dabei sehen wir als Wissensebenenprädikate $vorher(f, g)$ vor, das wahr ist genau dann, wenn der Endzeitpunkt des Ereignisses f vor dem Anfangszeitpunkt des Ereignisses g liegt, und $teilereignis(f, g)$, das wahr ist genau dann, wenn f ein Teilereignis der Ereignisfolge g ist. Es ist $individuum(f)$ wiederum wahr genau dann, wenn f ein Individualkonzept repräsentiert, und $klasse(f)$ ist wahr genau dann, wenn f eine Konzeptklasse repräsentiert. Ferner steht $erlaubte\text{-}einträge(f, s)$ für die Menge der erlaubten Einträge des Slots s des Scripts f, $einträge(f, s)$ für dessen aktuelle Einträge, und es ist $hat\text{-}eslot(f, s)$ wahr genau dann, wenn der Script f den Ereignis-Slot s aufweist. Wir nehmen weiterhin an, daß für ein Tupel $\langle t_1, t_2, \ldots, t_n \rangle$ und zwei Elemente t_i, t_j die Ordnungsrelation

$t_i \prec t_j$ gilt genau dann, wenn $i < j$. Für zwei Ereignis-Slots eines Scripts, der eine Ereignisklasse repräsentiert, gilt dann

$$\forall f, s_l, s_m : \big((klasse(f) \wedge hat\text{-}eslot(f, s_l) \wedge hat\text{-}eslot(f, s_m) \wedge s_l \prec s_m) \Rightarrow$$
$$\forall i : (instanz\text{-}von(i, f) \Rightarrow$$
$$\exists j, k : (individuum(j) \wedge individuum(k) \wedge$$
$$j \in erlaubte\text{-}einträge(f, s_l) \wedge$$
$$k \in erlaubte\text{-}einträge(f, s_m) \wedge$$
$$vorher(j, k) \wedge teilereignis(j, i) \wedge teilereignis(k, i)))) \tag{1}$$

$$\forall f, s_l, s_m : \big((klasse(f) \wedge hat\text{-}eslot(f, s_l) \wedge hat\text{-}eslot(f, s_m) \wedge s_l \prec s_m) \Rightarrow$$
$$\forall e \in einträge(f, s_l) : \forall e' \in einträge(f, s_m) :$$
$$\forall i : (instanz\text{-}von(i, f) \Rightarrow$$
$$\exists j, k : ((klasse(e) \wedge instanz\text{-}von(j, e) \vee$$
$$individuum(e) \wedge j = e) \wedge$$
$$(klasse(e') \wedge instanz\text{-}von(k, e') \vee$$
$$individuum(e') \wedge k = e') \wedge$$
$$vorher(j, k) \wedge teilereignis(j, i) \wedge teilereignis(k, i)))) \tag{2}$$

Für zwei Einträge eines Ereignis-Slots gilt ferner:

$$\forall f, s : \big(klasse(f) \wedge hat\text{-}eslot(f, s) \Rightarrow$$
$$\forall e_l, e_m \in einträge(f, s) : (e_l \prec e_m \Rightarrow \forall i : (instanz\text{-}von(i, f) \Rightarrow$$
$$\exists j, k : ((klasse(e_l) \wedge instanz\text{-}von(j, e_l) \vee$$
$$individuum(e_l) \wedge j = e_l) \wedge$$
$$(klasse(e_m) \wedge instanz\text{-}von(k, e_m) \vee$$
$$individuum(e_m) \wedge k = e_m) \wedge$$
$$vorher(j, k) \wedge teilereignis(j, i) \wedge teilereignis(k, i))))) \tag{3}$$

Für zwei Ereignis-Slots eines Scripts, der ein Individualereignis repräsentiert, gelten entsprechend die folgenden beiden Axiome:

$$\forall f, s_l, s_m : \big((individuum(f) \wedge$$
$$hat\text{-}eslot(f, s_l) \wedge hat\text{-}eslot(f, s_m) \wedge s_l \prec s_m) \Rightarrow$$
$$\exists j, k : (individuum(j) \wedge individuum(k) \wedge$$
$$j \in erlaubte\text{-}einträge(f, s_l) \wedge k \in erlaubte\text{-}einträge(f, s_m) \wedge$$
$$vorher(j, k) \wedge teilereignis(j, f) \wedge teilereignis(k, f))) \tag{4}$$

$$\forall f, s_l, s_m : ((individuum(f) \land$$
$$hat\text{-}eslot(f, s_l) \land hat\text{-}eslot(f, s_m) \land s_l \prec s_m) \Rightarrow$$
$$\forall e \in einträge(f, s_l) : \forall e' \in einträge(f, s_m) :$$
$$\exists j, k : ((klasse(e) \land instanz\text{-}von(j, e) \lor$$
$$individuum(e) \land j = e) \land$$
$$(klasse(e') \land instanz\text{-}von(k, e') \lor$$
$$individuum(e') \land k = e') \land$$
$$vorher(j, k) \land teilereignis(j, f) \land teilereignis(k, f))) \tag{5}$$

Für zwei Einträge eines Ereignis-Slots eines Scripts, der ein Individualereignis repräsentiert, gilt:

$$\forall f, s : (individuum(f) \land hat\text{-}eslot(f, s) \Rightarrow$$
$$\forall e_l, e_m \in einträge(f, s) : (e_l \prec e_m \Rightarrow$$
$$\exists j, k : ((klasse(e_l) \land instanz\text{-}von(j, e_l) \lor$$
$$individuum(e_l) \land j = e_l) \land$$
$$(klasse(e_m) \land instanz\text{-}von(k, e_m) \lor$$
$$individuum(e_m) \land k = e_m) \land$$
$$vorher(j, k) \land teilereignis(j, f) \land teilereignis(k, f)))) \tag{6}$$

□

Für die grafische Darstellung von Scripts treffen wir die folgende Vereinbarung.

Vereinbarung: Scripts

Die Namen von Ereignis-Slots setzen wir in den grafischen Darstellungen von Scripts in spitze Klammern, um sie von den "normalen" Slots zu unterscheiden. Die aktuellen Einträge eines Ereignis-Slots werden als Tupel angegeben. Die Eingangsbedingung EB und den Ergebniszustand AB geben wir als Einträge in Slots gleichen Namens an.

□

Abbildung 137 zeigt als Beispiel den Script 'Buchausleihe'. Als Eingangsbedingung ist festgelegt, daß die durch ihn beschriebene Ereignisfolge nur innerhalb der Öffnungszeit der Bibliothek begonnen werden kann und daß der (die) Ausleiher(in) den Leseausweis bei sich führen muß. Als Ergebniszustand ist festgelegt, daß der Ausleiher das Buch mit sich führt und es verbucht worden ist. Im Ereignis-Slot 'Ereignisfolge' sind schließlich die Teilereignisse und ihre Auftrittsreihenfolge angegeben. Alternativ dazu hätte man statt des Slots 'Ereignisfolge' auch fünf Ereignis-Slots vorsehen können,

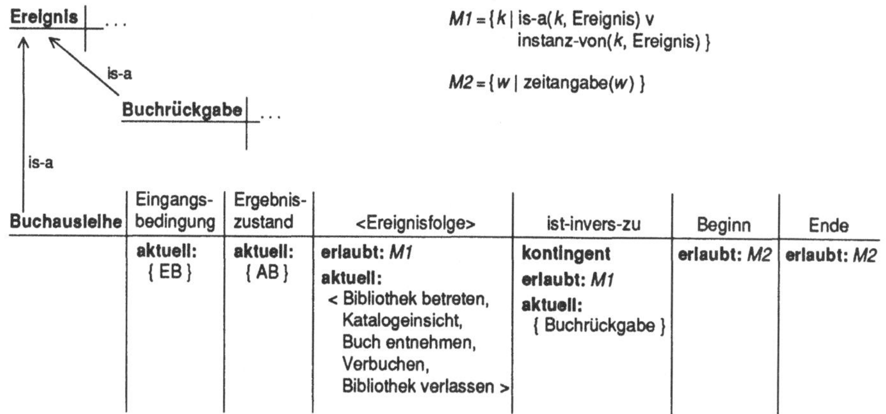

Buchausleihe	Eingangs-bedingung	Ergebnis-zustand	<Ereignisfolge>	ist-invers-zu	Beginn	Ende
	aktuell: { EB }	aktuell: { AB }	erlaubt: *M1* aktuell: < Bibliothek betreten, Katalogeinsicht, Buch entnehmen, Verbuchen, Bibliothek verlassen >	kontingent erlaubt: *M1* aktuell: { Buchrückgabe }	erlaubt: *M2*	erlaubt: *M2*

$$EB = \exists o, z \colon \bigl(\text{ist-eintrag}\bigl(Bibliothek\text{-}s, \text{Öffnungszeit}, o\bigr) \wedge$$

$$\text{ist-eintrag}(selbst, \text{Beginn}, z) \wedge$$

$$\text{innerhalb}(z, o)) \wedge$$

$$\exists l \colon (\text{ist-eintrag}(Ausleiher\text{-}s, \text{Mitbringsel}, l) \wedge$$

$$\text{ist-eintrag}(Ausleiher\text{-}s, \text{Leseausweis}, l))$$

$$AB = \text{ist-eintrag}(Ausleiher\text{-}s, \text{Mitbringsel}, Buch\text{-}s) \wedge$$

$$\exists e_1, e_2 \colon (\text{ist-eintrag}(Bibliothek\text{-}s, \text{Verbuchungen}, e_1.e_2) \wedge$$

$$\text{ist-eintrag}(Buch\text{-}s, \text{Buchnr}, e_1) \wedge$$

$$\text{ist-eintrag}(Ausleiher\text{-}s, \text{Leseausweis}, e_2))$$

Abbildung 137: Ein Script[74]

je einen für eines der fünf Teilereignisse. Der Slot 'ist-invers-zu' ist schließlich ein Relationen-Slot und die Slots 'Beginn' und 'Ende' sind terminale Slots.

Entsprechend der Definition eines Scripts kann die Slot-Beschreibung eines Ereignis-Slots die gleichen Angaben vorsehen, wie ein nicht-terminaler Slot. Abbildung 138

---

[74] Repräsentationen für die zugrundeliegenden Konzeptklassen (wie 'Buch' und 'Bibliothek') sowie für Teil-Ereignisse (wie 'Bibliothek betreten', 'Katalogeinsicht') sind nicht angegeben. Zur Vereinfachung des Formalismus liegen den Formulierungen für die Eingangsbedingung und den Ergebniszustand die folgenden Annahmen zugrunde: Die Variablen *Bibliothek-s*, *Ausleiher-s* und *Buch-s* sind im Falle der Anwendung des Scripts mit den Frame-Namen belegt, die die entsprechenden Individualkonzepte repräsentieren. Die Variable *selbst* hat dieselbe Bedeutung wie sie in Kapitel 4.2.6.1 für die Formulierung von Slot-Füllungsrestriktionen eingeführt wurde, ebenso das Prädikat *ist-eintrag(f, s, e)*. Das Prädikat $innerhalb(w_1, w_2)$ sei wahr genau dann, wenn die Zeitangabe w_1 innerhalb des Zeitintervalls w_2 liegt.

Buch-ausleihe	Eingangs-bedingung	Ergebnis-zustand	<Ereignisfolge1>	<Katalogeinsicht>	<Ereignisfolge2>	Beginn	Ende

	aktuell:
	{ EB }
		aktuell:
		{ AB }
			erlaubt: $M1$
			aktuell:
			  <Bibliothek
			  betreten>
				erlaubt: $M2$
				default:
				  { Online-Katalog-
				  einsicht }
				aktuell:
				  < Online-Katalog-
				  einsicht >
					erlaubt: $M1$
					aktuell:
					  < Buch ent-
					  nehmen,
					  Verbuchen,
					  Bibliothek
					  verlassen >
						erlaubt: $M3$	erlaubt: $M3$

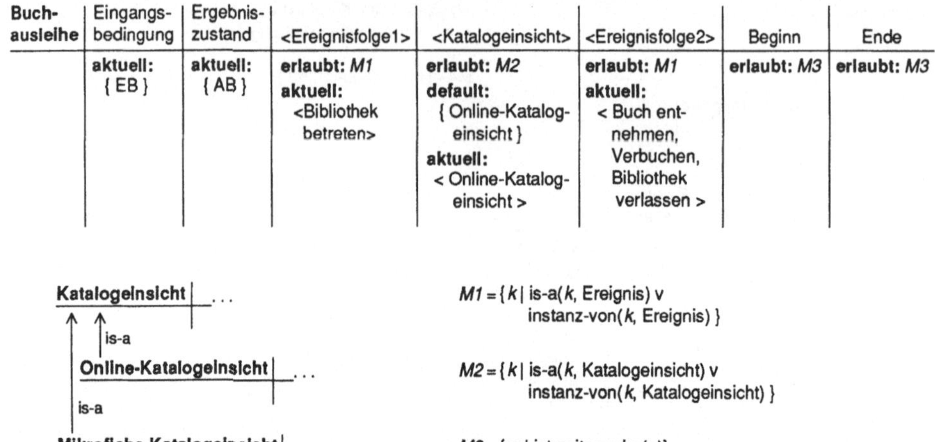

Abbildung 138: Ein Script mit mehreren Ereignis-Slots und einem default-basierten Eintrag (EB und AB entsprechen denen aus Abb.137)

illustriert dies anhand eines Default-Eintrags im Ereignis-Slot 'Katalogeinsicht'[75]. Die Ereignisfolge des gesamten Scripts wurde auf mehrere Ereignis-Slots aufgeteilt, um gezielt für das Teilereignis 'Katalogeinsicht' die Default-Angabe setzen zu können.

Eine wichtige Erweiterung der Definition eines Scripts betrifft die Einführung des speziellen Typs eines *optionalen Ereignis-Slots*. Wir wollen dies an einem Beispiel diskutieren, ohne den Slot-Typ formal einzuführen. Die Kennzeichnung eines Ereignis-Slots als optional geschieht durch eine entsprechende Angabe in seiner Slot-Beschreibung und bedeutet für eine Klassenbeschreibung, daß nicht jedes Klassenelement die durch den Slot beschriebene Teilereignisfolge aufweist. Da dies eine Abweichung von den Axiomen (1) und (2) der Definition eines Ereignis-Slots bedeutet, haben optionale Slots eine andere Semantik als sonstige Ereignis-Slots und müssen deshalb als eigener Slot-Typ behandelt werden. Man beachte auch, daß die durch optionale Ereignis-Slots repräsentierten Sachverhalte nicht mit Hilfe des Default-Konstrukts dargestellt werden können. Ein Beispiel zeigt Abbildung 139, wo die Ereignis-Slots 'Vormerken' und 'Ereignisfolge2' optional sind. Ob eine entsprechende Teilereignisfolge für ein Element der durch den Script beschriebenen Ereignisklasse existiert, hängt von der Erfüllung der Eingangsbedingung des ersten Ereignisses in der Teilereignisfolge ab. Im Beispiel von Abbildung 139 also von der Erfüllung der Eingangsbedingung des Teilereignisses 'Vormerken' bzw. des Teilereignisses 'Standort aufsuchen'. Bei entsprechender Spezifikation von Eingangsbedingungen können zwei optionale Ereignis-Slots *alternativ* zueinander sein (wie im Fall von Abb.139).

---

[75] Falls in einem Ereignis-Slot mehrere Default-Einträge angegeben sind, ist nach unserer bisherigen Definition ihre Reihenfolge im Tupel der aktuellen Einträge noch nicht festgelegt. Wenn man möchte, kann man dies tun und für Ereignis-Slots auch die Default-Menge als Tupel definieren.

Buchausleihe	Eingangs-bedingung	Ergebnis-zustand	<Ereignisfolge1>	<Katalogeinsicht>	<Vormerken>	...
	aktuell: { EB }	aktuell: { AB }	erlaubt: M1 aktuell: < Bibliothek betreten >	erlaubt: M2	optional erlaubt: M3	

...	<Ereignisfolge2>	<Ereignisfolge3>
	optional erlaubt: M1 aktuell: < Standort aufsuchen, Buch entnehmen, Verbuchen >	erlaubt: M1 aktuell: < Bibliothek verlassen >

$M1 = \{\, k \mid$ is-a$(k,$ Ereignis$)$ v instanz-von$(k,$ Ereignis$)\,\}$

$M2 = \{\, k \mid$ is-a$(k,$ Katalogeinsicht$)$ v instanz-von$(k,$ Katalogeinsicht$)\,\}$

$M3 = \{\, k \mid$ is-a$(k,$ Vormerken$)$ v instanz-von$(k,$ Vormerken$)\,\}$

Vormerken	Eingangsbedingung	Ergebniszustand
	aktuell: { "Buch ist ausgeliehen" }	aktuell: { "Vormerkung eingetragen" }

Standort aufsuchen	Eingangsbedingung	Ergebniszustand
	aktuell: { "Buch ist nicht ausgeliehen" }	aktuell: { "Ausleiher ist am Standort" }

$$\mathbf{EB} = \exists o, z : \big(\textit{ist-eintrag}\big(\textit{Bibliothek-s}, \text{Öffnungszeit}, o\big) \wedge$$
$$\textit{ist-eintrag}(\textit{selbst}, \text{Beginn}, z) \wedge$$
$$\textit{innerhalb}(z, o)\big) \wedge$$
$$\exists l : \big(\textit{ist-eintrag}(\textit{Ausleiher-s}, \text{Mitbringsel}, l) \wedge$$
$$\textit{ist-eintrag}(\textit{Ausleiher-s}, \text{Leseausweis}, l)\big)$$

$$\mathbf{AB} = \textit{ist-eintrag}(\textit{Ausleiher-s}, \text{Mitbringsel}, \textit{Buch-s}) \wedge$$
$$\exists e_1, e_2 : \big(\textit{ist-eintrag}\big(\textit{Bibliothek-s}, \text{Verbuchungen}, e_1.e_2\big) \wedge$$
$$\textit{ist-eintrag}(\textit{Buch-s}, \text{Buchnr}, e_1) \wedge$$
$$\textit{ist-eintrag}(\textit{Ausleiher-s}, \text{Leseausweis}, e_2)\big) \vee$$
$$\neg \textit{ist-eintrag}(\textit{Ausleiher-s}, \text{Mitbringsel}, \textit{Buch-s}) \wedge$$
$$\exists e_1, e_2 : \big(\textit{ist-eintrag}\big(\textit{Bibliothek-s}, \text{Vormerkungen}, e_1.e_2\big) \wedge$$
$$\textit{ist-eintrag}(\textit{Buch-s}, \text{Buchnr}, e_1) \wedge$$
$$\textit{ist-eintrag}(\textit{Ausleiher-s}, \text{Leseausweis}, e_2)\big)$$

Abbildung 139: Ein Script mit optionalen Ereignis-Slots[76]

---

[76] Alle Eingangsbedingungen und Ergebniszustände außer EB und AB sind der Übersicht halber natürlichsprachlich formuliert. Aus Platzgründen ist der Script auf zwei Zeilen umgebrochen.

Bei genauerer Betrachtung der Repräsentation in Abbildung 139 wird deutlich, daß die in den Slots 'Vormerken' und 'Ereignisfolge2' spezifizierten Ereignisse nicht unbedingt zu einem Zielzustand führen, wo der Ausleiher das gewünschte Buch bei sich hat oder wo das Buch vorgemerkt ist. Das ist immer dann der Fall, wenn ein Buch nicht ausgeliehen ist, sich aber auch nicht an seinem Standort befindet. In einem solchen Fall würde der für den Script 'Buchausleihe' festgelegte Ergebniszustand nicht eintreten. Durch eine entsprechende Verfeinerung des Scripts läßt sich diese Repräsentationslücke zwar schließen, es läßt sich aber generell nicht vermeiden, daß aufgrund besonderer Umstände die in einem Script beschriebene Ereignisfolge nicht einen der vorgesehenen Zielzustände ergibt. Führt eine Ereignisfolge, die zu der durch einen Script beschriebenen Ereignisklasse gehört, nicht zu dem spezifizierten Ergebniszustand, kann diese Tatsache durch das betreffende wissensbasierte System dazu herangezogen werden, eine nähere Analyse der Gründe des Fehlschlagens einzuleiten und damit z.B. ein tieferes Verstehen oder einen Lernvorgang zu initiieren.

Scripts werden bis auf die Ereignis-Slots nach denselben Kriterien wie Frames spezialisiert. Ereignis-Slots und deren Einträge müssen bei einem Unterbegriff denen des Oberbegriffs gleichen, bis auf die Möglichkeit zur Spezialisierung von Einträgen und zur Einschränkung der Menge erlaubter Einträge. Die Reihenfolge der Ereignis-Slots und ihrer Einträge bleibt gleich. Zusätzlich kann eine Spezialisierung auch durch Einschränkung der Eingangsbedingung eines Scripts erfolgen. Das Problem dabei liegt darin, daß es im allgemeinen Fall nicht entscheidbar ist, ob zwischen zwei prädikatenlogischen Formeln eine Spezialisierung besteht[77]. Es können deshalb nur bestimmte Fälle der Spezialisierung von logischen Formeln berücksichtigt werden, wie z.B. die Spezialisierung von Termen (die dann für spezifischere Konzeptklassen stehen) oder die konjunktive Verknüpfung mit weiteren Bedingungen.

Scripts eignen sich gut für Aufgaben, wo eine Ereignis- oder Handlungsfolge aufgrund vorgegebener Teilangaben zu identifizieren oder zumindest einzugrenzen ist, um einen Erkennungs- und Verstehensprozeß zu ermöglichen. In umgekehrter Weise kann ein Script als Basis zur Generierung von Handlungsplänen dienen. Ein Nachteil von Scripts ist die fehlende Unterstützung der Modellierung paralleler Ereignisse[78].

4.3 Operationen auf Frame-Repräsentationen

Dieses Kapitel ist als Ergänzung der Ausführungen in Kapitel 3.3 zu Operationen auf semantischen Netzen aufzufassen. Alle dortigen Aussagen zur Unterscheidung von Inferenzen zur Anfrage- und zur Änderungszeit sowie die Aussagen zur Bedeutung von Operationen für die Trennung zwischen Wissens- und Symbolebene gelten genauso für Frame-Repräsentationen. Wir beschäftigen uns im folgenden mit Anfrage- und Änderungsoperationen, die für Frames besonders charakteristisch sind.

---

[77] Eine Bedingung b_1 ist genau dann spezifischer als eine Bedingung b_2, wenn $b_1 \Rightarrow b_2$.
[78] Dazu eignen sich Petri-Netze recht gut: siehe (Reisig 86) und (Peterson 77).

4.3.1 Terminologische Inferenzen

Wie wir gesehen haben, eignen sich Frames besonders gut zur Repräsentation terminologischen Wissens, also Wissen über Konzepteigenschaften und semantische Beziehungen zwischen Konzepten. Entsprechend nehmen Inferenzen über terminologischen Repräsentationen eine wichtige Rolle ein. Der wichtigste Inferenztyp stellt für zwei Frames, die jeweils eine Konzeptklasse beschreiben, fest, ob einer von beiden einen Unterbegriff des anderen repräsentiert, zwischen ihnen also die Is-a-Beziehung besteht (vgl. die Spezialisierungskriterien in Kap.4.2.4). Häufig wird in diesem Zusammenhang auch von *Subsumption* gesprochen: Der Oberbegriff subsumiert den Unterbegriff. Ist eine der beiden Konzeptklassenbeschreibungen unvollständig, ist die Subsumptionsberechnung natürlich nicht endgültig, sondern ergibt lediglich eine Beziehung, die mit dem bestehenden Wissen konsistent ist. Ein gewaltiges Problem mit der Berechnung von Subsumption besteht in der hohen Berechnungskomplexität. Schon bei recht einfachen Frame-Sprachen ist sie NP-vollständig – es ist also eine Funktion, die den Berechnungsaufwand nach oben hin beschränkt, kein Polynom mehr, da der Berechnungsaufwand mit zunehmender Problemkomplexität schneller wächst als jedes Polynom (vgl. (Zelewski 89) und siehe Kap.4.5).

Auf die Ableitung von Is-a-Beziehungen aus der intensionalen Beschreibung von Konzeptklassen geht eine Reihe weiterer Inferenztypen zurück. Läßt man als Randfall bei der Subsumptionsberechnung auch (extensionale) Gleichheit zweier Konzeptklassen zu, dann kann man für zwei verschiedene Klassenbeschreibungen k_1 und k_2 herausfinden, ob sie *extensional gleich* sind, denn dann subsumieren sie sich gegenseitig (d.h. es gilt $is\text{-}a(k_1, k_2) \land is\text{-}a(k_2, k_1)$). Weitere Inferenzen, die auf Subsumption zurückgeführt werden können, stellen fest, ob ein Frame *direkter Oberbegriff* eines anderen ist (oder ob es in der Wissensbasis einen weiteren Frame gibt, der in der Spezialisierungshierarchie zwischen beiden liegt), ob ein Frame *gemeinsamer Oberbegriff* zweier anderer Frames ist oder ob ein Frame *kleinster gemeinsamer Oberbegriff* zweier anderer ist.

Da es aufgrund der hohen Zeitkomplexität i.a. nicht realistisch ist, erst bei einer Anfrage Is-a-Beziehungen zu inferieren, werden sie in der Regel zur Änderungszeit berechnet. Jede Modifikation definitorischer Merkmale einer Konzeptklasse macht dann nicht nur ihre Neueinordnung in die Konzepthierarchie erforderlich, sondern kann, falls sich Spezialisierungsbeziehungen der Konzeptklasse zu anderen Klassen ändern, weitere Änderungen nach sich ziehen (vgl. Abb.140). Das Einordnen einer Klassenbeschreibung an die tiefstmögliche Position in einer Konzepthierarchie, also oberhalb aller ihrer Unterbegriffe und unterhalb aller ihrer Oberbegriffe, nennt man *Klassifikation*. Auch dieser Inferenztyp basiert auf Subsumption.

Für einen Frame, der ein Individualkonzept repräsentiert, nennt man die Inferenz, die zur Bestimmung der spezifischsten Konzeptklasse führt, in der es enthalten ist, *Realisation*.

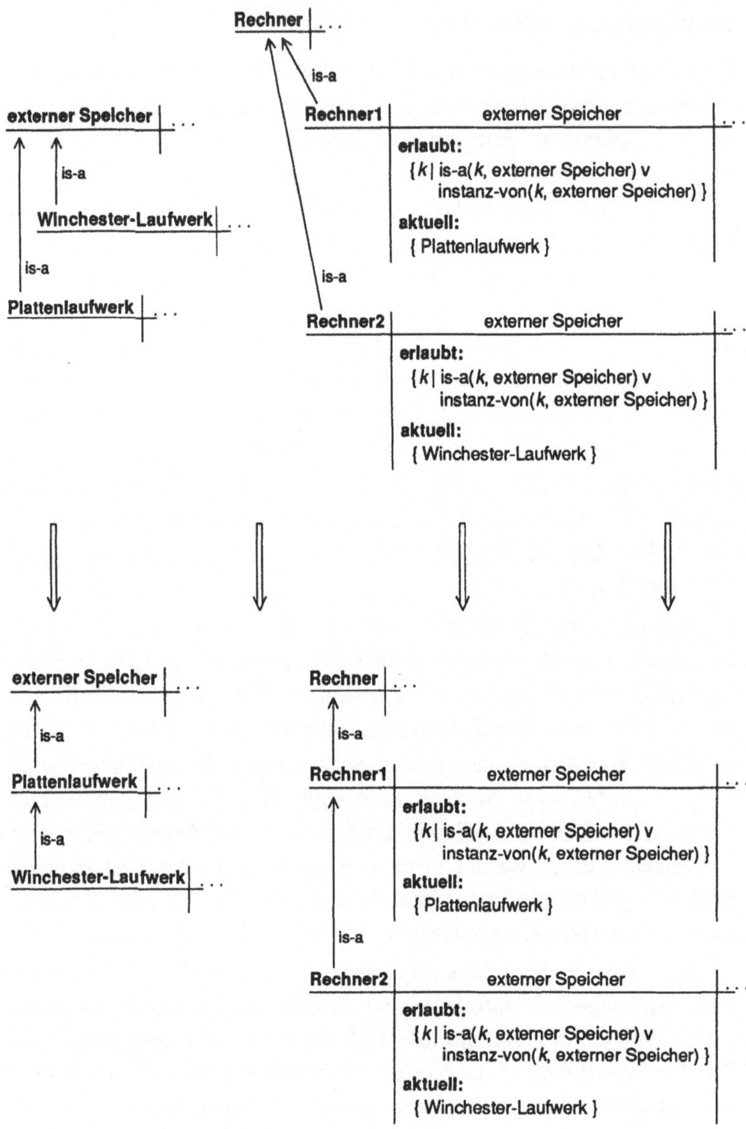

Abbildung 140: Die Neueinordnung von 'Winchester-Laufwerk' in die Konzepthierarchie
bewirkt die Neueinordnung von 'Rechner2'

Zu einer ganz anderen Klasse terminologischer Inferenzen gehören solche, die auf
Default-Einträgen in Slots basieren (vgl. Kap.4.2.8). Default-Einträge ermöglichen die
Inferenz von *Erwartungen*, die zwar hypothetisch sind, aber in der Regel zutreffen. Wird
durch zusätzliches Wissen festgestellt, daß eine aufgrund eines Default-Eintrags angenommene Eigenschaft oder semantische Beziehung nicht zutrifft, bedeutet dies nicht nur,

daß die Annahme zurückzuziehen ist, sondern vor allem, daß der Frame ein *außerge-wöhnliches Exemplar* oder eine Klasse solcher Exemplare beschreibt, und dies kann je nach Typ des zugehörigen wissensbasierten Systems (z.B. für ein Fehlerdiagnose- oder Textverstehenssystem) eine wichtige Schlußfolgerung sein. Da im Falle von Inferenzen, die auf Default-Einträgen basieren, zusätzliches Wissen die bisher hergeleiteten Ergeb-nisse als falsch identifizieren kann, sind sie *nicht-monotone Inferenzen* (vgl. Kap.2.2.2.7). Die oben diskutierten Klassifikations- und Realisationsinferenzen sind dagegen bezüg-lich ihrer Unterordnung unter bestimmte Frames, die als Oberbegriffe betrachtet werden, monoton, da zusätzliches Wissen über ein Konzept schon hergeleitete Is-a-Beziehungen zu Oberbegriffen nicht ungültig werden läßt, denn das Konzept wandert in der Hierarchie höchstens nach unten (die Herleitung von Is-a-Beziehungen zwischen einem unvollstän-digen Konzept und Frames, die als Unterbegriffe dazu betrachtet werden, wäre dagegen nicht-monoton). Als Beispiel illustriert Abbildung 141 den Fall, daß für ein Konzept 'Objekt-x' die Aussage vorliegt, daß es sich um eine Workstation handelt. Aufgrund des für Workstations repräsentierten Defaults wird angenommen, daß 'Objekt-x' mit einem Mikroprozessor ausgerüstet ist. Diese Annahme kann sich später entweder bestätigen oder als falsch herausstellen.

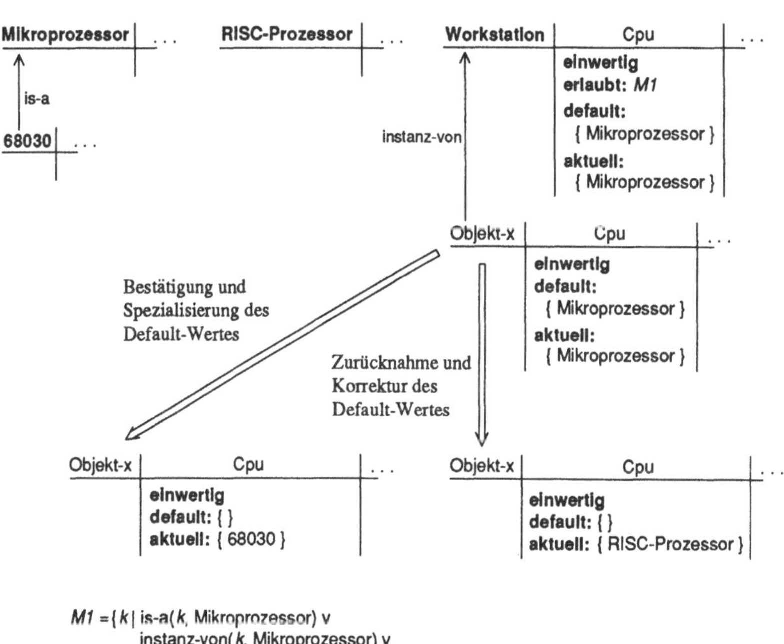

Abbildung 141: Beispiel für die Bestätigung und die Rücknahme einer Default-Angabe

4.3.2 Frame-Strukturen als Anfragerepräsentationen: Strukturabgleich

Komplexe Anfragen an eine Frame-Repräsentation können durch Frames repräsentiert werden. Dies ist analog zu dem Vorgehen für semantische Netze (vgl. Kap.3.3.2). Es gilt auch hier die Bemerkung, daß die Betrachtung von Frame-Strukturen als Anfrageformulierungen auf der Symbolebene anzusiedeln ist. Da Frames sehr viel reichhaltigerer Struktur sind als semantische Netze, gibt es sehr viel mehr Möglichkeiten, einen Abgleich (im Englischen 'matching') zwischen einer Anfrage und einer Wissensbasis herzustellen, insbesondere, wenn man Inferenzen dabei zuläßt. Im folgenden soll ein Eindruck vermittelt werden, welche Kriterien dafür herangezogen werden können.

Ein Frame-Abgleich basiert darauf, daß sich ein Frame durch Teile seiner Struktur identifizieren läßt. Im einfachsten Fall sind dies Einträge in terminalen Slots. Komplexer sind die Fälle, wo mehrere Frame-(Teil-)Strukturen vorgegeben sind, die entweder auf nicht-terminale Slots eines zu identifizierenden Frames passen müssen oder auf Frames, die als erlaubte, aktuelle oder Default-Einträge auftreten. Ob ein solcher Abgleich möglich ist, wird wiederum durch die Kriterien zum Frame-Abgleich bestimmt. Der Frame-Abgleich ist somit ein geschachtelter Prozeß. Die Endpunkte einer Schachtelung werden immer dann erreicht, wenn ein terminaler Slot abzugleichen ist, da er keine Frames als Einträge aufweist, oder wenn statt einer Frame-Struktur ein Frame-Name in der Anfrage auftritt. Der Abgleich zweier Namen ist erfolgreich, wenn sie gleich sind oder wenn der Name in der Anfrage einen Oberbegriff des Frames, mit dessen Name abzugleichen ist, bezeichnet. Darüber hinaus wollen wir vereinbaren, daß nur die in einer Anfrage-Struktur explizit auftretenden Angaben bei einem Abgleich berücksichtigt werden. Das bedeutet z.B., daß Slots, für die in einer Anfrage keine Angaben zur Kardinalität oder zu den erlaubten Einträgen vorliegen, ohne Berücksichtigung dieser Aspekte abgeglichen werden. Die folgende Definition legt die Kriterien genauer fest. Sie stellt nur ein Grundgerüst dar, das in konkreten Frame-Sprachen entsprechend erweitert und modifiziert werden kann (auch weist eine bestimmte Frame-Sprache nicht unbedingt alle beschriebenen Kriterien auf).

Definition: Frame-Abgleich

Grunddefinition:

Eine in einer Anfrage vorgegebene Frame-Struktur $f = (N, SN, ST)$ läßt sich mit einem Frame $f' = (N', SN', ST')$[79] abgleichen – notiert als $f \gg f'$ – genau dann, wenn (F1) oder (F2) gilt.

(F1) N ist eine nichtleere Zeichenkette:
Der Abgleich erfolgt ausschließlich über die Frame-Namen:

$$N = N' \vee \textit{is-a}(N', N) \vee \textit{instanz-von}(N', N)$$

---

[79]   Vergleiche mit der Definition von Frames in Kapitel 4.1.

(F2) N ist die leere Zeichenkette:

Der Abgleich erfolgt über die Frame-Struktur. Dabei ist $s \gtrsim s'$ wahr genau dann, wenn sich der Slot s mit dem Slot s' abgleichen läßt. Die Bedingungen dafür sind weiter unten angegeben, ebenso wie die Definition der Prädikate *sabgleich* und *eabgleich*.

$$\forall s \in SN : \exists s' \in SN' : \left(s \gtrsim s' \vee sabgleich(s, SN') \vee eabgleich(s, s') \right) \wedge$$
$$\forall s \in ST : \exists s' \in ST' : s \gtrsim s'$$

Abgleich nicht-terminaler Slots:

• Das Prädikat *sabgleich*:

Das Prädikat $sabgleich(s, SN')$ erlaubt den Abgleich von Einträgen des assoziativen Slots s mit nicht-terminalen Slots aus der Menge SN' eines zu identifizierenden Frames[80], wenn die Einträge von s als Frame-Namen angegeben sind. Der Slot s darf dabei keine weiteren, für einen Abgleich zu berücksichtigenden Angaben aufweisen, außer einer Angabe zu seinem Status als definitorisch oder kontingent. Für den Slot $s = (N, (EE, KARD, DK, DEF), SE)$[81], für den die Bedingung $\forall e \in SE : is\text{-}a(e, N)$ gilt (er ist also assoziativ), und die Menge nicht-terminaler Slots SN' ist *sabgleich* folgendermaßen definiert ($KARD = ()$ liegt für den Anfrage-Slot dann vor, wenn dort keine Kardinalität angegeben ist):

$$sabgleich(s, SN') \Leftrightarrow \forall e \in SE : \exists s' \in SN' :$$
$$\left((e = name(s') \vee is\text{-}a(name(s'), e)) \wedge EE = \emptyset \wedge \right.$$
$$\left. KARD = () \wedge DK = dktyp(s') \wedge DEF = \emptyset \right)$$

Dabei steht $name(s)$ für den Namen des Slots s und $dktyp(s)$ für die Angabe, ob s definitorisch oder kontingent ist.

• Das Prädikat *eabgleich*:

Das in (F2) verwendete Prädikat $eabgleich(s, s')$ läßt zu, daß ein assoziativer Slot s, der außer durch Angabe seines Namens, eventueller Slot-Einträge und einer Angabe zu seinem Status als definitorisch oder kontingent nicht weiter spezifiziert ist, mit einem Eintrag in einem nicht-terminalen Slot s' eines zu identifizierenden Frames abgeglichen werden kann. Enthält der Slot s Einträge (die Frame-Namen oder Frame-Strukturen sein dürfen), so müssen sie ebenfalls mit den Einträgen in s' abgleichbar sein – im folgenden durch den Operator $\gtrsim$ ausgedrückt, der weiter unten definiert ist. Dieser Fall ist also umgekehrt zu dem in *sabgleich* behandelten. Man beachte, daß im Slot s des Anfrage-Frames Slot-Einträge zwar Frame-Strukturen sein können, daß aber die Einträge des Slots s' wie üblich Frame-Namen sind.

---

[80] Das ist mit der Semantik nicht-terminaler Slots, wie wir sie festgelegt haben, konsistent!

[81] Es steht dabei EE für die Menge der erlaubten Einträge, $KARD$ für ein Tupel mit der minimalen und maximalen Anzahl an Slot-Einträgen, DEF, für die Menge der Default-Einträge, und DK gibt an, ob der Slot definitorisch oder kontingent ist.

Wir definieren für einen assoziativen Slot $s = (N, (EE, KARD, DK, DEF), SE)$ und einen nicht-terminalen Slot $s' = (N', (EE', KARD', DK', DEF'), SE')$ das Prädikat *eabgleich* folgendermaßen ($KARD = ()$ liegt für den Anfrage-Slot vor, wenn dort keine Kardinalität angegeben ist):

$$eabgleich(s, s') \Leftrightarrow \exists e' \in SE' : (e' = N \lor \textit{is-a}(e', N) \lor \textit{instanz-von}(e', N)) \land$$
$$\forall e \in SE : \exists e' \in SE' : e \gtrsim e' \land$$
$$EE = \emptyset \land KARD = () \land DK = DK' \land DEF = \emptyset$$

- Der Fall $s \gtrsim s'$:

Ein nicht-terminaler Slot $s = (N, (EE, KARD, DK, DEF), SE)$ läßt sich mit einem nicht-terminalen Slot $s' = (N', (EE', KARD', DK', DEF'), SE')$ abgleichen (es gilt also $s \gtrsim s'$) genau dann, wenn (SN1) oder (SN2) erfüllt ist. Da s Teil eines Anfrage-Frames ist, können die Mengen EE, DEF und SE Frame-Namen und/oder Frame-Strukturen enthalten (in Abweichung von der sonst in diesem Buch zugrunde gelegten Definition eines Frames).

(SN1) Der Name des Slots s ist ein Frame-Name:
Auch der Name von s' ist ein Frame-Name, und es gilt
$N = N' \lor \textit{is-a}(N', N)$ sowie (SN).

(SN2) Der Name des Slots s ist kein Frame-Name, der Slot also ein Relationen-Slot:
s' ist ebenfalls ein Relationen-Slot, $N = N'$ und es gilt (SN).

Die Bedingung (SN) ist folgendermaßen festgelegt ($KARD = ()$ liegt für den Anfrage-Slot vor, wenn dort keine Kardinalität angegeben ist):

(SN)
$$\forall e \in SE : \exists e' \in SE' : e \gtrsim e' \land$$
$$\forall e \in EE : \exists e' \in EE' : e \gtrsim e' \land$$
$$\forall e \in DEF : \exists e' \in DEF' : e \gtrsim e' \land$$
$$(KARD \neq () \Rightarrow KARD = KARD') \land DK = DK'$$

Entsprechend unserer Vereinbarungen kann die Variable e mit Frame-Namen oder Frame-Strukturen, die Variable e' jedoch nur mit Frame-Namen belegt werden. Der Operator $\gtrsim$ wird im folgenden festgelegt.

- Der Fall $e \gtrsim e'$:

Der Operator $\gtrsim$ wird abgebildet auf den Operator $\gtrdot$, wie er durch (F1) und (F2) weiter oben definiert ist (dabei steht $fstruktur(f)$ für die Frame-Struktur (f, SN, ST) des Frames mit dem Namen f):

(F3) e ist eine Frame-Struktur (N, SN, ST) (wobei N die leere Zeichenkette sein kann) und e' ist ein Frame-Name:

$$(N, SN, ST) \gtrapprox e' \Leftrightarrow (N, SN, ST) \geqslant fstruktur(e')$$

(F4) e und e' sind beides Frame-Namen:

$$e \gtrapprox e' \Leftrightarrow (e, \emptyset, \emptyset) \geqslant fstruktur(e')$$

Abgleich terminaler Slots:

Ein terminaler Slot $s = (N, (EE, (1,1), DK, DEF), SE)$ in einem Anfrage-Frame läßt sich mit einem terminalen Slot $s' = (N', (EE', (1,1), DK', DEF'), SE')$ abgleichen – notiert als $s \gtrsim s'$ – genau dann, wenn

(ST) $\quad N = N' \wedge SE \subseteq SE' \wedge EE \subseteq EE' \wedge DK = DK' \wedge DEF \subseteq DEF'$

Sind in einer Frame-Anfrage zusätzlich Beziehungskanten für Spezialisierungsbeziehungen angegeben, dann müssen die betreffenden Beziehungen für die als Anfrageergebnis selektierten Frames gelten.

$\square$

Vereinbarung: Frame-Anfrage

In den grafischen Notationen von Frame-Anfragen stellen wir einen Frame-Namen, der die leere Zeichenkette ist, durch das Zeichen '?' dar. Nicht angegebene erlaubte, aktuelle oder Default-Einträge bedeuten, daß die entsprechenden Mengen EE, SE bzw. DEF leer sind. Liegt für einen nicht-terminalen Slot eines Anfrage-Frames keine Kardinalitätsangabe vor, so wird $KARD = ()$ angenommen (terminale Slots sind immer einwertig). Ebenso hat – wie sonst auch schon – jeder Slot definitorischen Stellenwert, wenn keine gegenteilige Angabe vorliegt.

$\square$

Die folgenden Anfragen illustrieren die oben festgelegten Abgleichkriterien:

a) "Welche Konzepte bestehen aus einem Mikroprozessor?"

?	hat-teil
	aktuell:
	{ Mikroprozessor }

Diese Anfrage identifiziert nach der obigen Definition (es gelten die Bedingungen (F2) und (SN2)) den folgenden Frame, da er den angegebenen Relationen-Slot mit zugehörigem Slot-Eintrag aufweist. Er repräsentiert nach den Kriterien der Konzeptspezialisierung einen Unterbegriff des Anfrage-Frames:

Mikrorechner	hat-teil	Betriebssystem	Peripherie
	erlaubt: $M1$ **aktuell:** { Mikroprozessor, Hauptspeicher, Bus }	**erlaubt:** $M2$	**erlaubt:** $M3$

$M1 = \{\, k \mid \text{is-a}(k, \text{Ding}) \lor$
$\qquad \text{instanz-von}(k, \text{Ding})\,\}$

$M2 = \{\, k \mid \text{is-a}(k, \text{Betriebssystem}) \lor$
$\qquad \text{instanz-von}(k, \text{Betriebssystem})\,\}$

$M3 = \{\, k \mid \text{is-a}(k, \text{Peripherie}) \lor$
$\qquad \text{instanz-von}(k, \text{Peripherie})\,\}$

Genauso ist ein Abgleich mit dem untenstehendem Frame möglich. Er stellt ein spezifischeres Anfrage-Ergebnis dar, als der Frame 'Mikrorechner', da er ein Unterbegriff von ihm ist. Der Frame-Name 'Mikroprozessor' im Anfrage-Frame wird mit dem Frame-Namen '68030' abgeglichen, da letzterer einen Unterbegriff des ersteren bezeichnet:

68030-Unix-Rechner	hat-teil	Betriebssystem	Peripherie
	erlaubt: $M1$ **aktuell:** { 68030, Hauptspeicher, Bus }	**erlaubt:** $M2$ **aktuell:** { Unix }	**erlaubt:** $M3$

$M1 = \{\, k \mid \text{is-a}(k, \text{Ding}) \lor$
$\qquad \text{instanz-von}(k, \text{Ding})\,\}$

$M2 = \{\, k \mid \text{is-a}(k, \text{Betriebssystem}) \lor$
$\qquad \text{instanz-von}(k, \text{Betriebssystem})\,\}$

$M3 = \{\, k \mid \text{is-a}(k, \text{Peripherie}) \lor$
$\qquad \text{instanz-von}(k, \text{Peripherie})\,\}$

wobei

Mikroprozessor	. . .

$\uparrow$ is-a

68030	. . .

Für die obige Anfrage können sich natürlich nicht nur Klassenbeschreibungen qualifizieren, sondern auch Frames, die Individualkonzepte repräsentieren.

b) "Welche Terminals enthalten einen Mikroprozessor?"

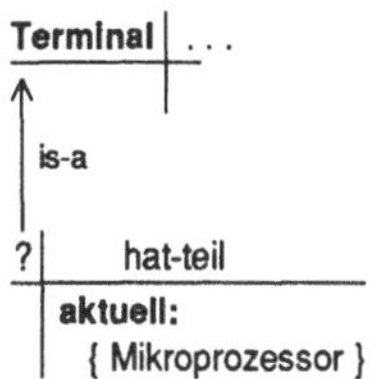

Diese Anfrage ergänzt die Anfrage a) um die Einschränkung auf die Konzeptklasse 'Terminal'.

c) "Welche Konzepte verfügen über eine Cpu, bestehen aus einem Hauptspeicher, weisen als Betriebssystem Unix auf und können 15 Tausend DM kosten?"

?	Cpu	hat-teil	Betriebssystem	Preis
		aktuell: { Hauptspeicher }	aktuell: { Unix }	erlaubt: { 15.000 DM }

Der folgende Frame ist ein mögliches Anfrageergebnis (wenn 'Unix' Unterbegriff zu 'Betriebssystem' ist):

X-Rechner	hat-teil	Unix	Preis
	erlaubt: { k | is-a(k, Ding) v instanz-von(k, Ding) } aktuell: { Cpu, Hauptspeicher }	erlaubt: { k | is-a(k, Unix) v instanz-von(k, Unix) }	erlaubt: [14.000 DM, 15.000 DM]

Der Abgleich mit diesem Frame kommt aufgrund mehrerer Kriterien zustande. So findet zunächst der Slot 'Cpu' des Anfrage-Frames sein Gegenstück nicht in einem Slot, sondern in einem Slot-Eintrag (vgl. das Prädikat *eabgleich* in Axiom (F2) der Definition zum Frame-Abgleich). Der Slot 'Betriebssystem' paßt mit seinem Eintrag 'Unix' auf den Slot 'Unix' (vgl. das Prädikat *sabgleich* in Axiom (F2)), während der terminale Slot 'Preis' auf den gleichnamigen terminalen Slot des Frames 'X-Rechner' paßt. Hätte der Anfrage-Frame im Slot 'Cpu' den Eintrag '32-Bit-Cpu' und 'X-Rechner' im Slot 'hat-teil' ebenfalls den Eintrag '32-Bit-Cpu', dann würde sich 'X-Rechner' wiederum als Ergebnis qualifizieren (aufgrund des Prädikats *eabgleich* in (F2)).

d) "Welche Hardware ist Teil eines Terminals und wird von der Chip GmbH hergestellt?"

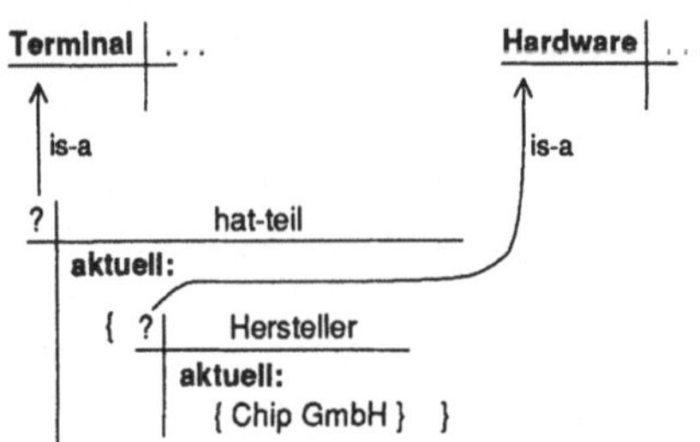

Diese Anfrage illustriert die Verwendung einer Frame-Struktur als Slot-Eintrag in
einem Anfrage-Frame (vergleiche auch Übungsaufgabe 8).

e) "Welche Rechner verfügen über genau eine serielle Schnittstelle?"

?	serielle Schnittstelle
	einwertig

Dieser Anfrage-Frame paßt *nicht* auf den untenstehenden Frame, da der Slot 'serielle
Schnittstelle' ein speziellerer Slot ist als der Slot 'Schnittstelle' und somit nicht
mit ihm abgeglichen werden kann (vgl. Axiom (SN1)). Das ist sinnvoll, da durch
den Frame 'X-Rechner' beschriebene Rechner zwar über genau eine Schnittstelle
verfügen, diese aber nicht seriell sein muß.

X-Rechner	Schnittstelle	. . .
	einwertig **erlaubt:** { k | is-a(k, Schnittstelle) ∨ instanz-von(k, Schnittstelle) }	

f) "Welche Rechner verfügen über externe Speicher mit einer Speicherkapazität von
mehr als 600 MB?"

Diese Anfrage ist nach der weiter oben gegebenen Definition für einen Frame-
Abgleich nicht formulierbar und stellt einen möglichen Erweiterungsfall dar[82] (wir
haben in der Definition ja nur ein Grundgerüst festgelegt). Man kann eine solche
Anfrage formulieren, wenn man aktuelle Slot-Einträge um Vergleichsoperatoren
erweitert, wie das in der folgenden Abbildung angedeutet ist:

---

[82]   Weitere Typen von Anfragen sind auch in (Reimer 89) beschrieben.

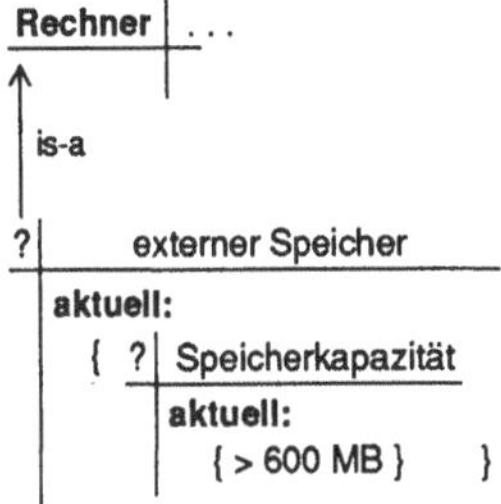

Werden solche Vergleichsoperatoren für terminale Slots unterstützt, dann wäre der folgende Frame ein mögliches Anfrageergebnis (über die Kriterien (F2), (SN1) und (F3)):

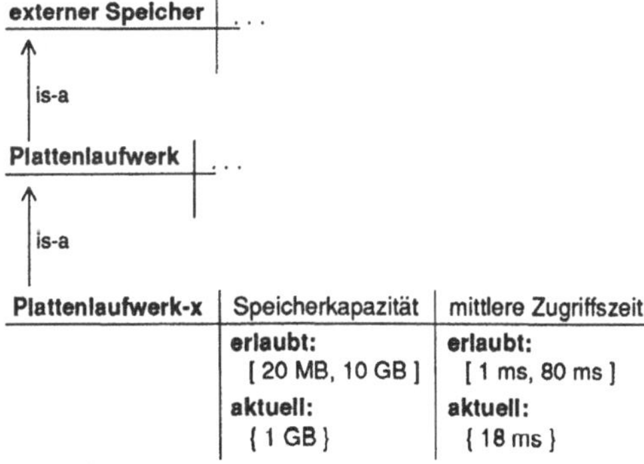

$M1 = \{\, k \mid$ is-a$(k,$ Mikroprozessor$)$ v instanz-von$(k,$ Mikroprozessor$)\,\}$

$M2 = \{\, k \mid$ is-a$(k,$ Betriebssystem$)$ v instanz-von$(k,$ Betriebssystem$)\,\}$

$M3 = \{\, k \mid$ is-a$(k,$ Plattenlaufwerk$)$ v instanz-von$(k,$ Plattenlaufwerk$)\,\}$

wobei

In diesem Abschnitt sind wir von einem vollständigen Abgleich von Frame-Strukturen ausgegangen. Ergebnis-Frames waren dabei immer Unterbegriffe des Anfrage-Frames. Häufig treten aber auch Fälle auf, wo nur ein partieller Abgleich möglich ist oder wo ein vollständiger Abgleich unter unvollständigem Wissen erfolgt ist und sich im nachhinein als nicht zutreffend erweist. Auf beide Fälle gehen wir in den folgenden Kapiteln kurz ein.

4.3.3 Gewichteter Frame-Abgleich

Es kann der Fall auftreten, daß ein Anfrage-Frame mehr als nur einen Frame in der angefragten Wissensbasis selektiert. In einem Problemlösungs- oder Verstehensprozeß muß dann einer von ihnen für die weitere Verarbeitung ausgewählt werden. In deren Verlauf kann sich diese Auswahl aufgrund zusätzlichen Wissens als falsch herausstellen. Auf der Basis des neuen Wissensstandes ist dann ein erneuter Abgleich durchzuführen und ein anderer Frame auszuwählen. Alle bis dahin inferierten Repräsentationsstrukturen, die in den zuerst selektierten Frame aufgenommen wurden, werden anschließend in den neuen Frame transferiert.

Als Beispiel betrachten wir die folgende Anfrage, die auf der in Abbildung 142 dargestellten Wissensbasis auszuwerten ist: "Welche Konzepte weisen eine Cpu auf und können einen Hauptspeicher der Größe 16 MB besitzen?"

```
? | Cpu |      Hauptspeicher
  |     |________________________
  |     | erlaubt:
  |     |     { ? |   Grösse
  |     |         |__________________
  |     |         | erlaubt:
  |     |         |   { 16 MB }    }
```

Diese Anfrage könnte beispielsweise beschreiben, was im Rahmen eines Textverstehenssystems über ein bestimmtes Konzept an Aussagen vorliegt. Das Ergebnis der Anfrage wären dann *Hypothesen*, um was für ein Konzept es sich dabei handeln mag. Betrachten wir zunächst, welche Frames durch die obige Anfrage ausgewählt werden. Der Slot 'Cpu' des Anfrage-Frames paßt auf den namensgleichen Slot des Frames 'Rechner' (vgl. Abb.142) sowie auf den gleichen Slot bei dessen Unterbegriffen. Die Angabe eines Hauptspeichers der Größe 16 MB läßt sich dagegen nur mit den erlaubten Einträgen der Hauptspeicher-Slots für Großrechner und Workstation abgleichen sowie natürlich mit dem Frame 'Rechner', der aber als Oberbegriff zu 'Großrechner' und 'Workstation' ausscheidet, wenn als Anfrageergebnis nur die spezifischsten Frames in Betracht kommen sollen. Zwischen 'Großrechner' und 'Workstation' besteht keine Spezialisierungsbeziehung, so daß sich zunächst beide als Anfrageergebnis qualifizieren. Eine *Gewichtung der Anfrageergebnisse* bezüglich ihrer wahrscheinlichen Relevanz kann man nun vornehmen, indem man zusätzlich die Default-Angaben heranzieht. So ergibt sich, daß der Frame 'Großrechner' dem Anfrage-Frame "ähnlicher" ist, da dessen Default-Angabe im Slot 'GR-Hauptspeicher' die Angabe '16 MB' umfaßt, aber nicht die Default-Angabe

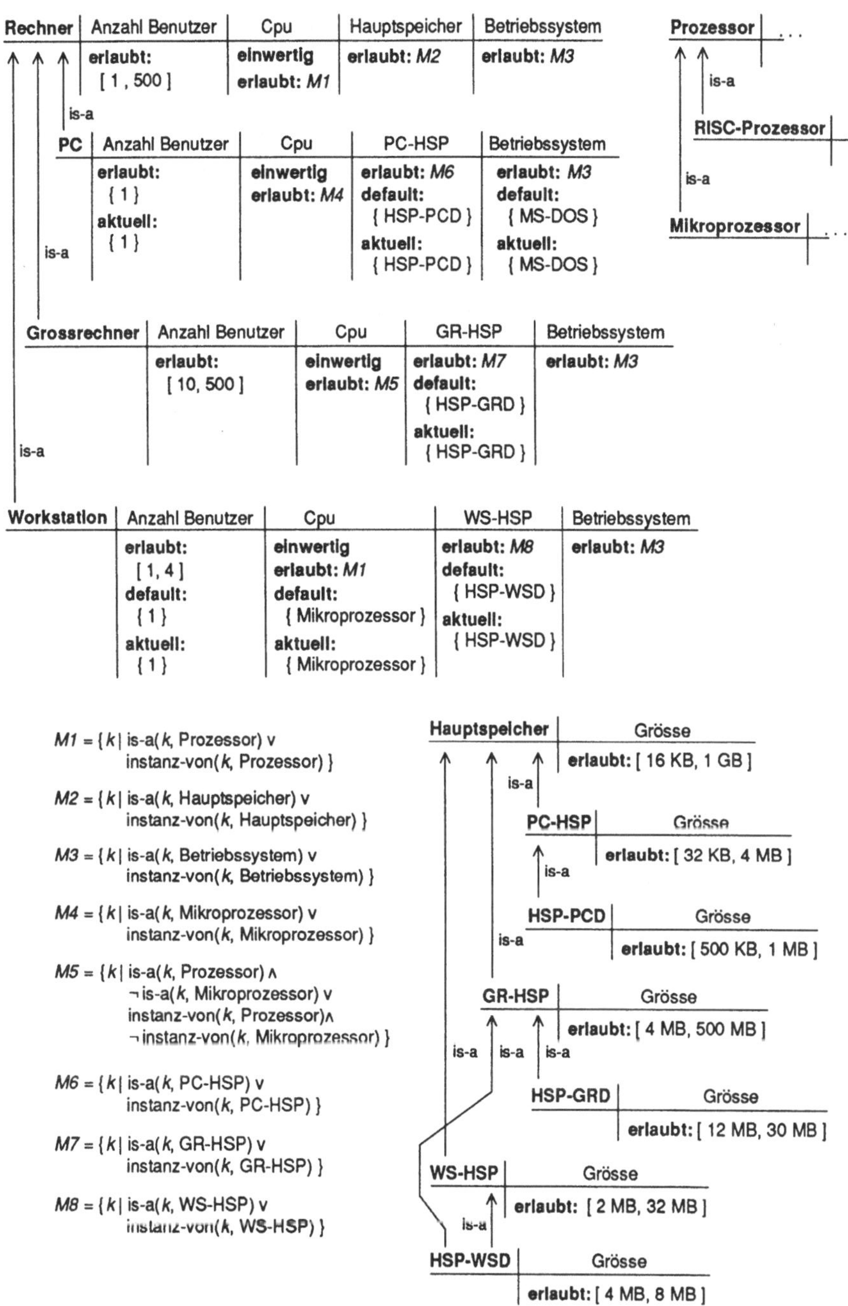

Abbildung 142: Anzufragender Ausschnitt einer Wissensbasis

im entsprechenden Slot des Frames 'Workstation': Die Hauptspeichergröße von 16 MB
ist für Großrechner typisch, aber nicht für Workstations. Es ist somit sinnvoll anzunehmen, daß es sich bei dem durch die Anfrage (unvollständig) beschriebenen Konzept
um einen Großrechner handelt. Entsprechend wird durch das Textverstehenssystem, das
wir in unserem Beispiel als Initiator der Anfrage annehmen, ein Unterbegriff des Frames
'Großrechner' angelegt, in den im weiteren Verlauf der Textanalyse weitere Aussagen zu
dem Konzept aufgenommen werden, z.B. daß der betreffende Rechner über einen RISC-
Prozessor als Cpu verfügt und daß er einen Hauptspeicher der Größe 16 MB aufweist.
Es ergibt sich die folgende Repräsentation:

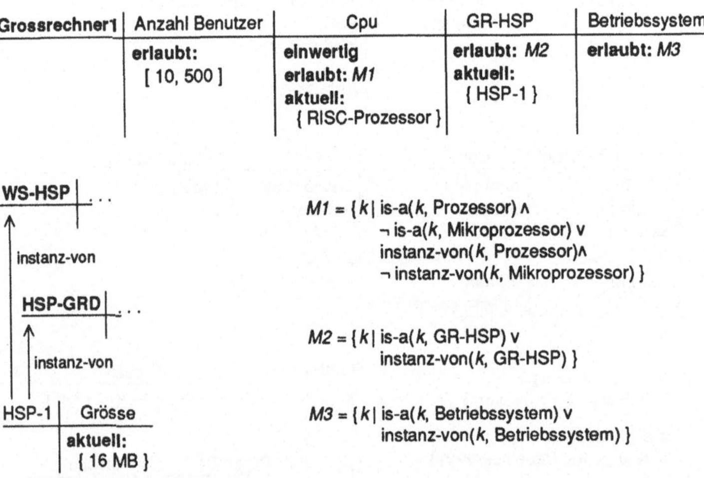

Erschließt das Textverstehenssystem später, daß der betreffende Rechner nur einen
Benutzer unterstützt, ergibt sich ein Widerspruch mit dessen bisheriger Repräsentation.
Die einzige andere Konzeptklasse in der zugrundeliegenden Wissensbasis (Abb.142),
mit der sich alle zu dem betreffenden Rechner vorliegenden Aussagen jetzt noch in
Einklang bringen lassen, ist die durch den Frame 'Workstation' beschriebene Klasse.
Entsprechend wird ein Transfer vom Frame 'Großrechner1' zu einem neu anzulegenden
Frame 'Workstation1' vorgenommen und der Frame 'Großrechner1' gelöscht:

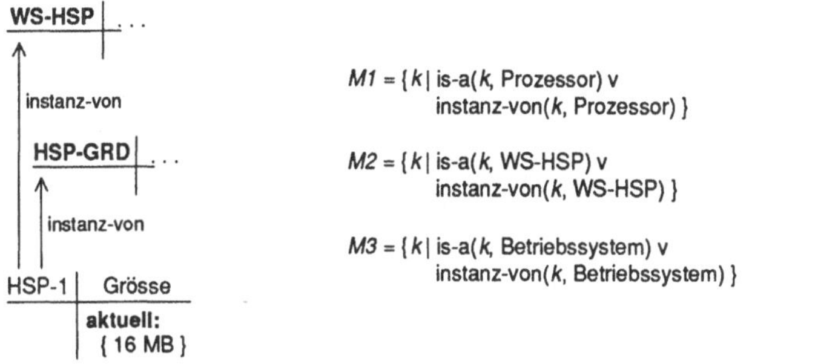

4.3.4 Partieller Frame-Abgleich

Es kann die Situation auftreten, daß zu einem Anfrage-Frame kein passender Frame
in der angefragten Wissensbasis gefunden wird, wohl aber Frames, für die ein partieller
Abgleich (also ein Abgleich mit Teilkomponenten) möglich ist. Es liegt nahe, in solchen
Fällen die Anfrage nicht scheitern zu lassen, sondern den am besten passenden Frame
auszuwählen, ihn gerade soweit zu modifizieren, daß der Abgleich zustande kommt, und
die weitere Verarbeitung auf dem so gewonnenen Frame vorzunehmen. Hierzu wollen
wir ein Beispiel betrachten, das die im vorangegangenen Kapitel behandelte Anfrage
um eine zusätzliche Angabe erweitert:

Da der in Abbildung 142 dargestellte Repräsentationsausschnitt den Slot 'Cpu' in allen
Frames als einwertig vorsieht, ist kein Abgleich möglich. Wie wir im vorhergehenden
Kapitel ausgeführt haben, paßt der Anfrage-Frame am besten auf den Frame 'Großrechner' (vgl. Abb.142) – sieht man von der Einwertigkeit des Slots 'Cpu' ab. Um nun
zu vermeiden, daß lediglich aufgrund der nicht übereinstimmenden Kardinalitätsangaben der Verstehens- oder Problemlösungsprozeß, der die Anfrage abgesetzt hat, unnötig
blockiert wird, kann aus dem Frame 'Großrechner' ein neuer Frame abgeleitet werden, der bis auf die Tatsache, daß im Slot 'Cpu' zwei Einträge verlangt werden, dem
ursprünglichen Frame gleicht. Der bisherige Frame 'Großrechner' wird dann umbenannt
und ein zweiter Frame eingeführt, der die neue Klasse aller 'Großrechner' beschreibt und

den bisherigen Frame 'Großrechner' sowie den daraus neu konstruierten Frame umfaßt. Das Ergebnis ist die folgende Repräsentation (die Frames 'GR-HSP' und 'HSP-GRD' sind in Abbildung 142 nachzuschauen):

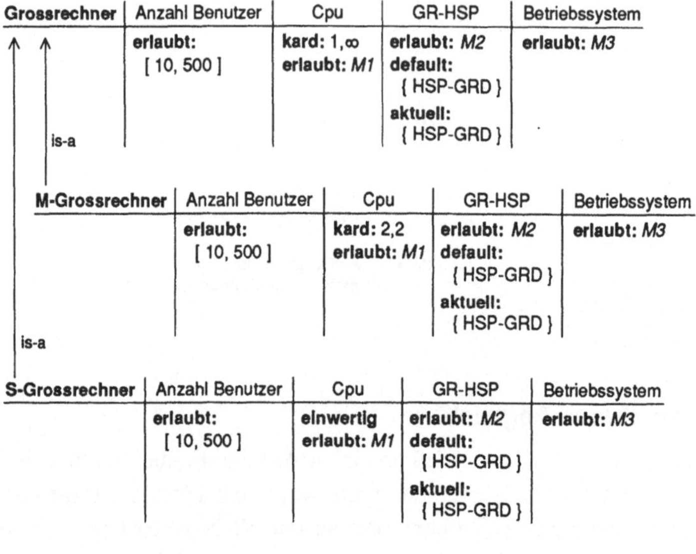

Der oben angegebene Anfrage-Frame kann nun mit 'M-Großrechner' abgeglichen werden.

4.4 Vor- und Nachteile frame-artiger Repräsentationsformate

Mit ihrer besonderen Unterstützung einer kontext- und erwartungsbezogenen Wissensverarbeitung unterscheiden sich frame-artige Repräsentationskonstrukte deutlich von anderen Repräsentationsformaten. Ihre Vor- und Nachteile werden im folgenden zusammengefaßt.

4.4.1 Vorteile

Frames ermöglichen eine starke Vorstrukturierung von Wissen und unterscheiden
sich darin besonders von logikbasierten Ansätzen und von semantischen Netzen. Da in
einer Frame-Struktur alle Angaben zu den Eigenschaften eines Konzepts und zu seinen
semantischen Beziehungen zu anderen Konzepten zusammengefaßt sind, können sie nach
Auswahl des betreffenden Frames direkt zugegriffen werden, ohne daß in der Wissensbasis weitere Suchprozesse durchgeführt werden müssen. Wir haben dies *Objektzentrierung*
genannt. Daraus sowie aus der Unterstützung prototypischer Konzeptbeschreibungen mit
Hilfe von Default-Einträgen folgt die Möglichkeit einer *erwartungsbezogenen Wissensverarbeitung*. Auch für semantische Netze hatten wir schon deren Objektzentrierung
als Vorteil gegenüber logischen Repräsentationen erwähnt. Im Vergleich zu semantischen Netzen ist der durch Frames erreichte Grad an Objektzentrierung jedoch noch
einmal deutlich größer, denn viele der in einer Frame-Struktur eingebetteten Angaben,
wie etwa die Festlegung der erlaubten Einträge, der Default-Einträge oder der Kardinalität eines Slots, müssen in einem semantischen Netz durch entsprechende Teilnetze
dargestellt werden. Um auf diese Angaben zuzugreifen, sind diese Teilnetze vom betreffenden Knoten aus zu durchsuchen. Auch in Frames ist im entsprechenden Fall erst
ein Zugriff auf die inneren Slot-Strukturen nötig, doch der wesentliche Unterschied zu
semantischen Netzen besteht darin, daß die gesamte Frame-Struktur per Definition als
zusammengehörige Repräsentation eines Konzepts festgelegt ist. In einem semantischen
Netz ist dagegen nicht ohne zusätzliche Suche und Prüfungen klar, welcher Ausschnitt
eines Netzes, das von einem Konzeptknoten aus erreichbar ist, zur Konzeptbeschreibung
gehört und welcher nicht! Umgekehrt bedeutet diese Feststellung aber auch, daß eine
Netzstruktur, die eine Markierung von Teilnetzen als eine Konzeptbeschreibung erlaubt,
als frame-artige Struktur zu betrachten ist (einen Frame kann man ja ohne weiteres als
ein Netz auffassen).

Ein weiteres, positiv zu bewertendes Merkmal von Frames ist die Möglichkeit zur
Formulierung slot-spezifischer Inferenzregeln (bzw. Integritätsbedingungen). Die Zuord-
nung von Inferenzregeln zu Slots kommt einer Überlagerung der Inferenzregeln mit einer
Kontrollstruktur für den Inferenzprozeß gleich. In einem Inferenzschritt zu betrachtende
Inferenzregeln (von denen in der Regel nur einige tatsächlich anwendbar sind) werden
dadurch auf diejenigen beschränkt, die zu einem Slot eines aktiven, also im bisherigen
Verarbeitungsprozeß schon angesprochenen und noch im Fokus stehenden Frames gehören. Es kann zusätzlich verlangt werden, daß auch der betreffende Slot aktiviert sein muß,
woraus sich eine noch stärkere Kontextbindung ergibt. Man kann ferner einen Fokusmechanismus hinzunehmen, der bewirkt, daß Slots und Frames, die erst kürzlich aktiviert
wurden, den schon länger aktivierten gegenüber vorrangig betrachtet werden (ähnlich wie
dies zur Konfliktauflösung bei Produktionsregeln möglich ist: vgl. Kap.2.3.1). Deren Inferenzregeln kommen somit eher zur Anwendung, woraus eine stärkere Zielgerichtetheit
des Inferenzprozesses resultieren kann. Alle diese Vorkehrungen können eine größere
Zeiteffizienz der Inferenzprozesse bewirken, da aus sehr viel weniger Inferenzregeln die

relevanten auszuwählen sind, bzw. im Falle eines Fokusmechanismus die relevanten Regeln häufiger früher betrachtet werden. Die Effizienzsteigerung kann die Durchführung sehr viel tieferer Inferenzen, als sonst möglich wären, erlauben, so daß aus dem zunächst rein quantitativen Effekt ein qualitativer werden kann.

4.4.2 Nachteile

Der gravierende Nachteil vieler existierender Frame-Sprachen ist ihre fehlende formale Semantik, wodurch ihre Anwendung zu einem wesentlichen Teil auf Intuition beruht, die oftmals zu inkonsistent aufgebauten Wissensbasen führt[83]. Neuere Frame-Sprachen sind dagegen formal spezifiziert (vgl. Kap.4.5), so daß die fehlende formale Semantik vieler Frame-Sprachen kein Nachteil des Frame-Formats, sondern eine Unzulänglichkeit der Sprachen ist.

Ein klarer Nachteil von Frames ist jedoch ihre geringe Eignung zur Repräsentation allgemeiner regelhafter Zusammenhänge und Einschränkungen. Aus diesem Grund gibt es inzwischen eine Reihe hybrider Frame-Sprachen (vgl. Kap.4.5), die die Vorteile von Frames mit den Vorteilen von Prädikatenlogik oder Produktionsregeln verbinden.

4.5 Ergänzende Bemerkungen und weiterführende Literatur

Frame-artige Datenstrukturen zur Wissensrepräsentation gehen zurück auf den *Schema*-Begriff, der aus der Psychologie, genauer der Gestalttheorie (Koffka 35), stammt. Besonderen Einfluß hatte hier die Arbeit von Bartlett (Bartlett 32), wo unter Schemata stereotype Gedächtnisstrukturen verstanden werden. Piaget (Piaget 47) verwendet diesen Begriff zur Bezeichnung von motorischen Steuerungsmustern, die nach ihm auch abstrakte Kognitionsleistungen koordinieren. Die Verfechter auf Schemata basierender Gedächtnismodelle stehen im Widerstreit zu Anhängern assoziativer Gedächtnismodelle (vgl. Kap.3.6). Eine Darstellung der Differenzen aus der Sicht eines "Assoziationisten" gibt (Anderson/Bower 73, Kaps. 3.2 und 3.3). In der neueren Kognitionspsychologie wurden Schemata als Einheiten der Gedächtnisorganisation wiederaufgegriffen – siehe z.B. (Neisser 67), (Bobrow/Norman 75), (Rumelhart/Ortony 77) und (Palmer 78). Minsky (Minsky 75) schlägt vor, schema-artige Strukturen zur Wissensrepräsentation in KI-Systemen zu verwenden und nennt sie Frames. Eine frühe Diskussion der Eigenschaften solcher Frame-Strukturen enthält auch (Kuipers 75). Die

---

[83] So gibt es in manchen Frame-Sprachen die Möglichkeit, die maximale Kardinalität eines Slots auf 0 zu setzen, um darzustellen, daß der Slot nicht relevant ist. Wenn dieses Sprachkonstrukt nicht sorgfältig abgestimmt ist mit der Semantik von Slots, die für Aussagen über alle Klassenelemente stehen, können Widersprüche auftreten. So entsteht ein Widerspruch durch das Heruntersetzen der maximalen Kardinalität eines Slots auf 0 bei einem Frame, der ein Individualkonzept repräsentiert (der Slot ist damit für das Individualkonzept als irrelevant gekennzeichnet), wenn der entsprechende Slot bei der Klassenbeschreibung dahingehend interpretiert wird, daß das betreffende Beschreibungsmerkmal für alle Klassenelemente zutrifft.

Ähnlichkeit zwischen Frames und den Kasusrahmen einer Kasusgrammatik (Fillmore 68) zeigt (Charniak 81a) auf.

Ein neueres, kognitionspsychologisch motiviertes, frame-artiges Repräsentationskonstrukt für Ereignisse sind die auf Scripts aufbauenden *MOP*s ('memory organization package': (Kolodner 84)). Ein MOP ist im einfachsten Fall ein Script, generell aber ein Netzwerk relationierter MOPs. Jedem MOP ist eine baumartige Indexstruktur zugeordnet, welche das Wiederfinden abgespeicherter Ereignisrepräsentationen erleichtert. Hauptgegenstand der Untersuchung und Entwicklung von MOPs war die strukturelle Organisation von Wissen über Ereignisse mit dem Ziel, den Suchaufwand zum Wiederauffinden von Ereignisrepräsentationen möglichst gering zu halten. Als Anhaltspunkte für die Entwicklung dieser Repräsentationsstrukturen dienten Beobachtungen menschlichen Erinnerns.

Erste *Repräsentationssprachen*, die frame-artige Konstrukte vorsehen, sind FRL ((Goldstein/Roberts 80), (Roberts/Goldstein 77)), AIMDS ((Sridharan 81), (Sridharan 78)) und KRL (Bobrow/Winograd 77). Die ersten beiden Sprachen haben mehr noch den Status von Sammlungen von Prozeduren zur Erstellung und Modifikation einer Wissensbasis. Eine Spezifikation der Semantik ihrer Konstrukte fehlt völlig. Letzteres gilt auch für KRL. Jedoch ist KRL in bezug auf die Modellierungsmöglichkeiten, die ihre Konstrukte bieten, wesentlich detaillierter beschrieben. Der ebenfalls frühen Sprache OWL ((Hawkinson 75), (Martin 79)) liegt die Vorstellung zugrunde, daß ein Formalismus zur Wissensrepräsentation sich möglichst nah an eine natürliche Sprache anlehnen soll. Entsprechend weist sie Konstrukte zur Erfassung sprachlicher Phänomene auf, wie die Unterscheidung zwischen Attribution und Prädikation oder die Berücksichtigung von Flexionen. Die OWL zugrundeliegenden Prinzipien haben sich nicht durchgesetzt, da in den meisten Anwendungen gerade Sprachunabhängigkeit in der Wissensrepräsentation angestrebt wird. Weitere Frame-Sprachen sind SRL (Fox et al. 86), Units (Stefik 79) und KODIAK (Wilensky 86). Eine Repräsentationssprache, die einen semantischen Netzformalismus zu einem frame-artigen Format erweitert, stellt (Hayes 77) vor. Eine prominente Rolle spielt die Frame-Sprache KL-ONE (Brachman/Schmolze 85) mit ihren vielen Derivaten (u.a. NIKL (Kaczmarek et al. 86), KRYPTON (s.u.) und KL-TWO (s.u.)). KL-ONE wurde mit dem Ziel entworfen, nur Konstrukte mit klar festgelegter Bedeutung bereitzustellen. Bei dem bis dahin üblichen Stand der Verwendung nicht eindeutig beschriebener, ad hoc eingeführter Konstrukte (z.B. verschiedene Kantentypen in semantischen Netzen) war das ein wesentlicher Fortschritt (siehe die Diskussionen in (Woods 75) und (Brachman 77)). Die Frame-Sprache FRM (Reimer 89) wurde mit dem gleichen Ziel wie KL-ONE entwickelt. Darüber hinaus ermöglichen Wohlgeformtheitsbedingungen für mit FRM erstellbare Wissensbasen (diese Bedingungen sind Teil der Spezifikation von FRM) eine starke Kontrolle der semantischen Integrität einer Wissensbasis durch das Repräsentationssystem, welches FRM implementiert. Dies ist insbesondere bei der Erstellung und Pflege größerer Wissensbasen eine wichtige Unterstützung des Wissensingenieurs.

Neben den oben erwähnten Frame-Sprachen lassen sich einige *hybride Repräsenta-tionssprachen* nennen, die Frames unterstützen. Eine Trennung in eine Frame- und eine Logik-Komponente mit entsprechend spezialisierten Inferenzprozessen nimmt KRYP-TON vor ((Brachman et al. 83), (Brachman et al. 85)). Die Frame-Komponente wird TBox genannt, während die Logik-Komponente ABox heißt. Die TBox ist für termino-logisches (und damit definitorisches) Wissen zuständig, während die ABox kontingente Aussagen über den aktuellen Zustand der repräsentierten Welt enthält (vgl. auch die Dis-kussion zu Abbildung 116 in Kap.4.2.6.1). Die TBox basiert auf der Sprache KL-ONE (s.o.). Weitere, nach demselben Grundprinzip aufgebaute, hybride Sprachen sind unter anderem KL-TWO (Vilain 85), MESON (Edelmann/Owsnicki 86) und BACK ((Ne-bel/Luck 87), (Nebel 90)).

Ein gänzlich anderer Ansatz liegt der hybriden Sprache FRAIL (Charniak 81b) zu-grunde. Sie unterstützt ebenfalls die Formulierung von Aussagen in einem logikbasierten Format, ordnet aber jede solcherart repräsentierte Aussage einem Frame zu. Auf diese Weise ergibt sich eine Partitionierung des im Logik-Format dargestellten Wissens, so daß die Inferenzkomponente für den in Logik repräsentierten Anteil immer nur über die-jenigen Aussagen zu operieren braucht, die durch die Aktivierung eines Frames für sie sichtbar werden. Dem Ansatz von FRAIL ähnlich ist der in KEE realisierte (Fikes/Kehler 85). Dort können einzelnen Frames Gruppen von Produktionsregeln zugeordnet werden, deren Ausführung immer dann angestoßen wird, wenn ein Inferenzprozeß den betref-fenden Frame einbezieht. Über einen ähnlichen Mechanismus verfügt auch die Sprache ZERO (Ito/Ueno 86), in der statt Produktionsregeln Hornklauseln an Frames gebunden werden können. Weitere hybride Sprachen, die Frames unterstützen, sind HSRL (Al-len/Wright 83), ObjTalk (Rathke 86) und BABYLON (Christaller et al. 89). OMEGA ((Attardi/Simi 87), (Simi/Motta 88)) ist eine Sprache, die integriert in *einem* Formalis-mus sowohl logikartige als auch frame-artige Konstrukte bereitstellt. Sie unterscheidet dabei nicht zwischen zwei Repräsentationsformaten und sieht somit auch keine vonein-ander unabhängigen Inferenzkomponenten vor. Deshalb ist sie genau betrachtet nicht als hybrid zu bezeichnen. Aber andererseits integriert sie Konstrukte, die für unterschiedli-che Repräsentationsformate typisch sind, so daß sie in diesem Punkt hybriden Sprachen ähnlich ist. Abschließend sei das in (Rich 82) beschriebene Vorgehen für eine hybride Wissensrepräsentation erwähnt, auch wenn dabei keine Frames unterstützt werden. Der Ansatz unterscheidet sich von den oben angesprochenen darin, daß die beiden vor-gesehenen Repräsentationsformate nicht für verschiedene Wissensarten zuständig sind; stattdessen wird dasselbe Wissen *gleichzeitig* in beiden Formaten dargestellt. Trotz der entstehenden Redundanz bietet auch dieser Ansatz den Vorteil, daß Inferenzen jeweils auf demjenigen Repräsentationsformat durchgeführt werden können, welches in bezug auf Effizienz am besten dafür geeignet ist.

Zunehmende Bedeutung erlangt die Kopplung von Frames mit einer Repräsenta-tionskomponente, die auf *Constraint-Netzen* basiert, wie z.B. in BABYLON realisiert

(Christaller et al. 89). Unter einem Constraint-Netz versteht man eine Menge von Variablen, zwischen denen eine Relation besteht (z.B. $x + y = z$ oder $y < 3$). Ein Constraint-Netz entsteht, wenn Variablen mehrerer Constraints zu gemeinsamen Variablen zusammengefaßt werden. Beispielsweise teilen sich die Constraints $x + y = z$ und $y < 3$ die Variable y und bilden somit ein Constraint-Netz. Constraint-Netze repräsentieren regelhafte Zusammenhänge und können entsprechend zur Inferenz oder zur Integritätsprüfung verwendet werden. Dies geschieht durch den Mechanismus der Constraint-Propagierung. Dabei werden aus den Werten, die für einige Variablen vorliegen, unter Verwendung der verschiedenen Constraints schrittweise die Werte der anderen Variablen hergeleitet oder, falls für eine vollständige Lösung nicht genügend Variablenbelegungen vorgegeben sind, die möglichen Werte der anderen Variablen weiter eingeschränkt. In Verbindung mit Frame-Repräsentationen eignen sich Constraint-Netze beispielsweise gut für die Repräsentation von Abhängigkeiten zwischen den Einträgen verschiedener Slots. So lassen sich die Abhängigkeiten zwischen den Slots 'innerer Widerstand', 'Spannung' und 'Strom' eines Frames, der eine Batterie beschreibt, gut durch ein Constraint-Netz repräsentieren (für den inneren Widerstand R gilt nämlich $R = U/I$, wobei U der Spannungswert und I der Stromwert ist). Näheres zu Constraint-Netzen und Constraint-Propagierung ist in (Richter 89, Kap.8a), (Stoyan 91, Kap.1) sowie vertiefend in (Güsgen 89) nachzulesen.

Ein fließender Übergang besteht zwischen hybriden Sprachen und Frame-Sprachen, die *angeheftete Prozeduren* unterstützen. So sind die Mechanismen einiger der oben als hybrid eingeführten Sprachen nichts anderes als Mechanismen zur Anheftung von Prozeduren – wenn man in den Fällen, wo logische Formeln als Repräsentationsstrukturen auftreten, diese als deklarative Programme interpretiert: FRAIL, KEE, ZERO und HSRL (s.o.). Die Verbindung von Repräsentationsstrukturen mit prozeduralem Programmcode, wie sie in frühen Frame-Sprachen wie KRL und FRL (s.o.) vorgesehen wurde, wird in (Winograd 75) näher diskutiert. Möglich ist es auch, eine Frame-Repräsentationssprache insgesamt als eine Programmiersprache aufzufassen (vgl. (Stoyan 91, Kaps.6 und 7) und (Young/Proctor 86)). Angeheftete Prozeduren sind ebenfalls im Datenbankbereich bekannt und heißen dort Trigger-Prozeduren (vgl. (Date 83, Kap.2.6)).

Ähnlich wie bei semantischen Netzen ist auch für viele Frame-Sprachen der Grad an *Formalisierung* oder zumindest an detailliert herausgearbeiteter Semantik recht gering. Vor allem in jüngerer Zeit sind aber eine Reihe von Formalisierungen entstanden. So diskutiert (Hayes 80) die Abbildung von Frames in Logik. Dabei treten die größten Probleme bei der Behandlung von Default-Eigenschaften auf, die tatsächlich spezielle, nicht-monotone Logiken verlangen (für einen Überblick siehe (Brewka 89)). Einen Ansatz, Frames mit Hilfe einer algebraischen Spezifikation zu formalisieren, findet sich in (Černý/Kelemen 80). Neuere Frame-Sprachen, wie KL-ONE (Brachman/Levesque 84), das daraus entstandene NIKL (Vilain 85), MESON (Edelmann/Owsnicki 86), FRM (Reimer 89) und BACK (Nebel 90), sind üblicherweise formal spezifiziert. Sie werden zunehmend auch als terminologische Logiken bezeichnet, um ihren formalen Charakter

zu unterstreichen. Zu ihrer Spezifikation wird vorwiegend ein denotationaler oder
modelltheoretischer Ansatz gewählt (Luck/Owsnicki-Klewe 89); eine Ausnahme bildet
FRM, das axiomatisch spezifiziert ist. Welches Vorgehen günstiger ist, hängt davon ab,
wofür man eine Spezifikation verwenden möchte. So ist eine axiomatische Spezifikation
zwar abstrakter, bietet sich aber eher an, wenn man Meta-Inferenzen (also Inferenzen
über eine Repräsentation) realisieren möchte, da die dabei zu berücksichtigende Semantik
der Repräsentationssprache durch eine Axiomenmenge dargestellt ist.

Sind in einer Frame-Repräsentationssprache Kriterien definiert, nach denen ein
Frame als Unterbegriff zu einem anderen Frame betrachtet wird, dann kann die *Ein-
ordnung eines Frames in eine Konzepthierarchie* automatisch erfolgen. Hierzu stellen (Schmolze/Lipkis 83) und (Nebel 90) Algorithmen für die Sprachen KL-ONE
bzw. BACK vor. (Reimer 89) definiert für FRM hinreichende und notwendige Bedingungen für die Existenz einer Spezialisierungsbeziehung zwischen zwei Frames. Es
wird dabei ausschließlich die Struktur eines Frames berücksichtigt, so daß allein von
der Konzeptintension auf die Position in der Konzepthierarchie und damit auf den inhaltlichen Zusammenhang eines Konzepts mit anderen Konzepten geschlossen werden
kann. Dieser Ansatz unterscheidet sich grundlegend von anderen Frame-Sprachen, wo
die formale Semantik der Konzeptspezialisierung unter Bezugnahme auf die Extensionen
der Konzeptklassen festgelegt wird (vgl. (Brachman/Levesque 84) und (Nebel 90)).

Semantische Probleme bereitet die *Vererbung* in Frame-Hierarchien, wenn *Default-
Eigenschaften* erlaubt sind und es zulässig ist, daß in einem Frame von einem Oberbegriff ererbte Eigenschaften überschrieben werden. (Brachman 85) zeigt auf, daß
dadurch jegliche Möglichkeit zur semantischen Kontrolle einer Wissensbasis verloren
geht. Um dieses Problem zu vermeiden, werden beispielsweise in FRM (s.o.) Default-
Eigenschaften von Eigenschaften, die gesicherten Status besitzen, unterschieden, und
es dürfen ererbte Eigenschaften nur dann überschrieben werden, wenn sie Default-
Status aufweisen. Da Default-Eigenschaften keinen sicheren Status besitzen, werden
sie in FRM darüber hinaus zwar vererbt, aber nicht als Spezialisierungskriterium herangezogen. Eine Unterscheidung von Default-Eigenschaften und bestätigten Eigenschaften wird auch in (Nado/Fikes 87) und (Simi/Motta 88) vorgeschlagen. Default-
Eigenschaften (bzw. das Zulassen von Ausnahmen) in Vererbungshierarchien werden für
Frame-Systeme in (Brewka 87) und (Kim/Maida 87) untersucht. Diese Arbeiten hängen
eng mit ähnlichen Untersuchungen für semantische Netze zusammen (siehe Kap.3.6).

Ein großes Problem stellt die hohe *Berechnungskomplexität* der Algorithmen zur Bestimmung von Konzeptspezialisierungen dar (vgl. (Brachman/Levesque 84) und (Nebel
88)). Es besteht daher seit neuerer Zeit das Bestreben, Frame-Sprachen möglichst einfach zu halten, auch wenn dies eine Einschränkung der Ausdruckskraft bedeutet (Patel-
Schneider 84). Komplementär dazu ist der Vorschlag in (Patel-Schneider 89), nach
dem nicht die Ausdruckskraft einer Repräsentationssprache reduziert wird, sondern die
Vollständigkeit des Inferenzverfahrens zur Bestimmung von Spezialisierungsbeziehungen aufgegeben wird. Schon in nicht allzu komplexen Frame-Sprachen (wie KL-ONE)

ist die Spezialisierungsbeziehung zwischen zwei Frames sogar unentscheidbar, wie in (Schmidt-Schauß 89) gezeigt wird. Eine weitere Möglichkeit, die Komplexität von Spezialisierungsberechnungen zu reduzieren, findet in FRM Verwendung (Reimer 89). Es wird darauf verzichtet, alle prinzipiell möglichen Spezialisierungskriterien an allen Positionen in der Konzepthierarchie zuzulassen. Stattdessen werden zwei Schichten unterschiedlicher Spezialisierungsmöglichkeiten vorgesehen, so daß immer nur einige Kriterien in einer Spezialisierungsberechnung zu überprüfen sind.

Das Problem der Berechnungskomplexität stellt sich natürlich auch für andere Typen von Inferenzen (vgl. die lesenswerte Abhandlung in (Levesque 86)).

Der Begriff einer *Rolle* ist sowohl in der Wissensrepräsentationsliteratur als auch in der Literatur zu Datenmodellen weit verbreitet. Obwohl der Begriff intuitiv klar erscheint, wurde seine genaue Bedeutung kaum näher beschrieben. Meistens werden Slots (oder Attribute in Datenmodellen) und Rollen als Synonyme verstanden, z.B. in KL-ONE (Brachman/Schmolze 85) oder im relationalen Datenmodell (Codd 70). Lediglich in (Bachman/Daya 77) und in (Reimer 85) wird die Semantik des Rollenbegriffs näher ausgeführt, und es werden spezielle Konstrukte zur Repräsentation von Rollen vorgestellt. Die Semantik einer Rollenrepräsentation ist in (Reimer 85) für das dort vorgestellte Konstrukt formal spezifiziert. Eine Differenzierung von Slots im allgemeinen und Slots, die für Rollen stehen, diskutiert auch (Trost/Steinacker 81).

Mit Frames im weiteren Sinne vergleichbar sind die im Datenbankbereich seit einiger Zeit diskutierten *komplexen* oder *molekularen Objekte*. Darunter versteht man Konzeptrepräsentationen, die aus den Repräsentationen mehrerer Konzepte zusammengesetzt sind (Batory/Buchmann 84). Auf diese Weise lassen sich alle Angaben zu einem Konzept in einer Repräsentationsstruktur zusammenfassen und müssen nicht durch eine Vielzahl einzelner Strukturen dargestellt werden, wie es z.B. im relationalen Datenmodell notwendig ist. Der Bedarf nach einer Unterstützung komplexer Objekte resultiert aus neueren, sogenannten Nicht-Standard-Anwendungen für Datenbanksysteme, wie im technisch-wissenschaftlichen Bereich oder im Bürobereich (Härder/Reuter 83). Zur Unterstützung komplexer Objekte wurden neue Datenmodelle vorgeschlagen, hauptsächlich in Erweiterung des relationalen Modells: (Lorie et al. 85), (Lamersdorf 85), (Mitschang 88) und (Abiteboul et al. 89). Die Ähnlichkeiten und Unterschiede zwischen Frames und nichtnormalisierten Relationen als komplexe Objekte untersucht (Reimer/Schek 89). Eine Abbildung von Frames auf nichtnormalisierte Relationen beschreibt auch (Studer/Börner 89). Eine Logik höherer Ordnung zur Darstellung und Behandlung komplexer Objekte, die auch als eine "Frame-Logik" (oder terminologische Logik) aufgefaßt werden kann, wird in (Kifer/Lausen 89) vorgestellt. Zusammenfassend läßt sich feststellen, daß durch die neueren Aktivitäten in den verschiedenen Forschungsgebieten die Grenze zwischen Wissensrepräsentations- und Datenmodellen zunehmend verwischt.

Komplexe Objekte und Frames sind beides objektzentrierte Repräsentationsansätze. Objektzentrierung oder *strukturelle Objektorientierung* kann leicht um eine *verhaltensmäßige Objektorientierung* (Dittrich 89) erweitert werden, in der Berechnungen durch Botschaftenaustausch zwischen Objekten zustande kommen (vgl. (Stoyan/Görz 83), (Nierstrasz 89) und (Stoyan 91, Kaps.5 und 6)). Jedes Objekt zeigt dabei ein bestimmtes Verhalten, welches durch seine Reaktionen auf die verschiedenen Typen empfangener Botschaften definiert ist. Es gibt drei prinzipielle Reaktionsmöglichkeiten: Ein Objekt kann auf den Empfang einer Botschaft hin eine Antwort an den Sender der Botschaft schicken, es kann eine Botschaft an ein ganz anderes Objekt senden, oder es findet eine interne Zustandsänderung im Objekt statt, die von außen dann allerdings nicht unmittelbar feststellbar ist, sondern erst, wenn sich daraufhin ein geändertes Verhalten beim Empfang weiterer Botschaften ergibt.

Eine große Ähnlichkeit zwischen Frames und Objekten besteht darin, daß Objekte, die sich auf eine oder mehrere Botschaften hin gleichartig verhalten, zu *Klassen* zusammengefaßt werden können. Eine Klassenbeschreibung erfaßt dann das allen Klassenmitgliedern gemeinsame Verhalten. Wie bei Frames können Klassen spezialisiert werden, und von allen allgemeineren Klassen werden deren Eigenschaften – sprich deren Verhaltensregeln – ererbt. Betrachten wir dazu ein Beispiel, in dem sich Frames als Objekte verhalten. Sei 'Besitzgegenstand' eine Klasse von Objekten, die auf die Botschaft 'Besitzer' mit dem Namen ihres Besitzers antworten. Eine Klasse 'PC' ist dann eine Unterklasse dazu, wenn in der Klassenbeschreibung festgelegt ist, daß alle zu 'PC' gehörigen Objekte ebenfalls auf die Botschaft 'Besitzer' mit dem Namen ihres Besitzers antworten und es weitere Botschaften gibt, auf welche die Objekte reagieren (z.B. zur Abfrage der Cpu, des Betriebssystems usf.).

Bauen wir das Beispiel aus und betrachten einen Fall, wo ein Objekt der Klasse 'PC' auf eine bestimmte Botschaft hin an ein anderes Objekt sendet als den Sender der empfangenen Botschaft: Auf eine Botschaft der Form 'Besitzer=y', wobei y ein beliebiger Name ist, reagiert ein Objekt x der Klasse 'PC' zunächst mit einer internen Zustandsänderung, die dem Überschreiben des bisherigen Eintrags in dem Slot 'Besitzer' durch den Wert y entspricht. Zusätzlich schickt das Objekt eine Botschaft 'Besitz + x' an das Objekt mit dem Namen y, welches ebenfalls mit einer internen Zustandsänderung reagiert, die dem Hinzufügen des Eintrags 'x' in dem Slot 'Besitz' entspricht. Man erkennt an diesem Beispiel, wie semantischen Abhängigkeiten zwischen Slot-Einträgen durch einen entsprechenden Botschaftenverkehr Rechnung getragen werden kann. Eine Frame-Sprache, die Frames als Objekte im vollen Sinne einer objektorientierten Programmiersprache vorsieht, ist ObjTalk ((Laubsch 82), (Rathke 86)). Ansätze verhaltensmäßiger Objektorientierung sind auch in den Sprachen KEE (Fikes/Kehler 85), ZERO (Ito/Ueno 86) und BABYLON (Christaller et al. 89) vorzufinden. Sie sehen den Aufruf von angehefteten Prozeduren eines Frames mit Hilfe von Nachrichten vor, die an diesen Frame gesendet werden. Zur Gegenüberstellung von objektzentrierten Repräsentationsmodellen und objektorientierten Programmiersprachen siehe auch (Patel-Schneider 90).

4.6 Übungsaufgaben

1. Geben Sie für jeden der folgenden Sachverhalte eine Frame-Repräsentation an. Verwenden Sie eine logikbasierte Repräsentation zur Beschreibung der erlaubten Einträge eines Slots, wenn dies nötig ist.
   a) Der Zug EC 389 fährt nach Rom.
   b) Der Zug EC 389 fährt über Mailand nach Rom.
   c) Violette Pilze sind giftige Pilze.
   d) Ein gelbes Fahrzeug hält vor einer Ampel, weil sie auf Rot steht.
   e) Der Hagelschauer vom 20. 5. 1988 vernichtete 20% von Transsylvaniens Weizenernte 1988.
   f) Die Tage sind im Sommer länger als im Winter.
   g) Ein Gewitter verursachte einen Stromausfall in Frankfurt und Bonn.
   h) Jede Katze hat einen Schwanz.
   i) Gärtnereien verbrauchen Wasser.
   j) Ein Quadrat ist ein Polygon mit vier gleich langen Seiten und rechten Winkeln an den vier Ecken. Jede Ecke wird von je zwei der Seiten gebildet.

2. Erstellen Sie für die folgenden Aussagen jeweils eine Frame-Repräsentation (verwenden Sie eine logikbasierte Repräsentation zur Beschreibung der erlaubten Einträge eines Slots, wo nötig):
   a) Ein Uhu ernährt sich (unter anderem) von bis zu hasengroßen Säugetieren.
   b) Die Taktfrequenz von 32-Bit-Mikroprozessoren kann prinzipiell zwischen 10 und 30 MHz betragen, liegt aber üblicherweise zwischen 15 und 20 MHz.
   c) Ein Auto ist ein Fahrzeug, dessen Antrieb normalerweise durch einen Verbrennungsmotor gegeben ist. Es hat meistens 4 Räder und dient der Personenbeförderung. Die Leistung des Motors kann zwischen 15 PS und 300 PS liegen, beträgt aber typischerweise zwischen 40 PS und 90 PS.

3. Wandeln Sie die auf Seite 178 in Abbildung 110 dargestellte Frame-Repräsentation in ein semantisches Netz um. Beachten Sie dabei den Unterschied zwischen Rollen-Slots und assoziativen Slots (May-be-a-Beziehungen sind in Abb. 110 nicht angegeben, da wir zu dem Zeitpunkt noch keine Rollen eingeführt hatten; trotzdem kann man erkennen, welche Slots Rollen-Slots sein müssen).

4. Wandeln Sie die folgende Frame-Repräsentation um, so daß der Slot 'Charakter-
   eigenschaft', der die Bedingung der Einwertigkeit für terminale Slots verletzt, nicht
   mehr auftritt:

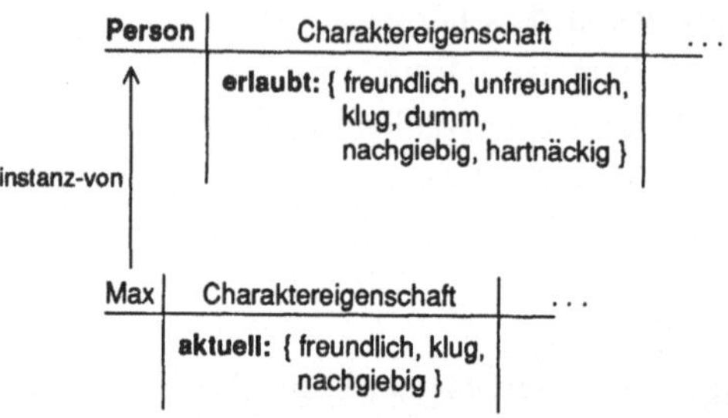

5. Welche Spezialisierungsbeziehungen bestehen zwischen den folgenden Klassenbeschreibungen, die durch die Frames 'K1', 'K2', 'K3', 'K4' und 'K5' gegeben sind?
   Welche von diesen Frames besitzen die gleiche Extension?

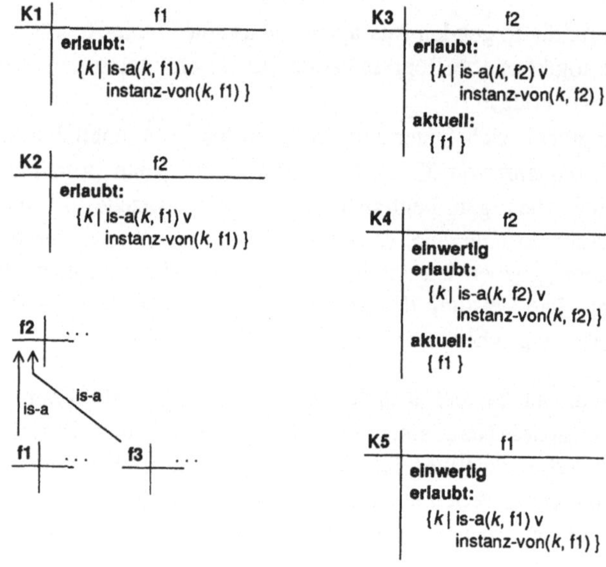

6. Erläutern Sie den Unterschied zwischen den zwei folgenden Spezialisierungen! Unter welchen Umständen wären sie identisch, so daß in beiden Fällen der Unterbegriff dieselbe Konzeptklasse beschreibt?

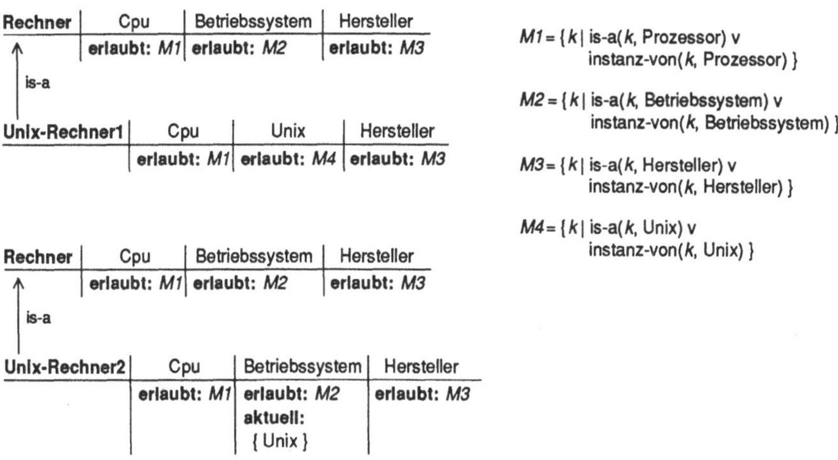

$M1 = \{\, k \mid$ is-a$(k,$ Prozessor$)$ v instanz-von$(k,$ Prozessor$)\,\}$

$M2 = \{\, k \mid$ is-a$(k,$ Betriebssystem$)$ v instanz-von$(k,$ Betriebssystem$)\,\}$

$M3 = \{\, k \mid$ is-a$(k,$ Hersteller$)$ v instanz-von$(k,$ Hersteller$)\,\}$

$M4 = \{\, k \mid$ is-a$(k,$ Unix$)$ v instanz-von$(k,$ Unix$)\,\}$

7. Warum ist der Sachverhalt, daß alle Elemente einer bestimmten Konzeptklasse eine bestimmte Rolle besitzen, nicht unter Verwendung der semantischen Beziehung 'may-be-a' zu repräsentieren?

8. Geben Sie eine Frame-Repräsentation an, so daß die folgende Anfrage darauf abzugleichen ist:

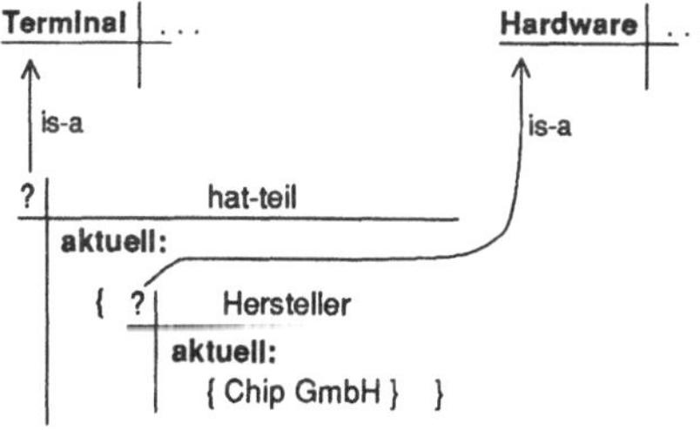

Anhang A: Lösungen zu den Übungsaufgaben

Lösungen zu Logik

Die folgenden Lösungen stellen jeweils natürlich nur eine von vielen Lösungsmöglichkeiten dar, insbesondere was den Detaillierungsgrad einer Repräsentation angeht.

1. Man vergleiche die folgenden Lösungen mit denen zur gleichen Aufgabe für semantische Netze und Frames!

   Alle Terme, die in der Aufgabenstellung nicht eingeführt wurden, werden im folgenden durch existenzquantifizierte Variablen dargestellt.

   a) Der beschriebene Sachverhalt wird so verstanden, daß der Zug EC 389 periodisch nach Rom fährt. Es ist deshalb eine Ereignisklasse zu beschreiben und nicht ein Individualereignis.

   $$instanz\text{-}von(\text{EC389}, \text{Zug})\wedge$$
   $$\exists e : (is\text{-}a(e, \text{fahren})\wedge$$
   $$\forall i : (instanz\text{-}von(i, e) \Rightarrow$$
   $$(agent(i, \text{EC389}) \wedge ziel(i, \text{Rom}))))$$

   b) Es werden drei Ereignisklassen repräsentiert: Eine für die Fahrten nach Mailand, eine für die Aufenthalte dort und eine für die Fahrten von dort nach Rom.

   $$instanz\text{-}von(\text{EC389}, \text{Zug})\wedge$$
   $$\exists e_1, e_2, e_3 : (is\text{-}a(e_1, \text{fahren})\wedge$$
   $$\forall i_1 : (instanz\text{-}von(i_1, e_1) \Rightarrow$$
   $$(agent(i_1, \text{EC389}) \wedge ziel(i_1, \text{Mailand})))\wedge$$
   $$is\text{-}a(e_2, \text{halten})\wedge$$
   $$\forall i_2 : (instanz\text{-}von(i_2, e_2) \Rightarrow$$
   $$(agent(i_2, \text{EC389}) \wedge ort(i_2, \text{Mailand})))\wedge$$
   $$is\text{-}a(e_3, \text{fahren})\wedge$$
   $$\forall i_3 : (instanz\text{-}von(i_3, e_3) \Rightarrow$$
   $$(agent(i_3, \text{EC389}) \wedge start(i_3, \text{Mailand})\wedge$$
   $$ziel(i_3, \text{Rom})))\wedge$$
   $$\forall i_1 : (instanz\text{-}von(i_1, e_1) \Rightarrow$$
   $$\exists i_2, i_3 : (instanz\text{-}von(i_2, e_2) \wedge instanz\text{-}von(i_3, e_3)\wedge$$
   $$endzeit(i_1) = beginnzeit(i_2)\wedge$$
   $$endzeit(i_2) = beginnzeit(i_3))))$$

c) $\forall i : ((instanz\text{-}von(i, \text{Pilz}) \land violett(i)) \Rightarrow giftig(i))$

d)

$\exists f, h_1, l_1, o_1, o_2, a, l :$

$(instanz\text{-}von(f, \text{Fahrzeug}) \land gelb(f) \land$

$instanz\text{-}von(h_1, \text{halten}) \land agent(h_1, f) \land ort(h_1, o_1) \land$

$instanz\text{-}von(o_1, \text{Position}) \land instanz\text{-}von(l_1, \text{leuchten}) \land$

$instanz\text{-}von(l, \text{Lampe}) \land rot(l) \land agent(l_1, l) \land$

$instanz\text{-}von(a, \text{Ampel}) \land hat\text{-}teil(a, l) \land instanz\text{-}von(o_2, \text{Position}) \land$

$ort(a, o_2) \land vor(o_1, o_2) \land bewirkt(l_1, h_1))$

e) Der Sachverhalt, daß es sich bei einem Konzept um ein Massenkonzept handelt, kann als ein epistemisches Primitiv aufgefaßt und durch ein spezielles Repräsentationskonstrukt unterstützt werden. Die Definition dieses Konstrukts, für das im folgenden das Prädikat *massenkonzept* steht, sollte dann die Semantik von Massenkonzepten widerspiegeln. Dazu gehört z.B., daß ein Massenkonzept, das in einem anderen enthalten ist, dieselbe Zusammensetzung wie dieses aufweist. Damit kann dann beispielsweise aus der untenstehenden Repräsentation die Formel *zusammensetzung*(m_1, Weizen) inferiert werden.

$\exists h_1, v_1, m_1, w_1, u_1, u_2 :$

$(instanz\text{-}von(h_1, \text{hageln}) \land zeit(h_1, 20.5.1988) \land$

$instanz\text{-}von(v_1, \text{vernichten}) \land objekt(v_1, m_1) \land bewirkt(h_1, v_1) \land$

$massenkonzept(m_1) \land umfang(m_1, u_1) \land$

$massenkonzept(w_1) \land umfang(w_1, u_2) \land$

$zusammensetzung(w_1, \text{Weizen}) \land$

$enthält(w_1, m_1) \land \text{wert}(u_1) = \text{wert}(u_2) \cdot 0.2 \land$

$ort(w_1, \text{Transsylvanien}) \land zeit(w_1, 1988))$

f)

$\forall t, t' : ((instanz\text{-}von(t, \text{Tag}) \land \text{jahreszeit}(t) = \text{Sommer} \land$

$instanz\text{-}von(t', \text{Tag}) \land \text{jahreszeit}(t') = \text{Winter}) \Rightarrow$

$\text{dauer}(t) > \text{dauer}(t'))$

g)

$$\exists g_1, u_1, u_2, sv_1, sv_2 :$$

$$(instanz\text{-}von(g_1, \text{gewittern}) \wedge zeit(g_1, \text{Vergangenheit}) \wedge$$
$$bewirkt(g_1, u_1) \wedge bewirkt(g_1, u_2) \wedge$$
$$instanz\text{-}von(u_1, \text{unterbrechen}) \wedge objekt(u_1, sv_1) \wedge$$
$$zeit(u_1, \text{Vergangenheit}) \wedge$$
$$instanz\text{-}von(u_2, \text{unterbrechen}) \wedge objekt(u_2, sv_2) \wedge$$
$$zeit(u_2, \text{Vergangenheit}) \wedge$$
$$instanz\text{-}von(sv_1, \text{Stromversorgung}) \wedge$$
$$versorgungsbereich(sv_1, \text{Bonn}) \wedge$$
$$instanz\text{-}von(sv_2, \text{Stromversorgung}) \wedge$$
$$versorgungsbereich(sv_2, \text{Frankfurt}))$$

h)

$$\forall k : (instanz\text{-}von(k, \text{Katze}) \Rightarrow \exists s : (instanz\text{-}von(s, \text{Schwanz}) \wedge$$
$$hat\text{-}teil(k, s)))$$

i) Vergleiche diese Lösung mit der Lösung von Aufgabe 1.e)!

$$\forall g : (instanz\text{-}von(g, \text{Gärtnerei}) \Rightarrow$$
$$\exists v, m : (instanz\text{-}von(v, \text{verbrauchen}) \wedge agent(v, g) \wedge$$
$$objekt(v, m) \wedge massenkonzept(m) \wedge$$
$$zusammensetzung(m, \text{Wasser})))$$

j)

$is\text{-}a(\text{Quadrat}, \text{Polygon}) \wedge winkel(\text{rechtw-Ecke}, 90°) \wedge$

$\forall i : (instanz\text{-}von(i, \text{Quadrat}) \Rightarrow$

$\quad \exists i_1, i_2, i_3, i_4 :$

$\qquad (instanz\text{-}von(i_1, \text{Seite}) \wedge instanz\text{-}von(i_2, \text{Seite}) \wedge$

$\qquad instanz\text{-}von(i_3, \text{Seite}) \wedge instanz\text{-}von(i_4, \text{Seite}) \wedge$

$\qquad i_1 \neq i_2 \wedge i_1 \neq i_3 \wedge i_1 \neq i_4 \wedge i_2 \neq i_3 \wedge i_2 \neq i_4 \wedge i_3 \neq i_4 \wedge$

$\qquad \text{länge}(i_1) = \text{länge}(i_2) = \text{länge}(i_3) = \text{länge}(i_4) \wedge$

$\qquad \exists e_1, e_2, e_3, e_4 :$

$\qquad\quad (instanz\text{-}von(e_1, \text{rechtw-Ecke}) \wedge$

$\qquad\quad instanz\text{-}von(e_2, \text{rechtw-Ecke}) \wedge$

$\qquad\quad instanz\text{-}von(e_3, \text{rechtw-Ecke}) \wedge$

$\qquad\quad instanz\text{-}von(e_4, \text{rechtw-Ecke}) \wedge$

$\qquad\quad hat\text{-}teil(e_1, i_1) \wedge hat\text{-}teil(e_1, i_2) \wedge hat\text{-}teil(e_2, i_2) \wedge$

$\qquad\quad hat\text{-}teil(e_2, i_3) \wedge hat\text{-}teil(e_3, i_3) \wedge hat\text{-}teil(e_3, i_4) \wedge$

$\qquad\quad hat\text{-}teil(e_4, i_4) \wedge hat\text{-}teil(e_4, i_1))))$

2. Die folgende Lösung illustriert verschiedene Möglichkeiten der Spezialisierung einer Formel, wie das Hinzufügen von weiteren Bedingungen und die Wegnahme von disjunktiv verknüpften Teilformeln.

$\forall x : (instanz\text{-}von(x, \text{Fahrzeug}) \Rightarrow$

$\quad fortbewegungsfähigkeit(x) \wedge$

$\quad \forall y : (\,beförderung(x, y) \Rightarrow$

$\qquad (instanz\text{-}von(y, \text{Person}) \vee instanz\text{-}von(y, \text{Güter}))) \wedge$

$\quad (fortbewegungsart(x, \text{fliegen}) \vee fortbewegungsart(x, \text{fahren}) \vee$

$\quad fortbewegungsart(x, \text{schwimmen})) \wedge$

$\quad \forall y : (antrieb(x, y) \Rightarrow$

$\qquad (instanz\text{-}von(y, \text{Motor}) \vee instanz\text{-}von(y, \text{Dampfmaschine}) \vee$

$\qquad instanz\text{-}von(y, \text{Luftströmung}) \vee$

$\qquad instanz\text{-}von(y, \text{Wasserströmung}))))$

$\forall x : (instanz\text{-}von(x, \text{Flugzeug}) \Rightarrow$

$\qquad fortbewegungsfähigkeit(x)\wedge$

$\qquad \forall y : (\,beförderung(x, y) \Rightarrow$

$\qquad\qquad (instanz\text{-}von(y, \text{Person}) \vee instanz\text{-}von(y, \text{Güter})))\wedge$

$\qquad (fortbewegungsart(x, \text{fliegen}) \vee fortbewegungsart(x, \text{fahren})\vee$

$\qquad fortbewegungsart(x, \text{schwimmen}))\wedge$

$\qquad \forall y : (antrieb(x, y) \Rightarrow$

$\qquad\qquad (instanz\text{-}von(y, \text{Motor}) \vee instanz\text{-}von(y, \text{Luftströmung})))\wedge$

$\qquad \exists y : (instanz\text{-}von(y, \text{Flügel}) \wedge hat\text{-}teil(x, y)))$

$\forall x : (instanz\text{-}von(x, \text{Zug}) \Rightarrow$

$\qquad fortbewegungsfähigkeit(x)\wedge$

$\qquad \forall y : (\,beförderung(x, y) \Rightarrow$

$\qquad\qquad (instanz\text{-}von(y, \text{Person}) \vee instanz\text{-}von(y, \text{Güter})))\wedge$

$\qquad fortbewegungsart(x, \text{fahren})\wedge$

$\qquad \forall y : (antrieb(x, y) \Rightarrow$

$\qquad\qquad (instanz\text{-}von(y, \text{Motor}) \vee instanz\text{-}von(y, \text{Dampfmaschine}))))$

$\forall x : (instanz\text{-}von(x, \text{Güterzug}) \Rightarrow$

$\qquad fortbewegungsfähigkeit(x)\wedge$

$\qquad \forall y : (\,beförderung(x, y) \Rightarrow instanz\text{-}von(y, \text{Güter}))\wedge$

$\qquad fortbewegungsart(x, \text{fahren})\wedge$

$\qquad \forall y : (antrieb(x, y) \Rightarrow$

$\qquad\qquad (instanz\text{-}von(y, \text{Motor}) \vee instanz\text{-}von(y, \text{Dampfmaschine}))))$

3.

a) Vererbung von Eigenschaften:

Die Eigenschaft *ew* vom Typ *et* eines Konzepts *k* sei dargestellt durch *hat-eigenschaft(k, et, ew)*. Dann läßt sich das folgende Axiom formulieren:

$\forall k_1, k_2 : (is\text{-}a(k_1, k_2) \Rightarrow$

$\qquad\qquad \forall et, ew : (hat\text{-}eigenschaft(k_2, et, ew) \Rightarrow$

$\qquad\qquad\qquad hat\text{-}eigenschaft(k_1, et, ew)))$

b) Vererbung von semantischen Beziehungen:

Die Existenz einer semantischen Beziehung des Typs *b* (die keine Spezialisierungsbeziehung ist) vom Konzept k_1 zum Konzept k_2 sei dargestellt durch *beziehung(b, k_1, k_2)*. Dann läßt sich das folgende Axiom formulieren. Es sieht vor, daß das Konzept, zu dem die vererbte Beziehung besteht, beim Unterbegriff spezifischer als beim Oberbegriff, von dem geerbt wird, sein kann:

$$\forall k_1, k_2 : \big(is\text{-}a(k_1, k_2) \Rightarrow$$
$$\forall b, k_3 : \big(beziehung(b, k_2, k_3) \Rightarrow$$
$$\exists k_3' : \big((is\text{-}a(k_3', k_3) \vee k_3' = k_3) \wedge$$
$$beziehung(b, k_1, k_3')\big)\big)\big)$$

4. Wir nehmen an, daß die Beziehung '$\leq$' auf DM-Beträgen definiert ist.

a)

preis(PC1) $\geq$ 3000 DM $\wedge$ preis(PC1) $\leq$ 4000 DM

oder, falls 'preis' nicht eine Funktion, sondern ein Prädikat sein soll:

$\exists p : preis(\text{PC1}, p) \wedge p \geq 3000\,\text{DM} \wedge p \leq 4000\,\text{DM}$

b) Die folgende Darstellung ist keine korrekte Lösung, da dort 'p' für einen ganz bestimmten DM-Betrag steht und dieser nicht fallend sein kann:

$\exists p : preis(\text{PC1}, p) \wedge p \geq 3000\,\text{DM} \wedge p \leq 4000\,\text{DM} \wedge fallend(p)$

(setzt man für 'p' einen konkreten Wert ein, dann ergäbe sich beispielsweise $fallend(3500\,\text{DM})$, was keinen Sinn ergibt). Als Argument von $fallend$ müßte vielmehr $preis$ auftreten, aber $preis$ ist ein Prädikat. Also müssen wir reifizieren. Gleichzeitig transformieren wir das Prädikat $fallend$ in ein dreistelliges Prädikat, um sowohl den Bezug der Eigenschaft 'preis' zum zugehörigen Konzept herstellen als auch den Bezugszeitpunkt angeben zu können:

$\exists p : (hat\text{-}eigenschaft(\text{PC1}, \text{preis}, p, t_{\text{gegenwart}}) \wedge$

$\qquad p \geq 3000\,\text{DM} \wedge p \leq 4000\,\text{DM}) \wedge$

$fallend(\text{PC1}, \text{preis}, t_{\text{gegenwart}})$

Wenn man möchte, kann man die Semantik des Prädikats $fallend$ näher spezifizieren:

$$fallend(k, e, t_0) \Rightarrow$$
$$(\exists t' : (t' > t_0 \wedge \forall t_1, t_2 :$$
$$(t_0 \leq t_1 \leq t' \wedge t_0 \leq t_2 \leq t' \wedge t_1 < t_2 \Rightarrow$$
$$(\exists w_1, w_2 : (hat\text{-}eigenschaft(k, e, w_1, t_1) \wedge$$
$$hat\text{-}eigenschaft(k, e, w_2, t_2) \wedge w_1 > w_2)))) \wedge$$
$$\exists t' : (t' < t_0 \wedge \forall t_1, t_2 :$$
$$(t' \leq t_1 \leq t_0 \wedge t' \leq t_2 < t_0 \wedge t_1 < t_2 \Rightarrow$$
$$(\exists w_1, w_2 : (hat\text{-}eigenschaft(k, e, w_1, t_1) \wedge$$
$$hat\text{-}eigenschaft(k, e, w_2, t_2) \wedge w_1 > w_2)))))$$

Lösungen zu Produktionsregeln

1. Es eignet sich Rückwärtsverkettung besser, da dabei sehr viel weniger Möglichkeiten zur Regelauswahl bestehen als bei Vorwärtsverkettung. Es ergeben sich die folgenden Übergänge:

Angewandte Regel	Aktuelles Teilziel
	(Hans,holt,die,Flöte)
R6	(Hans,holt,Art,Flöte)
R9	(Hans,V,Art,Flöte)
R10	(N,V,Art,Flöte)
R13	(N,V,Art,N)
R2	(N,V,NP)
R3	(NP,V,NP)
R4	(NP,VP)
R1	(S)

2. a) 1. Aus v(a) kann mit Hilfe von R1 u(a) hergeleitet werden.
   2. Aus u(a) kann mit R2 r(a) hergeleitet werden. Da r(a) in keiner Regel als Vorbedingung auftritt, kann daraus kein weiterer Ableitungsschritt mehr generiert werden.
   3. Wir betrachten als nächste Regel R3 und leiten aus v(a) das Faktum w(a) her.
   4. Aus w(a) kann nun zunächst durch R4 s(a) abgeleitet werden. Da s(a) in keiner Regel als Vorbedingung auftritt, kann auch daraus kein weiterer Ableitungsschritt generiert werden.
   5. Die Anwendung der Regel R5 führt schließlich zur Ableitung von z(a) aus w(a).

b) Als Ersetzungsregeln notiert:

```
R1:  ersetze v(x) durch v(x), u(x)
R2:  ersetze u(x) durch u(x), r(x)
R3:  ersetze v(x) durch v(x), w(x)
R4:  ersetze w(x) durch w(x), s(x)
R5:  ersetze w(x) durch w(x), z(x)
```

Die Ableitung in Rückwärtsverkettung sieht folgendermaßen aus:

1. z(a) kann nur durch R5 hergeleitet werden; dazu muß w(a) gelten.
2. w(a) kann nur durch R3 hergeleitet werden, und es muß dazu v(a) gelten.
3. v(a) steht in der Faktenbasis, und damit ist die Ableitung von z(a) erfolgreich abgeschlossen.

```
3.  ersetze instanz-von(x,Workstation)
    durch instanz-von(x,Workstation), instanz-von(x,Rechner),
          anzahl-benutzer(x,1),
          hat-teil(x,Grafikbildschirm),
          hat-teil(x,Maus), hat-teil(x,Tastatur)
```

Lösungen zu Analoger Repräsentation

1. Der Rückschluß von der geometrischen Figur für eine Stadt auf das damit gemeinte
   Einwohnerzahlintervall ist eine Interpretation dieser Figur, die nicht aus ihrer äußeren Form ableitbar ist. Jede geometrische Figur ist somit ein Symbol, dessen Bedeutung das betreffende Einwohnerzahlintervall ist. Auch die Ordnungsrelation auf
   den Einwohnerzahlintervallen ist nicht analog durch die geometrischen Figuren repräsentiert, da die Größer-Beziehung zwischen den verschiedenen Figuren explizit
   durch Aufzählung der Ordnungspaare angegeben werden muß und dann ebenfalls
   symbolischer Natur ist.

   Eine analoge Repräsentation der Einwohnerzahl von Städten in einer Landkarte kann
   durch Scheiben entsprechenden Durchmessers erfolgen. Der Scheibendurchmesser
   ist dabei ein Maß für die Einwohnerzahl. Die Bestimmung von Entfernungen
   zwischen den Städten erfolgt vom Scheibenmittelpunkt aus.

2. Jeder Ton wird durch ein Rechteck repräsentiert. Die Höhe steht für die Lautstärke
   und die Breite für die Tonhöhe (oder umgekehrt). Der zugehörige Homomorphismus
   legt dabei die Skalierung fest, also welche Höhe für welche Lautstärke und welche
   Breite für welche Tonhöhe steht.

3. Eine symbolische Repräsentation von Fährverbindungen zwischen Inseln ist durch
   dreistellige Prädikate möglich, während eine analoge Repräsentation Verbindungen
   zwischen Knoten, die für die Inseln stehen, vorsieht. Die Länge einer Knotenver-
   bindung, die keine gerade Linie zu sein braucht (sonst ist die bildliche Darstellung
   nicht möglich), steht dabei für die Zeitdauer der Fährverbindung.

   Symbolische Repräsentation:

   $verbindung(A, B, 10\,km)$ $verbindung(C, D, 10\,km)$

   $verbindung(B, D, 18\,km)$ $verbindung(B, C, 2\,km)$

   Analoge Repräsentation:

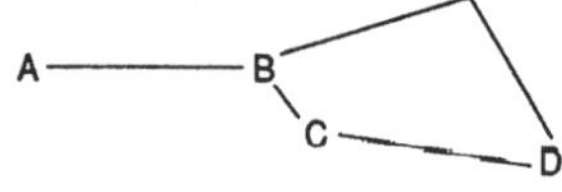

Lösungen zu Semantische Netze

Jede der folgenden Lösungen stellt nur eine von vielen Möglichkeiten dar, insbesondere kann der Detaillierungsgrad einer Repräsentation stark variieren.

In allen Lösungen ergänzen wir die zu repräsentierenden Sachverhalte um die Beschreibungen der Konzeptklassen der dargestellten Individualkonzepte, soweit das nötig oder sinnvoll ist.

1. Man vergleiche die folgenden Lösungen mit denen zur gleichen Aufgabe für Logik und Frames!

   a) Der EC 389 ist Agent mehrerer Fahrten nach Rom; es ist also eine Konzeptklasse zu repräsentieren.

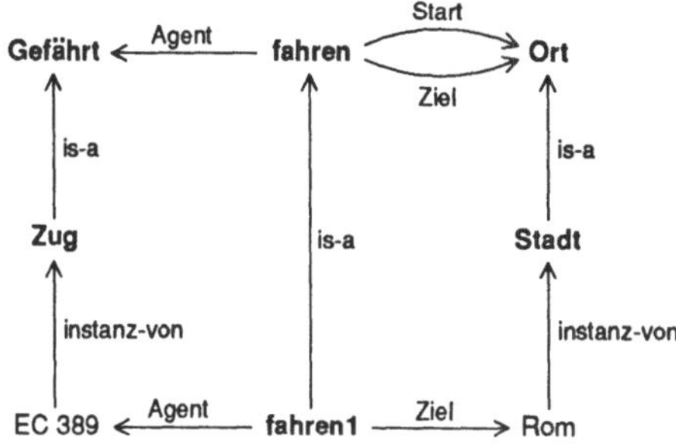

b) Bemerkung: Die einzige Möglichkeit, den Sachverhalt in einem semantischen
    Netz ohne Partitionen zu repräsentieren, besteht darin, eine Beziehungskante
    'Kettung' mit der folgenden Semantik einzuführen ($kettung(k, k')$ steht für eine
    solche Kante vom Knoten k zum Knoten k'):

$$kettung(k, k') \Rightarrow \forall i : \big(instanz\text{-}von(i, k) \Rightarrow$$
$$\exists j : \big(instanz\text{-}von(j, k') \wedge ende(i) = beginn(j)\big)\big)$$

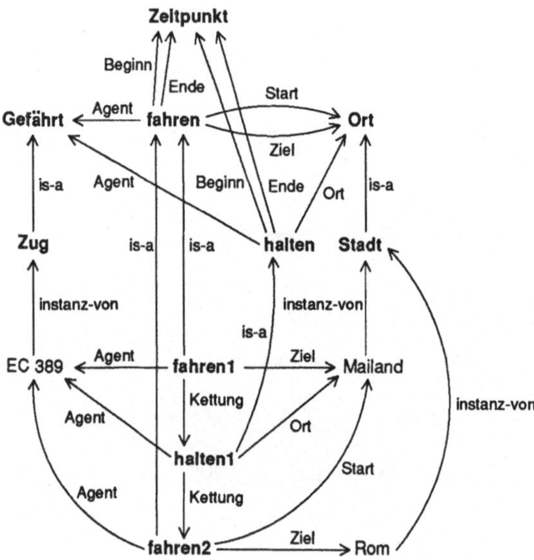

c) Hier ist zu beachten, daß die Eigenschaft violetter Pilze, giftig zu sein, kontingent
    ist. Die Eigenschaft, von violetter Farbe zu sein, ist dagegen definitorisch.

d) Die Beziehungskanten 'bewirkt' und 'vor' sind kontingent.

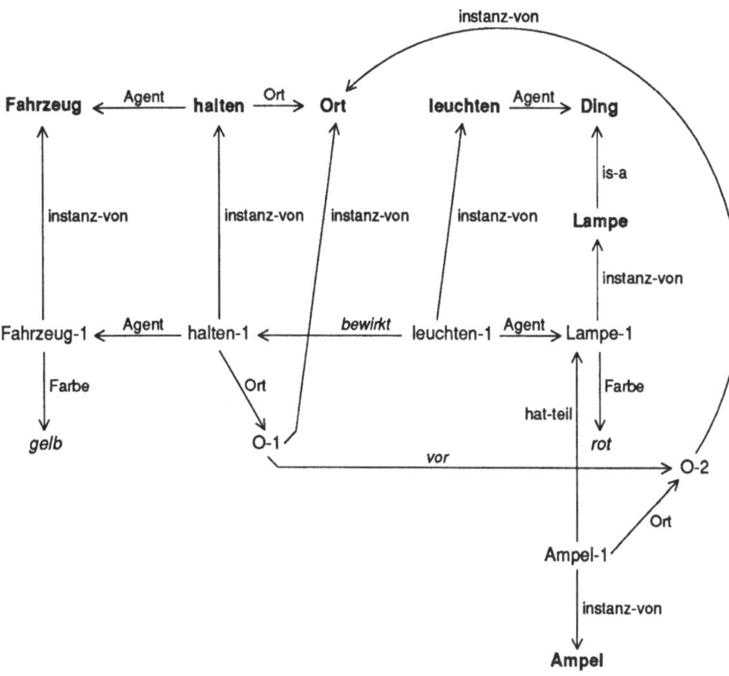

e) Es wird für die folgende Repräsentation angenommen, daß die Beziehungskante 'ist-enthalten' auf einem Repräsentationskonstrukt basiert, dessen Semantik die Vererbung der Eigenschaften des Ganzen auf das Teil vorsieht. Obwohl sprachlich in nominalisierter Form ausgedrückt, wird 'Hagelschauer' als Ereignis aufgefaßt.

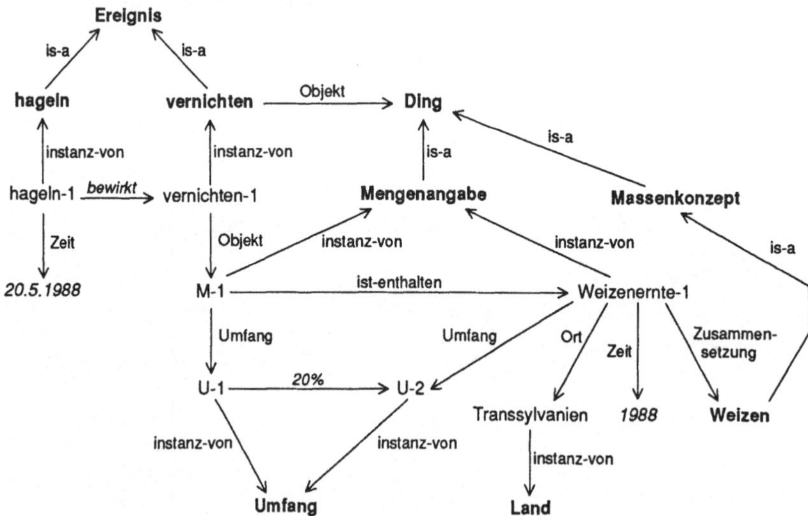

f) In dieser Aufgabe geht es darum, mit den Mitteln semantischer Netze Wertebereichseinschränkungen zu formulieren: Die kleinste Dauer eines Sommertages ist länger als die größte Dauer eines Wintertages. Man beachte, daß 'D-1' die Konzeptklasse ist, die durch die Individualkonzepte 'U-1' und 'O-1' definiert ist. Die zugehörigen Beziehungskanten sind deshalb definitorisch. Dies gilt analog für 'D-2'.

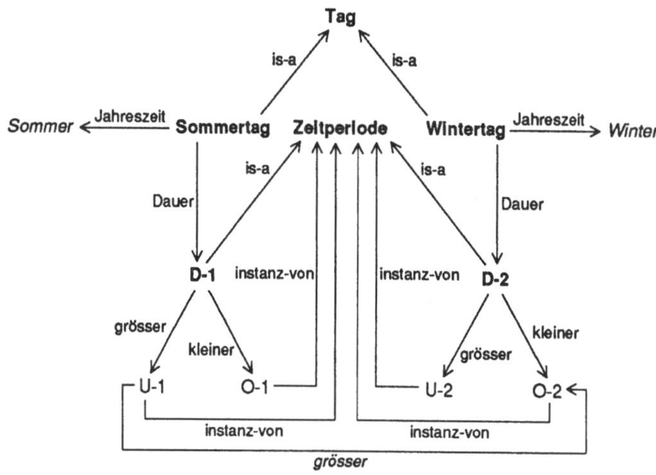

g) Obwohl sprachlich in nominalisierter Form ausgedrückt, handelt es sich bei 'Gewitter' und 'Stromausfall' um Ereignisse.

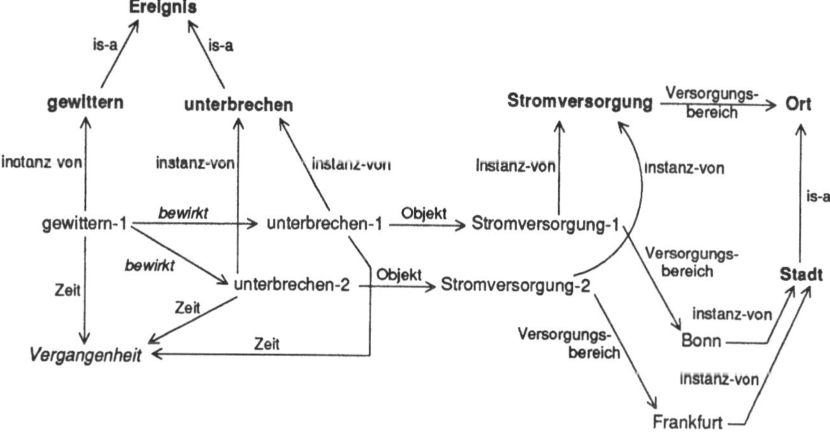

h) Die Allaussage wird durch eine Konzeptklassenbeschreibung ausgedrückt:

$$\text{Katze} \xrightarrow{\text{hat-teil}} \text{Schwanz}$$

i) Diese Aussage kann man wie unter h) lösen, indem man eine Beziehungskante
'verbrauchen' vom Konzeptknoten 'Gärtnerei' zum Knoten 'Wasser' zieht. Da
es sich bei 'verbrauchen' aber um ein Ereignis handelt, wollen wir es auch als
solches repräsentieren. Damit dabei die Allquantifizierung über alle Gärtnereien
nicht verlorengeht, brauchen wir zusätzlich zu der Kante 'Agent' die Kante
'Agent^{-1}', die als invers dazu zu interpretieren ist.

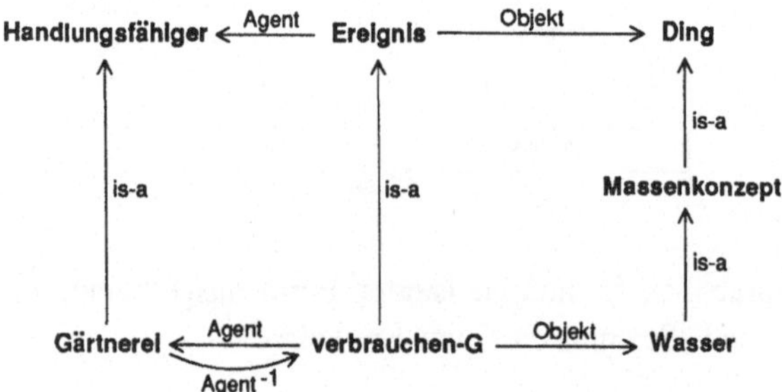

j) Man erkennt deutlich, daß dieser noch recht einfache Sachverhalt sich nur mit
viel Aufwand als ein semantisches Netz repräsentieren läßt. Trotzdem ist nicht
dargestellt, daß für ein individuelles Quadrat jede der Seiten die gleiche Länge
hat. Es ist keine Lösung, statt der vier Konzeptklassen 'L1' bis 'L4' vier
koreferente Individualkonzepte vorzusehen, da dann repräsentiert wäre, daß alle
Quadrate dieselbe Kantenlänge hätten!

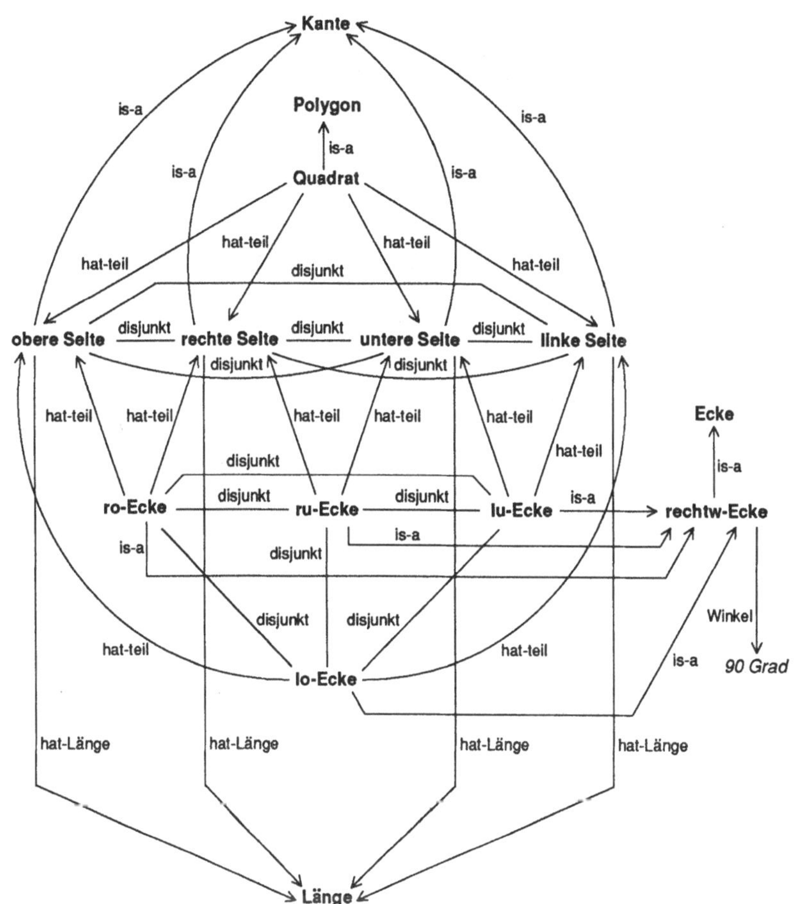

Kante
Polygon
is-a
is-a
is-a
is-a
Quadrat
hat-teil
hat-teil
hat-teil
hat-teil
disjunkt
obere Seite
disjunkt
rechte Seite
disjunkt
untere Seite
disjunkt
linke Seite
disjunkt
disjunkt
hat-teil
hat-teil
hat-teil
hat-teil
hat-teil
Ecke
hat-teil
disjunkt
is-a
ro-Ecke
disjunkt
ru-Ecke
disjunkt
lu-Ecke
is-a
rechtw-Ecke
is-a
is-a
disjunkt
disjunkt
disjunkt
disjunkt
disjunkt
Winkel
hat-teil
lo-Ecke
hat-teil
is-a
90 Grad
hat-Länge
hat-Länge
hat-Länge
hat-Länge
Länge

2. Die Repräsentation 1 stellt dar, daß die Höhe des Empire State Building 381 m
   und die des Münchner Fernsehturms 290 m beträgt sowie daß 381 m größer als
   290 m ist (es wird angenommen, daß Vergleichskanten zwischen Eigenschaftsknoten
   möglich sind). Die Tatsache, daß das Empire State Building damit höher als der
   Münchner Fernsehturm ist, kann daraus abgeleitet werden. Repräsentation 2 stellt
   denselben Sachverhalt dar, führt aber die beiden Höhen als Konzepte ein. Die
   Tatsache, daß die Höhe des Empire State Building größer als die des Münchner
   Fernsehturms ist, wird entsprechend an den Konzeptknoten für die Höhen und nicht
   an den Eigenschaftsknoten festgemacht. Das ist von Vorteil, da der Sachverhalt so
   unabhängig von der Kenntnis der Eigenschaftswerte dargestellt werden kann, wie
   die untenstehende Abbildung verdeutlicht. Für Variante 1 ist dies ohne Umbau der
   gesamten Repräsentation nicht möglich.

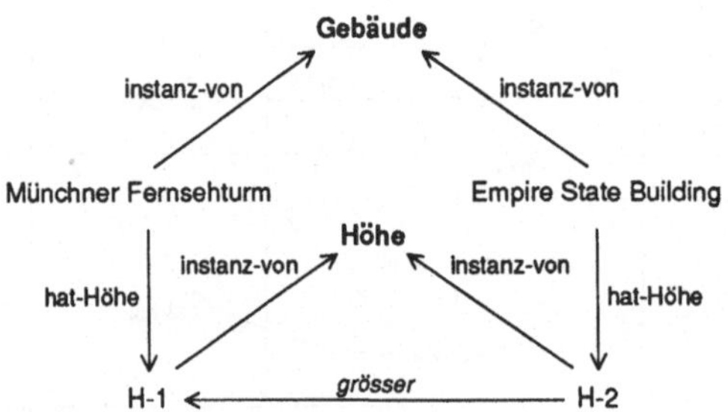

3. Die Ausprägung einer Mengenangabe wird durch eine Angabe zum Umfang und
   eine Angabe zum Material beschrieben. In dem folgenden Netz steht der Knoten
   'Menge-19' somit für ein der Konzeptklasse 'Mengenangabe' zugehöriges Individualkonzept und gibt die gelieferte Menge Kies an.

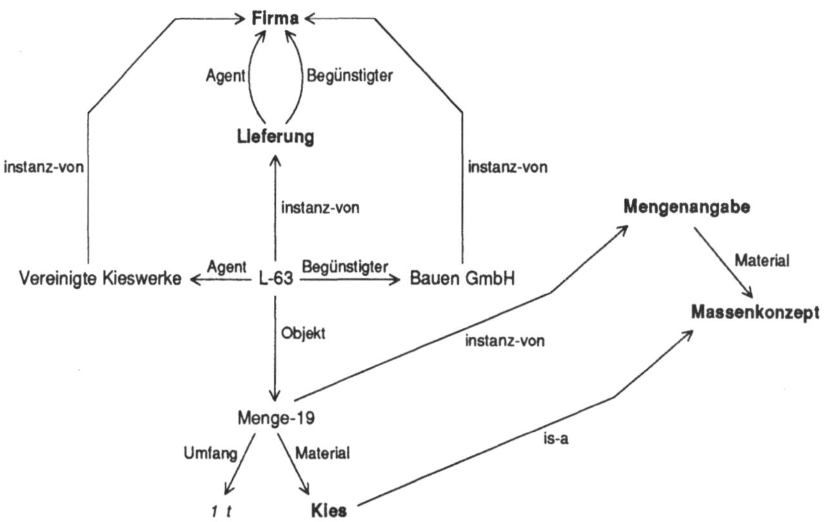

4. Vergleiche mit der Lösung zur Aufgabe 1.f), wo die oberen und unteren Grenzen nicht durch Eigenschaftsangaben, sondern durch Individualkonzepte angegeben sind. Das ist dort nötig, weil die Werte der oberen und unteren Grenzen nicht bekannt sind, sondern nur eine Beziehung zwischen ihnen gegeben ist.

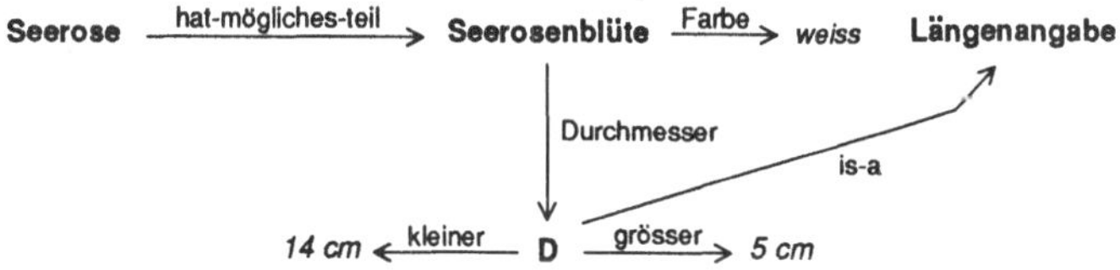

5.

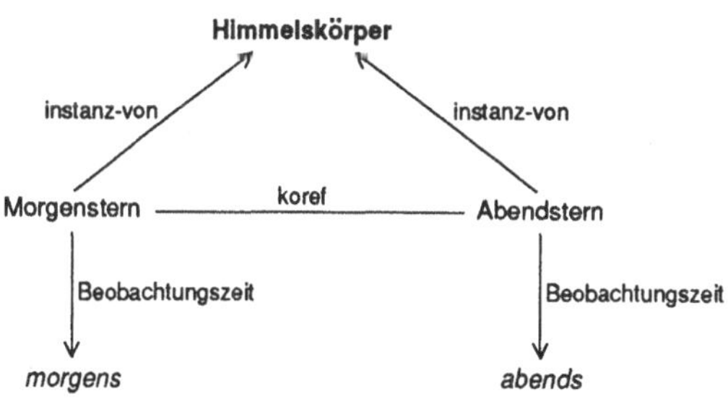

6. a)

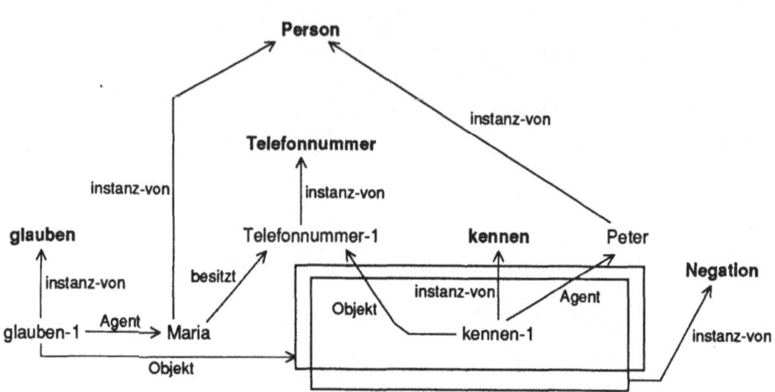

b)

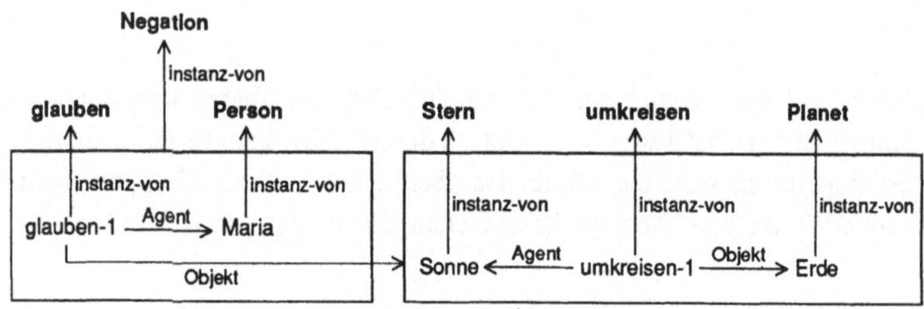

c)

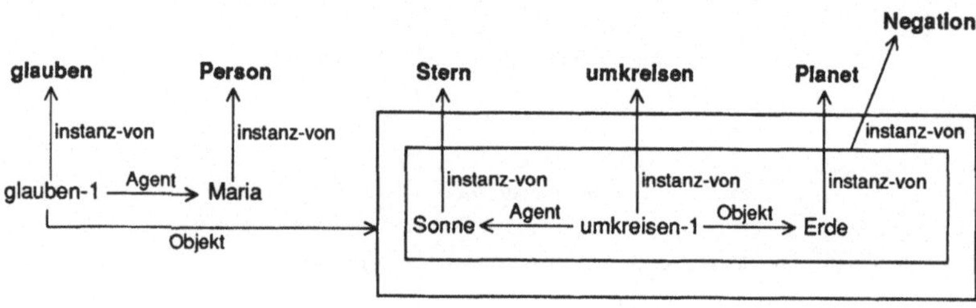

d)

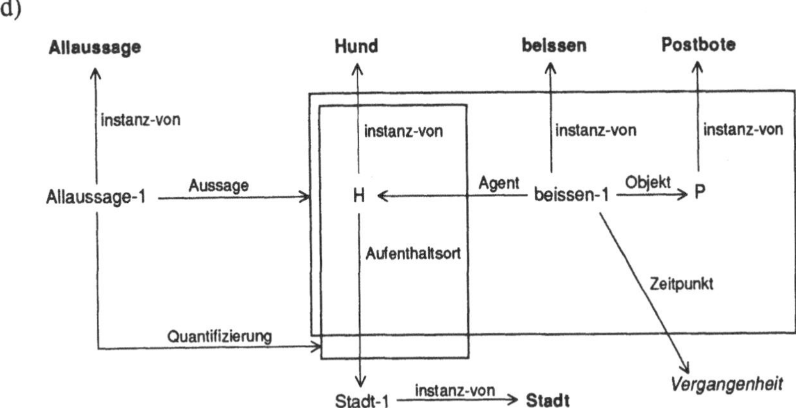

Allaussage
Hund
beissen
Postbote
instanz-von
instanz-von
instanz-von
instanz-von
Allaussage-1
Aussage
Agent
beissen-1
Objekt
H
P
Aufenthaltsort
Zeitpunkt
Quantifizierung
Vergangenheit
Stadt-1
instanz-von
Stadt

Allaussage
Hund
beissen
Postbote
instanz-von
instanz-von
instanz-von
instanz-von
Allaussage-1
Aussage
Agent
Objekt
H
beissen-1
P
Aufenthaltsort
Zeitpunkt
Aufenthaltsort
Quantifizierung
Vergangenheit
Stadt-1
Quantifizierung
instanz-von
Stadt

Allaussage
Mikroprozessor
Galliumarsenid
Disjunktion
instanz-von
instanz-von
Operand
instanz-von
Allaussage-1
Aussage
besteht-aus
Mikroprozessor-1
Disjunktion-1
besteht-aus
Quantifizierung
Operand
disjunkt
Silizium

e)

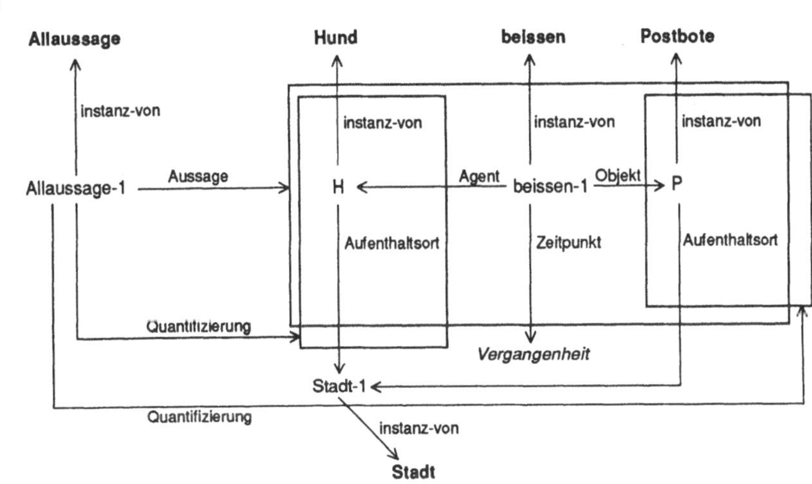

f)

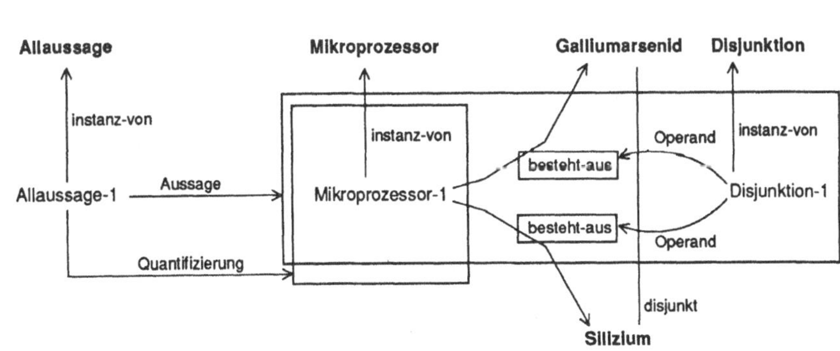

Dagegen ist die folgende Repräsentation *nicht* korrekt. Sie drückt den Sachverhalt aus, daß entweder alle Mikroprozessoren aus Galliumarsenid oder alle Mikroprozessoren aus Silizium bestehen:

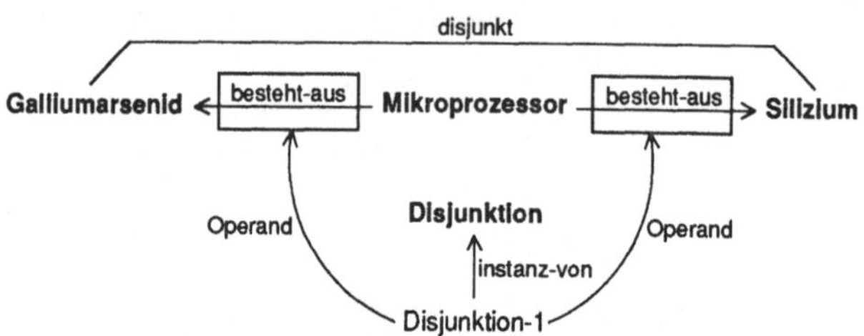

Der in der Aufgabenstellung formulierte Sachverhalt läßt sich auch ohne die Verwendung von Partitionen durch das unten angegebene Netz darstellen. Die dortige Verwendung des Beziehungstyps 'Partition' ist notwendig, um den Sachverhalt zu erfassen, daß alle Elemente der Klasse 'Si/GaAs' einem der beiden angegebenen Unterbegriffe (und nicht etwa einem dritten, nicht repräsentierten) angehören. Eine Kante dieses Typs von einem Konzeptklassenknoten k zu einem Konzeptklassenknoten k' impliziert eine Is-a-Beziehung:

$$\forall k, k' : \big(partition(k, k') \Rightarrow \textit{is-a}(k, k') \big)$$

und es gilt zusätzlich das folgende Axiom:

$$\forall k, k' : \big(partition(k, k') \Rightarrow \forall i : \big(\textit{instanz-von}(i, k') \Rightarrow$$
$$\exists k'' : \big(\textit{is-a}(k'', k') \wedge \textit{instanz-von}(i, k'') \big) \big) \big)$$

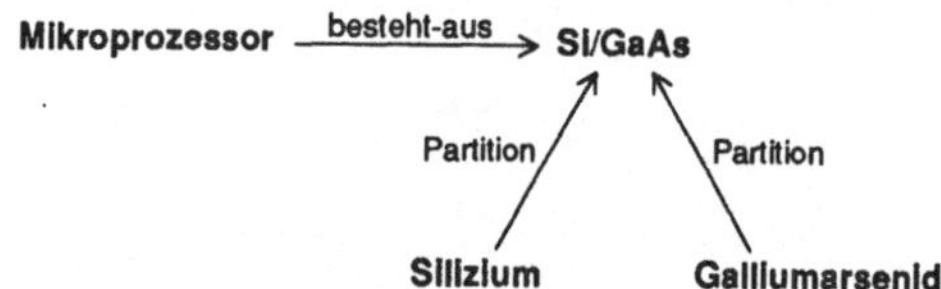

g)   Die Beziehungskante 'Agent^{-1}' ist notwendig, damit die betreffende Aussage als für alle Elemente der Klasse 'Altertumsperson' geltend angesehen wird (vgl. Kap.3.2.3).

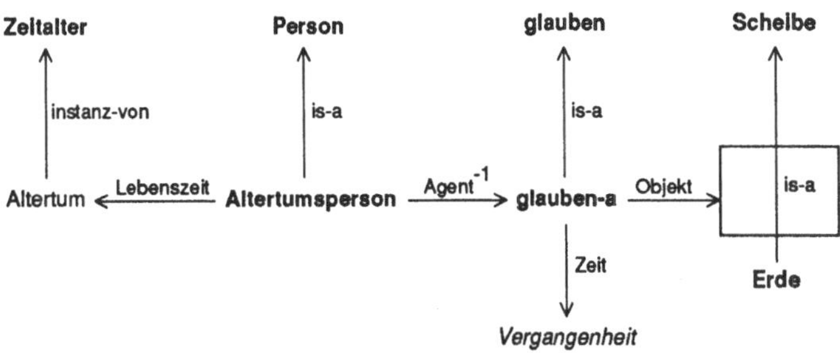

h)

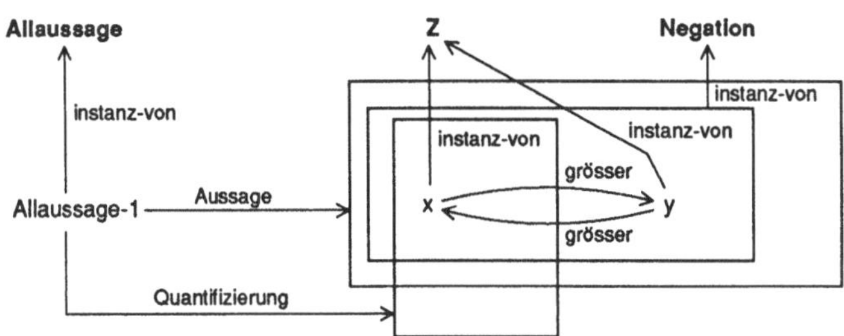

7. In den folgenden Fragenetzen sind die Knotenvariablen '?' und '?*' bzgl. des Netzabgleichs gleichberechtigt, jedoch zeigt eine Knotenvariable '?*' solche Knoten an, die aus der Repräsentation tatsächlich zu erfragen sind und nicht lediglich der Frageformulierung dienen. Es wird vorausgesetzt, daß bei einem Netzabgleich die Inferenz gezogen werden kann, daß ein Ereignis, welches vor oder gleichzeitig mit einem vergangenen Ereignis stattfindet, ebenfalls zur Vergangenheit gehört.

a)

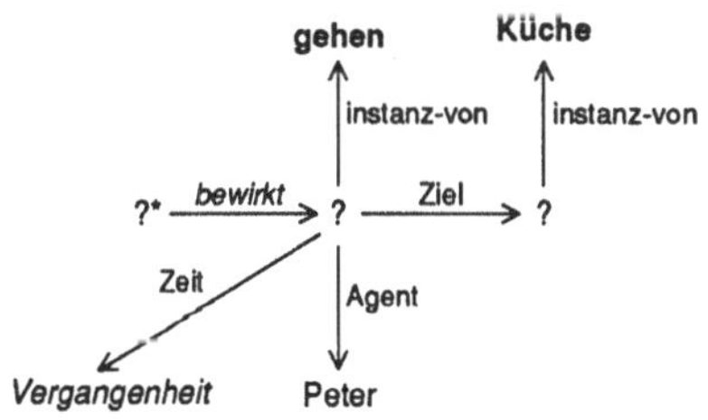

b)

Vergangenheit ⟵ Zeit ── ?* ── gleichzeitig ── ?*

c)

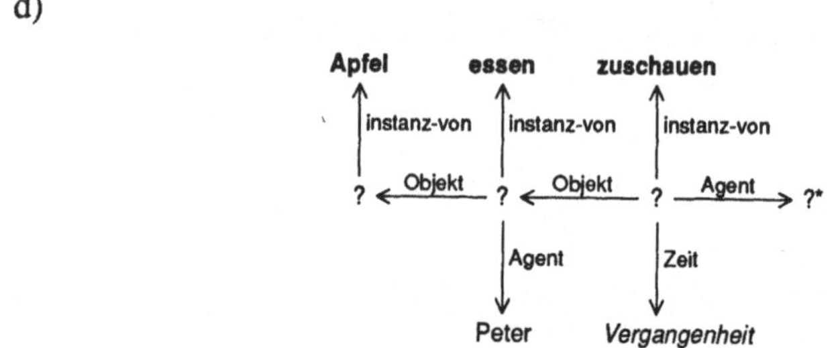

d)

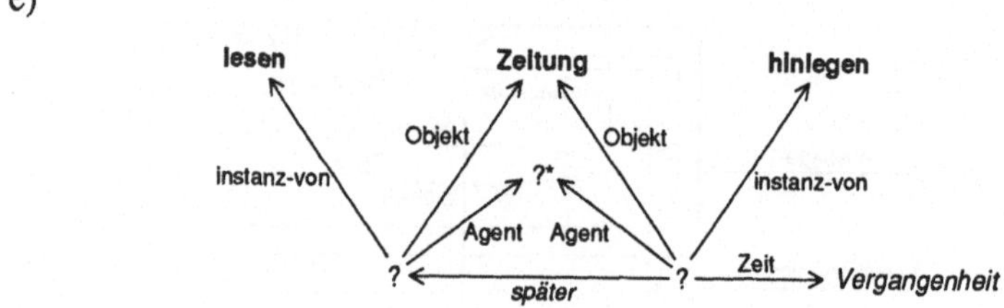

e)

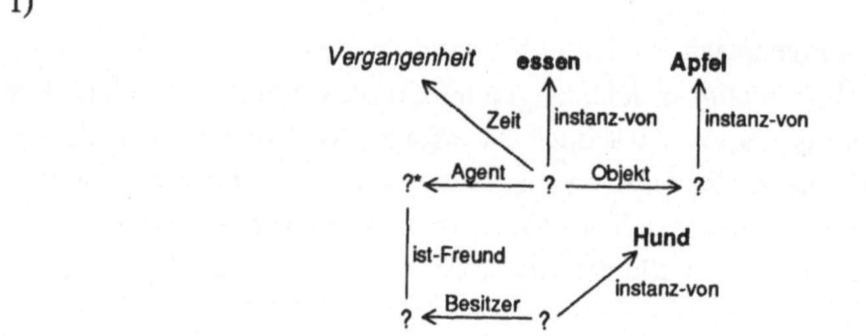

f)

8. a) Die Knotenvariable kann mit den Knoten 'C' und 'D' abgeglichen werden, da die Teil-von-Beziehung transitiv ist und ein Element einer Klasse k auch Element aller k übergeordneten Klassen ist.

    b) Der Knoten '?1' wird mit 'D' und der Knoten '?2' mit 'C' abgeglichen.

    c) Es ist kein Abgleich möglich.

d) Folgende Knotenbelegungen sind möglich:

'?1'	'?2'	'?3'
'D'	'C'	'rot'
'D'	'B'	'blau'
'D'	'A'	'blau'
'C'	'B'	'blau'
'C'	'A'	'blau'
'B'	'A'	'blau'

9. Die Rollendarstellung ist der Repräsentation mit Is-a-Beziehungen aus zwei Gründen überlegen:

- Es brauchen keine künstlichen, in dem repräsentierten Weltausschnitt nicht definierten Konzepte (wie 'Person/Firma') eingeführt werden.
- Die Zuordnung von 'Lieferant' als Unterbegriff zu 'Person/Firma' sagt nichts über eine Überlappung zwischen den Klassen 'Lieferant' und 'Person' (bzw. 'Firma') aus. Dagegen ist in der Rollendarstellung die Aussage erfaßt, daß jedes Element der Klasse 'Person' (bzw. 'Firma') gleichzeitig Element der Klasse 'Lieferant' sein kann.

10. Die in der Aufgabenstellung angegebene Repräsentation besagt, daß das Konzept 'Z' die Rolle 'Y' besitzt. Da 'Z' eine Konzeptklasse ist, heißt dies, daß alle Klassenelemente diese Rolle besitzen. Die Beziehung zwischen 'Z' und 'Y' ist deshalb eine Is-a-Beziehung.

Lösungen zu Frames

Jede der folgenden Lösungen stellt nur eine von vielen Möglichkeiten dar, insbesondere kann der Detaillierungsgrad einer Repräsentation stark variieren.

Es wird im folgenden angenommen, daß sich die Vereinbarungen zu den erlaubten Slot-Einträgen und zur Slot-Kardinalität zur Anfragezeit an die Unterbegriffe vererben, so daß sie für diese nicht wiederholt werden.

1. Man vergleiche die folgenden Lösungen mit denen zur gleichen Aufgabe für Logik und semantische Netze!

   a)

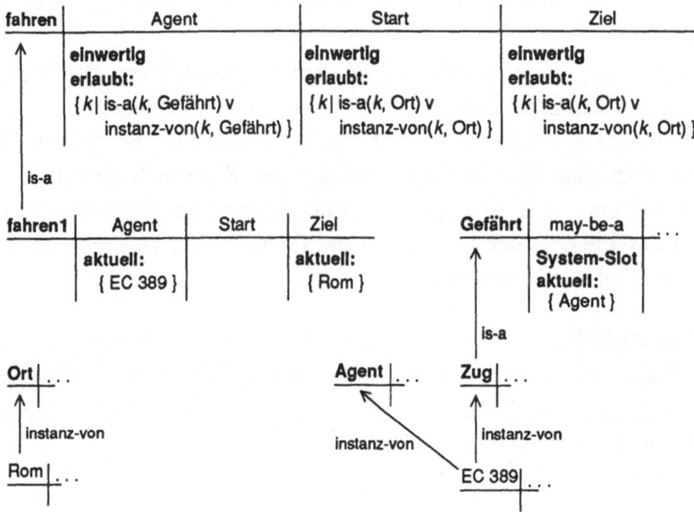

   b) Die Semantik der Beziehung 'Kettung' konnte in der Lösung dieser Aufgabe für semantische Netze nur im Rahmen ihrer Definition als Repräsentationskonstrukt festgelegt werden. Läßt man für das Konstrukt zur Festlegung der erlaubten Einträge eines Slots eine logikbasierte Repräsentation zu, dann kann die Bedeutung der Beziehung 'Kettung' in einer solchen hybriden Frame-Repräsentation direkt dargestellt werden. Dabei sei das im folgenden verwendete Prädikat $ist\text{-}zeitangabe(w)$ wahr genau dann, wenn w eine Zeitangabe ist.

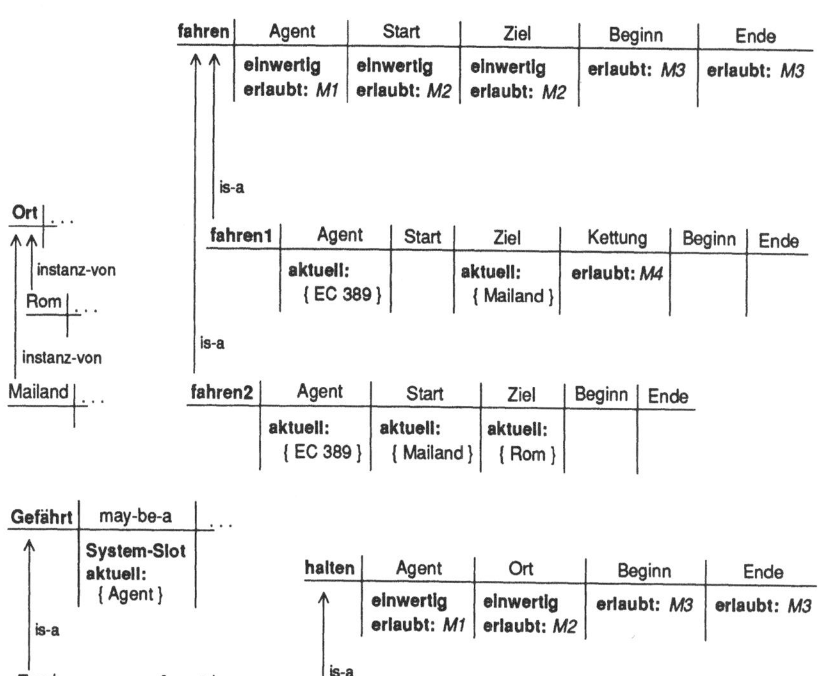

$M1 = \{ k \mid$ is-a$(k,$ Gefährt$) \vee$ instanz-von$(k,$ Gefährt$) \}$

$M2 = \{ k \mid$ is-a$(k,$ Ort$) \vee$ instanz-von$(k,$ Ort$) \}$

$M3 = \{ w \mid$ ist-zeitangabe$(w) \}$

$M4 = \{ k \mid$ instanz-von$(k,$ halten1$) \wedge \exists w:$ (ist-eintrag$(k,$ Beginn$,w) \wedge$ ist-eintrag($selbst$, Ende$,w)) \}$

$M5 = \{ k \mid$ instanz-von$(k,$ fahren2$) \wedge \exists w:$ (ist-eintrag$(k,$ Beginn$,w) \wedge$ ist-eintrag($selbst$, Ende$,w)) \}$

c) Die Eigenschaft violetter Pilze, giftig zu sein, ist kontingent, während die
   Eigenschaft, von violetter Farbe zu sein, definitorisch für sie ist.

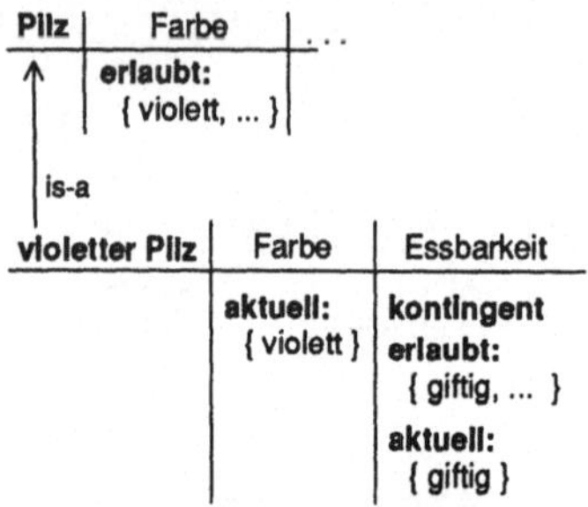

d) Die Beziehungen 'vor' und 'bewirkt' sind kontingent.

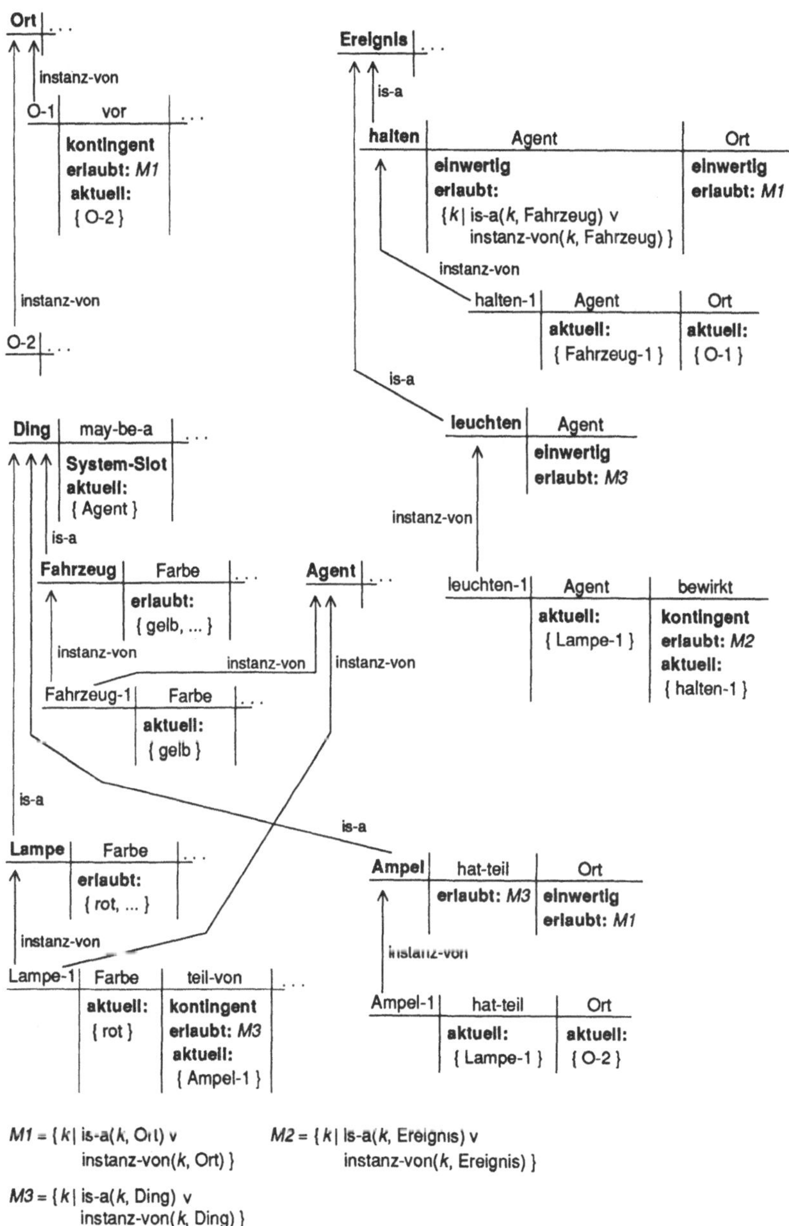

$M1 = \{ k \mid$ is-a$(k,$ Ort$)$ v instanz-von$(k,$ Ort$) \}$

$M2 = \{ k \mid$ is-a$(k,$ Ereignis$)$ v instanz-von$(k,$ Ereignis$) \}$

$M3 = \{ k \mid$ is-a$(k,$ Ding$)$ v instanz-von$(k,$ Ding$) \}$

e) Für die Konzeptklasse 'vernichten' ist kein Agent vorgesehen, da das Ereignis 'vernichten-1' keinen Agenten besitzt, also zu einer Klasse von Vernichten-Ereignissen ohne Agenten gehört.   Die Unterscheidung von Vernichten-Ereignissen mit und ohne einem Agenten ist tatsächlich nötig, da ein Slot (wie z.B. 'Agent'), der bei einem Individualkonzept leer bleibt, bedeutet, daß der Slot-Eintrag nicht bekannt ist, aber nicht, daß für den Slot kein Eintrag existiert. Dies folgt aus der Semantik nicht-terminaler Slots.

Die Beziehung 'bewirkt' ist kontingent, und die Beziehung 'ist-enthalten-in' ist für das Konzept 'M-1' definitorisch.   Das Prädikat $ist\text{-}zahl(w)$ sei wahr genau dann, wenn w eine Zahl ist, und $ist\text{-}zeitangabe(w)$ sei wahr genau dann, wenn w eine Zeitangabe ist.   Die Festlegung der erlaubten Einträge für den (terminalen) Slot 'Umfang' bei 'M-1' sieht nur einen möglichen Eintrag vor und ist eine Spezialisierung der Festlegung für diesen Slot bei der zugehörigen Klassenbeschreibung 'Mengenangabe'.

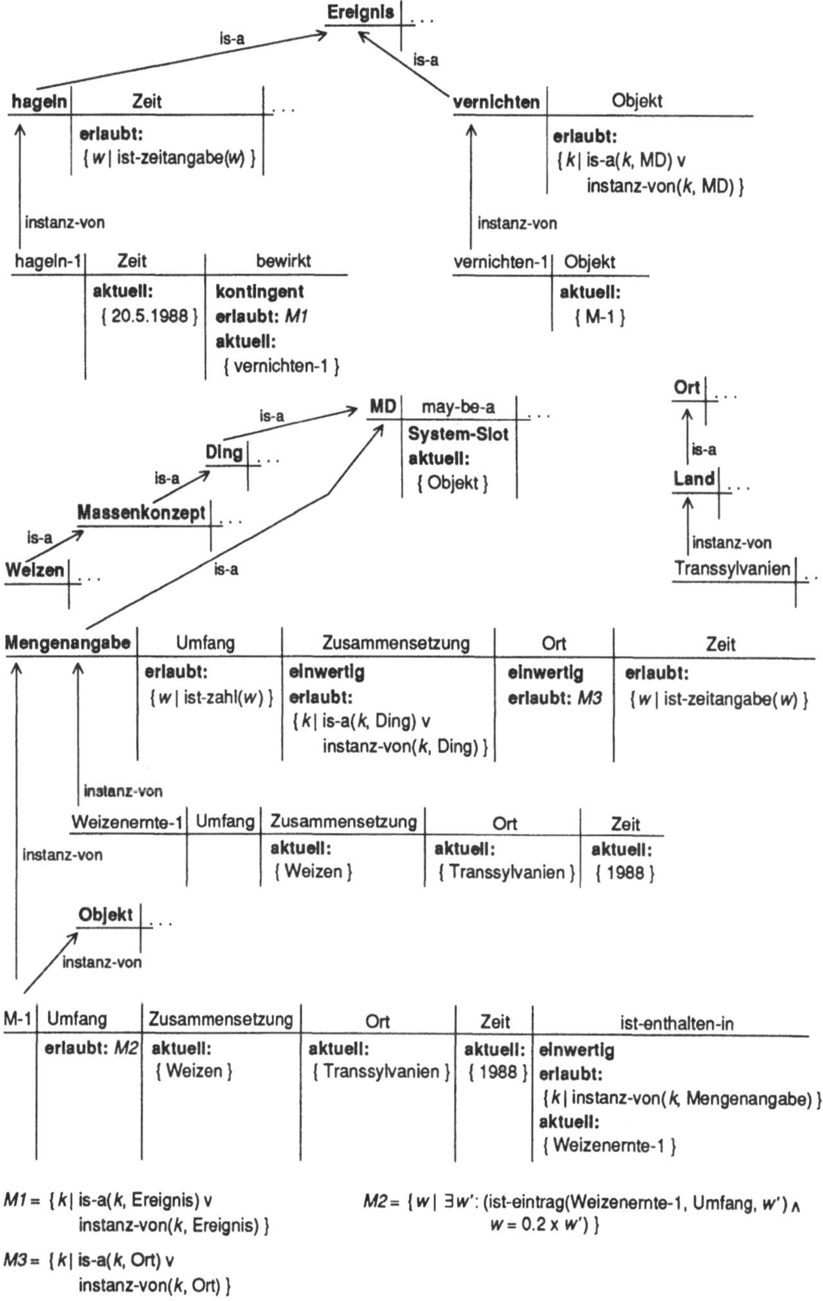
Ereignis
is-a
is-a
hageln | Zeit
erlaubt:
{ w | ist-zeitangabe(w) }
instanz-von
hageln-1 | Zeit | bewirkt
aktuell:
{ 20.5.1988 }
kontingent
erlaubt: M1
aktuell:
{ vernichten-1 }
vernichten | Objekt
erlaubt:
{ k | is-a(k, MD) v
instanz-von(k, MD) }
instanz-von
vernichten-1 | Objekt
aktuell:
{ M-1 }
is-a
Ding
is-a
Massenkonzept
is-a
Weizen
is-a
MD | may-be-a
System-Slot
aktuell:
{ Objekt }
Ort
is-a
Land
instanz-von
Transsylvanien
Mengenangabe | Umfang | Zusammensetzung | Ort | Zeit
erlaubt:
{ w | ist-zahl(w) }
einwertig
erlaubt:
{ k | is-a(k, Ding) v
instanz-von(k, Ding) }
einwertig
erlaubt: M3
erlaubt:
{ w | ist-zeitangabe(w) }
instanz-von
Weizenernte-1 | Umfang | Zusammensetzung | Ort | Zeit
aktuell:
{ Weizen }
aktuell:
{ Transsylvanien }
aktuell:
{ 1988 }
instanz-von
Objekt
instanz-von
M-1 | Umfang | Zusammensetzung | Ort | Zeit | ist-enthalten-in
erlaubt: M2
aktuell:
{ Weizen }
aktuell:
{ Transsylvanien }
aktuell:
{ 1988 }
einwertig
erlaubt:
{ k | instanz-von(k, Mengenangabe) }
aktuell:
{ Weizenernte-1 }
M1 = { k | is-a(k, Ereignis) v
instanz-von(k, Ereignis) }
M2 = { w | ∃w': (ist-eintrag(Weizenernte-1, Umfang, w') ∧
w = 0.2 x w') }
M3 = { k | is-a(k, Ort) v
instanz-von(k, Ort) }

f)   Auch hier nutzen wir die Mächtigkeit einer logikbasierten Festlegung erlaubter Slot-Einträge aus.

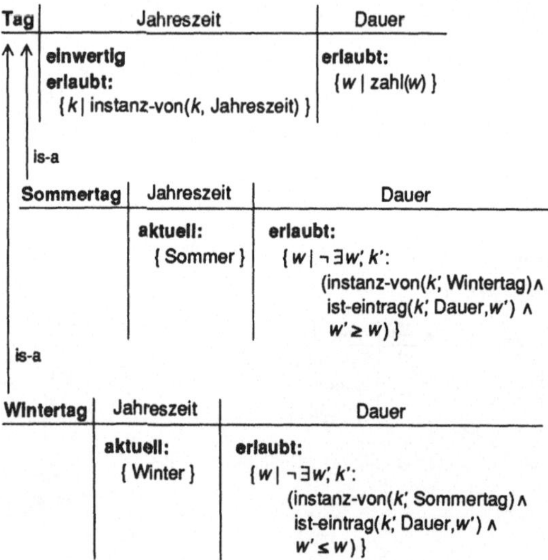

g)

Ereignis | Zeit | ...
is-a
erlaubt:
{ Vergangenheit,
Gegenwart,
Zukunft }
is-a
unterbrechen | Zeit | Objekt
erlaubt:
{ k | is-a(k, Verbindung) v
instanz-von(k, Verbindung) }
instanz-von
gewittern | Zeit | ...
unterbrechen-1 | Zeit | Objekt
aktuell:
{ Vergangenheit }
aktuell:
{ Stromversorgung-1,
Stromversorgung-2 }
instanz-von
gewittern-1 | Zeit | bewirkt
aktuell:
{ Vergangenheit }
kontingent
erlaubt:
{ k | is-a(k, Ereignis) v
instanz-von(k, Ereignis) }
aktuell:
{ unterbrechen-1 }
Verbindung | may-be-a | ...
System-Slot
aktuell:
{ Objekt }
is-a
Sromversorgung | Versorgungsbereich
erlaubt:
{ k | is-a(k, Ort) v
instanz-von(k, Ort) }
Objekt | ...
Ort | ...
instanz-von
instanz-von
instanz-von
Bonn | ...
instanz-von
Stromversorgung-1 | Versorgungsbereich
aktuell:
{ Bonn }
instanz-von
Frankfurt |
instanz-von
Stromversorgung-2 | Versorgungsbereich
aktuell:
{ Frankfurt }

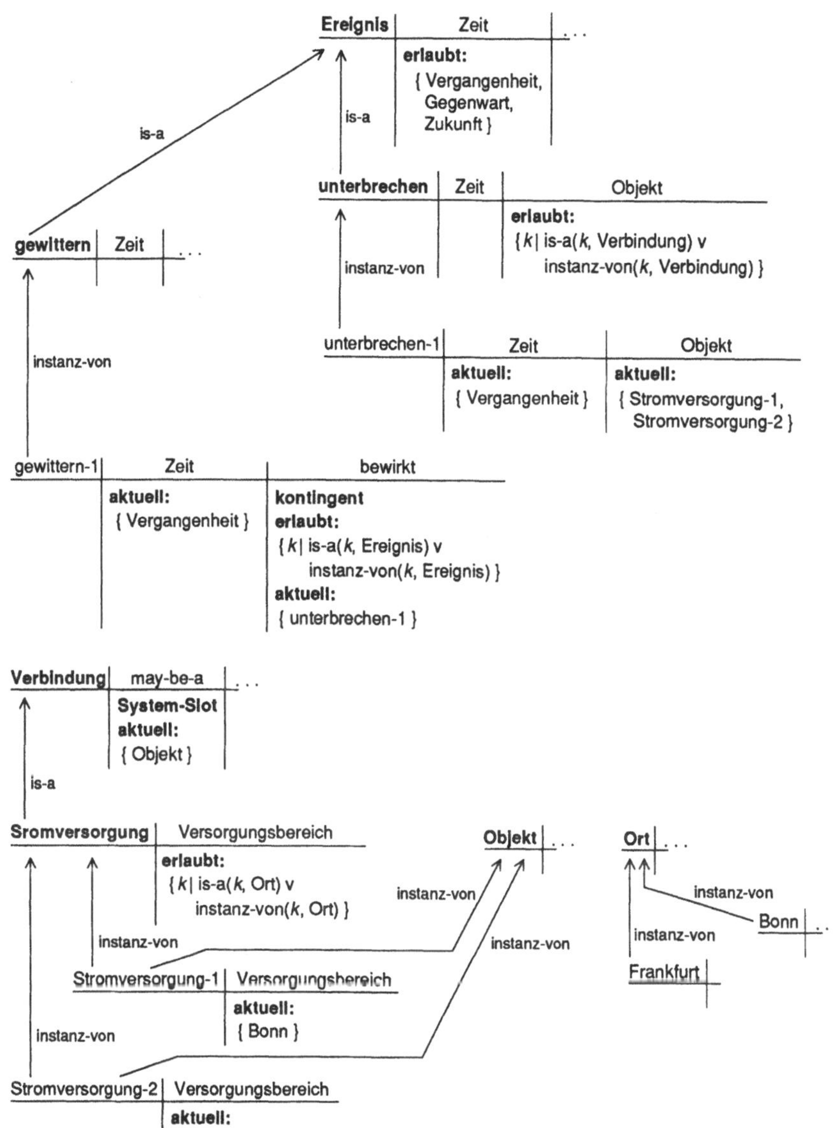

h)

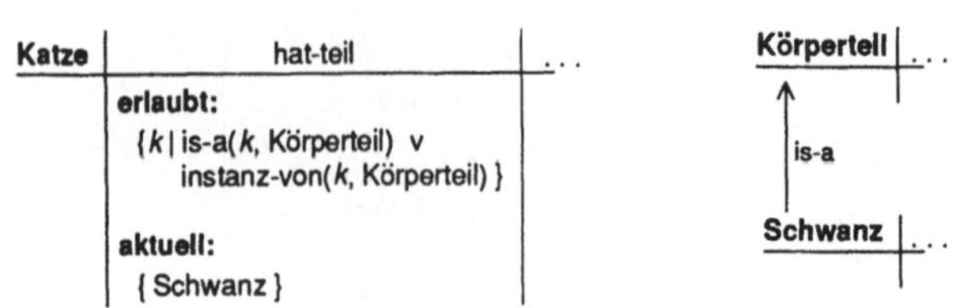

i) Die erlaubten Einträge des Slots 'Verbrauch' sind so festgelegt, daß dort für einen
    Frame, der ein Klassenelement von 'Gärtnerei' repräsentiert, nur Verbrauchen-
    Ereignisse auftreten können, deren Agent dieses Klassenelement ist. Dazu muß
    jeder Unterbegriff von 'Gärtnerei' den Slot-Eintrag 'verbrauchen-G' entspre-
    chend spezialisieren!

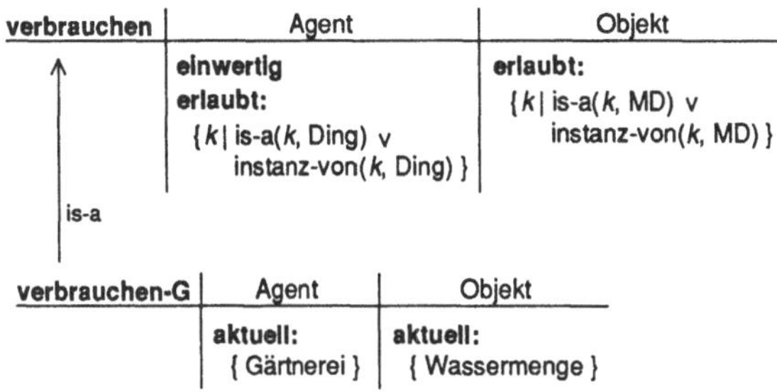

verbrauchen | Agent | Objekt
einwertig
erlaubt:
{ k | is-a(k, Ding) v
instanz-von(k, Ding) }
erlaubt:
{ k | is-a(k, MD) v
instanz-von(k, MD) }
is-a
verbrauchen-G | Agent | Objekt
aktuell:
{ Gärtnerei }
aktuell:
{ Wassermenge }

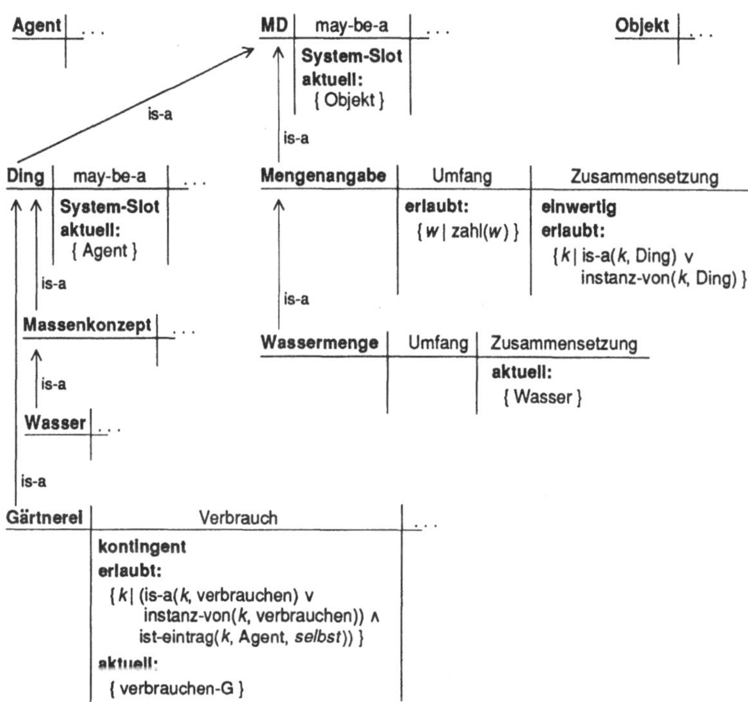

Agent | ...
MD | may-be-a | ...
System-Slot
aktuell:
{ Objekt }
Objekt | ...
is-a
is-a
Ding | may-be-a | ...
System-Slot
aktuell:
{ Agent }
Mengenangabe | Umfang | Zusammensetzung
erlaubt:
{ w | zahl(w) }
einwertig
erlaubt:
{ k | is-a(k, Ding) v
instanz-von(k, Ding) }
is-a
is-a
Massenkonzept | ...
Wassermenge | Umfang | Zusammensetzung
aktuell:
{ Wasser }
is-a
Wasser | ...
is-a
Gärtnerei | Verbrauch | ...
kontingent
erlaubt:
{ k | (is-a(k, verbrauchen) v
instanz-von(k, verbrauchen)) ∧
ist-eintrag(k, Agent, selbst)) }
aktuell:
{ verbrauchen-G }

j)   Es sei *ist-massangabe(w)* wahr genau dann, wenn w eine Maßangabe ist, sich
     also aus einer Zahl und einer Maßeinheit (wie km/h oder Byte) zusammensetzt.

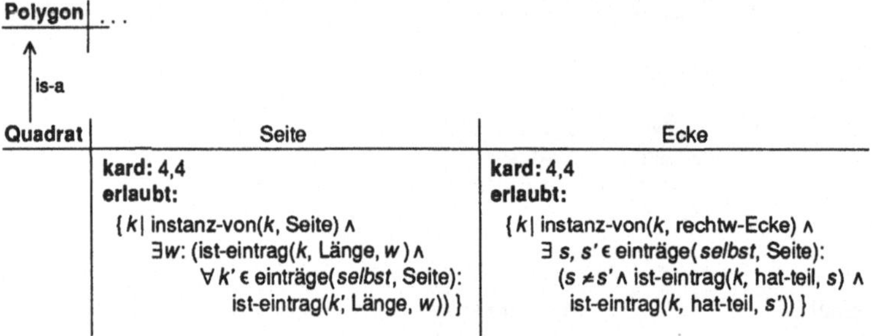

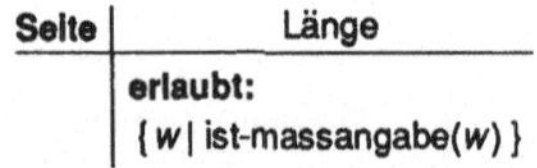

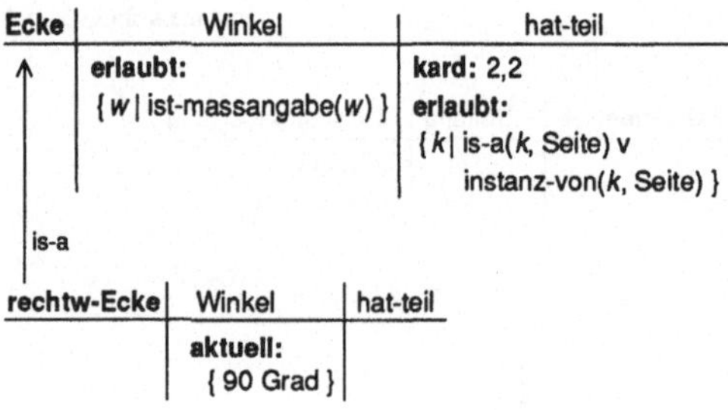

2.   a)   Die Funktion *erlaubte-einträge*(f, s) steht für die Menge der erlaubten Einträge im Slot s des Frames f. Ferner sei *ist-massangabe*(w) wieder genau dann wahr, wenn w eine Maßangabe ist. Da die maximale Größe von Hasen in der zu repräsentierenden Aussage nicht angegeben ist, bleibt sie in der Repräsentation unspezifiziert.

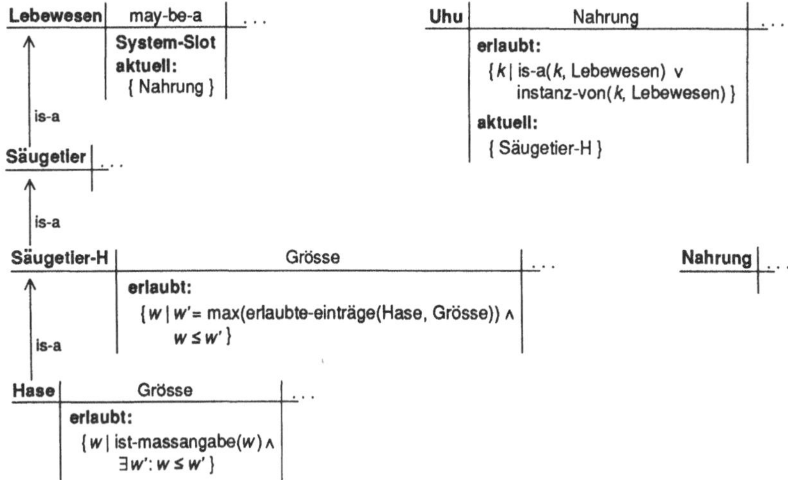

b)

32-Bit-Mikroprozessor	Taktfrequenz	Wortbreite
erlaubt: [10 MHz, 30 MHz] **default:** [15 MHz, 20 MHz]	**erlaubt:** { 32 Bit, ... } **aktuell:** { 32 Bit }	

c)

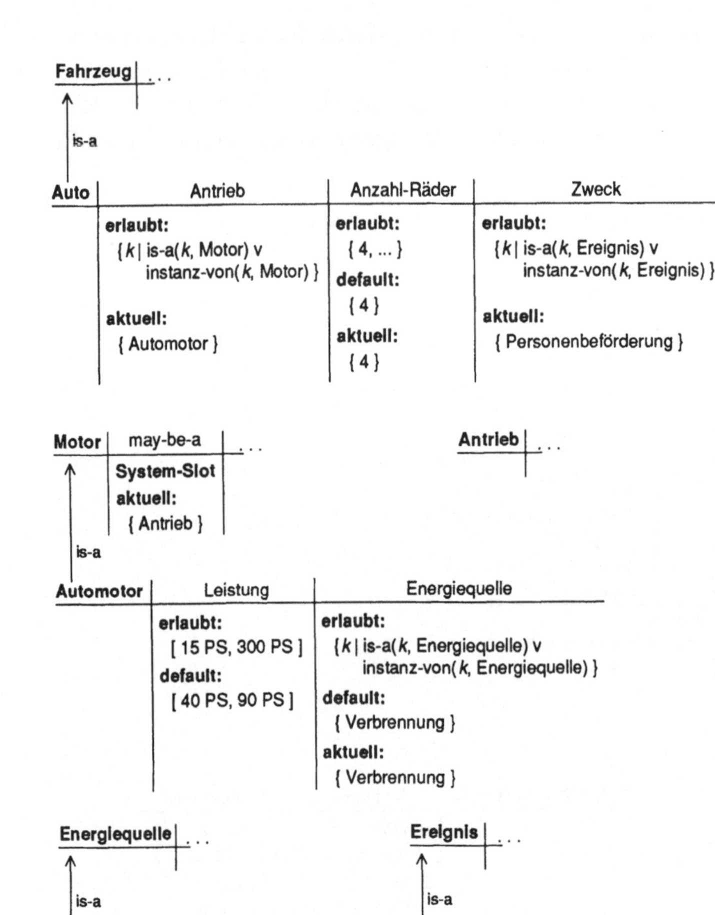

3. Die Beziehungskanten 'b1', 'b2', 'b3' und 'b4' stehen für die aus der Frame-Repräsentation nicht herauslesbaren Beziehungstypen, die den nicht-terminalen Slots zugrunde liegen (man könnte sie auch 'ist-Objekt', 'ist-Agent', 'ist-Begünstigter' und 'ist-Instrument' nennen, aber diese Namen sind nicht aus der Frame-Repräsentation zu ermitteln). Die erlaubten Einträge des terminalen Slots 'Dringlichkeit' müssen im semantischen Netz auf Individualkonzepte abgebildet werden, um so die zugrunde-liegende Oder-Verknüpfung zu repräsentieren.

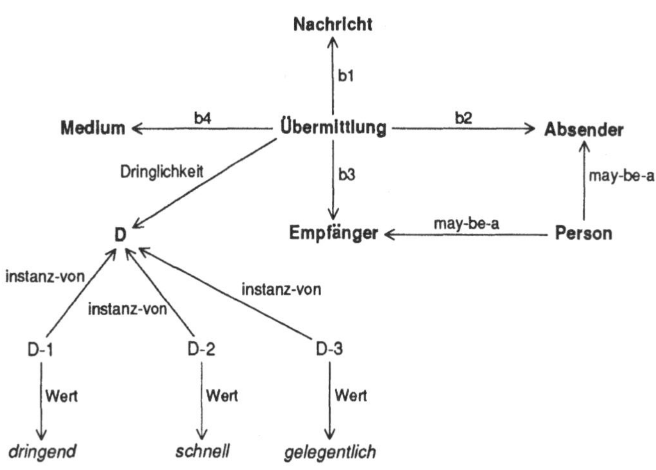

4.

Person	Freundlichkeit	Intelligenz	Durchsetzungsvermögen
	erlaubt: { freundlich, unfreundlich }	**erlaubt:** { klug, dumm }	**erlaubt:** { hartnäckig, nachgiebig }

instanz-von

Max	Freundlichkeit	Intelligenz	Durchsetzungsvermögen
	aktuell: { freundlich }	**aktuell:** { klug }	**aktuell:** { nachgiebig }

5. i. Die Extensionen von 'K1' und 'K2' sind gleich.
Grund: Nach Axiom (1) der Definition für assoziative Slots gilt für 'K1':

$$\exists b : \forall i : (instanz\text{-}von(i, \mathrm{K1}) \Rightarrow$$
$$\exists j : (instanz\text{-}von(j, \mathrm{f1}) \wedge bez(b, i, j)))$$

Da als Einträge im Slot 'f2' von 'K2' nur Unterbegriffe bzw. Elemente von 'f1' zugelassen sind, ergibt sich für die Klassenelemente von 'K2' die gleiche Bedingung:

$$\exists b : \forall i : (instanz\text{-}von(i, \mathrm{K2}) \Rightarrow$$
$$\exists j : (instanz\text{-}von(j, \mathrm{f1}) \wedge bez(b, i, j)))$$

ii. $is\text{-}a(\mathrm{K1}, \mathrm{K3})$
Grund: 'K1' läßt nur Einträge des Typs 'f1' zu. 'K3' verlangt, daß mindestens ein Eintrag des Typs 'f1' vorhanden ist, läßt aber noch weitere zu, die vom Typ 'f2', aber nicht vom Typ 'f1' sind. Es läßt 'K3' somit Beziehungen zu mehr Individualkonzepten zu als 'K1' und ist deshalb allgemeiner.

iii. $is\text{-}a(K4,K3)$

Grund: Beide Klassenbeschreibungen sind gleich bis auf die Einschränkung auf eine Beziehung zu maximal einem Individualkonzept für die Klassenelemente von 'K4'. 'K4' ist somit spezieller.

iv. Die Extensionen von 'K4' und 'K5' sind gleich.

Grund: Beide Klassenbeschreibungen lassen nur eine Beziehung zu einem Element der Klasse 'f1' zu – 'K4' wegen des Eintrags 'f1' und der Einwertigkeit des Slots und 'K5' wegen der Einschränkung der erlaubten Einträge auf die Klasse 'f1' und ebenfalls der Einwertigkeit des Slots.

v. $is\text{-}a(K5,K3)$

Grund: Dies folgt aus iii. und iv.

vi. $is\text{-}a(K5,K1)$

Grund: Beide Klassenbeschreibungen sind gleich bis auf die Einschränkung auf eine Beziehung zu maximal einem Individualkonzept für die Klassenelemente von 'K5'.

vii. $is\text{-}a(K5,K2)$

Grund: Dies folgt aus i. und vi.

viii. $is\text{-}a(K4,K1)$

Grund: Dies folgt aus iv. und vi.

ix. $is\text{-}a(K2,K3)$

Grund: Dies folgt aus i. und ii.

x. $is\text{-}a(K4,K2)$

Grund: Dies folgt aus i. und viii.

6. Die durch den Frame 'Unix-Rechner1' beschriebene Konzeptklasse umfaßt nur Rechner, die ausschließlich unter Unix laufen, während die durch 'Unix-Rechner2' beschriebene Klasse zusätzlich Rechner umfaßt, die neben Unix auch unter anderen Betriebssystemen laufen. Es beschreibt 'Unix-Rechner1' somit eine Teilmenge der durch 'Unix-Rechner2' repräsentierten Konzeptklasse und ist folglich Unterbegriff zu 'Unix-Rechner2'.

Äquivalent wären die durch 'Unix-Rechner1' und 'Unix-Rechner2' beschriebenen Konzeptklassen, wenn die Slots 'Betriebssystem' und 'Unix' einwertig wären. Das bedeutet, daß die Rechner beider Konzeptklassen nur über ein Betriebssystem verfügen. In diesem Fall ist es dann gleichgültig, ob die Einschränkung auf Unix über eine Einschränkung der erlaubten Einträge oder durch das Setzen eines Slot-Eintrags erreicht wird (vgl. die Frames 'K4' und 'K5' in Aufgabe 5).

7. Der Sachverhalt, daß *alle* (!) Elemente einer Konzeptklasse eine bestimmte Rolle besitzen, ist als das darzustellen, was es genau betrachtet ist, nämlich als eine Konzeptspezialisierung. Nehmen beispielsweise alle Informatikprofessoren die Rolle eines Email-Teilnehmers ein, wird dies durch eine Spezialisierungsbeziehung ausgedrückt:

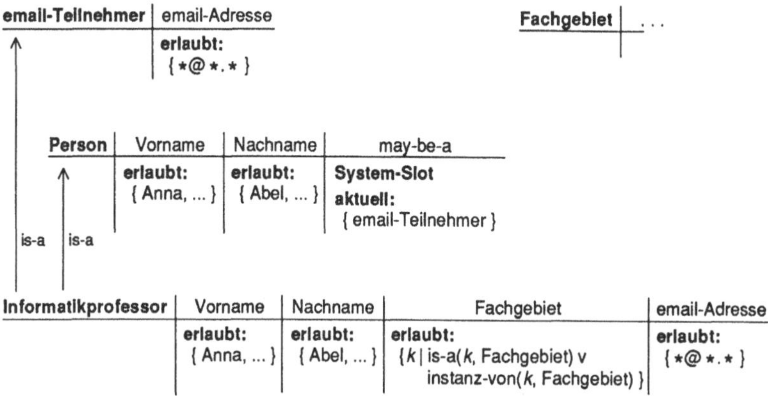

8. Die in der Aufgabenstellung gegebene Anfrage ist auf der untenstehenden Frame-Repräsentation abgleichbar. Dabei wird der Slot 'hat-teil' des Anfrage-Frames zunächst mit dem gleichnamigen Slot von 'Terminal-x' über den Fall $s \gtrsim s'$ und die Bedingung (SN2) (vgl. Definition in Kap.4.3.2) abgeglichen. Die Teilbedingung (SN) von (SN2) läßt sich durch den Abgleich des im Anfrage-Frame als Slot-Eintrag auftretenden Frames mit dem Frame 'CMP' aufgrund der Bedingung (F3) erfüllen. Dabei wird (F3) auf (F2), dann auf den Fall $s \gtrsim s'$ (dort die Bedingung (SN1)), anschließend auf (F4) und schließlich auf (F1) zurückgeführt.

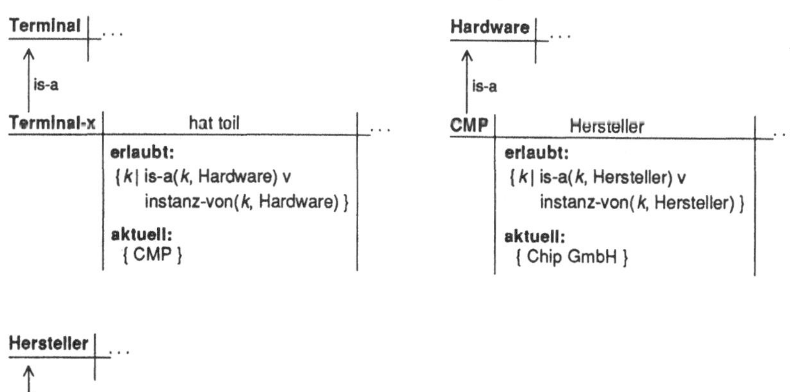

Anhang B: Literaturhinweise

Literatur zu Kapitel 1: Einleitung

Barr, A. / **Feigenbaum**, E.A. [81] (eds): The Handbook of Artificial Intelligence, Vol.1. Los Altos/Cal.: William Kaufmann, 1981.

Brachman, R.J. [79]: On the Epistemological Status of Semantic Networks. In: N.V. Findler (ed): Associative Networks. New York: Academic Press, 1979, pp.3–50.

Brachman, R.J. / **Levesque**, H.J. [85]: Introduction. In: R.J. Brachman, H.J. Levesque (eds): Readings in Knowledge Representation. Los Altos/Cal.: Morgan Kaufmann, 1985, pp.xiii–xix.

Brodie, M.L. [84]: On the Development of Data Models. In: M.L. Brodie, J. Mylopoulos, J.W. Schmidt (eds): On Conceptual Modelling. New York: Springer-Verlag, 1984, pp.19–47.

Brodie, M.L. / **Mylopoulos**, J. [86] (eds): On Knowledge Base Management Systems. Integrating Artificial Intelligence and Database Technologies. New York: Springer-Verlag, 1986.

Brodie, M.L. / **Mylopoulos**, J. / **Schmidt**, J.W. [84] (eds): On Conceptual Modelling. Perspectives from Artificial Intelligence, Databases, and Programming Languages. New York: Springer-Verlag, 1984.

Chaffin, R. / **Herrmann**, D.J. [88]: The Nature of Semantic Relations: A Comparison of Two Approaches. In: M.W. Evens (ed): Relational Models of the Lexicon. Cambridge: Cambridge University Press, 1988, pp.289–334.

Chisholm, R.M. [77]: Theory of Knowledge. Englewood Cliffs/NJ: Prentice-Hall, 1977.

Cohen, G. [89]: Memory in the Real World. Hove: Lawrence Erlbaum, 1989.

Cohen, P.R. / **Feigenbaum**, E.A. [82] (eds): The Handbook of Artificial Intelligence. Vol.3. Los Altos/Cal.: William Kaufmann, 1982.

Davis, E. [90]: Representations of Commonsense Knowledge. San Mateo/Cal.: Morgan Kaufmann, 1990.

Dietterich, T.G. [86]: Learning at the Knowledge Level. In: Machine Learning, Vol.1, 1986, pp.287–315.

Erman, L.D. / **Hayes-Roth**, F. / **Lesser**, V.R. / **Reddy**, D.R. [80]: The Hearsay-II Speech-Understanding System: Integrating Knowledge to Resolve Uncertainty. In: ACM Computing Surveys, Vol.12, No.2, 1980, pp.213–253.

Fetzer, J.H. [90]: Artificial Intelligence: Its Scope and Limits. Dordrecht: Kluwer Academic, 1990.

Goldstein, I. / **Papert**, S. [77]: Artificial Intelligence, Language, and the Study of Knowledge. In: Cognitive Science, Vol.1, 1977, pp.84–123.

Hart, A. [86]: Knowledge Acquisition for Expert Systems. London: Kogan Page, 1986.

Iris, M.A. / **Litowitz**, B.E. / **Evens**, M.W. [88]: Problems of the Part-Whole Relation. In: M.W. Evens (ed): Relational Models of the Lexicon. Cambridge: Cambridge University Press, 1988, pp.261–288.

Keil, F.C. [79]: Semantic and Conceptual Development. An Ontological Perspective. Cambridge/Mass.: Harvard University Press, 1979.

Kerschberg, L. [86] (ed): Expert Database Systems. Proceedings from the First International Workshop. Menlo Park/CA: Benjamin/Cummings, 1986.

Korf, R.E. [85]: Macro-Operators: A Weak Method for Learning. In: Artificial Intelligence, Vol.26, 1985, pp.35–77.

Kyburg, Jr., H.E. [88]: Cognition and Causality. In: S. Schiffer, S. Steele (eds): Cognition and Representation. Boulder/Colorado: Westview Press, 1988, pp.21–33.

Laird, J.E. / **Newell**, A. / **Rosenbloom**, P.S. [87]: SOAR: An Architecture for General Intelligence. In: Artificial Intelligence, Vol.33, No.1, 1987, pp.1–64.

Lakoff, G. [87]: Women, Fire, and Dangerous Things. Chicago: The University of Chicago Press, 1987.

Levesque, H.J. [86]: Making Believers out of Computers. In: Artificial Intelligence, Vol.30, No.1, 1986, pp.81–108.

Levesque, H.J. / **Brachman**, R.J. [86]: Knowledge Level Interfaces to Information Systems. In: M.L. Brodie, J. Mylopoulos (eds): On Knowledge Base Management Systems. New York: Springer-Verlag, 1986, pp.13–34.

Lonning, J.T. [87]: Mass Terms and Quantification. In: Linguistics and Philosophy, Vol.10, 1987, pp.1–52.

Meersman, R.A. / **Shi**, Z. / **Kung**, C.-H. [90] (eds): Artificial Intelligence in Databases and Information Systems. Amsterdam: North-Holland, 1990.

Miller, G.A. / **Johnson-Laird**, P.N. [76]: Language and Perception. Cambridge/Mass.: The Belknap Press, 1976.

Morton, A. [77]: A Guide Through the Theory of Knowledge. Encino/Cal.: Dickenson, 1977.

Murphy, G.L. / **Medin**, D.L. [85]: The Role of Theories in Conceptual Coherence. In: Psychological Review, Vol.92, No.3, 1985, pp.289–316.

Musen, M.A. [89]: Conceptual Models of Interactive Knowledge Acquisition Tools. In: Knowledge Acquisition, Vol.1, 1989, pp.73–88.

Newell, A. [82]: The Knowledge Level. In: Artificial Intelligence, Vol.18, 1982, pp.87–127.

Newell, A. / **Simon**, H.A. [63]: GPS, a Program that Simulates Human Thought. In: E.A. Feigenbaum, J. Feldman (eds): Computers and Thought. New York: McGraw-Hill, 1963, pp.279–293.

Nilsson, N.J. [80]: Principles of Artificial Intelligence. Palo Alto/Cal.: Tioga, 1980.

Palmer, S.E. [78]: Fundamental Aspects of Cognitive Representation. In: E. Rosch, B.B. Lloyd (eds): Cognition and Categorization. Hillsdale/NJ: Lawrence Erlbaum, 1978, pp.259–303.

Pollock, J.L. [86]: Contemporary Theories of Knowledge. Totowa/NJ: Rowman and Littlefield, 1986.

Pulman, S.G. [83]: Word Meaning and Belief. London: Croom Helm, 1983.

Putnam, H. [75]: Mind, Language and Reality. Philosophical Papers, Volume 2. Cambridge: Cambridge University Press, 1975.

Pylyshyn, Z.W. / **Demopoulos**, W. [86] (eds): Meaning and Cognitive Structure: Issues in the Computational Theory of Mind. Norwood/NJ: Ablex, 1986.

Rosch, E. [78]: Principles of Categorization. In: E. Rosch, B.B. Lloyd (eds): Cognition and Categorization. Hillsdale/NJ: Lawrence Erlbaum, 1978, pp.27–48.

Samuel, A.L. [63]: Some Studies in Machine Learning Using the Game of Checkers. In: E.A. Feigenbaum, J. Feldman (eds): Computers and Thought. New York: McGraw-Hill, 1963, pp.71–105.

Shoham, Y. [90]: Nonmonotonic Reasoning and Causation. In: Cognitive Science, Vol.14, No.2, 1990, pp.213–252.

Smith, B.C. [82]: Reflection and Semantics in a Procedural Language. Ph.D. Thesis und Technical Report MIT/LCS/TR-272, M.I.T., Cambridge, Mass., 1982.

Smith, E.E. / **Medin**, D.L. [81]: Categories and Concepts. Cambridge/Mass.: Harvard University Press, 1981.

Stoyan, H. [88a]: Programmiermethoden der Künstlichen Intelligenz. Band 1. Berlin: Springer-Verlag, 1988.

Stoyan, H. [88b]: Wissen wissensbasierte Programme etwas? Ein Versuch über den Terminus "Wissensrepräsentation". In: G. Heyer, J. Krems, G. Görz (eds): Wissensarten und ihre Darstellung. Berlin: Springer-Verlag, 1988, pp.250–261.

Taylor, J.R. [89]: Linguistic Categorization. Prototypes in Linguistic Theory. Oxford: Claredon Press, 1989.

Tsichritzis, D.C. / **Lochovsky**, F.H. [82]: Data Models. Englewood Cliffs/NJ: Prentice-Hall, 1982.

White, A.R. [82]: The Nature of Knowledge. Totowa/NJ: Rowman and Littlefield, 1982.

Winston, M. / **Chaffin**, R. / **Herrmann**, D. [87]: A Taxonomy of Part-Whole Relations. In: Cognitive Science, Vol.11, 1987, pp.417–444.

Wright, G.H. von [74]: Erklären und Verstehen. Frankfurt: Athenäum Verlag, 1974.

Wunderlich, D. [81]: Grundlagen der Linguistik. Opladen: Westdeutscher Verlag, 1981.

Literatur zu Kapitel 2.2: Logik

Allen, J.F. [84]: A General Theory of Action and Time. In: Artificial Intelligence, Vol.21, 1984, pp.121–154.

Andrews, P.B. [86]: An Introduction to Mathematical Logic and Type Theory: To Truth Through Proof. Orlando: Academic Press, 1986.

Attardi, G. / **Simi**, M. [87]: A Uniform and Integrated Description System. In: W. Brauer, W. Wahlster (eds): Wissensbasierte Systeme. 2. Internationaler GI-Kongreß. Berlin: Springer-Verlag, 1987, pp.12-21.

Baaz, M. [87]: Automatisches Beweisen für Logiksysteme, in denen Widersprüche behandelt werden können. In: E. Buchberger, J. Retti (eds): 3. Österreichische Artificial-Intelligence-Tagung. Berlin: Springer-Verlag, 1987, pp.176–181.

Beckstein, C. [88]: Zur Logik der Logik-Programmierung. Ein konstruktiver Ansatz. Berlin: Springer-Verlag, 1988.

Belnap, N.D. [77]: A Useful Four-Valued Logic. In: J.M. Dunn, G. Epstein (eds): Modern Uses of Mulitple-Valued Logic. Dordrecht: D. Reidel, 1977, pp.8–37.

Benthem, J. van [83]: The Logic of Time. Dordrecht: D. Reidel, 1983.

Bergmann, E. / **Noll**, H. [77]: Mathematische Logik mit Informatik-Anwendungen. Berlin: Springer-Verlag, 1977.

Besnard, P. [89]: An Introduction to Default Logic. Berlin: Springer-Verlag, 1989.

Bibel, W. [86]: Methods of Automated Reasoning: A Tutorial. In: W. Bibel, Ph. Jorrand (eds): Fundamentals of Artificial Intelligence. Berlin: Springer-Verlag, 1986, pp.171–217.

Bledsoe, W.W. [77]: Non-Resolution Theorem Proving. In: Artificial Intelligence, Vol.9, No.1, 1977, pp.1–35.

Brachman, R.J. / **Levesque** H.J. [85] (eds): Readings in Knowledge Representation. Los Altos/Cal.: Morgan Kaufmann, 1985.

Brewka, G. [89]: Nichtmonotone Logiken – Ein kurzer Überblick. In: KI 2/89, 1989, pp.5–12.

Bundy, A. [83]: The Computer Modelling of Mathematical Reasoning. London: Academic Press, 1983.

Chang, C.-L. / **Lee**, R.C.-T. [73]: Symbolic Logic and Mechanical Theorem Proving. New York: Academic Press, 1973.

Corlett, R. / **Davies**, N. / **Khan**, R. / **Reichgelt**, H. / **Harmelen**, F. van [89]: The Architecture of Socrates. In: P. Jackson, H. Reichgelt, F. van Harmelen (eds): Logic-Based Knowledge Representation. Cambridge/Mass.: The MIT Press, 1989, pp.37–64.

Dahl, V. [87]:   Representing Virtual Knowledge Through Logic Programming. In: N. Cercone, G. McCalla (eds): The Knowledge Frontier. Essays in the Representation of Knowledge. New York: Springer-Verlag, 1987, pp.316–330.

Dilger, W. / **Zifonun**, G. [78]:   The Predicate Calculus-Language KS as a Query Language. In: H. Gallaire, J. Minker (eds): Logic and Data Bases. New York: Plenum Press, 1978, pp.377–408.

Dressler, O. / **Freitag**, H. [89]:   Truth Maintenance Systeme. In: KI 2/89, 1989, pp.13–19.

Dubois, D. / **Prade**, H. [88]:   An Introduction to Possibilistic and Fuzzy Logics. In: Ph. Smets, A. Mamdani, D. Dubois, H. Prade (eds): Non-Standard Logics for Automated Reasoning. London: Academic Press, 1988, pp.287–326.

Dumitriu, A. [77]: History of Logic. Vols.1–4. Tunbridge Wells/England: Abacus Press, 1977.

Eisinger, N. / **Ohlbach**, H.J. [87]:   Kapitel II: Gundlagen und Beispiele.   In: K.H. Bläsius, H.-J. Bürckert (eds): Deduktionssysteme. Automatisierung des logischen Denkens. München: R. Oldenbourg Verlag, 1987, pp.22–83.

Elcock, E.W. [87]:   First-Order Logic and Knowledge Representation: Some Problems of Incomplete Systems.   In: N. Cercone, G. McCalla (eds):   The Knowledge Frontier. Essays in the Representation of Knowledge. New York: Springer-Verlag, 1987, pp.161–173.

Elfrink, B. / **Reichgelt**, H. [89]:   Assertion-Time Inference in Logic-Based Systems. In: P. Jackson, H. Reichgelt, F. van Harmelen (eds): Logic-Based Knowledge Representation. Cambridge/Mass.: The MIT Press, 1989, pp.113–141.

Frost, R.A. [86]: Introduction to Knowledge Base Systems. London: Collins, 1986.

Gallaire, H. / **Lasserre**, C. [82]:   Metalevel Control for Logic Programs.   In: K.L. Clark, S.-A. Tärnlund (eds): Logic Programming. London: Academic Press, 1982, pp.173–185.

Gallaire, H. / **Minker**, J. [78] (eds): Logic and Data Bases. New York: Plenum Press, 1978.

Genesereth, M.R. / **Nilsson**, N.J. [87]: Logical Foundations of Artificial Intelligence. Los Altos/Cal.: Morgan Kaufmann, 1987.

Gottwald, S. [89]: Mehrwertige Logik. Eine Einführung in Theorie und Anwendungen. Berlin: Akademie-Verlag, 1989.

Habel, C. [83]: Logische Systeme und Repräsentationsprobleme. In: B. Neumann (ed): GWAI-83. 7th German Workshop on Artificial Intelligence. Berlin: Springer-Verlag, 1983, pp.118–142.

Habel, C. [86]: Prinzipien der Referentialität: Untersuchungen zur propositionalen Repräsentation von Wissen. Berlin: Springer-Verlag, 1986.

Halpern, J.Y. [86]: Reasoning About Knowledge: An Overview. In: J.Y. Halpern (ed): Theoretical Aspects of Reasoning About Knowledge: Proceedings of the 1986 Conference. Los Altos/Cal.: Morgan Kaufmann, 1986, pp.1–19.

Hayes, P.J. [77]: In Defence of Logic. In: Proc. Int. Joint Conf. on Artificial Intelligence, 1977, pp.559–565.

Hermes, H. [76]: Einführung in die mathematische Logik. Stuttgart: B.G. Teubner, 1976.

Hintikka, J. [62]: Knowledge and Belief. An Introduction to the Logic of the Two Notions. Ithaca/NY: Cornell University Press, 1962.

Hintikka, J. [86]: Reasoning About Knowledge in Philosophy: The Paradigm of Epistemic Logic. In: J.Y. Halpern (ed): Theoretical Aspects of Reasoning About Knowledge: Proceedings of the 1986 Conference. Los Altos/Cal.: Morgan Kaufmann, 1986, pp.63–80.

Hughes, G.E. / **Cresswell**, M.J. [78]: Einführung in die Modallogik. Berlin: Walter de Gruyter, 1978.

Israel, D.J. [83]: The Role of Logic in Knowledge Representation. In: IEEE Computer, Vol.16, No.10, 1983, pp.37–41.

Jackson, P. / **Reichgelt**, H. [89]: A General Proof Method for Modal Predicate Logic. In: P. Jackson, H. Reichgelt, F. van Harmelen (eds): Logic-Based Knowledge Representation. Cambridge/Mass.: The MIT Press, 1989, pp.177–228.

Jackson, P. / **Reichgelt**, H. / **Harmelen**, F. van [89] (eds): Logic-Based Knowledge Representation. Cambridge/Mass.: The MIT Press, 1989.

Kalinowski, G. [73]: Einführung in die Normenlogik. Frankfurt: Athenäum, 1973.

Kalish, D. / **Montague**, R. / **Mar**, G. [80]: Logic: Techniques of Formal Reasoning. New York: Harcourt Brace Jovanovich, 1980.

Konolige, K. [86]: A Deduction Model of Belief. London: Pitman, 1986.

Konolige, K. [88]: Reasoning by Introspection. In: P. Maes, D. Nardi (eds): Meta-Level Architectures and Reflection. Amsterdam: North-Holland, 1988, pp.61–74.

Kowalski, R. [79]: Logic for Problem Solving. Amsterdam: North-Holland, 1979.

Kreiser, L. / **Gottwald**, S. / **Stelzner**, W. [88] (eds): Nichtklassische Logik. Eine Einführung. Berlin: Akademie-Verlag, 1988.

Levesque, H.J. [84a]: The Logic of Incomplete Knowledge Bases. In: M.L. Brodie, J. Mylopoulos, J.W. Schmidt (eds): On Conceptual Modelling. New York: Springer-Verlag, 1984, pp.165–189.

Levesque, H.J. [84b]: Foundations of a Functional Approach to Knowledge Representation. In: Artificial Intelligence, Vol.23, No.2, 1984, pp.155–212.

Levesque, H.J. [86a]: Knowledge Representation and Reasoning. In: Annual Review of Computer Science, 1986, pp.255–287.

Levesque, H.J. **[86b]**: Making Believers out of Computers. In: Artificial Intelligence, Vol.30, No.1, 1986, pp.81–108.

Lloyd, J.W. **[84]**: Foundations of Logic Programming. Berlin: Springer-Verlag, 1984.

Loveland, D.W. **[78]**: Automated Theorem Proving: A Logical Basis. Amsterdam: North-Holland, 1978.

Maier, D. / **Warren**, D.S. **[88]**: Computing with Logic. Logic Programming with Prolog. Menlo Park/Cal.: Benjamin/Cummings, 1988.

McArthur, J. **[76]**: Tense Logic. Dordrecht: D. Reidel, 1976.

McCarthy, J. **[80]**: Circumscription: A Form of Non-Monotonic Reasoning. In: Artificial Intelligence, Vol.13, 1980, pp.27–39.

McCarthy, J. **[86]**: Applications of Circumscription to Formalizing Common-Sense Knowledge. In: Artificial Intelligence, Vol.28, No.1, 1986, pp.89–116.

McDermott, D. **[82]**: A Temporal Logic for Reasoning about Processes and Plans. In: Cognitive Science, Vol.6, 1982, pp.101–155.

McDermott, D. / **Doyle**, J. **[80]**: Non-Monotonic Logic I. In: Artificial Intelligence, Vol.13, 1980, pp.41–72.

Mendelson, E. **[87]**: Introduction to Mathematical Logic. Third Edition. Pacific Grove/Cal.: Wadsworth & Brooks, 1987.

Minker, J. **[88]** (ed): Foundations of Deductive Databases and Logic Programming. Los Altos/Cal.: Morgan Kaufmann, 1988.

Moore, R.C. **[82]**: The Role of Logic in Knowledge Representation and Commonsense Reasoning. In: Proc. National Conf. on Artificial Intelligence, 1982, pp.428–433. (auch in (Brachman/Levesque 85))

Moore, R.C. **[85]**: A Formal Theory of Knowledge and Action. In: J.R. Hobbs, R.C. Moore (eds): Formal Theories of the Commonsense World. Norwood/NJ: Ablex, 1985, pp.319–358.

Moore, R.C. **[88]**: Autoepistemic Logic. In: Ph. Smets, A. Mamdani, D. Dubois, H. Prade (eds): Non-Standard Logics for Automated Reasoning. London: Academic Press, 1988, pp.105–136.

Patel-Schneider, P.F. **[89]**: A Four-Valued Semantics for Terminological Logics. In: Artificial Intelligence, Vol.38, No.3, 1989, pp.319–351.

Pavelin, C. **[88]**: Logic in Knowledge Representation. In: G.A. Ringland, D.A. Duce (eds): Approaches to Knowledge Representation: An Introduction. Letchworth/England: Research Studies Press, 1988, pp.13–43.

Ramsay, A. **[88]**: Formal Methods in Artificial Intelligence. Cambridge: Cambridge University Press, 1988.

Reichgelt, H. **[89]**: A Comparison of First Order and Modal Logics of Time. In: P. Jackson, H. Reichgelt, F. van Harmelen (eds): Logic-Based Knowledge Representation. Cambridge/Mass.: The MIT Press, 1989, pp.143–176.

Reinfrank, M. [88]: Reason Maintenance Systems. In: H. Stoyan (ed): Begründungsverwaltung. Beiträge zu einem Workshop über Reason Maintenance, Berlin, Oktober 1986. Berlin: Springer-Verlag, 1988, pp.1–26.

Reinfrank, M. [89]: Formeln und Modelle: Wissensrepräsentation mit Logik. In: Informationstechnik it, Vol.31, No.2, 1989, pp.102–112.

Reiter, R. [78]: On Closed World Data Bases. In: H. Gallaire, J. Minker (eds): Logic and Data Bases. New York: Plenum Press, 1978, pp.55–76.

Reiter, R. [80]: A Logic for Default Reasoning. In: Artificial Intelligence, Vol.13, 1980, pp.81–132.

Rescher, J. / **Urquhart**, A. [71]: Temporal Logic. Wien: Springer-Verlag, 1971.

Richter, M.M. [89]: Prinzipien der Künstlichen Intelligenz. Stuttgart: B.G. Teubner, 1989.

Robinson, J.A. [65]: A Machine-Oriented Logic Based on the Resolution Principle. In: Journal of the ACM, Vol.12, No.1, 1965, pp.23–41.

Rollinger, C.-R. / **Studer**, R. / **Uszkoreit**, H. / **Wachsmuth**, I. [87]: Textunderstanding in LILOG – Sorts and Reference Objects. In: W. Brauer, W. Wahlster (eds): Wissensbasierte Systeme. 2. Internationaler GI-Kongreß. Berlin: Springer-Verlag, 1987, pp.246–259.

Scholz, H. [59]: Abriß der Geschichte der Logik. Freiburg: Verlag Karl Alber, 1959.

Schöning, U. [89]: Logik für Informatiker. Mannheim: BI Wissenschaftsverlag, 1989.

Shoham, Y. [87]: Temporal Logics in AI: Semantical and Ontological Considerations. In: Artificial Intelligence, Vol.33, 1987, pp.89–104.

Smets, Ph. / **Mamdani**, A. / **Dubois**, D. / **Prade**, H. [88] (eds): Non-Standard Logics for Automated Reasoning. London: Academic Press, 1988.

Turner, R. [84]: Logics for Artificial Intelligence. Chichester: Ellis Horwood, 1984.

Welham, B. [88]: Declaratively Programmable Interpreters and Meta-Level Inference. In: P. Maes, D. Nardi (eds): Meta-Level Architectures and Reflection. Amsterdam: North-Holland, 1988, pp.287–299.

Wos, L. [88]: Automated Reasoning: 33 Basic Research Problems. Englewood Cliffs/NJ: Prentice-Hall, 1988.

Wos, L. / **Overbeek**, R. / **Lusk**, E. / **Boyle**, F. [84]: Automated Reasoning – Introduction and Applications. Englewood Cliffs/NJ: Prentice-Hall, 1984.

Wright, G.H. von [77]: Handlung, Norm und Intention. Untersuchungen zur deontischen Logik. Berlin: Walter de Gruyter, 1977.

Zadeh, L.A. [87]: Commonsense and Fuzzy Logic. In: N. Cercone, G. McCalla (eds): The Knowledge Frontier. Essays in the Representation of Knowledge. New York: Springer-Verlag, 1987, pp.103–136.

Zadeh, L.A. [88]: Fuzzy Logic. In: IEEE Computer, Vol.21, No.4, 1988, pp.83–93.

Literatur zu Kapitel 2.3: Produktionsregeln

Brownston, L. / Farrell, R. / Kant, E. / Martin, N. [85]: Programming Expert Systems in OPS5. An Introduction to Rule-Based Programming. Reading/Mass.: Addison-Wesley, 1985.

Buchanan, B.G. / Shortliffe, E.H. [84] (eds): Rule-Based Expert Systems. The MYCIN Experiments of the Stanford Heuristic Programming Project. Reading/Mass.: Addison-Wesley, 1984.

Christaller, Th. / Primio, F. di / Voss, A. [89] (eds): Die KI-Werkbank BABYLON. Bonn: Addison-Wesley, 1989.

Davis, R. [80]: Meta-Rules: Reasoning about Control. In: Artificial Intelligence, Vol.15, 1980, pp.179–222.

Davis, R. / King, J. [77]: An Overview of Production Systems. In: E.W. Elcock, D. Michie (eds): Machine Intelligence 8. Chichester: Ellis Horwood, 1977, pp.300–332.

Fikes, R. / Kehler, T. [85]: The Role of Frame-Based Representation in Reasoning. In: Communications of the ACM, Vol.28, No.9, 1985, pp.904–920.

Forgy, C.L. [82]: Rete: A Fast Algorithm for the Many Pattern/Many Object Pattern Match Problem. In: Artificial Intelligence, Vol.19, 1982, pp.17–37.

Georgeff, M.P. [82]: Procedural Control in Production Systems. In: Artificial Intelligence, Vol.18, 1982, pp.175–201.

Hayes-Roth, F. [78]: The Role of Partial and Best Matches in Knowledge Systems. In: D.A. Waterman, F. Hayes-Roth (eds): Pattern-Directed Inference Systems. New York: Academic Press, 1978, pp.557–574.

Krickhahn, R. / Radig, B. [87]: Die Wissensrepräsentationssprache OPS5. Sprachbeschreibung und Einführung in die regelorientierte Programmierung. Braunschweig: Vieweg, 1987.

Markov, A.A. [54]: Theory of Algorithms. Moscow: Academy of Sciences of the USSR, 1954.

McDermott, J. / Forgy, C. [78]: Production System Conflict Resolution Strategies. In: D.A. Waterman, F. Hayes-Roth (eds): Pattern-Directed Inference Systems. New York: Academic Press, 1978, pp.177–199.

McDermott, J. / Newell, A. / Moore, J. [78]: The Efficiency of Certain Production System Implementations. In: D.A. Waterman, F. Hayes-Roth (eds): Pattern-Directed Inference Systems. New York: Academic Press, 1978, pp.155–176.

Moran, T.P. [73]: The Symbolic Nature of Visual Imagery. In: Proc. Int. Joint Conf. on Artificial Intelligence, 1973, pp.472–477.

Neches, R. / **Langley**, P. / **Klahr**, D. [87]: Learning, Development, and Production Systems. In: D. Klahr, P. Langley, R. Neches (eds): Production System Models of Learning and Development. Cambridge/Mass.: The MIT Press, 1987, pp.1–53.

Newell, A. / **Simon**, H.A. [72]: Human Problem Solving. Englewood Cliffs/NJ: Prentice-Hall, 1972.

Niemann, H. / **Bunke**, H. [87]: Künstliche Intelligenz in Bild- und Sprachanalyse. Stuttgart: B.G. Teubner, 1987.

Peterson, J.L. [77]: Petri Nets. In: ACM Computing Surveys, Vol.9, No.3, 1977, pp.223–252.

Post, E.L. [43]: Formal Reductions of the General Combinatorial Decision Problem. In: American Journal of Mathematics, Vol.65, 1943, pp.197–215.

Puppe, F. [88]: Einführung in Expertensysteme. Berlin: Springer-Verlag, 1988.

Salomaa, A.K. [78]: Formale Sprachen. Berlin: Springer-Verlag, 1978.

Silver, B. [86]: Meta-Level Inference. Representing and Learning Control Information in Artificial Intelligence. Amsterdam: North-Holland, 1986.

Sterling, L. / **Shapiro**, E. [86]: The Art of Prolog. Cambridge/Mass.: The MIT Press, 1986.

Zisman, M.D. [78]: Use of Production Systems for Modeling Asynchronous, Concurrent Processes. In: D.A. Waterman, F. Hayes-Roth (eds): Pattern-Directed Inference Systems. New York: Academic Press, 1978, pp.53–68.

Literatur zu Kapitel 2.4: Analoge Repräsentation

Brachman, R.J. / **Levesque** H.J. [85] (eds): Readings in Knowledge Representation. Los Altos/Cal.: Morgan Kaufmann, 1985.

Conway, T. / **Wilson**, M. [88]: Psychological Studies of Knowledge Representation. In: G.A. Ringland, D.A. Duce (eds): Approaches to Knowledge Representation: An Introduction. Letchworth/England: Research Studies Press, 1988, pp.117–160.

Davis, E. [86]: Representing and Acquiring Geographic Knowledge. London: Pitman, 1986.

Eastman, C.M. [73]: Automated Space Planning. In: Artificial Intelligence, Vol.4, 1973, pp.41–64.

Funt, B.V. [80]: Problem-Solving with Diagrammatic Representations. In: Artificial Intelligence, Vol.13, 1980, pp.201–230. (auch in (Brachman/Levesque 85))

Gardin, F. / **Meltzer**, B. [89]: Analogical Representations of Naive Physics. In: Artificial Intelligence, Vol.38, No.2, 1989, pp.139–159.

Gelernter, H. [63]: Realization of a Geometry-Theorem Proving Machine. In: E.A. Feigenbaum, J. Feldman (eds): Computers and Thought. New York: McGraw-Hill, 1963, pp.134–152.

Habel, C. [88]: Prozedurale Aspekte der Wegplanung und Wegbeschreibung. In: H. Schnelle, G. Rickheit (eds): Sprache in Mensch und Computer. Opladen: Westdeutscher Verlag, 1988, pp.107–133.

Hayes, P.J. [74]: Some Problems and Non-Problems in Representation Theory. In: Proc. AISB Summer Conference, University of Sussex, 1974, pp.63–79. (auch in (Brachman/Levesque 85))

Kosslyn, S.M. [80]: Image and Mind. Cambridge/Mass.: Harvard University Press, 1980.

Mohnhaupt, M. [87]: On Modelling Events with an 'Analogical' Representation. In: K. Morik (ed): GWAI-87. 11th German Workshop on Artificial Intelligence. Berlin: Springer-Verlag, 1987, pp.31–40.

Pylyshyn, Z. [81]: The Imagery Debate: Analog Media versus Tacit Knowledge. In: N. Block (ed): Imagery. Cambridge/Mass.: The MIT Press, 1981, pp.151–206.

Pylyshyn, Z.W. [84]: Computation and Cognition. Toward a Foundation for Cognitive Science. Cambridge/Mass.: The MIT Press, 1984.

Pylyshyn, Z.W. [87] (ed): The Robot's Dilemma: The Frame Problem in Artificial Intelligence. Norwood/NJ: Ablex, 1987.

Shoham, Y. [87]: What is the Frame Problem? In: F.M. Brown (ed): The Frame Problem in Artificial Intelligence. Proceedings of the 1987 Workshop. Los Altos/Cal.: Morgan Kaufmann, 1987, pp.5–21.

Sloman, A. [75]: Afterthoughts on Analogical Representations. In: Proc. Conf. on Theoretical Issues in Natural Language Processing, Cambridge/Mass., 1975, pp.164–168. (auch in (Brachman/Levesque 85))

Steiner, G. [88]: Analoge Repräsentationen. In: H. Mandl, H. Spada (eds): Wissenspsychologie. München: Psychologie Verlags Union, 1988, pp.99–119.

Literatur zu Kapitel 3: Semantische Netze

Abrial, J.R. [74]: Data Semantics. In: J.W. Klimbie, K.L. Koffeman (eds): Data Base Management. Amsterdam: North-Holland, 1974, pp.1–59.

Anderson, J.R. [72]: FRAN: A Simulation Model of Free Recall. In: G.H. Bower (ed): The Psychology of Learning and Motivation. New York: Academic Press, 1972, pp.315–378.

Anderson, J.R. [83]: The Architecture of Cognition. Cambridge/Mass.: Harvard University Press, 1983.

Anderson, J.R. / **Bower**, G.H. [73]: Human Associative Memory. Washington: V.H. Winston & Sons, 1973.

Andrews, P.B. [86]: An Introduction to Mathematical Logic and Type Theory: To Truth Through Proof. Orlando: Academic Press, 1986.

Boley, H. [77]: Directed Recursive Labelnode Hypergraphs: A New Representation-Language. In: Artificial Intelligence, Vol.9, 1977, pp.49–85.

Brachman, R.J. [77]: What's in a Concept: Structural Foundations for Semantic Networks. In: International Journal of Man-Machine Studies, Vol.9, 1977, pp.127–152.

Brachman, R.J. [83]: What IS-A Is and Isn't: An Analysis of Taxonomic Links in Semantic Networks. In: IEEE Computer, Vol.16, No.10, 1983, pp.30–36.

Brachman, R.J. / **Levesque** H.J. [85] (eds): Readings in Knowledge Representation. Los Altos/Cal.: Morgan Kaufmann, 1985.

Chan, M.C. / **Garner**, B.J. / **Tsui**, E. [88]: Recursive Modal Unification for Reasoning with Knowledge Using a Graph Representation. In: Knowledge-Based Systems, Vol.1, No.2, 1988, pp.94–104.

Chandrasekaran, B. / **Goel**, A. / **Allemang**, D. [88]: Connectionism and Information-Processing Abstractions. In: AI Magazine, Vol.9, No.4, 1988, pp.24–34.

Charniak, E. [83]: Passing Markers: A Theory of Contextual Influence in Language Comprehension. In: Cognitive Science, Vol.7, 1983, pp.171–190.

Charniak, E. [86]: A Neat Theory of Marker Passing. In: Proc. of the National Conf. on Artificial Intelligence, 1986, pp.584–588.

Chen, P.P. [76]: The Entity-Relationship Model: Towards a Unified View of Data. In: ACM Transactions on Database Systems, Vol.1, No.1, 1976, pp.9–36.

Cohen, P.R. / **Kjeldsen**, R. [87]: Information Retrieval by Constrained Spreading Activation in Semantic Networks. In: Information Processing & Management, Vol.23, No.4, 1987, pp.255–268.

Collins, A.M. / **Loftus**, E.F. [75]: A Spreading-Activation Theory of Semantic Processing. In: Psychological Review, Vol.82, No.6, 1975, pp.407–428.

Cottrell, G.W. [85]: Parallelism in Inheritance Hierarchies with Exceptions. In: Int. Joint Conf. on Artificial Intelligence, 1985, pp.194–202.

Deliyanni, A. / **Kowalski**, R.A. [79]: Logic and Semantic Networks. In: Communications of the ACM, Vol.22, No.3, 1979, pp.184–192.

Dilger, W. / **Womann**, W. [83]: Semantic Networks as Abstract Data Types. In: Proc. Int. Joint Conf. on Artificial Intelligence, 1983, pp.321–324.

Di Manzo, M. / **Ricci**, F. / **Batistoni**, A. / **Ferrari**, C. [87]: A Framework for Object Functional Descriptions. In: Advances in Artificial Intelligence (CIIAM 86) (=Proc. of the 2nd Int. Conf. on Artificial Intelligence, 1986). London: Kogan Page, 1987, pp.23–33.

Dörfler, W. / **Mühlbacher**, J. [73]: Graphentheorie für Informatiker. Berlin: W. de Gruyter, 1973.

Elmasri, R. / **Navathe**, S.B. [89]: Fundamentals of Database Systems. Redwood City/Cal.: Benjamin Cummings, 1989.

Etherington, D.W. [87]: More On Inheritance Hierarchies with Exceptions. Default Theories and Inferential Distance. In: Proc. National Conf. on Artificial Intelligence, 1987, pp.352–357.

Etherington, D.W. / **Reiter**, R. [83]: On Inheritance Hierarchies With Exceptions. In: Proc. National Conf. on Artificial Intelligence, 1983, pp.104–108.

Fahlman, S.E. [79]: NETL: A System for Representing and Using Real-World Knowledge. Cambridge/Mass.: The MIT Press, 1979.

Fahlman, S.E. [81]: Representing Implicit Knowledge. In: G.E. Hinton, J.A. Anderson (eds): Parallel Models of Associative Memory. Hillsdale/N.J.: Lawrence Erlbaum, 1981, pp.145–159.

Fahlman, S.E. / **Hinton**, G.E. [87]: Connectionist Architectures for Artificial Intelligence. In: IEEE Computer, Vol.20, No.1, 1987, pp.100–109.

Fahlman, S.E. / **Touretzky**, D.S. / **Roggen**, W. van [81]: Cancellation in a Parallel Semantic Network. In: Proc. Int. Joint Conf. on Artificial Intelligence, 1981, pp.257–263.

Feldman, J.A. [88]: Connectionist Representation of Concepts. In: D. Waltz, J.A. Feldman (eds): Connectionist Models and Their Implications: Readings from Cognitive Science. Norwood/N.J.: Ablex, 1988, pp.341–363.

Feldman, J.A. / **Ballard**, D.H. [82]: Connectionist Models and Their Properties. In: Cognitive Science, Vol.6, 1982, pp.205–254.

Fillmore, C.J. [68]: The Case for Case. In: E. Bach, R.T. Harms (eds): Universals in Linguistic Theory. New York: Holt, Rinehart & Winston, 1968, pp.1–88.

Frisch, A.M. / **Allen**, J.F. [82]: Knowledge Retrieval as Limited Inference. In: D.W. Loveland (ed): 6th Conference on Automated Deduction. Berlin: Springer-Verlag, 1982, pp.274–291.

Froidevaux, C. / **Kayser**, D. [88]: Inheritance in Semantic Networks and Default Logic. In: Ph. Smets, A. Mamdani, D. Dubois, H. Prade (eds): Non-Standard Logics for Automated Reasoning. London: Academic Press, 1988, pp.179–212.

Hammer, M. / **McLeod**, D. [81]: Database Description with SDM: A Semantic Database Model. In: ACM Transactions on Database Systems, Vol.6, No.3, 1981, pp.351–386.

Hayes, P.J. [77]: On Semantic Nets, Frames and Associations. In: Proc. Int. Joint Conf. on Artificial Intelligence, 1977, pp.99–107.

Hayes-Roth, F. [78]: The Role of Partial and Best Matches in Knowledge Systems. In: D.A. Waterman, F. Hayes-Roth (eds): Pattern-Directed Inference Systems. New York: Academic Press, 1978, pp.557–574.

Hendler, J.A. [88]: Integrating Marker-Passing and Problem-Solving. A Spreading Activation Approach to Improved Choice in Planning. Hillsdale/N.J.: Lawrence Erlbaum, 1988.

Hendrix, G.G. [79]: Encoding Knowledge in Partitioned Networks In: N.V. Findler (ed): Associative Networks. New York: Academic Press, 1979, pp.51–92.

Hinton, G.E. [81]: Implementing Semantic Networks in Parallel Hardware. In: G.E. Hinton, J.A. Anderson (eds): Parallel Models of Associative Memory. Hillsdale/N.J.: Lawrence Erlbaum, 1981, pp.161–187.

Hinton, G.E. / **Anderson**, J.A. [81] (eds): Parallel Models of Associative Memory. Hillsdale/N.J.: Lawrence Erlbaum, 1981.

Hinton, G.E. / **McClelland**, J.L. / **Rumelhart**, D.E. [86]: Distributed Representations. In: D.E. Rumelhart, J.L. McClelland (eds): Parallel Distributed Processing. Explorations in the Microstructure of Cognition. Volume 1: Foundations. Cambridge/Mass.: The MIT Press, 1986, pp.77–109.

Horty, J.F. / **Thomason**, R.H. / **Touretzky**, D.S. [87]: A Skeptical Theory of Inheritance in Nonmonotonic Semantic Networks. In: Proc. National Conf. on Artificial Intelligence, 1987, pp.357–363.

Israel, D.J. [83]: Interpreting Network Formalisms. In: Computers and Mathematics with Applications, Vol.9, No.1, 1983, pp.1–13.

Janas, J.M. / **Schwind**, C.B. [79]: Extensional Semantic Networks: Their Representation, Application, and Generation. In: N.V. Findler (ed): Associative Networks. New York: Academic Press, 1979, pp.267–302.

Kemke, C. [88]: Der Neuere Konnektionismus. Ein Überblick. In: Informatik-Spektrum, Band 11, Heft 3, 1988, pp.143–162.

Klimesch, W. [88]: Struktur und Aktivierung des Gedächtnisses. Das Vernetzungsmodell: Grundlagen und Elemente einer übergreifenden Theorie. Bern: Verlag Hans Huber, 1988.

Levesque, H. / **Mylopoulos**, J. [79]: A Procedural Semantics for Semantic Networks. In: N.V. Findler (ed): Associative Networks. New York: Academic Press, 1979, pp.93-120.

Maida, A.S. / **Shapiro**, S.C. [82]: Intensional Concepts in Propositional Semantic Networks. In: Cognitive Science, Vol.6, No.4, 1982, pp.291–330. (auch in (Brachman/Levesque 85))

McCarthy, J. [79]: First Order Theories of Individual Concepts and Propositions. In: J.E. Hayes, D. Michie, L.I. Mikulich (eds): Machine Intelligence 9. Chichester: Ellis Horwood, 1979, pp.129–147. (auch in (Brachman/Levesque 85))

McSkimin, J.R. / **Minker**, J. [79]: A Predicate Calculus Based Semantic Network for Deductive Searching. In: N.V. Findler (ed): Associative Networks. New York: Academic Press, 1979, pp.205–238.

Mylopoulos, J. / **Cohen**, P. / **Borgida**, A. / **Sugar**, L. [75]: Semantic Networks and the Generation of Context. In: Proc. Int. Joint Conf. on Artificial Intelligence, 1975, pp.134–142.

Nagao, M. / **Tsujii**, J. [79]: S-Net: A Foundation for Knowledge Representation Languages. In: Proc. Int. Joint Conf. on Artificial Intelligence, 1979, pp.617–624.

Norman, D.A. / **Rumelhart**, D.E. [78]: Strukturen des Wissens. Wege der Kognitionsforschung. Stuttgart: Klett-Cotta, 1978.

Papalaskaris, M.A. / **Schubert**, L.K. [81]: Parts Inference: Closed and Semi-Closed Partitioning Graphs. In: Proc. Int. Joint Conf. on Artificial Intelligence, 1981, pp.304–309.

Peckham, J. / **Maryanski**, F. [88]: Semantic Data Models. In: ACM Computing Surveys, Vol.20, No.3, 1988, pp.153–189.

Pulman, S.G. [83]: Word Meaning and Belief. London: Croom Helm, 1983.

Quillian, M.R. [67]: Word Concepts: A Theory and Simulation of Some Basic Semantic Capabilities. In: Behavioral Science, Vol.12, 1967, pp.410–430. (auch in (Brachman/Levesque 85))

Raphael, B. [68]: SIR: Semantic Information Retrieval. In: M. Minsky (ed): Semantic Information Processing. Cambridge/Mass.: The MIT Press, 1968, pp.33–145.

Reitman, W.R. [65]: Cognition and Thought. An Information-Processing Approach. New York: John Wiley, 1965.

Rich, E. [83]: Artificial Intelligence. New York: McGraw-Hill, 1983.

Ritter, H. / **Martinetz**, T. / **Schulten**, K. [90]: Neuronale Netze. Eine Einführung in die Neuroinformatik selbstorganisierender Netzwerke. Bonn: Addison-Wesley, 1990.

Rumelhart, D.E. / **Lindsay**, P.H. / **Norman**, D.A. [72]: A Process Model for Long-Term Memory. In: E. Tulving, W. Donaldson (eds): Organization of Memory. New York: Academic Press, 1972, pp.197–246.

Schank, R.C. [75]: Conceptual Information Processing. Amsterdam: North-Holland, 1975.

Schank, R.C. / **Rieger**, C.J. III [74] : Inference and the Computer Understanding of Natural Language. In: Artificial Intelligence, Vol.5, No.4, 1974, pp.373–412.

Schubert, L.K. **[79]**: Problems with Parts. In: Proc. Int. Joint Conf. on Artificial Intelligence, 1979, pp.778–784.

Schubert, L.K. / **Goebel**, R.G. / **Cercone**, N.J. **[79]**: The Structure and Organization of a Semantic Net for Comprehension and Inference. In: N.V. Findler (ed): Associative Networks. New York: Academic Press, 1979, pp.121–175.

Schwarcz, R.M. / **Burger**, J.F. / **Simmons**, R.F. **[70]**: A Deductive Question-Answerer for Natural Language Inference. In: Communications of the ACM, Vol.13, No.3, 1970, pp.167–183.

Schwartz, F. / **Rouse**, R.O. **[61]**: The Activation and Recovery of Associations. In: Psychological Issues, Vol.III, No.1, 1961 (=Monograph 9).

Shapiro, S.C. **[71]**: A Net Structure for Semantic Information Storage and Retrieval. In: Proc. Int. Joint Conf. on Artificial Intelligence, 1971, pp.512–523.

Shapiro, S.C. / **Rapaport**, W.J. **[87]**: SNePS Considered as a Fully Intensional Propositional Semantic Network. In: N. Cercone, G. McCalla (eds): The Knowledge Frontier. Essays in the Representation of Knowledge. New York: Springer-Verlag, 1987, pp.262–315.

Shapiro, S.C. / **Woodmansee**, G.H. **[69]**: A Net Structure Based Relational Question Answerer: Description and Examples. In: Proc. Int. Joint Conf. on Artificial Intelligence, 1969, pp.325–346.

Shastri, L. **[88]**: Semantic Networks: An Evidential Formalization and its Connectionist Realization. London: Pitman, 1988.

Simmons, R.F. / **Bruce**, B.C. **[71]**: Some Relations Between Predicate Calculus and Semantic Net Representations of Discourse. In: Proc. Int. Joint Conf. on Artificial Intelligence, 1971, pp.524–530.

Smith, J.M. / **Smith**, D.C.P. **[77]**: Database Abstraction: Aggregation and Generalization. In: ACM Transactions on Database Systems, Vol.2, No.2, 1977, pp.105–133.

Soergel, D. **[74]**: Indexing Languages and Thesauri: Construction and Maintenance. New York: Wiley, 1974.

Sowa, J.F. **[79]**: Definitional Mechanisms for Conceptual Graphs. In: V. Claus, H. Ehrig, G. Rozenberg (eds): Graph-Grammars and Their Application to Computer Science and Biology. Berlin: Springer-Verlag, 1979, pp.426–439.

Sowa, J.F. **[84]**: Conceptual Structures: Information Processing in Mind and Machine. Reading/Mass.: Addison-Wesley, 1984.

Thomason, R.H. / **Horty**, J.F. / **Touretzky**, D.S. **[87]**: A Calculus for Inheritance in Monotonic Semantic Nets. In: Z.W. Ras, M. Zemankova (eds): Methodologies for Intelligent Systems. New York: North-Holland, 1987, pp.280–287.

Touretzky, D.S. **[86]**: The Mathematics of Inheritance Systems. London: Pitman, 1986.

Tsichritzis, D.C. / **Lochovsky**, F.H. **[82]**: Data Models. Englewood Cliffs/N.J.: Prentice-Hall, 1982.

Wettler, M. [89]: Wissensrepräsentation: Typen und Modelle. In: I.S. Batori, W. Lenders, W. Putschke (eds): Computerlinguistik. Ein internationales Handbuch zur computergestützten Sprachforschung und ihrer Anwendungen. Berlin: W. de Gruyter, 1989, pp.317–336.

Wobcke, W. [88]: A Global Theory of Inheritance. In: ECAI'88. Proceedings of the Eighth European Conference on Artificial Intelligence, 1988, pp.214–219.

Woods, W.A. [75]: What's in a Link: Foundations for Semantic Networks. In: D.G. Bobrow, A. Collins (eds): Representation and Understanding. New York: Academic Press, 1975, pp.35–82. (auch in (Brachman/Levesque 85))

Literatur zu Kapitel 4: Frames

Abiteboul, S. / **Fischer**, P.C. / **Schek**, H.-J. [89] (eds): Nested Relations and Complex Objects in Databases. Berlin: Springer-Verlag, 1989.

Allen, B.P. / **Wright**, J.M. [83]: Integrating Logic Programs and Schemata. In: Proc. Int. Joint Conf. on Artificial Intelligence, 1983, pp.340–342.

Anderson, J.R. / **Bower**, G.H. [73]: Human Associative Memory. New York: John Wiley, 1973.

Attardi, G. / **Simi**, M. [87]: A Uniform and Integrated Description System. In: W. Brauer, W. Wahlster (eds): Wissensbasierte Systeme. 2. Internationaler GI-Kongreß. Berlin: Springer-Verlag, 1987, pp.12–21.

Bachman, C.W. / **Daya**, M. [77]: The Role Concept in Data Models. In: Proc. 3rd Int. Conf. on Very Large Data Bases, 1977, pp.464–476.

Bartlett, C. F. [32]: Remembering: A Study in Experimental and Social Psychology. Cambridge: Cambridge University Press, 1932.

Batory, D.S. / **Buchmann**, A.P. [84]: Molecular Objects, Abstract Data Types, and Data Models: A Framework. In: Proc. Int. Conf. on Very Large Data Bases, 1984, pp.172–184.

Bobrow, D.G. / **Norman**, D.A. [75]: Some Principles of Memory Schemata. In: D.G. Bobrow, A. Collins (eds): Representation and Understanding. New York: Academic Press, 1975, pp.131–149.

Bobrow, D.G. / **Winograd**, T. [77]: An Overview of KRL, a Knowledge Representation Language. In: Cognitive Science, Vol.1, No.1, 1977, pp.3–46. (auch in (Brachman/Levesque 85))

Brachman, R.J. [77]: What's in a Concept: Structural Foundations for Semantic Networks. In: Int. Journal of Man-Machine Studies, Vol.9, No.2, 1977, pp.127–152.

Brachman, R.J. [85]: "I Lied about the Trees" or, Defaults and Definitions in Knowledge Representation. In: AI Magazine, Vol.6, No.3, 1985, pp.80–93.

Brachman, R.J. / **Fikes**, R.E. / **Levesque**, H.J. [83]: Krypton: A Functional Approach to Knowledge Representation. In: IEEE Computer, Vol.16, No.10, 1983, pp.67–73. (auch in (Brachman/Levesque 85))

Brachman, R.J. / **Gilbert**, V.P. / **Levesque**, H.J. [85]: An Essential Hybrid Reasoning System: Knowledge and Symbol Level Accounts of Krypton. In: Proc. Int. Joint Conf. on Artificial Intelligence, 1985, pp.532–539.

Brachman, R.J. / **Levesque**, H.J. [84]: The Tractability of Subsumption in Frame-Based Description Languages. In: Proc. National Conf. on Artificial Intelligence, 1984, pp.34–37.

Brachman, R.J. / **Levesque** H.J. [85] (eds): Readings in Knowledge Representation. Los Altos/Cal.: Morgan Kaufmann, 1985.

Brachman, R.J. / **Schmolze**, J.G. [85]: An Overview of the KL-ONE Knowledge Representation System. In: Cognitive Science, Vol.9, No.2, 1985, pp.171–216.

Brewka, G. [87]: The Logic of Inheritance in Frame Systems. In: Proc. Int. Joint Conf. on Artificial Intelligence, 1987, pp.483–488.

Brewka, G. [89]: Nichtmonotone Logiken – Ein kurzer Überblick. In: KI 1989, No.2, pp.5–12.

Černý, A. / **Kelemen**, J. [80]: FDT – An Approximation of an Abstract Frame-Like Data Type. In: 2nd Int. Meeting on Artificial Intelligence, Repino (USSR), Oct.12–19, 1980.

Charniak, E. [81a]: The Case-Slot Identity Theory. In: Cognitive Science, Vol.5, No.3, 1981, pp.285–292.

Charniak, E. [81b]: A Common Representation for Problem-Solving and Language-Comprehension Information. In: Artificial Intelligence Vol.16, 1981, pp.225–255.

Christaller, Th. / **Primio**, F. di / **Voss**, A. [89] (eds): Die KI-Werkbank BABYLON. Bonn: Addison-Wesley, 1989.

Codd, E.F. [70]: A Relational Model of Data for Large Shared Data Banks. In: Communications of the ACM, Vol.13, No.6, 1970, pp.377–387.

Date, C.J. [83]: An Introduction to Database Systems. Vol. II. Reading/Mass.: Addison-Wesley, 1983.

Dittrich, K.R. [89]: Objektorientierte Datenbanksysteme. In: Informatik-Spektrum, Band 12, Heft 4, 1989, pp.215–218.

Edelmann, J. / **Owsnicki**, B. [86]: Data Models in Knowledge Representation Systems: A Case Study. In: C.-R. Rollinger, W. Horn (eds): GWAI-86 und 2. Österreichische Artificial-Intelligence-Tagung. Berlin: Springer-Verlag, 1986, pp.69–74.

Fikes, R. / **Kehler**, T. [85]: The Role of Frame-Based Representation in Reasoning. In: Communications of the ACM, Vol.28, No.9, 1985, pp.904–920.

Fillmore, C.J. [68]: The Case for Case. In: E. Bach, R.T. Harms (eds): Universals in Linguistic Theory. New York: Holt, Rinehart & Winston, 1968, pp.1–88.

Fox, M.S. / **Wright**, J.M. / **Adam**, D. [86]: Experiences with SRL: An Analysis of Frame-Based Knowledge Representations. In: L. Kerschberg (ed): Expert Database Systems. Proceedings from the First International Workshop. Menlo Park: Benjamin/Cummings, 1986, pp.161–172.

Goldstein, I.P. / **Roberts**, R.B. [80]: NUDGE, a Knowledge-based Scheduling Program. In: D. Metzing (ed): Frame Conceptions and Text Understanding. Berlin: W. de Gruyter, 1980, pp.26–45.

Güsgen, H.W. [89]: CONSAT: A System for Constraint Satisfaction. London: Pitman, 1989.

Härder, T. / **Reuter**, A. [83]: Database Systems for Non-Standard Applications. In: Proc. Int. Computing Symposium on Application Systems Development, 1983, pp.452–466.

Hawkinson, L. [75]: The Representation of Concepts in OWL. In: Proc. Int. Joint Conf. on Artificial Intelligence, 1975, pp.107–114.

Hayes, P.J. [77]: On Semantic Nets, Frames and Associations. In: Proc. Int. Joint Conf. on Artificial Intelligence, 1977, pp.99–107.

Hayes, P.J. [80]: The Logic of Frames. In: D. Metzing (ed): Frame Conceptions and Text Understanding. Berlin: W. de Gruyter, 1980, pp.46–61. (auch in (Brachman/Levesque 85))

Ito, H. / **Ueno**, H. [86]: ZERO: Frame + Prolog. In: E. Wada (ed): Logic Programming '85. Berlin: Springer-Verlag, 1986, pp.78–89.

Kaczmarek, T.S. / **Bates**, R. / **Robins**, G. [86]: Recent Developments in NIKL. In: Proc. National Conf. on Artificial Intelligence, 1986, pp.978–985.

Kifer, M. / **Lausen**, G. [89]: F-Logic: A Higher-Order Language for Reasoning about Objects, Inheritance, and Scheme. In: Proc. ACM SIGMOD Int. Conf. on the Management of Data, 1989, pp.134–146.

Kim, M. / **Maida**, A.S. [87]: Frame Systems and Inheritance Systems. In: Proc. 1987 Fall Joint Computer Conference. Exploring Technology: Today and Tomorrow, 1987, pp.636–643.

Koffka, K. [35]: Principles of Gestalt Psychology. London: Routledge & Kegan Paul, 1935.

Kolodner, J.L. [84]: Retrieval and Organizational Strategies in Conceptual Memory: A Computer Model. Hillsdale/NJ: Lawrence Erlbaum Associates, 1984.

Kuipers, B.J. [75]: A Frame for Frames: Representing Knowledge for Recognition. In: D.G. Bobrow, A. Collins (eds): Representation and Understanding. New York: Academic Press, 1975, pp.151–184.

Labov, W. [73]: The Boundaries of Words and their Meanings. In: C.-J. N. Bailey, R.W. Shuy (eds): New Ways of Analyzing Variation in English, Vol.1. Washington: Georgetown University Press, 1973.

Lamersdorf, W. [85]: Semantische Repräsentation komplexer Objektstrukturen. Modelle für nichtkonventionelle Datenbankanwendungen. Berlin: Springer-Verlag, 1985.

Laubsch, J. [82]: ObjTalk: Eine Lisp-Erweiterung zum objekt-orientierten Programmieren. Universität Stuttgart, Institut für Informatik, Institutsbericht 15/82, 1982.

Levesque, H. [86]: Making Believers out of Computers. In: Artificial Intelligence, Vol.30, No.1, 1986, pp.81–108.

Lorie, R. / **Kim**, W. / **McNabb**, D. / **Plouffe**, W. / **Meier**, A. [85]: Supporting Complex Objects in a Relational System for Engineering Databases. In: W. Kim, D.S. Reiner, D.S. Batory (eds): Query Processing in Database Systems. Berlin: Springer-Verlag, 1985, pp.145–155.

Luck, K. von / **Owsnicki-Klewe**, B. [89]: Neuere KI-Formalismen zur Repräsentation von Wissen. Eine Fallstudie. In: Th. Cristaller (ed): Künstliche Intelligenz. 5. Frühjahrsschule, KIFS-87. Berlin: Springer-Verlag, 1989, pp.157–187.

Martin, W.A. [79]: Descriptions and the Specialization of Concepts. In: P.H. Winston, R.H. Brown (eds): Artificial Intelligence: An MIT Perspective. Vol.1. Cambridge/Mass.: The MIT Press, 1979, pp.375–419.

McDermott, D. / **Doyle**, J. [80]: Non-Monotonic Logic I. In: Artificial Intelligence, Vol.13, 1980, pp.41–72.

Miller, G.A. / **Johnson-Laird**, P.N. [76]: Language and Perception. Cambridge/Mass.: Harvard University Press, 1976.

Minsky, M. [75]: A Framework for Representing Knowledge. In: P.H. Winston (ed): The Psychology of Computer Vision. New York: McGraw-Hill, 1975, pp.211–277. (auch in (Brachman/Levesque 85))

Mitschang, B. [88]: Ein Molekül-Atom-Datenmodell für Non-Standard-Anwendungen. Anwendungsanalyse, Datenmodellentwurf und Implementierungskonzepte. Berlin: Springer-Verlag, 1988.

Nado, R. / **Fikes**, R. [87]: Semantically Sound Inheritance for a Formally Defined Frame Language with Defaults. In: Proc. National Conf. on Artificial Intelligence, 1987, pp.443–448.

Nebel, B. [88]: Computational Complexity of Terminological Reasoning in BACK. In: Artificial Intelligence, Vol.34, 1988, pp.371–383.

Nebel, B. [90]: Reasoning and Revision in Hybrid Representation Systems. Berlin: Springer-Verlag, 1990.

Nebel, B. / **Luck**, K. von [87]: Issues of Integration and Balancing in Hybrid Knowledge Representation Systems. In: K. Morik (ed): GWAI-87. 11th German Workshop on Artificial Intelligence. Berlin: Springer-Verlag, 1987, pp.114–123.

Neisser, U. [67]: Cognitive Psychology. New York: Meredith, 1967.

Nierstrasz, O. [89]: A Survey of Object-Oriented Concepts. In: W. Kim, F.H. Lochovsky (eds): Object-Oriented Concepts, Databases, and Applications. Reading/Mass.: Addison-Wesley, 1989, pp.3–21.

Palmer, S.E. [78]: Visuelle Wahrnehmung und Wissen: Notizen zu einem Modell der sensorisch-kognitiven Interaktion. In: D.A. Norman, D.E. Rumelhart (eds): Strukturen des Wissens. Wege der Kognitionsforschung. Stuttgart: Klett-Cotta, 1978, pp.281–307.

Patel-Schneider, P.F. [84]: Small can be Beautiful in Knowledge Representation. In: Proc. IEEE Workshop on Principles of Knowledge-Based Systems, 1984, pp.11–16.

Patel-Schneider, P.F. [89]: A Four-Valued Semantics for Terminological Logics. In: Artificial Intelligence, Vol.38, No.3, 1989, pp.319–351.

Patel-Schneider, P.F. [90]: Practical, Object-Based Knowledge Representation for Knowledge-Based Systems. In: Information Systems, Vol.15, No.1, 1990, pp.9–19.

Peterson, J.L. [77]: Petri Nets. In: ACM Computing Surveys, Vol.9, No.3, 1977, pp.223–252.

Piaget, J. [47]: Psychologie der Intelligenz. Zürich: Rascher Verlag, 1947.

Rathke, C. [86]: Objektorientierte Wissensrepräsentation. In: G. Fischer, R. Gunzenhäuser (eds): Methoden und Werkzeuge zur Gestaltung benutzergerechter Computersysteme. Berlin: W. de Gruyter, 1986, pp.45–72.

Reimer, U. [85]: A Representation Construct for Roles. In: Data & Knowledge Engineering, Vol.1, 1985, pp.233–251.

Reimer, U. [89]: FRM: Ein Frame-Repräsentationsmodell und seine formale Semantik. Zur Integration von Datenbank- und Wissensrepräsentationsansätzen. Berlin: Springer-Verlag, 1989.

Reimer, U. / **Schek**, H.-J. [89]: A Frame-Based Knowledge Representation Model and Its Mapping to Nested Relations. In: Data & Knowledge Engineering, Vol.4, No.4, 1989, pp.321–352.

Reisig, W. [86]: Petrinetze. Eine Einführung. Berlin: Springer-Verlag, 1986.

Rich, C. [82]: Knowledge Representation Languages and Predicate Calculus: How to Have Your Cake and Eat It Too. In: Proc. National Conf. on Artificial Intelligence, 1982, pp.193–196.

Richter, M.M. [89]: Prinzipien der Künstlichen Intelligenz. Stuttgart: B.G. Teubner, 1989.

Roberts, R.B. / **Goldstein**, I.P. [77]: The FRL Primer. Massachusetts Institute of Technology, Artificial Intelligence Laboratory, Memo 408, 1977.

Rosch, E. [78]: Principles of Categorization. In: E. Rosch, B.B. Lloyd (eds): Cognition and Categorization. Hillsdale/NJ: Lawrence Erlbaum, 1978, pp.27–48.

Rumelhart, D.E. / **Ortony**, A. [77]: The Representation of Knowledge in Memory. In: R.C. Anderson, R.J. Spiro, W.E. Montague (eds): Schooling and the Acquisition of Knowledge. Hillsdale/N.J.: Lawrence Erlbaum, 1977, pp.99–135.

Schank, R.C. / **Abelson**, R.P. [77]: Scripts, Plans, Goals and Understanding: An Inquiry into Human Knowledge Structures. Hillsdale/NJ: Lawrence Erlbaum, 1977.

Schmidt-Schauß, M. [89]:   Subsumption in KL-ONE is Undecidable.   In: R.J. Brachman, H.J. Levesque, R. Reiter (eds): Proceedings of the First International Conference on Principles of Knowledge Representation and Reasoning. San Mateo/Cal.: Morgan Kaufmann, 1989, pp.421–431.

Schmolze, J.G. / **Lipkis**, T.A. [83]: Classification in the KL-ONE Knowledge Representation System. In: Proc. Int. Joint Conf. on Artificial Intelligence, 1983, pp.330–332.

Simi, M. / **Motta**, E. [88]: Omega: An Integrated Reflective Framework. In: P. Maes, D. Nardi (eds): Meta-Level Architectures and Reflection. Amsterdam: North-Holland, 1988, pp.209–226.

Sridharan, N.S. [78]: AIMDS User Manual – Version 2. Rutgers University, Dept. of Computer Science, Technical Report CBM-TR-89, 1978.

Sridharan, N.S. [81]: Artificial Intelligence. Representing Knowledge in AIMDS. In: Informatica e Diritto, Florenz, IT 7, 1981, pp.201–221.

Stefik, M. [79]: An Examination of a Frame-Structured Representation System. In: Proc. Int. Joint Conf. on Artificial Intelligence, 1979, pp.845–852.

Stoyan, H. [91]: Programmiermethoden der Künstlichen Intelligenz. Band 2. Berlin: Springer-Verlag, 1991.

Stoyan, H. / **Görz**, G. [83]: Was ist objektorientierte Programmierung? In: H. Stoyan, H. Wedekind (eds): Objektorientierte Software- und Hardwarearchitekturen. Stuttgart: Teubner, 1983, pp.9–31.

Studer, R. / **Börner**, S. [89]: An Approach to Manage Large Inheritance Networks Within a DBS Supporting Nested Relations. In: (Abiteboul et al. 89), pp.229–239.

Trost, H. / **Steinacker**, I. [81]: The Role of Roles: Some Aspects of Real World Knowledge Representation. In: Proc. Int. Joint Conf. on Artificial Intelligence, 1981, pp.237–239.

Turner, R. [84]: Logics for Artificial Intelligence. Chichester: Ellis Horwood, 1984.

Vilain, M. [85]: The Restricted Language Architecture of a Hybrid Representation System. In: Proc. Int. Joint Conf. on Artificial Intelligence, 1985, pp.547–551.

Wilensky, R. [86]: Knowledge Representation – A Critique and a Proposal. In: J.L. Kolodner, C.K. Riesbeck (eds): Experience, Memory, and Reasoning. Hillsdale/NJ: Lawrence Erlbaum, 1986, pp.15–28.

Winograd, T. [75]: Frame Representations and the Declarative/Procedural Controversy. In: D.G. Bobrow, A. Collins (eds): Representation and Understanding. New York: Academic Press, 1975, pp.185–210. (auch in (Brachman/Levesque 85))

Woods, W.A. [75]: What's in a Link: Foundations for Semantic Networks. In: D.G. Bobrow, A. Collins (eds): Representation and Understanding. New York: Academic Press, 1975, pp.35–82. (auch in (Brachman/Levesque 85))

Young, S.J. / **Proctor**, C. [86]: UFL: An Experimental Frame Language Based on Abstract Data Types. In: The Computer Journal, Vol.29, No.4, 1986, pp.340–347.

Zelewski, S. [89]: Komplexitätstheorie (als Instrument zur Klassifizierung und Beurteilung von Problemen des Operations Research). Braunschweig: Friedr. Vieweg & Sohn, 1989.

Stichwortverzeichnis

A

abgeschlossene Formel, 30, 31, 35

Abhängigkeitsnetzwerk, 43

abstrakter Datentyp, 7

Aktivierungsausbreitung, 79, 128–131,
146, 151, 152

Allgemeinwissen, 25

angeheftete Prozedur, 197–199, 237, 240

Annahme der Namenseindeutigkeit, 35, 82

Annahme einer abgeschlossenen Welt, 48,
49, 63, 119, 121, 192

assoziativer Slot, 174

'attached procedure', 197–199, 237, 240

automatisches Beweisen, 34, 46, 51, 75,
128, 135, 148, 151

Axiom

    logisches Axiom, 33, 34, 40, 41, 45

    nicht-logisches Axiom, 34, 35, 37, 42,
46, 47, 53, 75, 128, 238, 248, 264

B

Begründungsverwaltungssystem, 42, 50, 53

Berechnungskomplexität, 35, 51, 128,
147, 148, 164, 188, 217, 238, 239

Bindungsstärke logischer
Verknüpfungsoperatoren, 30

C

'closed world assumption', 48, 49, 63,
119, 121, 192

'conceptual dependency', 104, 150, 210

Constraint-Netz, 236

Constraints, 236, 237

D

Dämonen, 197

datengesteuerte Regelanwendung, 59

Datenmodell, 13, 239

    semantisches Datenmodell, 92, 152, 153

Deduktion, 8, 33, 50, 51, 55, 149

Default-Aussage, 23–25, 41, 42, 111, 149,
160, 163, 202–206, 214, 218, 219,
228, 233, 237, 238

definitorisches Wissen, 24, 25, 41, 62,
111–113, 191, 199–202, 236, 254,
256, 270, 272

Disjunktheit von Konzeptklassen, 91, 142,
192

Domänenunabhängigkeit, 1, 2, 14–16, 81, 98

E

Eigenschaft, 17

Eigenschaftsklasse, 17

Einschränkungen

    extrinsische Einschränkungen, 12

    intrinsische Einschränkungen, 12, 71, 72

einwertiger Slot, 166

Entscheidbarkeit, 34, 35, 51, 128, 195,
216, 239

epistemisches Primitiv, 15, 16, 81, 98,
102, 245

epistemologische Ebene, 14, 15, 85, 91, 156

Ereignis, 22

Ereignis-Slot, 210

Ersetzungsregel, 55

Erwartungen, 159, 161, 218, 233

Expertensystem, 55, 64, 65

Extension, 17–21, 118–120, 155, 167,
171, 183, 193, 217, 238, 242

F

Frame-Problem, 74–76

G

Gedächtnismodell, 149, 151, 234

Gestalttheorie, 159, 234

Grundvokabular, 16, 81, 98, 99, 102, 106

Gruppenklasse, 21, 38, 39, 92–94

H

Homomorphismus, 70–72, 252

Hornklausel, 59, 236

hybride Repräsentation, 76, 109, 135, 171, 191–193, 200, 234, 236, 237, 268

I

Individualkonzept, 19

Inferenz

    Inferenz zur Änderungszeit, 88, 123, 127, 183, 189, 198, 217

    Inferenz zur Anfragezeit, 88, 122, 127, 183, 198, 268

Inferenzregel (logische), 33, 34, 38, 40–42, 45

Inferenzregel (regelhafter Zusammenhang), 75, 105, 121, 127, 128, 195–197, 233

Instanz-von-Beziehung, 19

Integritätsbedingung, 121, 195, 197–199, 237

Integritätsüberwachung, 84, 195–197, 199, 235, 237

Intension, 17–21, 86, 118, 119, 135, 150, 155, 167, 171, 172, 183, 217, 238

Interpretationsabbildung, 31–33

Is-a-Beziehung, 20

K

Kardinalität von Slots, 172, 173, 185, 223, 231, 233, 234

Kasusrahmen, 102, 103, 106, 150, 208, 235

Klasseneigenschaft, 189

Klassifikation, 217, 219

Kognitionspsychologie, 25, 65, 79, 159, 234, 235

komplexe Objekte, 239

Komplexitätstheorie, 35, 51, 128, 147, 148, 164, 188, 217, 238, 239

Konfliktauflösung, 56, 59, 66

Konnektionismus, 150, 152

kontingentes Wissen, 24, 25, 41, 62, 111–114, 192, 199–202, 236, 254, 255, 270–272

Kontrollstruktur, 50, 51, 65, 66, 199, 233

Kontrollwissen, 50, 66

Konzept, 17

Konzeptklasse, 18

konzeptuelle Ebene, 14–16, 104

Koreferenz, 118, 119, 135

L

linguistische Ebene, 14

Logik

    autoepistemische Logik, 45, 52

    Default-Logik, 42

    deontische Logik, 41, 52

    epistemische Logik, 49, 52

    Fuzzy-Logik, 46, 53

    Logik von Frage und Antwort, 48

    Logik zweiter Ordnung, 35, 128

    mehrwertige Logik, 45, 46, 53

    Modallogik, 41, 42, 52

    Prädikatenlogik, 29–34, 36, 39, 47, 50, 108, 113, 128, 134–137, 139, 150, 171, 172, 191, 193–195, 216

    temporale Logik, 40, 51

    terminologische Logik, 50, 237, 239

Typenlogik, 35, 50, 129

Logikebene, 14, 50

M

Manifestation, 120

Massenkonzept, 22, 155, 245

May-be-a-Beziehung, 106, 107, 179–181, 243

May-be-a-Slot, 181

mehrwertiger Slot, 166

Meta-Regel, 57, 66

Meta-Sprache, 52, 108, 135, 191

Meta-Wissen, 25, 50

Modalität, 23, 41, 141

modus ponens, 33, 38, 45, 55

N

natürliche Sprache, 28, 29, 235

Negation, 30, 72, 109, 119, 135, 140

Nicht-Monotonie, 41, 42, 50, 52, 61, 63, 149, 204, 219, 237

nicht-symbolische Repräsentation, 69

nicht-terminaler Slot, 170

O

Objektorientierung, 145, 239, 240

Objektzentrierung, 145, 161, 170, 178, 233, 239, 240

opaker Kontext, 118, 119, 134, 135, 150

P

Parallelität, 66, 146, 152

Petri-Netz, 66, 216

Problemlösen, 1, 2, 4, 25, 55, 65, 75, 76, 145, 151, 197, 228, 231

Produktionssystem, 55–57, 65, 66

Programmiersprache, 1, 9

Frame-Programmiersprache, 199, 237, 240

logische Programmiersprache, 50, 51, 59

objektorientierte Programmiersprache, 145, 240

regelbasierte Programmiersprache, 65, 66

prototypisches Wissen, 23, 24, 41–43, 63, 72, 76, 160, 163, 202–206, 209, 233

R

Realisation, 217, 219

Regularitäten

extrinsische Regularitäten, 12

intrinsische Regularitäten, 12, 71, 72

Reifikation, 36–39, 83, 96, 128, 249

Relationen-Slot, 175

Repräsentation, 10

explizite Repräsentation, 8, 12, 91, 122

implizite Repräsentation, 12, 33, 81, 91

Repräsentationsformat, 12

Repräsentationskonstrukt, 13

Repräsentationssprache

Frame-Repräsentationssprache, 176, 184, 197, 199, 202, 217, 235–238

hybride Repräsentationssprache, 66, 200, 234, 236, 237

logische Repräsentationssprache, 53, 150

Netz-Repräsentationssprache, 151

Rollen, 101, 102, 106, 107, 161, 178–182, 209, 239, 243, 267, 283

Rollen-Slot, 180

Rückwärtsverkettung, 59, 60, 67, 68, 250, 251

S

Schema, 159, 161, 163, 234

Script, 209–214, 216, 235

semantische Beziehung, 17, 36, 37, 62, 71, 83, 84, 86–88, 95, 96, 98–102, 106, 111, 113, 161, 169–176, 178, 181, 184, 185, 187, 200, 233

semantische Primitive, 104, 105, 150

Sicherheitsfaktor, 46, 64, 65, 115, 116, 208

Subsumption, 217

subsymbolische Repräsentation, 152

Suche, 1–4, 57, 75, 145, 146, 233, 235

Symbolebene, 7, 86, 88, 121, 122, 124, 170, 198, 220

symbolische Repräsentation, 69–71, 74–78, 152, 252

T

terminaler Slot, 165

terminologisches Wissen, 191, 192, 200, 201, 217, 236

Theorembeweiser, 34, 46, 51, 75, 128, 135, 148, 151

Theorie, 34, 35, 52

Thesaurus, 153

Trigger-Prozedur, 237

'truth maintenance system', 42, 50, 53

U

Überzeugungen, 6, 7, 45, 52, 118

ungenaues Wissen, 23, 46, 73, 77, 116, 117

'unique name assumption', 35, 82

unsicheres Wissen, 23, 46, 64, 73, 115, 116, 208

unvollständiges Wissen, 23, 44, 45, 48, 52, 71, 73, 77, 85, 91, 113–115, 142, 169, 183, 189, 207, 217

V

Vererbung, 19, 20, 47, 53, 62, 87, 88, 91, 94, 113, 121–124, 149, 150, 178, 179, 183, 189, 197, 198, 205–207, 238, 248

Vorwärtsverkettung, 56, 57, 59, 60, 67, 68, 250

W

widersprüchliches Wissen, 23, 45, 62, 115, 166, 183

Wissensebene, 7, 8, 50, 86, 88–90, 121, 122, 124, 168, 170, 174, 175, 197, 198, 210

Wissensrepräsentationsmodell, 13

Wissensrepräsentationssprache, 13

Z

zielgesteuerte Regelanwendung, 59

Verzeichnis der Definitionen

Dieses Definitionsverzeichnis berücksichtigt nur Begriffsdefinitionen, nicht aber Definitionen anderer Art, wie z.B. zur Semantik von Repräsentationskonstrukten.

A

abgeschlossene Formel 30
analoge Repräsentation 71
Annahme der Namenseindeutigkeit . . 35
Annahme einer abgeschlossenen Welt . 48
assoziativer Slot 174
atomare Formel 30

B

Beziehungskante 84

C

'closed world assumption' 48

D

Default-Aussage 24
Default-Eintrag 202
definitorisches Wissen 24

E

Eigenschaftskante 84
einschränkende Bedingung 23
einwertiger Slot 166
epistemisches Primitiv 15
Ereignis 22
Ereignis-Slot 210

F

Formel 30
Frame 162

G

Grundvokabular 16
Gruppenklasse 21

H

Homomorphismus 70

I

Individualkonzept 19
Instanz-von-Beziehung 19
Interpretationsabbildung 32
Is-a-Beziehung 20

K

kontingenter Slot 200
kontingentes Wissen 24
Konzept 17
Konzeptklasse 18
Koreferenzkante 119

M

Massenkonzept 22
May-be-a-Beziehung 107
May-be-a-Slot 181
mehrwertiger Slot 166

N

nicht-terminaler Slot 170

P

prototypisches Wissen 24

R

regelhafter Zusammenhang 22
Relationen-Slot 175
Repräsentation 10
Rollen-Slot 180

S

Script 210

Symbolebene 7

T

Term 30

terminaler Slot 165

U

Überzeugungen 6

'unique name assumption' 35

V

Verschiedenheitskante 120

W

Wissen 6

Wissensebene 7